NX8.0 数控编程项目教程

主　编　燕杰春

副主编　李勇兵　何　苗　范绍平

西南交通大学出版社

·成　都·

图书在版编目（C I P）数据

NX8.0 数控编程项目教程 / 燕杰春主编. —成都：西南交通大学出版社，2016.7
ISBN 978-7-5643-4728-4

Ⅰ. ①N… Ⅱ. ①燕… Ⅲ. ①数控机床－程序设计－应用软件－教材 Ⅳ.①TG659-39

中国版本图书馆 CIP 数据核字（2016）第 133151 号

NX8.0 数控编程项目教程
主编　燕杰春

责任编辑	李　伟
封面设计	米迦设计工作室
出版发行	西南交通大学出版社 （四川省成都市金牛区交大路 146 号）
发行部电话	028-87600564　028-87600533
邮政编码	610031
网　　址	http: //www.xnjdcbs.com
印　　刷	四川森林印务有限责任公司
成品尺寸	185 mm × 260 mm
印　　张	17.5
字　　数	437 千
版　　次	2016 年 7 月第 1 版
印　　次	2016 年 7 月第 1 次
书　　号	ISBN 978-7-5643-4728-4
定　　价	39.00 元

课件咨询电话：028-87600533
图书如有印装质量问题　本社负责退换

前　言

Siemens PLM Software的NX软件作为计算机辅助制造领域的世界领先者，是广泛应用于通用机械、模具、家电、汽车及航天领域的CAD/CAM/CAE软件。自从1990年进入中国以来,该软件得到了越来越广泛的应用,现已成为我国工业界主要使用的大型CAD/CAM/CAE软件之一。NX8.0是NX软件系列版本中的较新版本，其CAM模块，专门用于完成数控加工和编程工作。

为了让读者能够在较短的时间内系统掌握NX8.0数控编程技术，笔者所在的教学团队，根据多年的NX CAM教学和数控加工生产编程经验编写了本书。本书根据学习的认知规律，结合NX8.0数控编程特点，理清了学习思路，制订了合理的编写方案，对内容进行有针对性的选取，简略得当，项目实例具有很强的实用性。本书不仅专注于知识的讲授，还注重于学习技能的提升，对生产实际内容进行拓展，扩大了实用性。

全书以5个项目应用展开，内容包含点位加工、表面铣削加工、平面铣削加工、型腔铣削加工和固定轴曲面轮廓铣削加工。本书项目1由范绍平编写，项目2由章鸿编写，项目3由燕杰春编写，项目4由李勇兵编写，项目5由钟如全、何苗编写。

虽本书已经多次校核，但难免有疏漏之处，恳请广大读者予以指正。

编　者

2016年3月

目 录

项目 1　点位加工

1.1　知识与技能点

✓ 钻孔循环
✓ 钻孔操作
✓ 钻孔几何体子类型
✓ 钻孔几何体父组
✓ 钻孔处理器操作子类型
✓ 孔铣削

1.2　项目介绍

如图 1-1 所示的孔板零件，零件材料为 HT200，毛坯为铸件。制订合理的数控加工工艺，选择合适的刀具及切削参数，完成零件的数控加工编程。

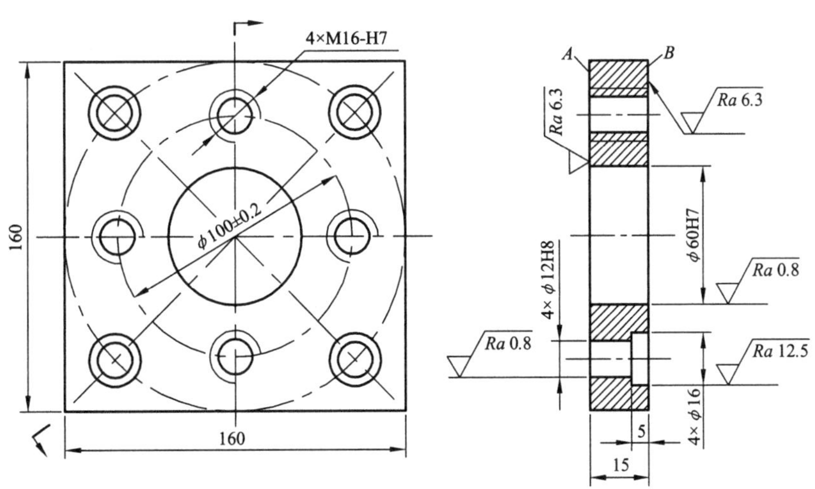

图 1-1　盖板零件

1.3　相关知识

1.3.1　NX8.0 加工模块介绍

在 NX8.0 加工中，系统提供了多种加工模块用于各种复杂形态的零件。常见的加工模块有平面铣、型腔铣、固定轴曲面轮廓铣、可变轴曲面轮廓铣、点位加工、车削加工、线切割、后置处理模块等。

在每种加工模块中包含有多个加工子模板,用户可以使用加工模板快速地创建加工工序。例如，可以使用刀具模板快速地创建或引入各类型的刀具；使用加工方法模板，可以根据粗精加工的要求，定制加工余量、加工公差等参数；使用工序模板可以快速地建立加工工序，生成刀具路径。

NX8.0 不仅提供了强大的默认加工环境，而且允许用户自定义加工环境。这样，在创建加工工序的过程中，就可以继承已经预先定义的各项参数，避免每次重复设置等操作，提高了工作效率。

在交互操作过程中，用户可以在图形方式下交互编辑刀具路径，在观察刀具运动过程中，生成刀具位置源文件。同时，还可以应用刀轨可视化功能，在屏幕中显示刀具路径，模拟刀具切削毛坯的真实过程，并通过过切检查和残留材料检查，验证相关参数设置的正确性。

1.3.2 进入 NX8.0 的加工环境

NX8.0 加工环境是指进入 NX CAM 模块进行编程操作的软件环境。在 NX 软件中进行加工环境可采用以下方法。

方法一：选择下拉菜单【开始】|【加工】。

方法二：利用“应用模块”工具条中的命令图标。

方法三：利用键盘的快捷键 Ctrl+Alt+M。

当第一次进入加工环境时，系统会弹出【加工环境】对话框，如图 1-2 所示。对话框中“cam_general”模块下的各操作模板类型的说明如下：

- mill_planar：平面铣加工模板。
- mill_contour：型腔铣加工模板。
- mill_multi-axis：多轴铣加工模板。
- mill_ multi-blade：多轴铣叶片模板。
- drill：钻孔加工模板。
- hole_making：孔加工模板。
- turning：车加工模板。
- wire_edm：电火花线切割加工模板。
- probing：探测模板。
- solid_tool：实体刀具模板。
- machining_knowledge：加工知识模板。

图 1-2 【加工环境】对话框

1.3.3 NX8.0 加工环境的工作界面

1. 工作界面

NX8.0 用户界面包括标题栏、下拉菜单区、顶部工具条按钮区、消息区、图形区、工序导航器、资源工具条及底部工具条按钮区，如图 1-3 所示。

图 1-3　加工环境用户界面

（1）工具条按钮区。

工具条中的命令按键为快速选择命令及设置工作环境提供了极大的方便，用户可以根据具体情况定制工具条。

（2）下拉菜单区。

下拉菜单中包含创建、保存、修改模型等 NX 的常用命令。

（3）资源条工具区。

资源条工具区包括【装配导航器】、【部件导航器】、【工序导航器】、【加工特征导航器】、【机床导航器】和【重用库】等导航工具。用户通过该工具可以方便地进行一些操作。对于每种导航器，都可以直接在其相应的项目上右击，快速地进行各种操作。

（4）消息区。

执行有关操作时，与该操作有关的系统提示信息会显示在消息区。消息区中间有一个可见的边线，左侧是提示栏，用来提示用户如何操作；右侧是状态栏，用来显示系统或图形当前的状态，如显示选取结果信息等。执行每个操作时，系统都会在提示栏中显示用户必须执行的操作，或提示下一步操作。对于大多数命令，用户都可以利用提示栏的提示来完成操作。

（5）图形区。

图形区域是 NX 用户主要的工作区域，用户在进行操作时，可以直接在图形区域中选取相关对象进行操作。

（6）“全屏”按钮。

在 NX 使用“全屏”按钮时，允许用户将可用图形窗口最大化。在最大化窗口模式下再次单击此按钮即可切换到普通模式。

2. 主要菜单

进入加工环境以后，下拉菜单将发生一些变化，系统为用户提供了一个方便、快捷的操作界面。与加工相关的菜单主要是【插入】、【工具】、【信息】、【首选项】和【GC 工具箱】等，如图 1-4 ~ 1-8 所示。

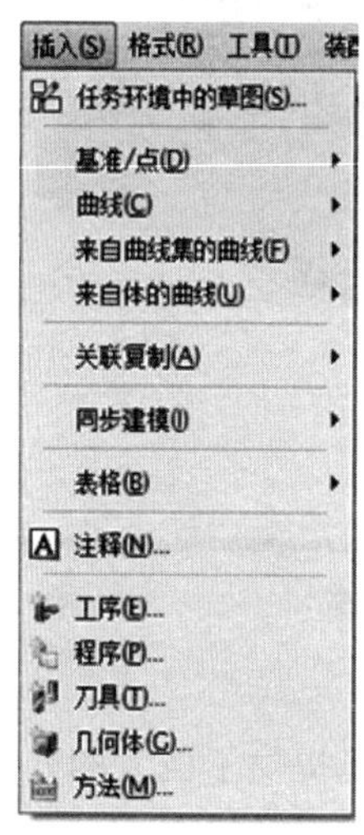

图 1-4 【插入】菜单

图 1-5 【工具】菜单

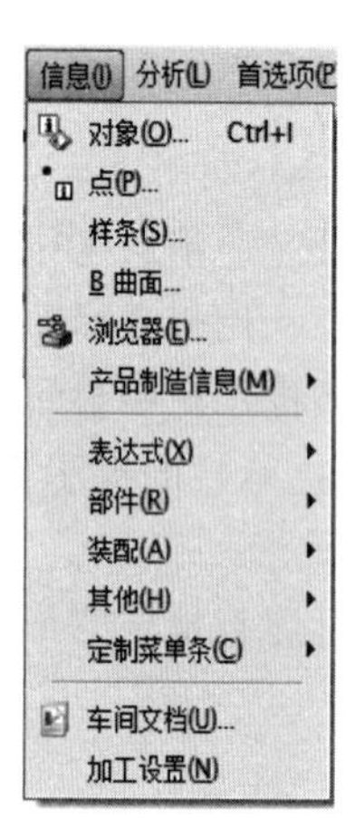

图 1-6 【信息】菜单

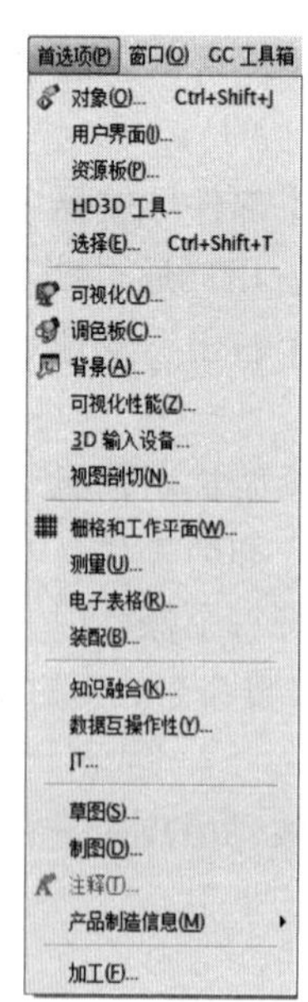

图 1-7 【首选项】菜单

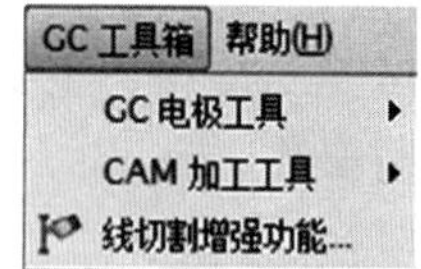

图 1-8 【GC 工具箱】菜单

3. 专用工具栏

加工环境中较为常用的工具条为【刀片】、【操作】、【导航器】、【工件】、【特征】和【加工工具-GC 工具箱】，如图 1-9 所示。

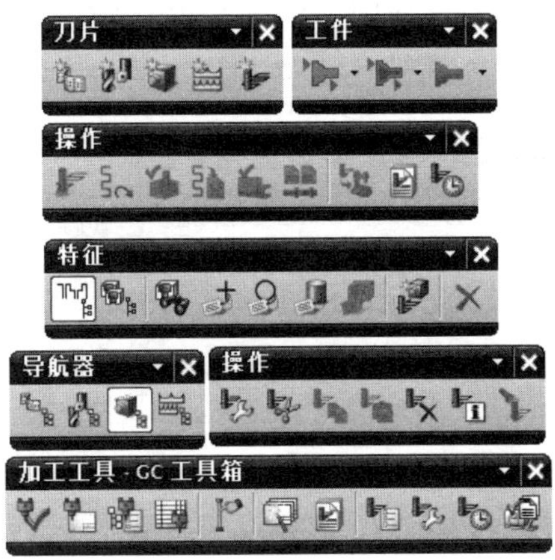

图 1-9　专用工具条

1.3.4　NX8.0 数控加工的一般流程

1. 概　述

使用数控机床加工零件，最主要的工作就是编制零件的数控加工程序。NX8.0 能够模拟数控加工全过程（见图 1-10），其一般流程如下：

（1）创建制造模型，包括创建或获得设计模型以及工件规划。

（2）进入加工环境。

（3）进行 NC 操作，如创建程序、几何体、刀具等。

（4）创建刀具路径文件，进行仿真加工。

（5）自用后处理器生成 NC 代码。

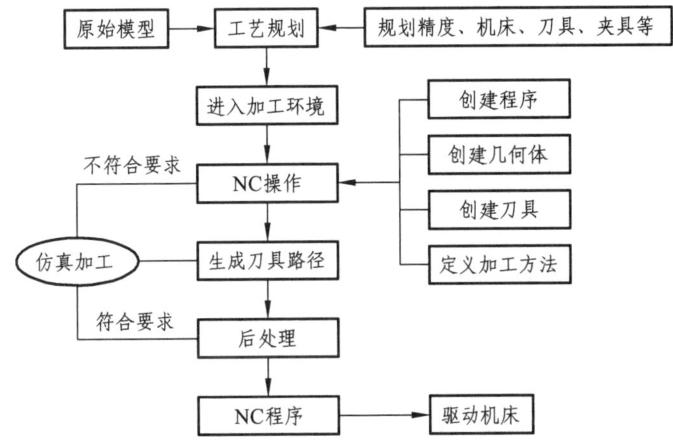

图 1-10　NX 8.0 数控加工流程

2. 创建程序

程序主要用于排列各加工操作的次序，并可方便地对各个加工操作进行管理，某种程度上相当于一个文件夹。例如，一个复杂零件的所有加工工序（包括粗加工、半精加工、精加工等）需要在不同的机床上完成，将在同一机床上加工工序放置在同一个程序组，就可直接选取这些操作所在的父节点程序组进行后处理。图 1-11 为【创建程序】对话框。

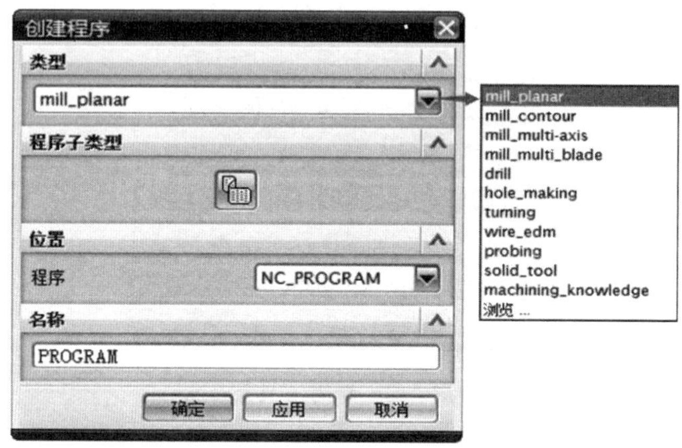

图 1-11 【创建程序】对话框

3. 创建刀具

在创建工序前，必须先设置合理的刀具参数或从刀具库中选取合适的刀具。刀具的定义直接关系到加工表面质量的优劣、加工精度以及加工成本的高低。图 1-12 为【创建刀具】对话框，本书将在项目 2 中详述。

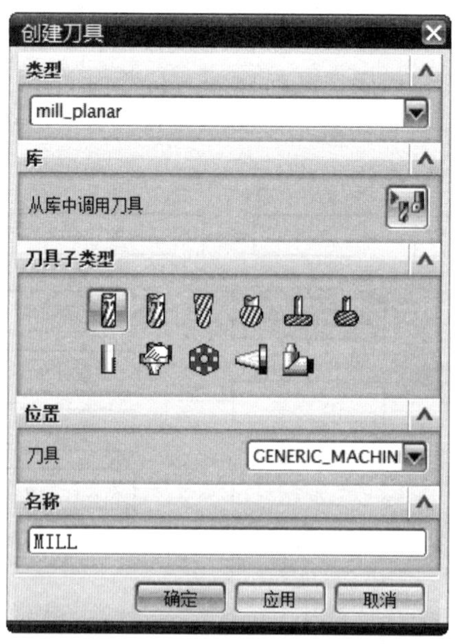

图 1-12 【创建刀具】对话框

4. 设置机床坐标系（MCS）

在创建加工工序前，应首先设定机床坐标系（MCS），并检查机床坐标系与参考坐标系的位置和方向是否正确，要尽可能地将参考坐标系、机床坐标系（MCS）、绝对坐标系移到同一位置。图 1-13 为 MCS 对话框，本书将在项目 2 中详述。

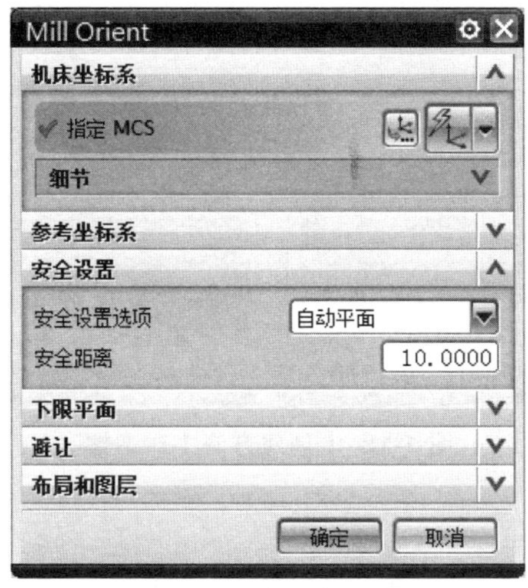

图 1-13　MCS 对话框

5. 设置加工几何体

在创建工序前可预告创建加工几何体，在创建工序中直接继承所创建的几何体。铣削加工几何体包含【毛坯】、【部件】、【检查】、【切削区域】、【壁】、【修剪边界】等，如图 1-14 所示，本书将在项目 2 中详述。

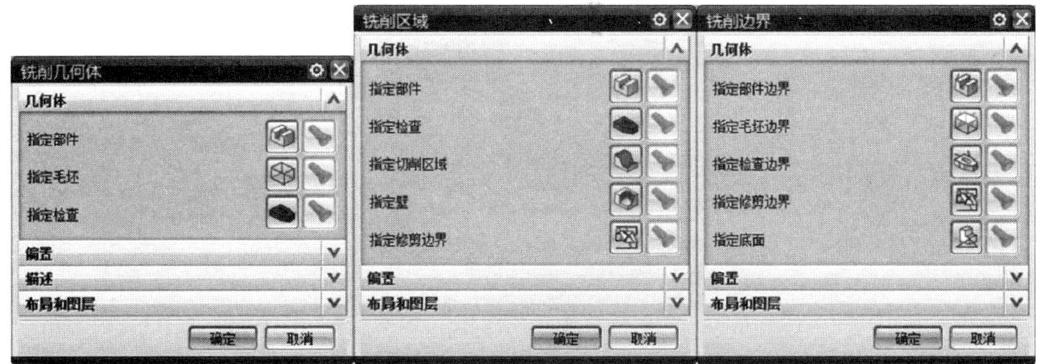

图 1-14　几体何设置

6. 创建加工方法

加工方法中可以通过对加工余量、几何体的内外公差和进给速度等选项进行设置，从而控制加工残留余量。加工方法不是编程时所必需的，对于简单零件的加工编程，一般不需要创建加工方法。图 1-15 为【创建方法】对话框。

图 1-15 【创建方法】对话框

7. 创建加工工序

在 NX8.0 加工中，每个加工工序所产生的加工刀具路径、参数形态及适用状态有所不同，所以用户需要根据零件图样及工艺技术状况，选择合理的加工工序。本书将对点位加工、面铣及平面铣加工、型腔铣加工和固定轴曲面轮廓铣加工中各主要子工序进行详细阐述。图 1-16 为【创建工序】对话框。

图 1-16 【创建工序】对话框

8. 确认刀路轨迹

刀路轨迹是指图形窗口中显示已生成的刀具运动路径。刀路的确认是指在计算机屏幕上对毛坯进行去除材料的动态模拟。选择要确认的刀路轨迹，在【操作】工具栏中单击确认按钮图标，即可进行刀路轨迹确认。图 1-17 为【刀轨可视化】对话框。

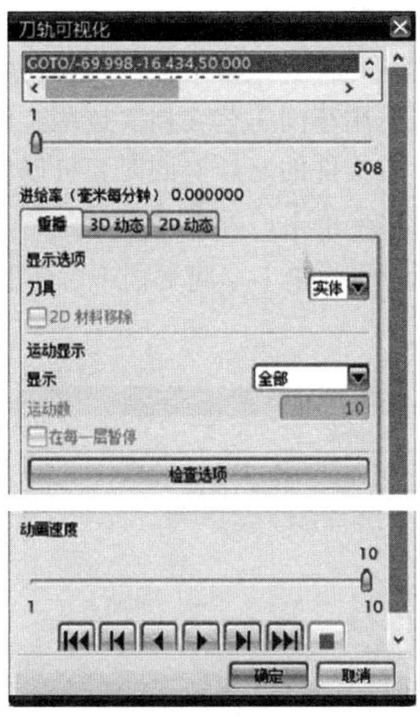

图 1-17 【刀轨可视化】对话框

9. 后处理

在工序导航器中选中一个工序或一个程序组后，用户可以利用系统提供的后处理器来处理程序，将刀具路径生成合适的机床 NC 代码。图 1-18 所示为【后处理】对话框。

图 1-18 【后处理】对话框

10. 生成车间文档

NX CAM 车间工艺文档可以包含零件几何和材料、控制几何、加工参数、加工工序、机床刀具控制事件、后处理命令、刀具参数和刀具轨迹信息。它们可以用文本文件（TXT）或超文本链接语言（HTML）两种格式输出。操作工、刀具仓库工或其他需要了解有关工艺的人员都可以方便地在网上查询和使用车间工艺文档。这些文件多半用于提供给生产现场的机床操作人员，免除了手工撰写工艺文件的麻烦。同时，可以将自己定义的刀具快速加入刀具库中，以供以后使用。在选择下拉菜单【信息】|【车间文档】命令或单击【操作】工具栏中的“车间文档” 按钮时，系统将弹出【车间文档】对话框，如图 1-19 所示，用户选择相关参数即可生成车间文档。

图 1-19 【车间文档】对话框

1.3.5 工序导航器

工序导航器是一种图形化的用户界面（见图 1-20），以树状结构显示当前部件的加工工序和工序参数。在工序导航器中能够指定在工序间共享的参数组，这对于管理复杂工序是非常有效的。

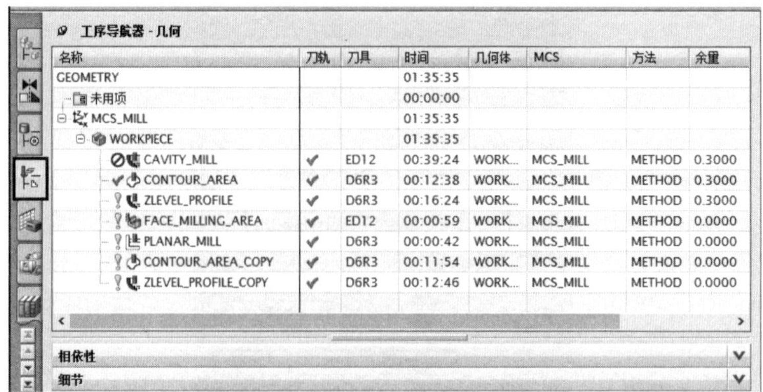

图 1-20 工序导航器

在工序导航器的空白区域右击，系统会弹出如图 1-21 所示的快捷键（一）；在工序导航器的某个工序节点上右击，系统会弹出如图 1-22 所示的快捷键（二），用户可以用编辑、剪切、复制、粘贴、删除和重命名等操作来管理复杂的编程刀路，还可以创建刀具、操作、几何体、程序和方法。熟练运用这些快捷命令，不仅能提高编程速度，还能提高编程的质量。

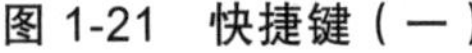
图 1-21　快捷键（一）

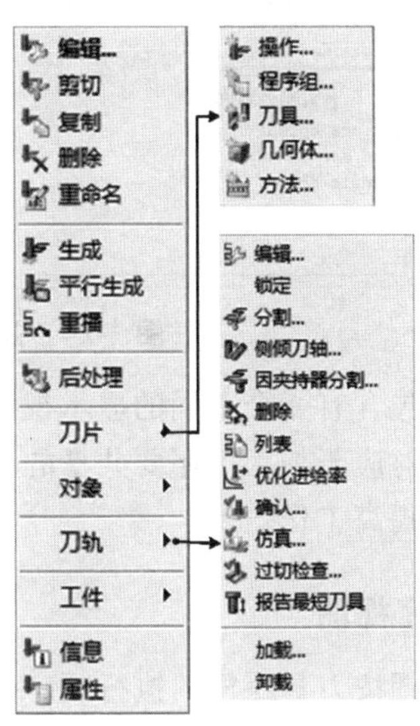

图 1-22　快捷键（二）

在工序导航器中，每个工序前的图标符号代表了当前工序的状态。具体状态如下所示：

- ：完成状态，表示此工序已产生了刀具路径并已经后处理或输出了 CSL 文档格式，此后再没有被编辑。
- ：重新后处理状态，表示此工序的刀具路径从未被后处理或输出 CSL 文档。
- ：须重新生成状态，表示此工序从未生成刀具路径或此工序虽有刀具路径但被编辑后没作相应更新。在此工序中单击右键，选择【对象】|【更新列表】命令，如图 1-23 所示，在弹出的信息列表中，可以查询此工序已更改的参数，如图 1-24 所示。

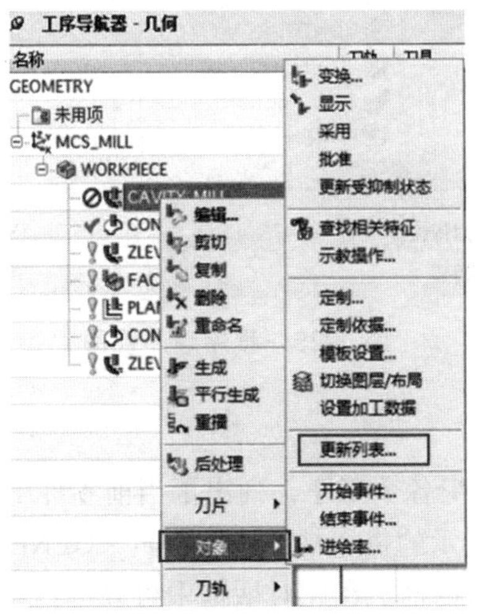

图 1-23　查询更改信息

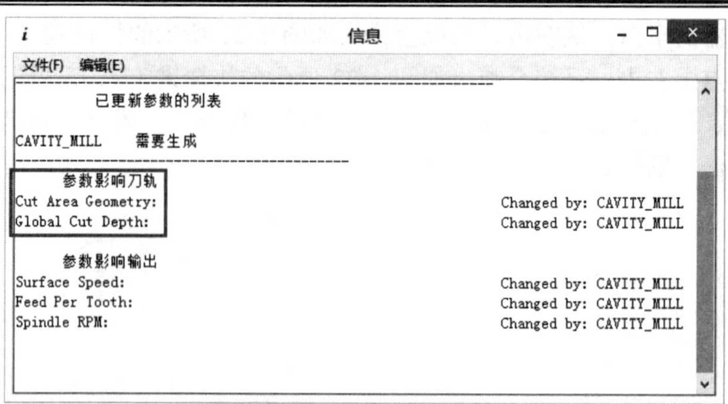

图 1-24 显示更改的参数信息

工序导航器包含有 4 个不同的显示视图，分别为程序顺序视图、机床视图、几何视图和加工方法视图，对应于加工工序要共享的参数组。用户可以在不同的视图下方便快捷地设置操作参数，从而提高工作效率。

1. 程序顺序视图

程序顺序视图按刀具路径的执行顺序列出当前零件的所有工序，显示每个工序所属的程序组和每个工序在机床上的执行顺序，如图 1-25 所示。在该视图中，用户可以按照创建时间对设置中的所有工序进行分组，如果需要调整工序的先后顺序，只需要通过拖动放置即可完成。在进行后处理时，通常是在该视图下来进行的。需要注意的是，“NC_PROGRAM”和“未使用”是系统的默认节点，不能进行修改和删除等操作。

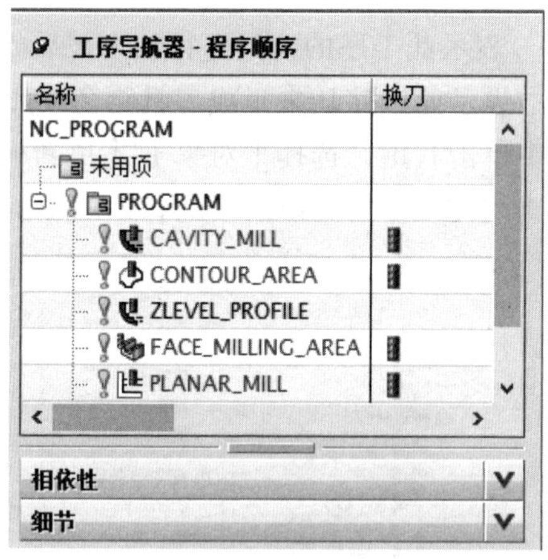

图 1-25 程序顺序视图

2. 机床视图

机床视图用切削刀具来组织各个工序，列出了当前零件中存在的各种刀具以及使用这些刀具的工序名称。在图 1-26 所示的机床视图中，编辑“GENERIC_MACHINE”，系统将弹出图 1-27 所示的【通用机床】对话框。在此对话框中可以进行调用机床、调用刀具、调用设备和编辑刀具安装等操作。

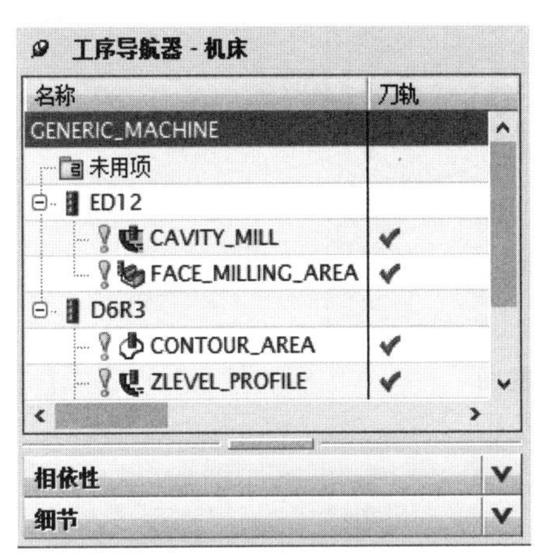

图 1-26 机床视图

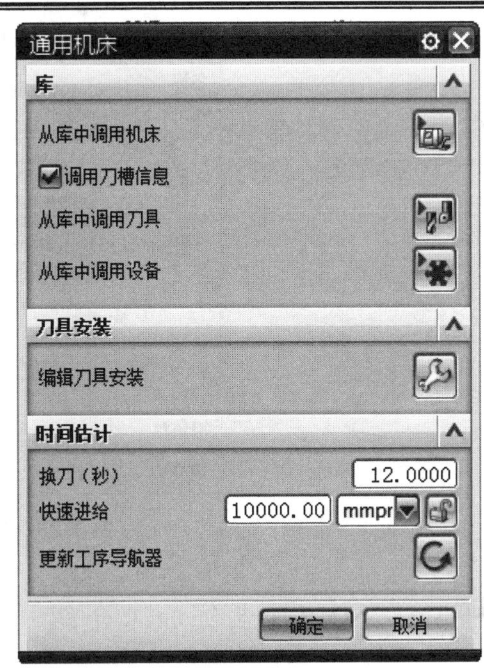

图 1-27 【通用机床】对话框

3. 几何视图

几何视图是以几何体为主线来显示加工工序的，该视图列出了当前零件中存在的几何体和坐标系，以及使用这些几何体和坐标系的工序名称。图 1-28 为几何视图。

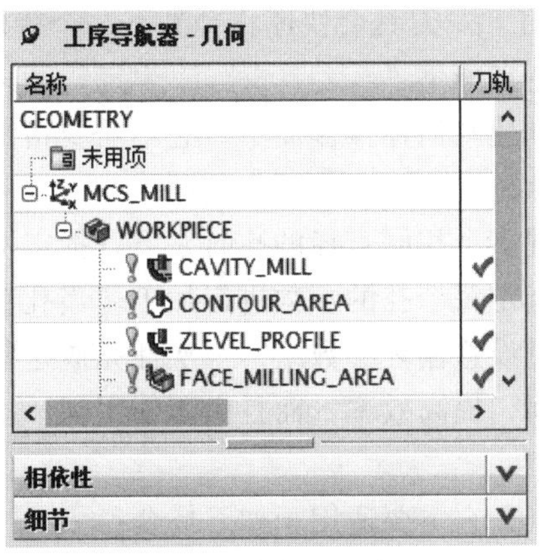

图 1-28 几何视图

4. 加工方法视图

加工方法视图列出了当前零件中的加工方法，以及使用这些加工方法的程序名称。在图 1-29 所示的加工方法视图中，显示了根据加工方法分组在一起的工序。在进行编辑时，可以快速查看每个工序所使用的方法，如粗加工、半精加工、精加工等。通过这种组织方式，可以很轻松地选择工序中的方法。同时在该视图下，用户可以方便地更改同一个加工方法组下的所有工序，如可以更改工序的刀轨颜色、刀轨显示方式等。

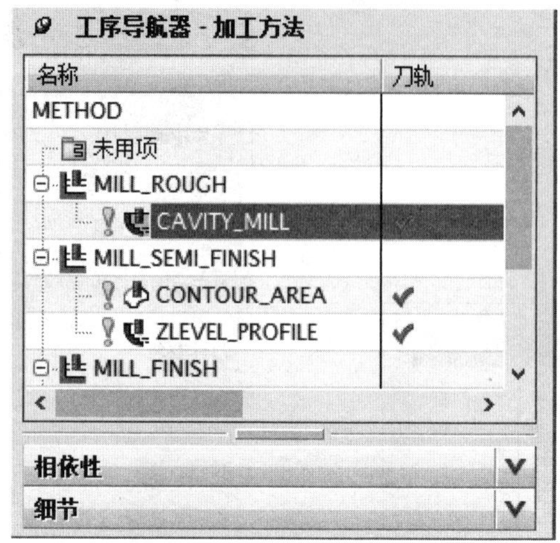

图 1-29 加工方法视图

1.3.6 NX8.0 点位加工介绍

一般钻孔加工的完整操作按先后顺序依次为锪孔、钻中心孔、钻孔、铰孔或镗孔、攻丝。然而，NX8.0 点位加工的一般操作过程如下：刀具先快速进给到点位上方的最小安全距离位置，然后以切削速度进给切入工件，完成一个孔的加工。对于加工一次切削无法完成的深孔，需要采用断屑式加工，就是刀具先从孔中临时提刀排屑，再重新切入待加工区域，继续进行正常的切削，反复多次，直到达到要求的切削深度为止。这时，刀具才快速返回到安全平面。当 NX8.0 完成了一个孔的加工后，刀具会快速移动到下一个待加工孔的位置，等待下一个孔的切削。点位加工的用途与特点如下：

（1）NX8.0 点位加工中创建几何体操作简单。它不需要指定部件几何体和毛坯几何体，只需指定要进行点位加工的点位置、加工表面和底面。

（2）当被加工工件中出现多个相同直径的孔时，可以指定不同的循环方式和循环参数组来进行加工，而不需要分别指定每个孔的参数进行加工。当孔直径相同，而加工深度和进给速度有所不同时，也可以通过设置循环参数组，一次性完成这些孔的加工，无须分多次进行孔的加工。这样不仅节省时间，提高效率，而且由于使用同一把刀加工，也提高了孔之间的相对位置精度。

基于以上点位加工的特点，它主要适用于如下场合：

（1）点位加工一般可以用来创建钻孔、扩孔、铰孔、镗孔、锪孔、攻螺纹、铣螺纹、电焊和铆接等。其中，孔类型可以是通孔、盲孔、中心孔和各类沉头孔等。例如，型芯和型腔的镶针孔、顶针孔、螺丝孔、运水孔等。

（2）常用于需加工的孔数量多、相互位置复杂，并且难以人工计算的加工场合。

1.3.7 点位加工的子类型

NX8.0 的 drill 模板包含了很多种加工子类型，如图 1-30 所示，其含义如表 1-1 所示。

图 1-30　点位加工类型选框

表 1-1　点位加工子类型

图标	英文名称	中文名称	说　明
	SPOP_FACING	孔加工（铣孔口平面式）	该工序子类型允许刀具在指定切削深度暂停指定的秒数或转数。一般用于锪平面，使用键槽铣刀
	SPOP_DRILLING	中心钻	该工序子类型允许刀具在指定的刀尖或刀肩深度暂停指定的秒数或转数。一般用于使用中心钻头钻导向位置
	DRILLING	普通孔	该工序子类型用于进行基本的点到点钻孔。一般使用麻花钻钻孔
	PEAK_ DRILLING	啄钻	该工序子类型用于创建一系列的钻孔运动，按照级进的中间递增距离钻入孔内并退到孔外。每次啄钻后，刀具退出孔外排屑。用于深孔钻削加工
	BREAKCHIP_ DRILLING	断屑钻	该工序子类型允许钻刀进给一个递增深度后稍微退刀以断屑。用于较深孔钻削加工
	BORING	镗孔	该工序子类型允许镗刀连续进给进入和退出部件
	REAMING	铰孔	该工序子类型允许铰刀连续进给进入和退出部件
	COUNTERBORING	平底沉孔	该工序子类型允许刀具在指定切削深度暂停指定的秒数或转数。沉头孔循环中如果需要驻留，可使用该工序子类型
	COUNTERSINKING	倒角沉孔	该工序子类型允许刀具在指定切削深度暂停指定的秒数或转数。埋头孔循环中如果需要驻留，可使用该工序子类型
	COUNTERSINKING	攻螺纹	该工序子类型创建攻丝循环，即进给到孔内，主轴反转，然后进给退到孔外
	THREAD_MILLING	螺纹铣	此操作子类型使用螺旋切削来铣削螺纹孔

1.3.8 点位加工的刀具类型

NX8.0 提供了常用孔加工所必需的刀具，用户选择创建刀具图标按钮，在弹出的【创建刀具】对话框中，选择“drill”类型即可切换到孔加工刀具创建方式，如图 1-31 所示。在【刀具子类型】组中有 9 种孔加工刀具可选，各子类型刀具名称如表 1-2 所示。

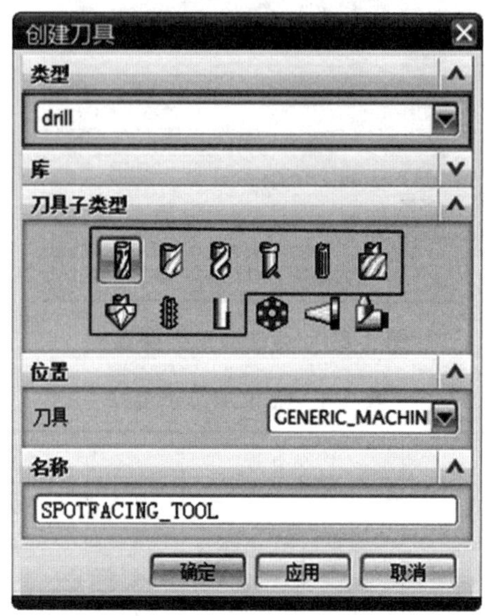

图 1-31 【创建刀具】对话框

表 1-2 孔加工刀具子类型

图标	英文名称	中文名称	说 明
	SPOTFACING_TOOL	键槽铣刀	用于在斜面或曲面上孔口的加工
	SPOTDRILLING_TOOL	中心钻	对于孔位置精度要求高的孔加工，用于钻预钻孔
	DRILLING_TOOL	麻花钻	用于孔精度要求不高的孔加工，或粗加工孔
	BORING_BAR	镗刀	对于直径较大的孔，通常用镗刀对孔进行精加工
	REAMER	铰刀	对于直径较小的孔，通常用铰刀对孔进行精加工
	COUNTERBORING_TOOL	锪沉头孔刀具	用于加工沉头孔（圆柱内六角螺钉安装孔）
	COUNTERSINKING_TOOL	锪孔钻	用于孔口锪孔（平肩埋头孔）
	TAP	丝锥	用于攻丝（加工内螺纹）
	THREAD_MILL	螺纹铣刀	用于高速铣螺纹

1.3.9 点位加工的几何体

点位加工的几何体，包括加工孔位置、工件顶面和工件底面等。用户可以选择在工序对话框中指定钻孔加工几何体，也可以在创建工序前，提前定义好相关的钻孔加工几何体。两者之间的区别是：提前创建的几何体可以被多个不同的工序引用，而在工序中指定的钻孔加工几何体，只能被所在的工序使用。

图 1-32 所示为【钻加工几何体】对话框，在【几何体】选项组中各子选项的含义如表 1-3 所示。

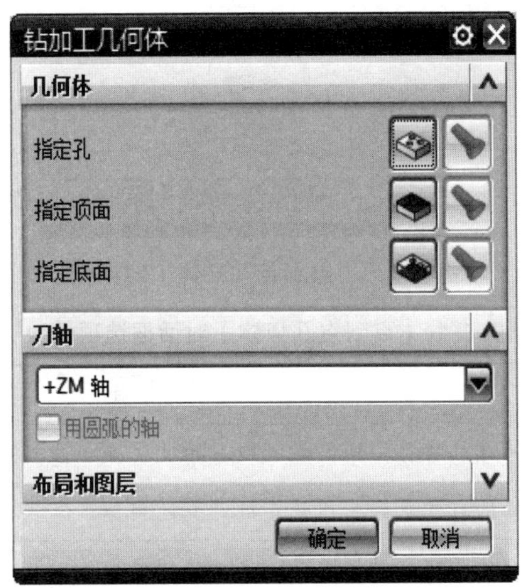

图 1-32 【钻加工几何体】对话框

表 1-3 孔加工几何体含义

图标	名 称	说 明
	指定孔	使用该“几何体子类型”来选择孔几何体并指定参数
	指定顶面	使用该“几何体子类型”定义面或平面，所有的点将投影到该面或平面上。钻孔进给率从最小安全距离处开始
	指定底面	使用该“几何体子类型”定义模型中的孔深。必须选择面、平面或圆弧来指定要钻削的底面

1. 指定孔位置

创建钻孔加工工序，必须要指定孔的加工位置。在【钻加工几何体】对话框中，单击指定孔时，显示【点到点几何体】对话框，如图 1-33 所示。该对话框包含多个选项，各选项含义如表 1-4 所示。用户可使用这些选项选择和操控点，用于生成刀路轨迹。

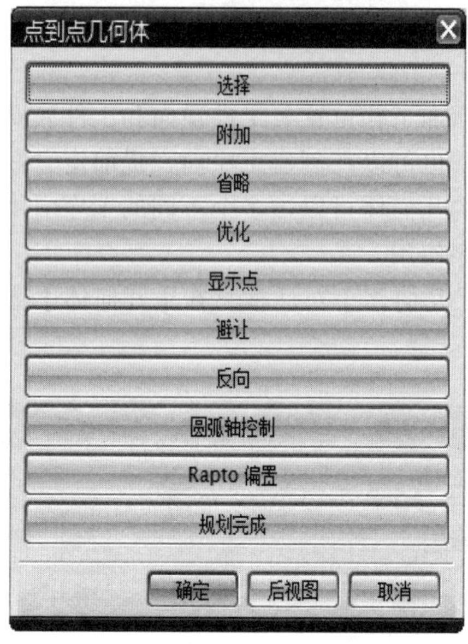

图 1-33 【点到点几何体】对话框

表 1-4 【点到点几何体】对话框选项参数

选 项	说 明
选择	选择片体或实体中的圆柱孔或锥形孔（点、圆弧或整圆）
附加	将选择的点添加到先前选定的钻孔几何体
省略	忽略在先前定义的钻孔几何体上选择的点
优化	打开对话框，在其中设置选项，以优化刀具行程，从而减少刀轨长度
显示点	使用包含、省略、避让或优化选项后，显示多个点的新顺序
避让	用于指定夹具或部件内障碍上方的“刀具安全距离”。必须定义“起点”“终点”和“避让距离”。距离表示部件表面与刀尖之间的距离
反向	将先前选定的孔或点的顺序设为相反方向。可使用该选项在相同的点集上执行背靠背操作
圆弧轴控制	将片体中选定圆弧和孔的刀轴方位设为相反方向
Rapto 偏置	在其中为每个选定的点、圆弧或孔指定 Rapto 值。在“Rapto 偏置”位置处，进给率从“快进”进给率更改为“切削”进给率
规划完成	关闭点对话框，返回点到点几何体对话框

（1）选择加工孔位。

在图 1-33 所示的对话框中单击【选择】按钮，系统弹出图 1-34 所示的【点位选择】对话框，各选项含义如表 1-5 所示。用户可以选择实体或曲面中的孔、点、圆弧和椭圆，系统默认这些几何对象的中心为加工位置点。选择的方法有直接在图形区域中选择；当模型较为复杂或难以直接选择时，可能通过孔特征的名称或其他命令来选择。

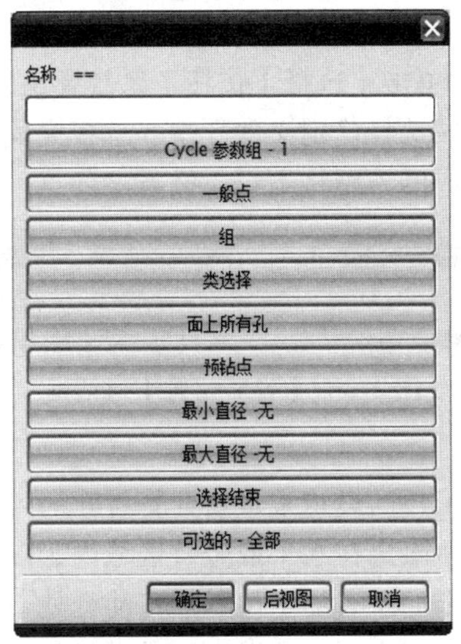

图 1-34 【点位选择】对话框

表 1-5　点位选择对话框选项参数

选　项	说　明
循环参数集	定义哪一个“循环参数集”与下一个点集关联
一般点	使用点构造器对话框指定钻孔点
组	引用先前定义的点和圆弧组。必须输入组名
类选择	打开类选择对话框。可使用过滤选项选择想要的点和圆弧
面上所有孔	选择指定面上的所有孔
预钻孔点	引用先前在“平面铣”和“型腔铣”工序中指定的预钻孔
最小直径“无”	指定直径值，将圆弧的选择对象限制为直径小于或等于指定值的圆弧
最大直径“无”	指定直径值，将圆弧的选择对象限制为直径大于或等于指定值的圆弧
选择结束	关闭对话框，返回点对话框
可选的-全部	过滤出要选择的几何体类型：仅点、仅圆弧、仅孔、点和圆弧、全部

（2）附加加工孔位。

在图 1-33 所示的对话框中单击【附加】按钮，系统将再次弹出图 1-34 所示的点位选择对话框，用户可以继续选择新的孔位置，新孔位将和先前所选的孔位合并在一起，其操作方法与选择加工孔位完全相同。

如果先前并没有选择孔，则系统会弹出图 1-35 所示的【Message】对话框，提示先前的参数组中没有定义过孔位，此时将按新的点来选择。

图 1-35 【Message】对话框

（3）省略加工孔位。

在图 1-33 所示的对话框中单击【选择】按钮，系统弹出图 1-36 所示的【省略位置】对话框。此时用户可以在图形区域选择已定义的孔位，选择完成后单击按钮，所选择的孔位将从先前所选的孔位中移除，生成的刀路将不包含被省略的点。

图 1-36 【省略位置】对话框

（4）优化加工孔位。

优化加工孔位是系统根据用户的设定来重新计算各孔的加工顺序，自动生成最短的刀轨，缩短加工的时间；也可以将刀轨限定在水平或竖直区域内，以满足夹具方位、工作台范围和机床行程等约束。优化后，选定的所有加工位置点可能会处于同一水平平面或竖直平面内，因此先前设置的避让参数已经不起作用，所以一般是先优化，然后再设定避让参数。

在图 1-33 所示的对话框中单击【优化】按钮，系统弹出图 1-37 所示的【优化】对话框，系统提供了 3 种优化方法。

图 1-37 【优化】对话框

① 最短刀轨。

最短刀轨是以尽可能减少总加工时间为原则，按照相应顺序安排点。在图 1-37 所示的对话框中选择【最短刀轨】，系统将弹出图 1-38 所示的【最短刀轨】对话框。

图 1-38 【最短刀轨】对话框

最短刀轨优化包含了两种优化级别（标准和高阶），默认为“标准”。标准是指确定最短刀轨时想要使用的分析流程；高阶是尽最大可能提高机床的时间效率。在图 1-38 所示的对话框中单击【Level-标准】按钮，此时可切换至【Level-高阶】级别。对话框其余参数如下：

- 基于（Based on）：是固定轴刀轨的唯一选项，决定加工效率。
- 起点（Start Point）：控制刀轨的起点。
- 终点（End Point）：控制刀轨的终点。
- 起始刀轴（Start Tool Axis）和结束刀轴（End Tool Axis）：选项仅可用于可变轴刀轨。
- 优化：初始化优化过程。

② 水平条带（Horizontal Bands）。

水平条带是通过划分水平的条带状间隙来对加工孔位重新排序的优化方法，优化后加工点位为沿 XC 轴水平的排列，条带之间的加工点位头尾相接，加工时刀具在水平方向往复运动。每个条带由两条水平直线来定义，不包含在条带内的加工点位将被忽略。

在图 1-37 所示的对话框中选择【Horizontal Bands】，系统将弹出图 1-39 所示的【水平条带】对话框，用于定义水平条带的排序方式。

图 1-39 【水平条带】对话框

③ 竖直条带（Vertical Bands）。

竖直条带是通过划分竖直的条带状间隙来对加工孔位重新排序的优化方法，优化后加工点位为沿 YC 轴水平的排列，条带之间的加工点位头尾相接，加工时刀具在竖直方向往复运动。每个条带由两条竖直直线来定义，不包含在条带内的加工点位将被忽略。

④ 重新绘点（Repaint Points）。

重新绘点用于控制每次优化后所有选定的点重新显示其编号，默认状态为“是”。

（5）孔位的避让。

孔位的避让用于指定在孔加工时刀具避让的动作，即避开夹具、工作台或其他障碍的距离。需要设定避让的开始点、结束点及安全距离 3 个选项。它对于个别点位之间需要跨越障碍非常有效。一般应在优化刀具路径后再设置避让参数。

在图 1-33 所示的对话框中单击【避让】按钮，系统弹出图 1-40 所示的【起点/终点】对话框，用于定义避让运动的起点，同时在提示栏提示“选择起点”；当用户选择一个点位后，系统再次提示“选择终点”，当用户选择另一个点位置后，系统将弹出图 1-41 所示的【退刀距离】对话框，此时用户需要选择安全的退刀距离。

图 1-40 【起点/终点】对话框

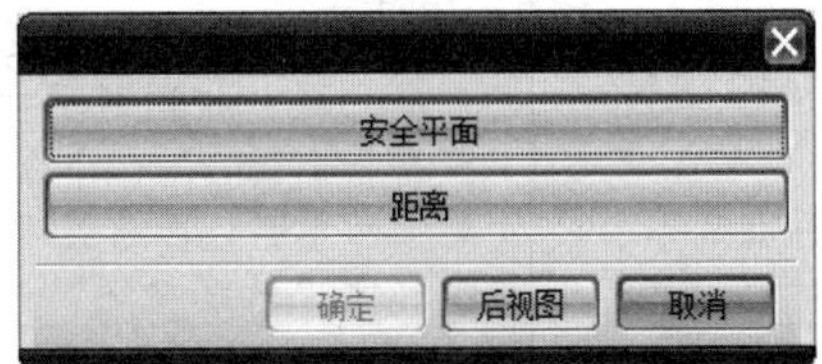

图 1-41 【退刀距离】对话框

在较复杂的钻孔加工中，可以根据需要定义多个避让运动，每个避让运动可以设置不同的安全距离。

2. 指定顶面

顶面是指顶部所在的平面位置。顶面可以是一个模型的面，也可以是一个一般的平面，所有孔的点位将投影到该面或平面上，刀具将从距离该表面一个【最小安全距离】的位置开始执行钻孔的切削进给。如果没有定义顶面，那么系统将以垂直于刀轴且通过该点的平面作为顶面。图 1-42 为【顶面】对话框。

图 1-42 【顶面】对话框

3. 指定底面

底面是用来定义刀轨的切削下限。当钻孔深度是由底面来控制时，该几何体必须要定义。指定底面与指定顶面操作相同，在此不再赘述。

1.3.10 孔加工的循环控制

1. 循环类型

在孔加工中，不同类型的孔的加工需要采用不同的加工方式。这些加工方式有的属于连续加工，有的属于断续加工，它们的刀具运动参数也各不相同，为了满足这些要求，用户可以选择不同的循环类型（如啄钻循环、标准钻循环、标准镗循环等）来控制刀具的切削运动过程。

NX8.0 提供了 14 种循环类型，各种循环的含义参数见表 1-6。

表 1-6 钻孔循环类型选项说明

选　项	功能说明
无循环	取消任何运动的循环。不可使用“无循环”选项定义孔的通孔/盲孔状态
啄钻	在每个选定的点位生成仿真啄钻循环。啄钻循环包含一系列以递增的中间增量钻入并退出孔的钻孔运动
断屑	在每个选定的点位生成仿真“断屑”钻孔循环。“断屑”钻孔循环与“啄钻”循环基本相同，但有以下区别：到达每个钻孔增量位置后，软件生成一个“退刀”运动，到达距离当前深度位置为“距离”值的上方位置处，而不是生成退出孔的完全退刀运动和返回运动，回到距离上一次深度位置为“距离”值的上方位置处
标准文本	根据指定的 APT 命令语句，用定位运动激活 CYCLE/语句。该语句只能包含次要字和参数。严格按照用户想要在斜杠符号后输出的形式来输入词或参数。只有在其他“标准循环”选项都不适用的情况下才能使用该选项
标准钻	使软件在每个选定的点位生成标准埋头孔循环。快速进给率沿刀轴的退刀运动

续表

选　项	功能说明
标准钻，埋头	使软件在每个选定的点位生成标准埋头孔循环。快速进给率沿刀轴的退刀运动
标准钻，深孔	激活每个选定点位处的标准深孔钻循环。生成的运动取决于目标机床和后处理器。不过，深孔钻序列通常包括：以一系列的增量运动进给到指定深度，每次到达新的增量深度后刀具退出孔外。退刀以快速进给率进行
标准钻，断屑	激活每个选定点处的标准断屑钻孔循环。生成的运动取决于目标机床和后处理器。不过，断屑钻孔序列通常包括：以一系列的增量运动进给到指定深度，其中，每进给到一个增量深度后退刀至安全距离处，到达最后深度后刀具退出孔外。安全距离由控制器或机床定义。退刀以快速进给率进行
标准攻丝	激活每个选定处的标准攻丝循环。生成的运动取决于目标机床和控制器。不过，攻丝序列通常包含将刀具进给到指定深度，主轴反转，然后刀具进给退出孔外
标准镗	激活每个选定点处的标准镗孔循环。生成的运动取决于目标机床和后处理器。不过，镗孔序列通常包含将刀具进给到指定深度，然后刀具进给退出孔外
标准镗，快退	激活每个选定点处的标准镗孔循环，主轴停转退刀。生成的运动取决于目标机床和后处理器。不过，镗孔快退序列通常包含将刀具进给到指定深度，主轴停止，刀具退出孔外。退刀以快速进给率进行。选择该选项时，软件提示用户输入想要使用的循环参数集数
标准镗，横向偏置后快退	激活每个选定点处的标准镗循环，主轴停止并进行定向。生成的运动取决于目标机床和后处理器。不过，"标准镗，横向偏置后快退"序列通常包括：将刀具进给到指定深度、主轴停转并定向、沿垂直于刀轴的主轴方位方向进行偏置运动、快速退出孔外
标准背镗	激活每个选定点处的标准背镗循环
标准镗，手工退刀	激活每个选定点位处的标准镗孔循环，手工退出主轴

2. 循环参数组

循环参数用于定义精确的刀具运动和条件，如进给率、驻留时间和切削增量。

在图 1-43 所示的【钻】对话框中，单击【循环类型】组的参数按钮，系统将弹出图 1-44 所示的【指定参数组】对话框。

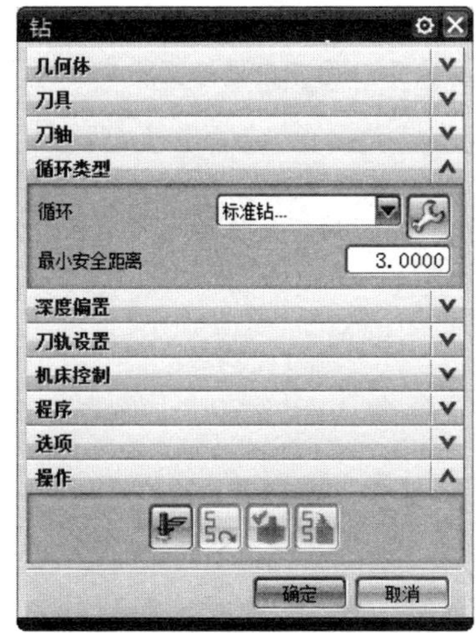

图 1-43 【钻】对话框

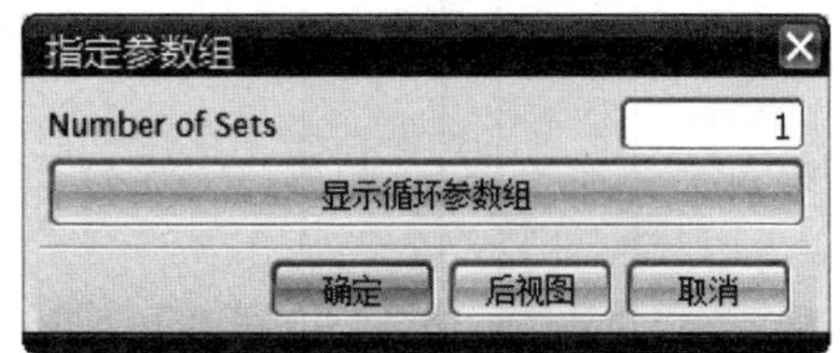

图 1-44 【指定参数组】对话框

【指定参数组】对话框中各选项说明如下：

● Number of Sets：该文本框显示已经定义的循环参数组的总数。

● 显示循环参数组：单击此按钮，系统显示【参数组】对话框，用户可以选择其中的某个参数组按钮，则图形区域将显示该组关联的所有的点位。对于相同类型但深度不同，或同类型同深度但加工精度要求不同的孔，它们的循环类型虽然相同，但加工深度或进给率不同，此时也需要设置不同的参数组来实现不同的加工要求。同一个工序中，最多可以设置 5 个循环参数组，每个循环参数组都是与所选择的加工点位关联在一起。

在图 1-44 所示的对话框中单击“确定”按钮，即可进行循环参数的设定，此时系统弹出图 1-45 所示的【Cycle 参数】对话框。

（1）深度（Depth）。

循环深度用于定义从部件顶面到刀尖的总的孔深，不同循环类型默认的深度设置有所区别，多数循环类型的默认深度为模型深度。在图 1-45 所示对话框中，单击【Depth-模型深度】，即进行循环深度的设置，此时系统弹出图 1-46 所示的【Cycle 深度】对话框，各选项参数说明如表 1-7 所示。

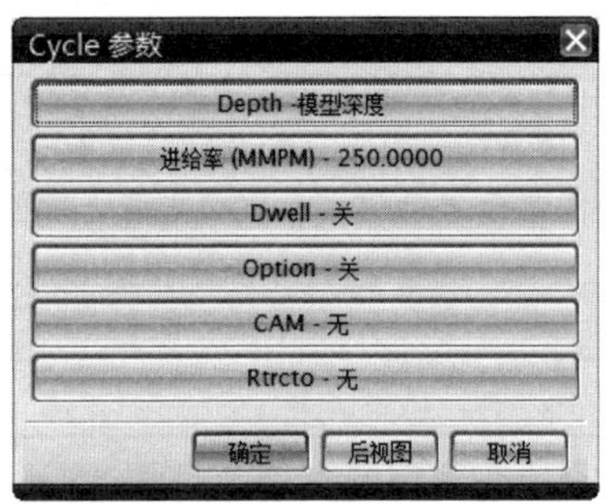

图 1-45 【Cycle 参数】对话框

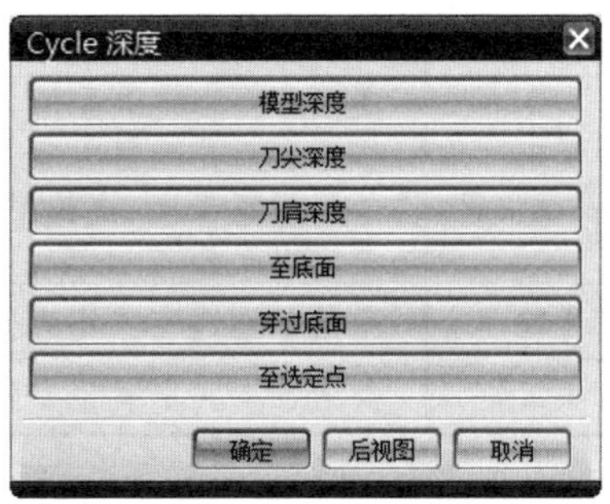

图 1-46 【Cycle 深度】对话框

表 1-7　各深度选项含义

选　项	图　示	描　述
模型深度		计算实体模型中每个孔的深度。刀轴必须和孔轴一致
刀尖深度		设置从顶面到刀尖的深度。钻刀的刀尖进给至指定深度
刀肩深度		设置从顶面到刀肩的深度。钻刀的刀肩进给至指定深度
至底面		刀尖进给至底面

续表

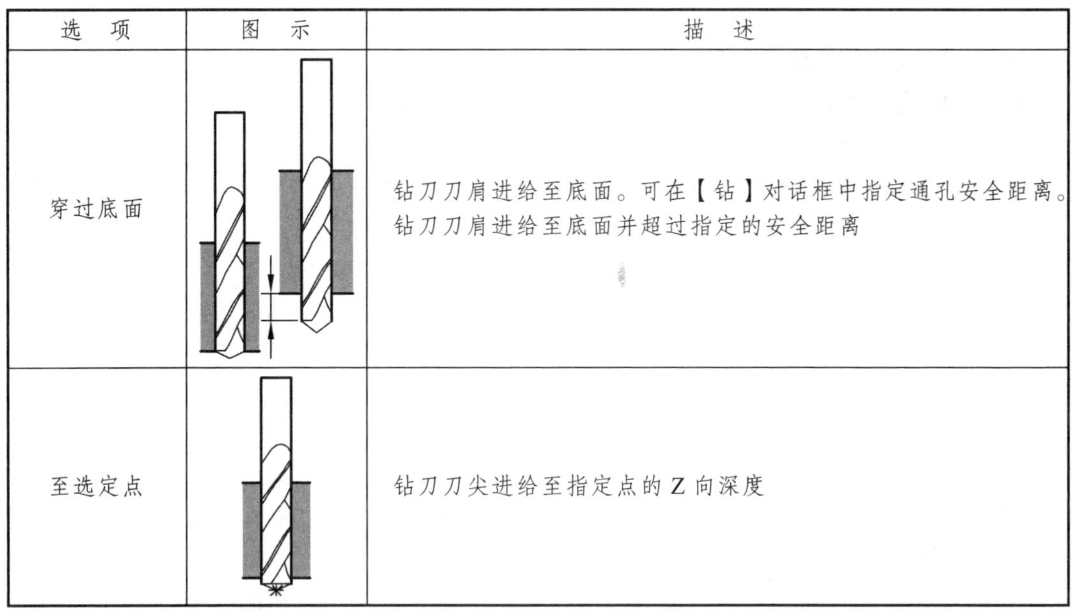

选　项	图　示	描　述
穿过底面		钻刀刀肩进给至底面。可在【钻】对话框中指定通孔安全距离。钻刀刀肩进给至底面并超过指定的安全距离
至选定点		钻刀刀尖进给至指定点的 Z 向深度

（2）进给率。

进给率用于定义当前循环参数组的切削进给速率，默认的进给率来自加工方法的设定，用户也可以单独指定不同循环参数组的进给率，以满足加工要求。

在图 1-45 所示的对话框中，单击【进给率（MMPM）】，即进入进给率的设定，此时系统弹出图 1-47 所示的【Cycle 进给率】对话框，可能通过毫米/分（mm/min）或毫米/转（mm/r）两种单位进行设置。

图 1-47 【Cycle 进给率】对话框

（3）驻留时间 Dwell。

驻留时间是指刀具到达指定深度后要暂停的时间，用户要能以秒数或转数形式设置刀具在指定切削深度的延迟时间，常用以锪孔、镗孔、铰孔、钻沉头孔等工序。

在图 1-45 所示的对话框中，单击【Dwell】，即进入驻留时间的设定，此时系统弹出图 1-48 所示的【Cycle Dwell】对话框。

图 1-48 【Cycle Dwell】对话框

●【关】：表示刀具送到指定深度后不发生驻留。

●【开】：设置刀具到达指定深度后发生驻留，仅用于标准循环。

●【秒】：允许用户输入以秒表示的驻留值。

●【转】：允许用户输入所需的驻留值，以主轴转数为单位。

（4）选项 Option。

图 1-45 所示的对话框中的【Option-关】用于打开或关闭特定机床独有的加工特性。此选项与后处理器相关，仅在“开”和“关”之间切换。

（5）CAM。

图 1-45 所示的对话框中的【CAM-无】用于为没有可编程 Z 轴的机床指定刀具深度的预设 CAM 停止位置。该值必须是正整数或零，如果输入负值，软件显示消息 CAM 值无效。且只有当 CAM 参数对目标后处理器有效时才应指定 CAM 值。

（6）退刀 Rtrcto。

退刀用于指定退刀距离，距离是沿“刀轴”从“部件表面”测量到刀具进给至指定深度后退刀的点。除标准镗、手工退刀外，此选项可用于所有“标准”循环。退刀可以是正值或 0，设置为【无】将忽略退刀距离的使用。

在图 1-45 所示的对话框中，单击【Rtrcto-无】，即进入退刀类型的设定，此时系统弹出图 1-49 所示的【退刀类型】对话框。

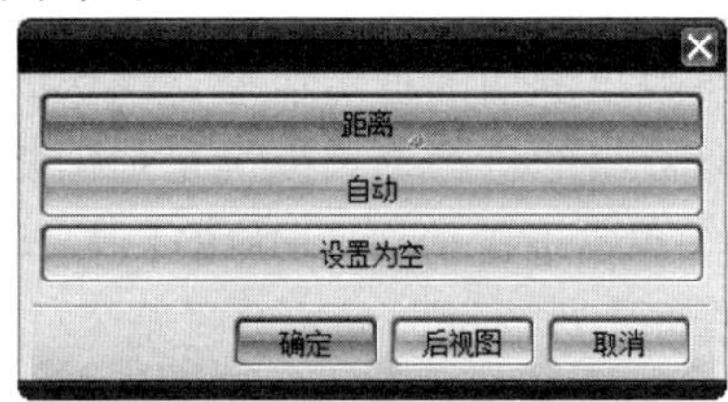

图 1-49 【退刀类型】对话框

●【距离】：指定退刀距离，可输入正值、零，或接受默认值。

●【自动】：对于使用自动选项的当前“参数集”和后续“参数集”，自动将刀具退回到循环前的位置，即刀具沿刀轴退回到当前循环开始之前所在的最后位置。

●【无】：忽略退刀距离的使用。

1.3.11 深度偏置

钻孔加工中的【深度偏置】参数组用于设定刀尖与孔深度之间的偏置值，如图 1-50 所示。

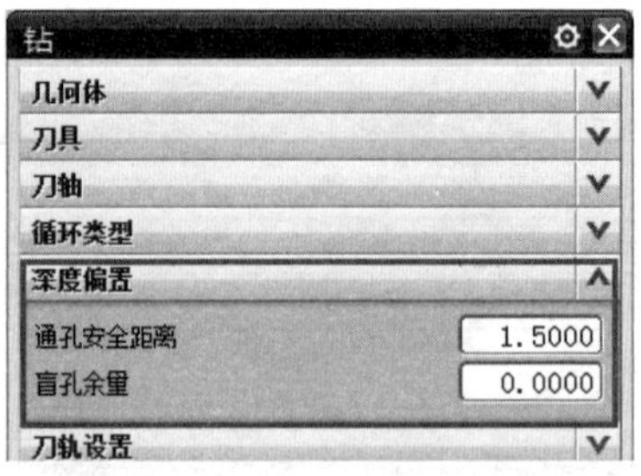

图 1-50 【深度偏置】参数组

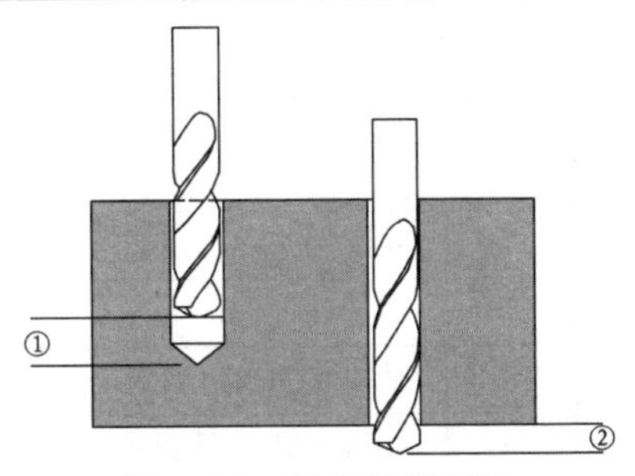

图 1-51 深度偏置图示

●【盲孔余量】：指定高出盲孔底面的距离，刀具将在此位置停止钻孔，如图 1-51①所示。

●【通孔安全距离】：指定刀具移动超出通孔底面的距离，如图 1-51②所示。

深度偏置选项与循环参数对话框中的深度选项以如下方式结合使用：

● 如果深度选项设置为模型深度，深度偏置仅应用于实体孔。它不适用于点、圆弧或片体中的孔。

● 如果深度选项设置为至底面，“盲孔”余量应用于所有选定对象，必须有一个“底面”处于活动状态。

● 如果深度选项设置为穿过底面，“通孔”安全距离应用于所有选定对象，必须有一个“底面”处于活动状态。

1.4 操作训练

1.4.1 确定加工工艺方案

1. 加工路线分析

根据图样可知，该盖板零件的材料为 HT200。盖板的加工内容为平面、孔和螺纹，且都集中在 *A*、*B* 面上，前面工序已完成 6 个面的加工，待加工部位的最高精度为 IT7 级。从定位和加工两个方面考虑，以 *A* 面为主要定位基准。采用的加工方案如下：

（1）对ϕ60H7 的孔由于已铸出毛坯孔，可采用粗镗→半精镗→精镗工序方案；

（2）对ϕ12H8 的孔采用钻中心孔→钻孔→扩孔→铰孔工序方案；

（3）对ϕ16 的沉头孔可直接在ϕ12 孔的基础上锪至尺寸要求即可；

（4）对 M16-H7 的螺纹孔，由于在 M6 和 M20 之间，故可采用钻中心孔→钻底孔→钻孔倒角→攻螺纹工艺方案。

2. 加工工艺方案的制订

根据零件几何尺寸和加工要求，加工工艺方案制订如表 1-8 所示。

表 1-8 加工工艺简卡

工步号	工步内容	刀具规格	主轴转速 /r · min^{-1}	进给速度 /mm · min^{-1}
1	粗镗ϕ60H7 孔至 58	ϕ58 镗刀	400	60
2	半精镗ϕ60H7 孔至 59.95	ϕ59.95 镗刀	450	50
3	精镗ϕ60H7 孔至尺寸要求	ϕ60H7 镗刀	500	40
4	钻 4×ϕ12H8 孔及 4×M16-H7 中心孔	ϕ3 中心钻	1000	50
5	钻 4×ϕ12H8 孔至ϕ10	ϕ10 麻花钻	600	60

续表

工步号	工步内容	刀具规格	主轴转速 /r · min^{-1}	进给速度 /mm · min^{-1}
6	扩钻 4×ϕ12H8 孔至ϕ11.85	ϕ11.85 扩孔钻	300	40
7	锪钻 4×ϕ16 孔至尺寸要求	ϕ16 阶梯铣刀	150	30
8	铰 4×ϕ12H8 孔至尺寸要求	ϕ12H8 机用铰刀	100	40
9	钻 4×M16 螺纹孔底孔至ϕ14	ϕ14 麻花钻	450	60
10	倒 4×M16 底孔端角	ϕ18 麻花钻	300	40
11	攻 4×M16 螺纹	M16 机用丝锥	100	(200)

1.4.2 创建加工编程操作

1. 进入加工环境

➢ Step1：打开文件“1-1 Cover.prt”，在【标准】工具条上选择【开始】|【加工】命令，弹出【加工环境】对话框，如图 1-52 所示。选择【drill】选项，单击【确定】按钮。

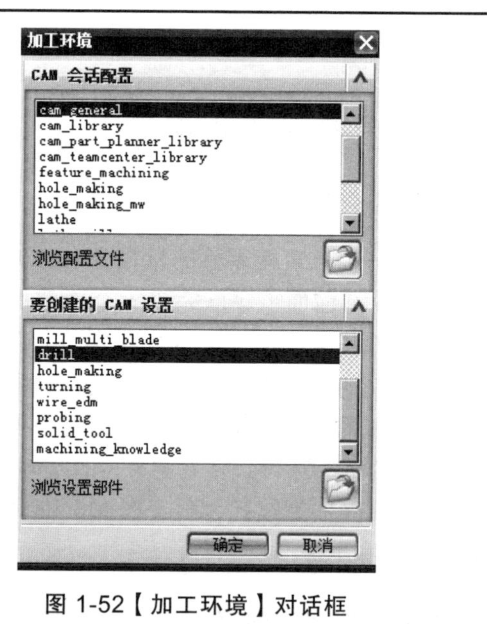

图 1-52【加工环境】对话框

2. 设置加工坐标系

➢ Step2：切换【工序导航器】视图为几何视图，如图 1-53 所示。

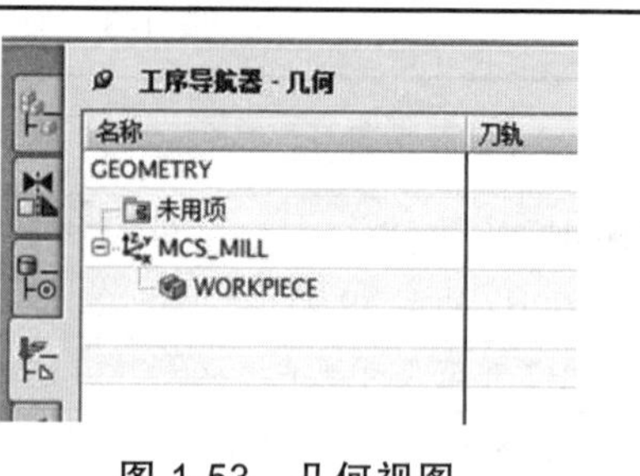

图 1-53　几何视图

<table>
<tr>
<td>➢ Step3：编辑【MCS_MILL】，在弹出的对话框中设置【装夹偏置】为“1”，如图 1-54 所示。</td>
<td>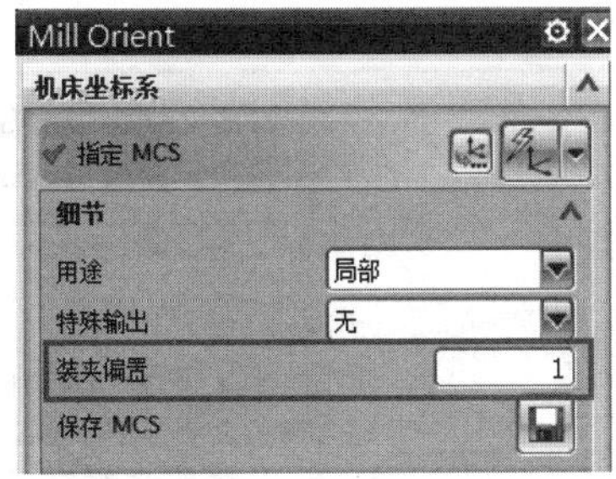

图 1-54 【装夹偏置】设置</td>
</tr>
<tr>
<td>➢ Step4：设置【安全选项】，如图 1-55 所示。</td>
<td>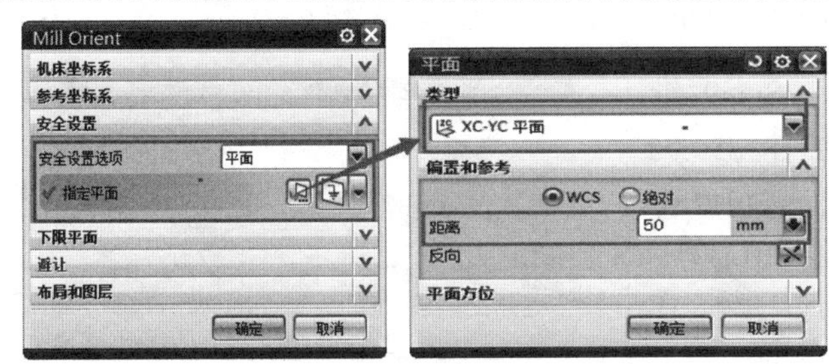

图 1-55 【安全选项】设置</td>
</tr>
<tr>
<td>➢ Step5：单击【确定】，完成坐标系设置。</td>
<td></td>
</tr>
</table>

3. 设置加工几何体

<table>
<tr>
<td>➢ Step6：编辑【WORKPIECE】，指定部件，如图 1-56 所示。</td>
<td>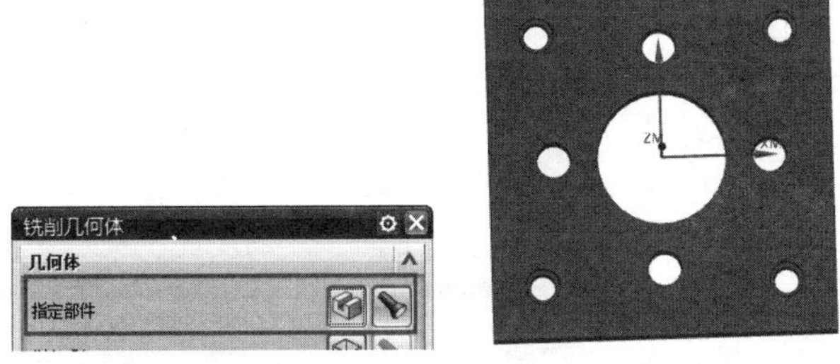

图 1-56 指定部件</td>
</tr>
<tr>
<td>➢ Step7：设置毛坯几何体参数，选择已创建好的毛坯几何体，如图 1-57 所示。</td>
<td>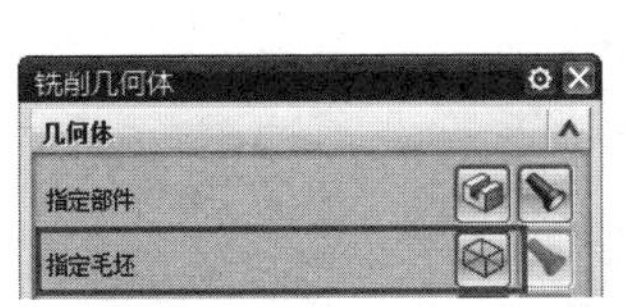

图 1-57 设置毛坯几何体</td>
</tr>
</table>

4. 创建刀具

➢ Step8：选择【创建刀具】命令，创建1把$\phi 58$镗刀，设置【刀具号】和【补偿寄存器】均为“1”，如图1-58所示。

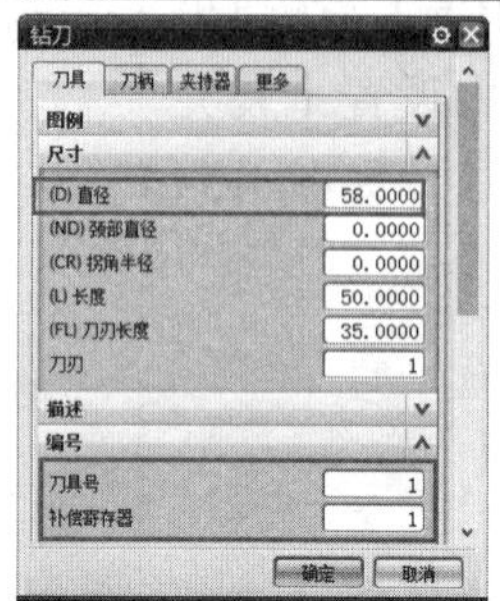

图 1-58　创建$\phi 58$镗刀

➢ Step9：继续创建$\phi 59.95$镗刀、$\phi 60H7$镗刀、$\phi 3$中心钻、$\phi 10$麻花钻、$\phi 11.85$扩孔钻、$\phi 16$阶梯铣刀、$\phi 12H8$机用铰刀、$\phi 14$麻花钻、$\phi 18$麻花钻、M16机用丝锥各1把。参数设置如图1-59所示。创建的刀具如图1-60所示。

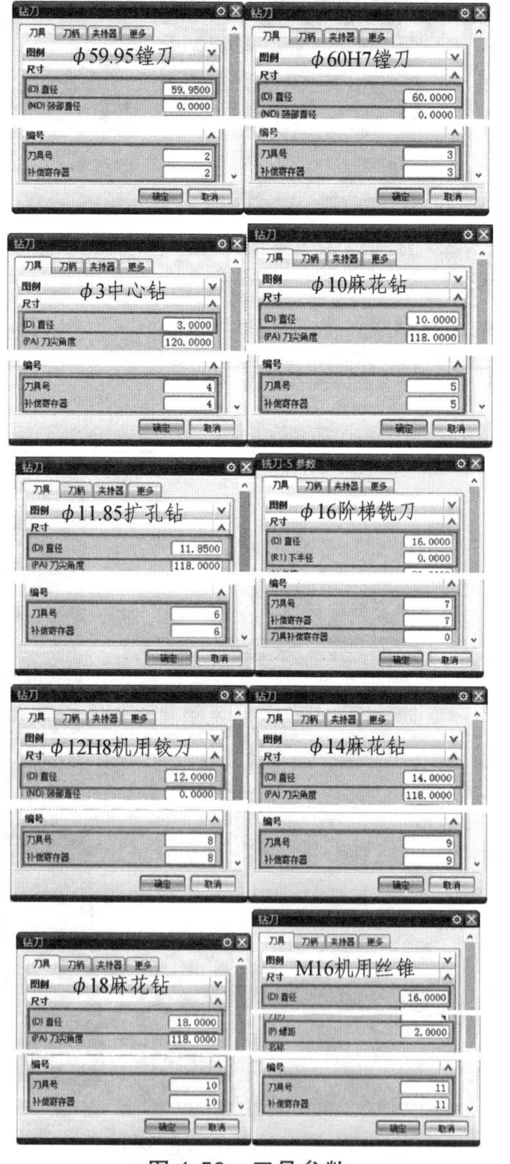

图 1-59　刀具参数

图 1-60　创建的刀具

5. ϕ60H7 孔的加工编程

➢ Step10：选择【创建工序】，创建镗孔加工工序，并选择相关参数，如图 1-61 所示。	 图 1-61　创建镗孔工序
➢ Step11：在【镗孔】对话框中，单击指定孔图标按钮，并选择 ϕ60 的孔，如图 1-62 所示。	 图 1-62　指定孔
➢ Step12：在【镗孔】对话框中，单击进给率和速度图标按钮，设置主轴转速和切削速度，如图 1-63 所示。	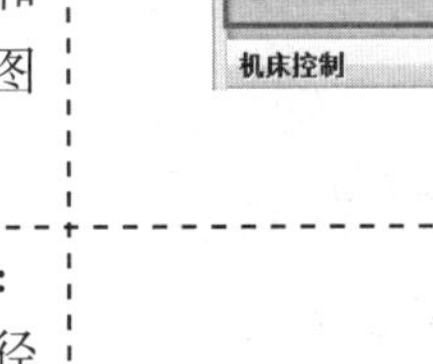 图 1-63　设置进给率和速度
➢ Step13：生成刀具路径 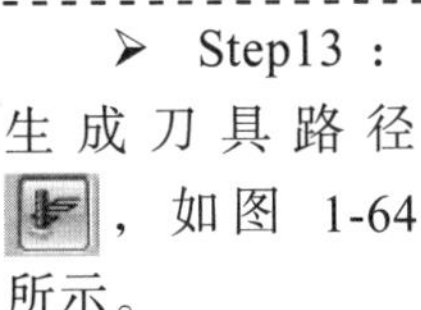，如图 1-64 所示。	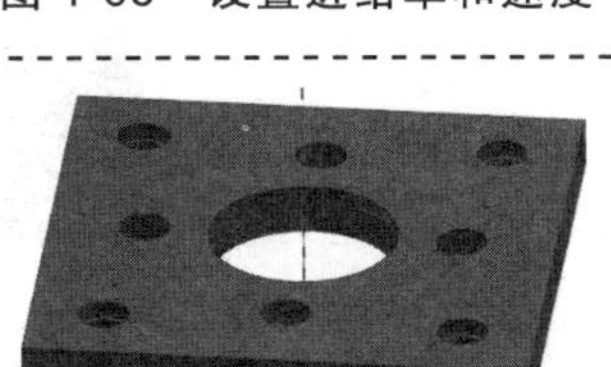 图 1-64　粗镗刀轨
➢ Step14：刀具路径仿真，结果如图 1-65 所示。	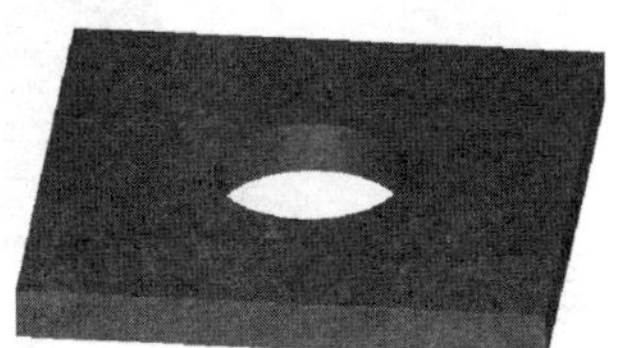 图 1-65　仿真结果

➢ Step15：通过复制已创建的粗镗工序来创建半精镗工序，操作如图 1-66 所示。

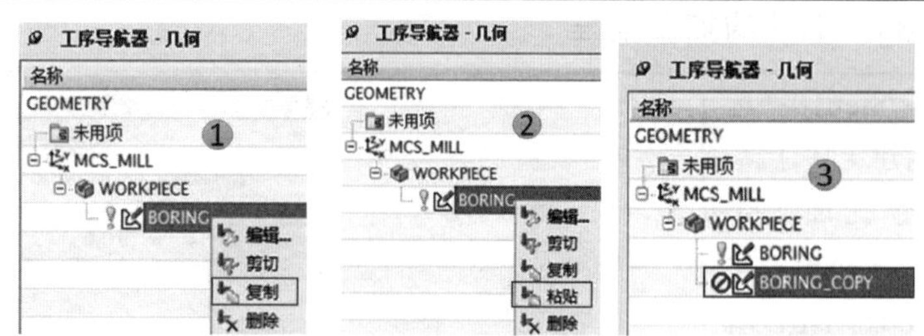

图 1-66　创建半精镗工序

➢ Step16：编辑上步中创建的半精镗工序，如图 1-67 所示。

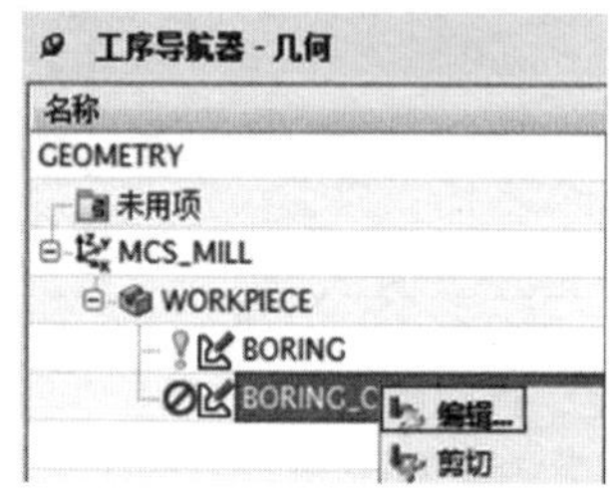

图 1-67　编辑半精镗工序

➢ Step17：设置半精镗工序刀具、进给率和速度，如图 1-68(a)、(b)所示。

(a) 更换刀具

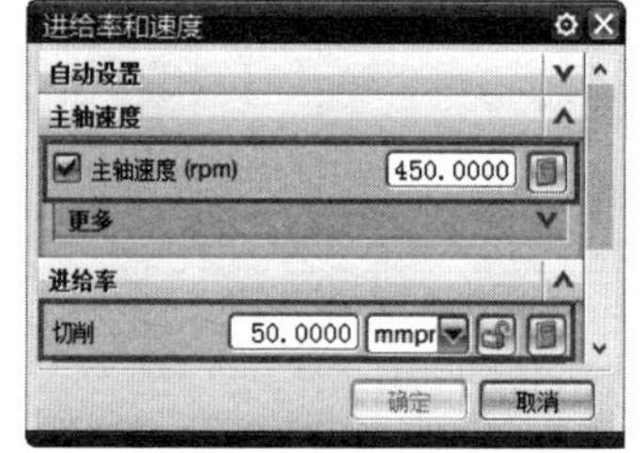

(b) 设置进给率和速度

图 1-68　更换刀具及设置进给率和速度

➢ Step18：生成刀具路径，如图 1-69 所示。

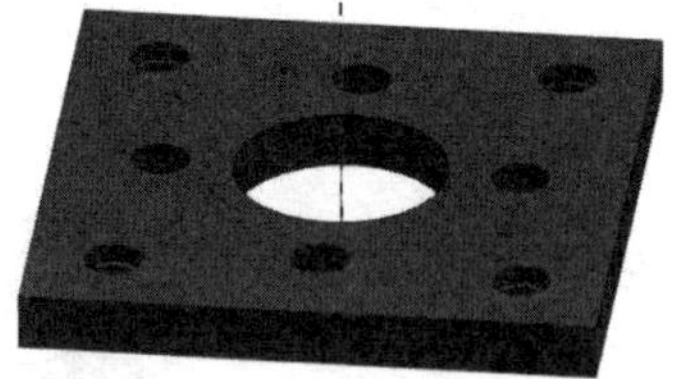

图 1-69　半精镗刀轨

➢ Step19：刀具路径仿真，结果如图 1-70 所示。

图 1-70　仿真结果

➢ Step20：通过复制已创建的半粗镗工序来创建精镗工序，操作如图 1-71 所示。

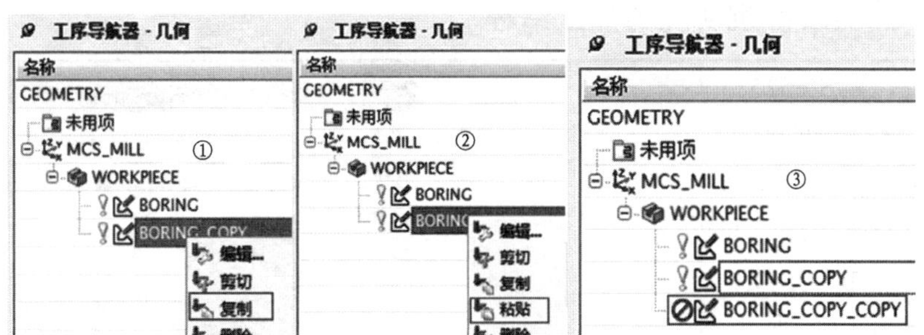

图 1-71　创建半精镗工序

➢ Step21：编辑上步中创建的精镗工序，如图 1-72 所示。

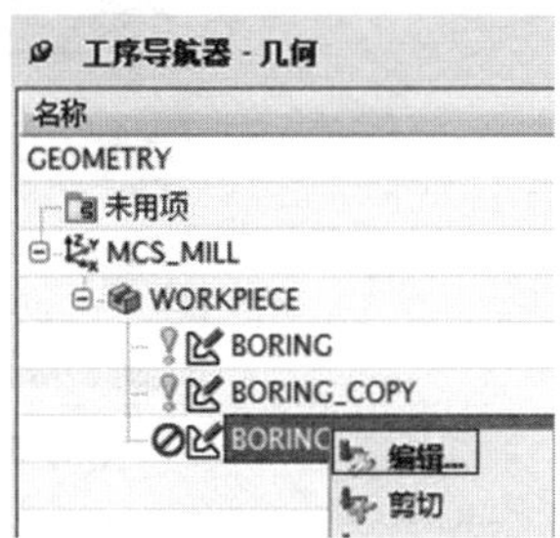

图 1-72　编辑精镗工序

➢ Step22：设置精镗工序刀具、进给率和速度，如图 1-73、1-74 所示。

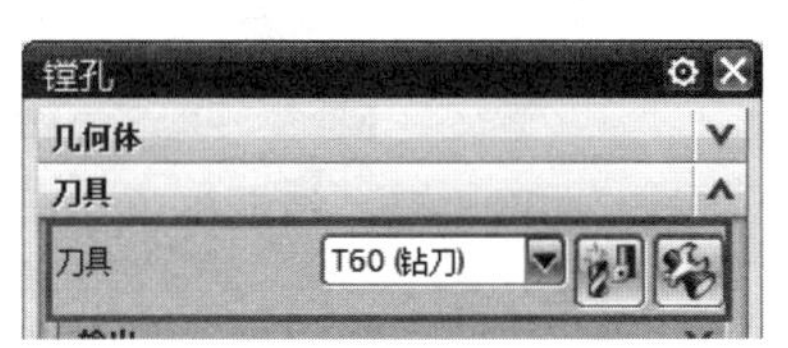

图 1-73　更换刀具　　图 1-74　设置进给率和速度

➢ Step23：生成刀具路径，如图 1-75 所示。

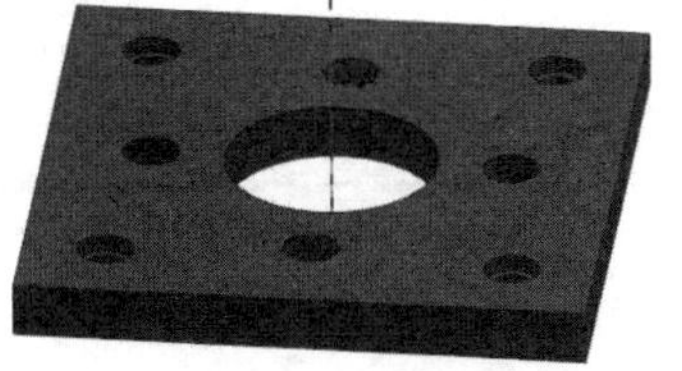

图 1-75　精镗刀轨

➢ Step24：刀具路径仿真，结果如图 1-76 所示。

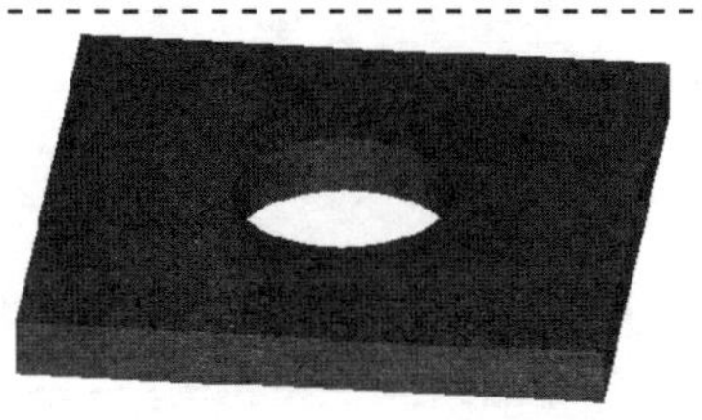

图 1-76　仿真结果

6. ϕ12H8 沉头孔的加工编程

➢ Step25：选择【创建工序】，创建钻中心孔工序，并选择相关参数，如图 1-77 所示。

图 1-77　创建中心钻工序

➢ Step26：在【镗孔】对话框中，单击指定孔图标按钮，并选择 4 个沉头孔和 4 个螺纹孔，如图 1-78 所示。

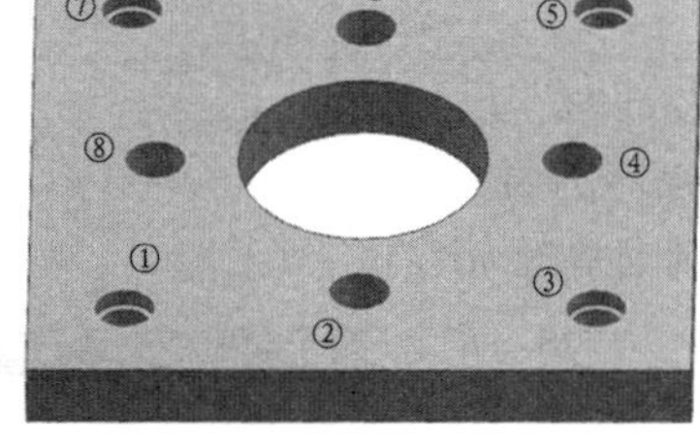

图 1-78　指定孔

➢ Step27：编辑循环参数，操作过程如图 1-79 所示。

图 1-79　编辑循环参数

➢ Step28：在【定心钻】对话框中，单击进给率和速度 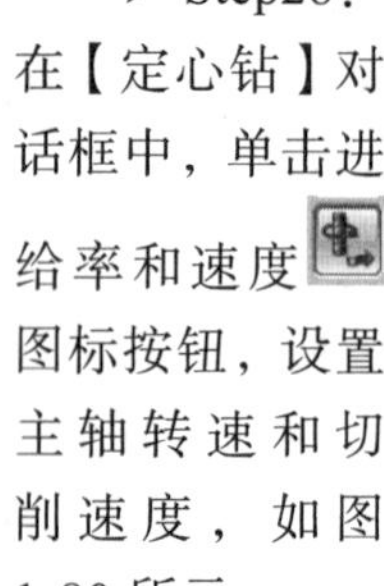 图标按钮，设置主轴转速和切削速度，如图 1-80 所示。

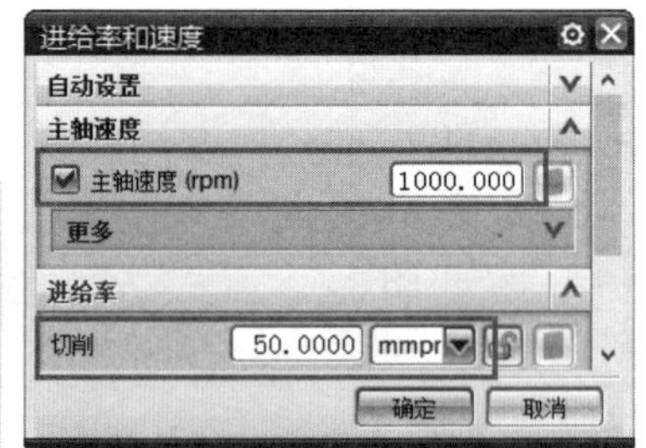

图 1-80　设置进给率和速度

➢ Step29：生成刀具路径，如图 1-81 所示。

图 1-81 钻中心孔刀轨

➢ Step30：刀具路径仿真，结果如图 1-82 所示。

图 1-82 仿真结果

➢ Step31：选择【创建工序】，创建钻孔工序，并选择相关参数，如图 1-83 所示。

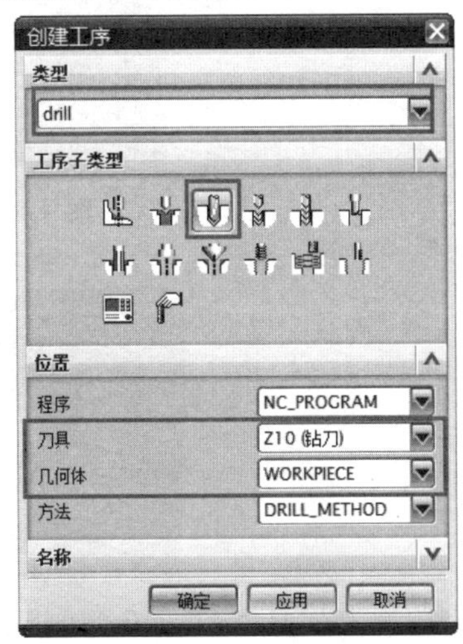

图 1-83 创建钻孔工序

➢ Step32：在【钻】对话框中，单击指定孔图标按钮，并选择 4 个沉头孔，如图 1-84 所示。

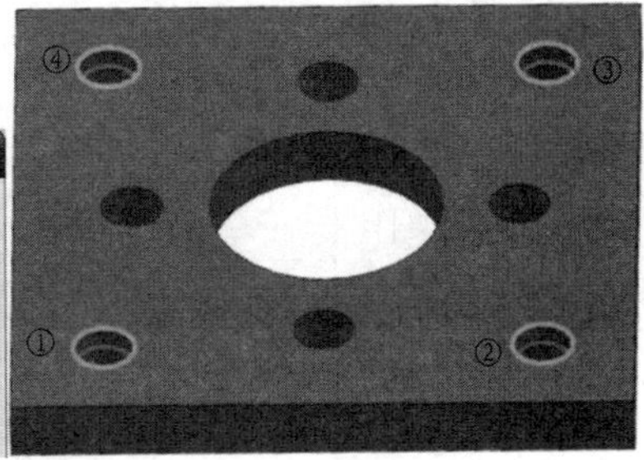

图 1-84 指定孔

➢ Step33：设置【深度偏置】参数，如图 1-85 所示。	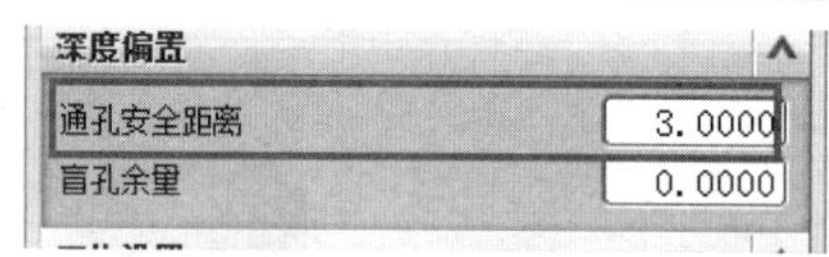 图 1-85　设置【深度偏置】参数
➢ Step34：在【定心钻】对话框中，单击进给率和速度图标按钮，设置主轴转速和切削速度，如图 1-86 所示。	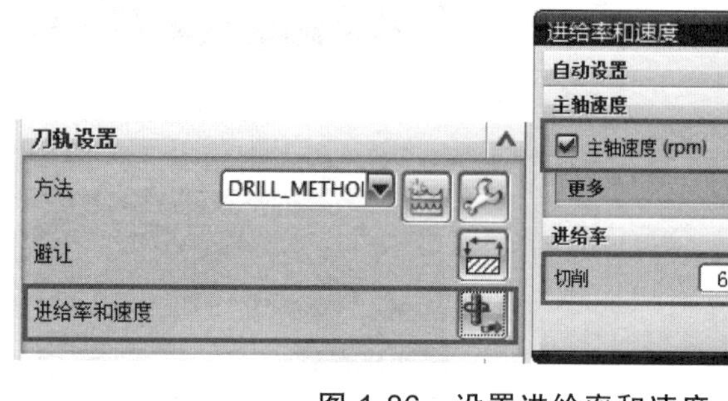 图 1-86　设置进给率和速度
➢ Step35：生成刀具路径，如图 1-87 所示。	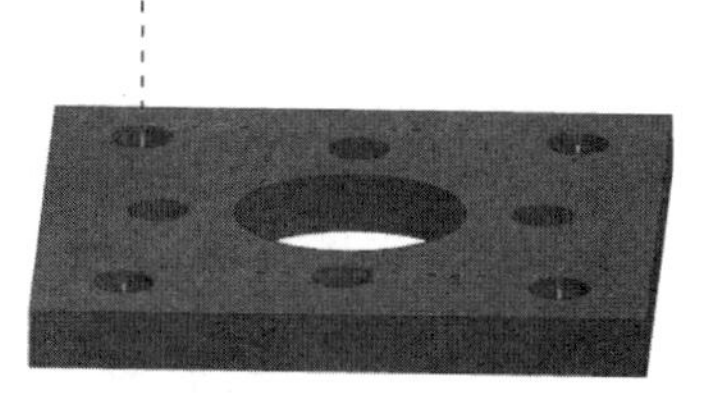 图 1-87　钻孔刀轨
➢ Step36：刀具路径仿真，结果如图 1-88 所示。	 图 1-88　仿真结果
➢ Step37：通过复制上步中已创建的钻孔工序来创建扩孔工序，操作如图 1-89 所示。	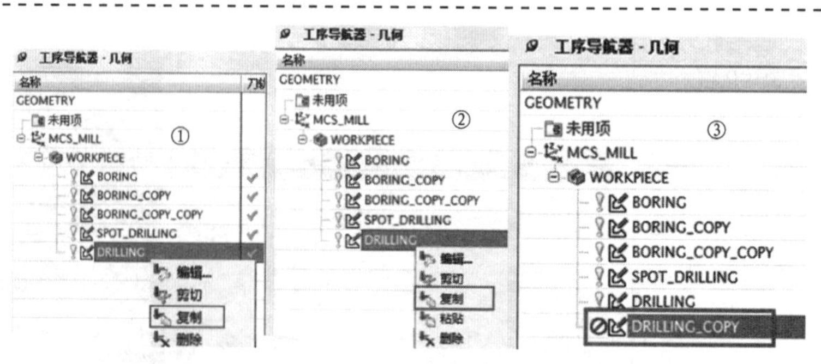 图 1-89　创建扩孔工序

➢ Step38：编辑上步中创建的扩孔工序，如图 1-90 所示。

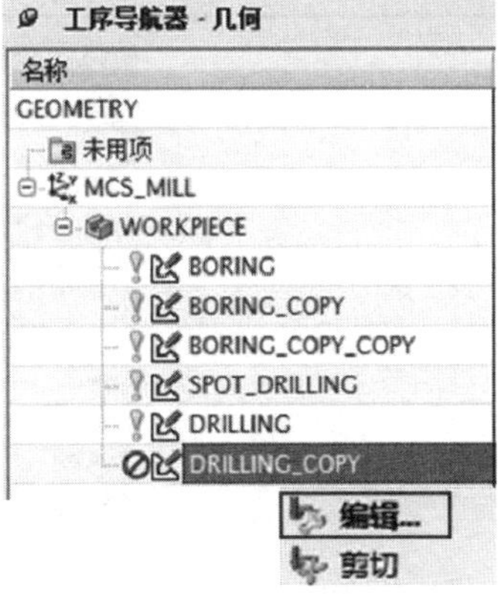

图 1-90 编辑扩孔工序

➢ Step39：设置扩孔工序刀具、进给率和速度，如图 1-91、1-92 所示。

图 1-91 更换刀具

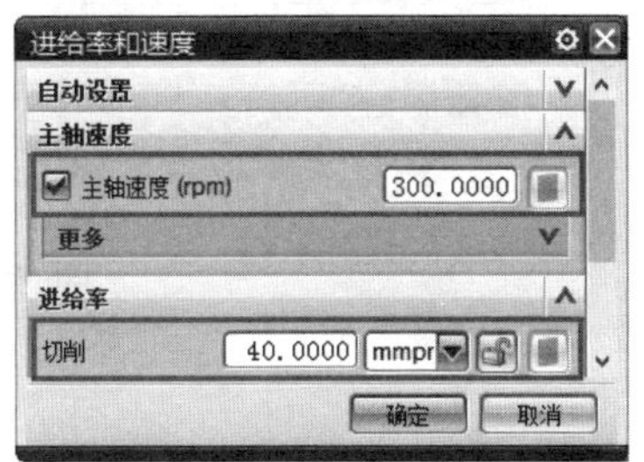

图 1-92 设置进给率和速度

➢ Step40：生成刀具路径，如图 1-93 所示。

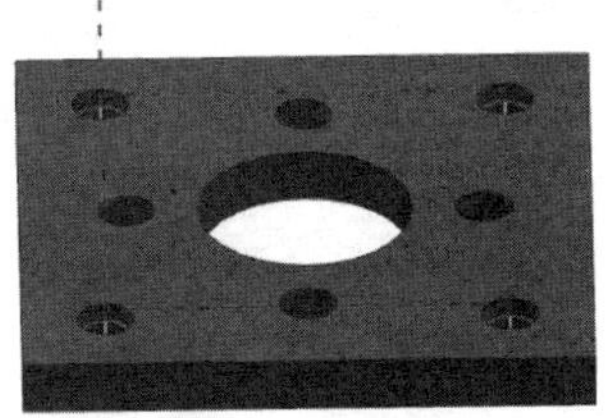

图 1-93 钻孔刀轨

➢ Step41：刀具路径仿真，结果如图 1-94 所示。

图 1-94 仿真结果

➢ Step42：选择【创建工序】，创建锪孔工序，并选择相关参数，加工$\phi 16$ 的沉头孔，如图 1-95 所示。

图 1-95　创建锪孔工序

➢ Step43：在【孔加工】对话框中，单击指定孔图标按钮，并选择 4 个沉头孔，如图 1-96 所示。

图 1-96　指定孔

➢ Step44：编辑循环参数，操作过程如图 1-97 所示。

图 1-97　编辑循环参数

➢ Step45：编辑【最小安全距离】参数，如图 1-98 所示。

图 1-98 【最小安全距离】参数

➢ Step46：在【定心钻】对话框中，单击进给率和速度图标按钮，设置主轴转速和切削速度，如图 1-99 所示。

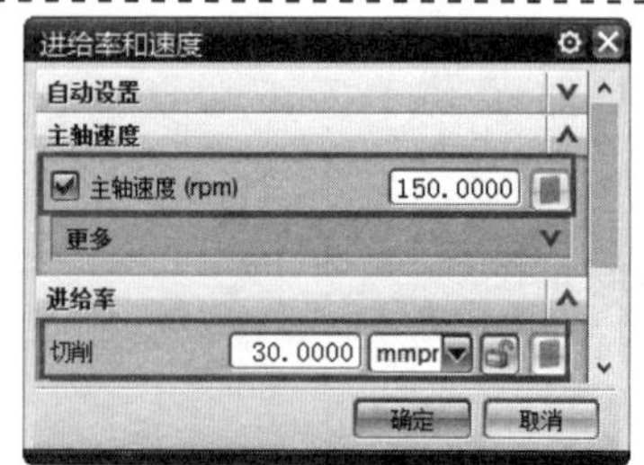

图 1-99　设置进给率和速度

➢ Step47：生成刀具路径，如图 1-100 所示。	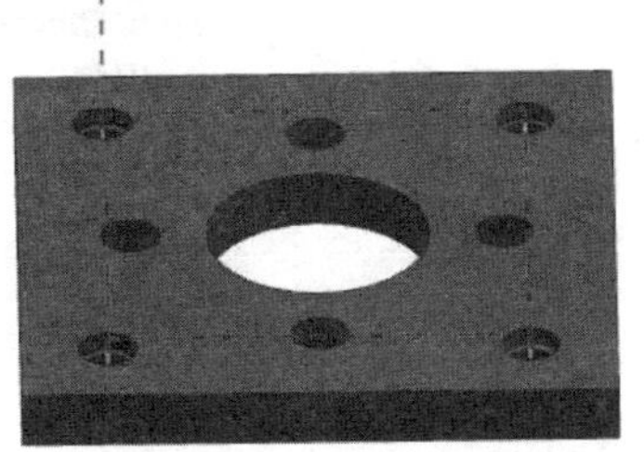 图 1-100　锪孔刀轨
➢ Step48：刀具路径仿真，结果如图 1-101 所示。	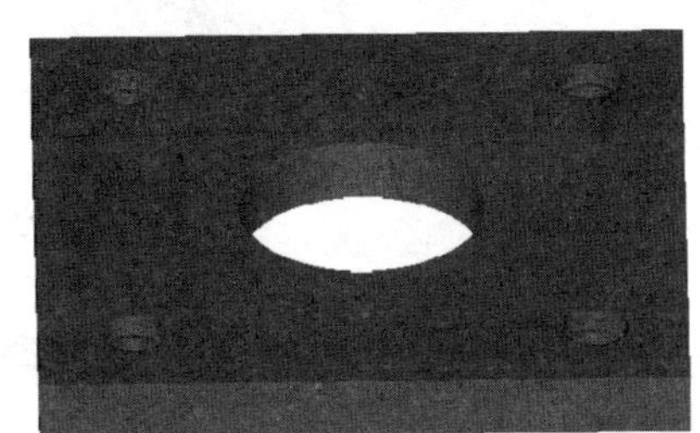 图 1-101　仿真结果
➢ Step49：选择【创建工序】，创建铰孔工序，并选择相关参数，如图 1-102 所示。	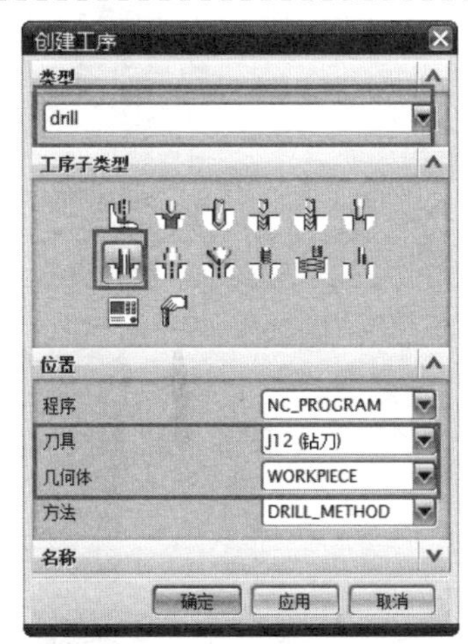 图 1-102　创建铰孔工序
➢ Step50：在【铰】对话框中，单击指定孔图标按钮，并选择 4 个沉头孔，如图 1-103 所示。	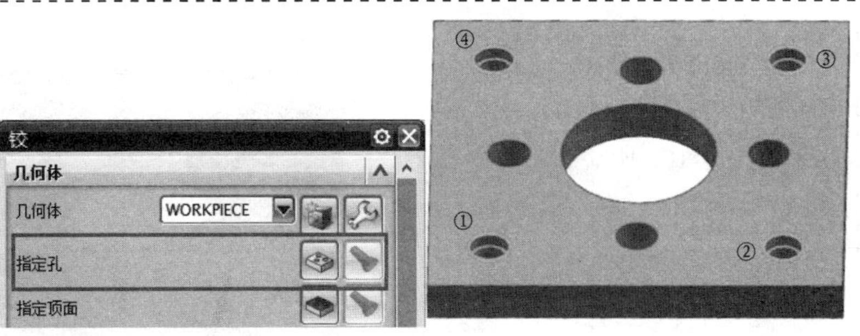 图 1-103　指定孔

➢ Step51：设置【深度偏置】参数，如图 1-104 所示。	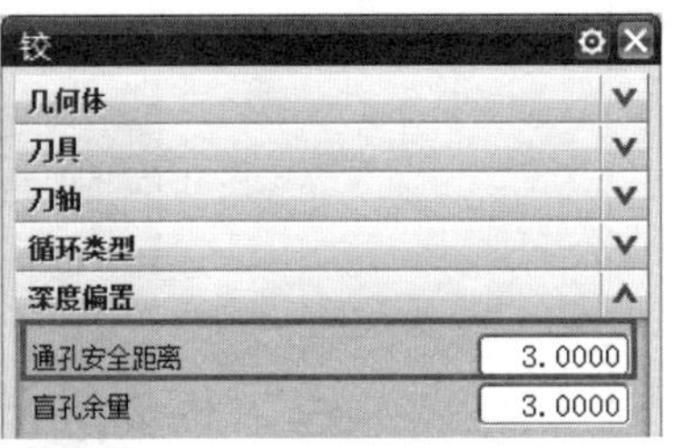 图 1-104 设置【深度偏置】
➢ Step52：在【铰】对话框中，单击进给率和速度图标按钮，设置主轴转速和切削速度，如图 1-105 所示。	 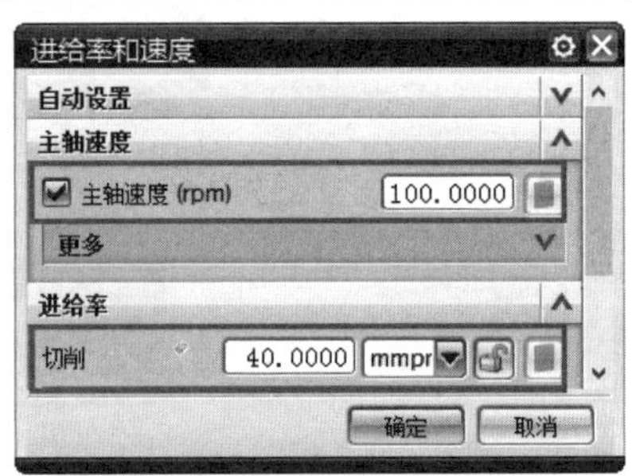 图 1-105 设置进给率和速度
➢ Step53：生成刀具路径，如图 1-106 所示。	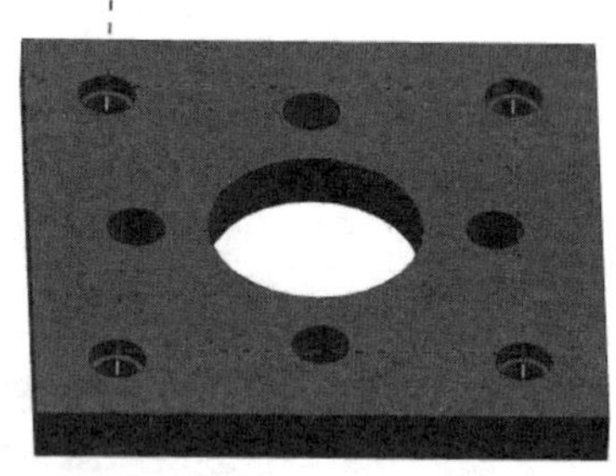 图 1-106 铰孔刀轨
➢ Step54：刀具路径仿真，结果如图 1-107 所示。	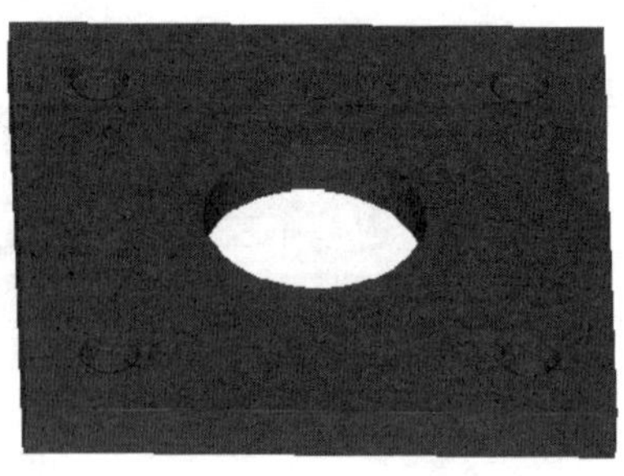 图 1-107 仿真结果

7. M16-H7 螺纹孔的加工编程

➢ Step55：选择【创建工序】，创建钻孔工序，并选择相关参数，钻 M16 底孔，如图 1-108 所示。

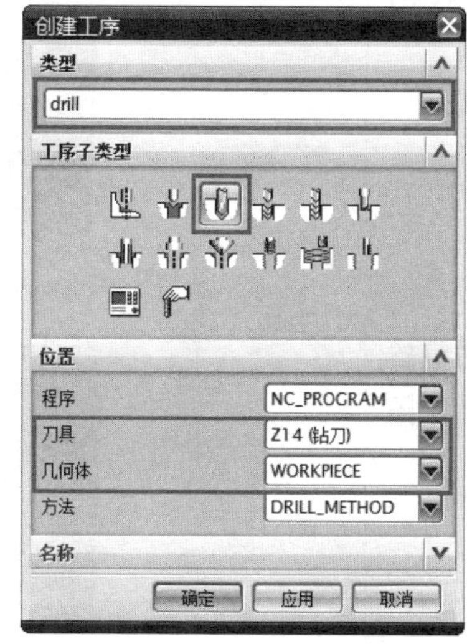

图 1-108 创建钻孔工序

➢ Step56：在【钻】对话框中指定加工孔，单击指定孔图标按钮，并选择 4 个螺纹孔，如图 1-109 所示。

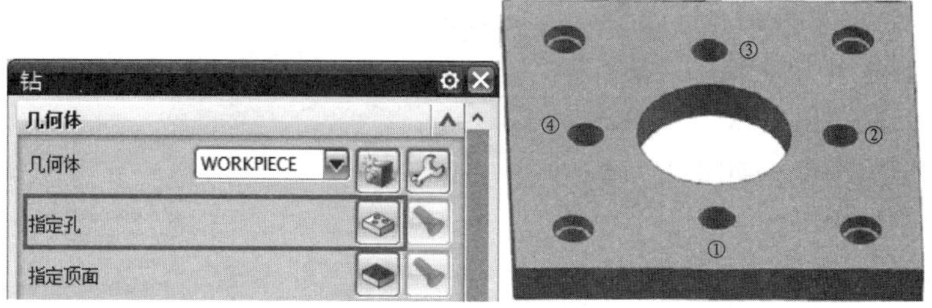

图 1-109 指定孔

➢ Step57：设置【深度偏置】参数，如图 1-110 所示。

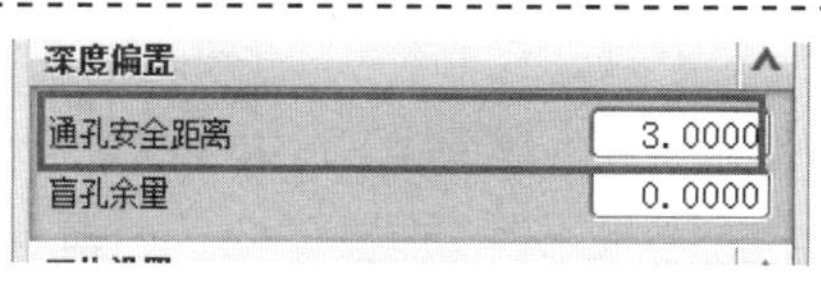

图 1-110 设置【深度偏置】参数

➢ Step58：在【钻】对话框中，单击进给率和速度图标按钮，设置主轴转速和切削速度，如图 1-111 所示。

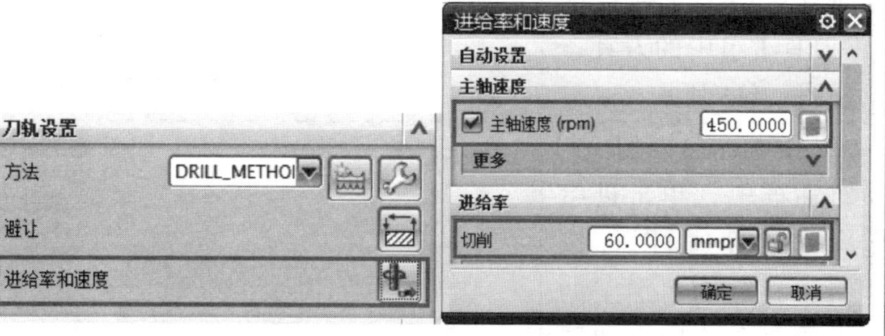

图 1-111 设置进给率和速度

➢ Step59：生成刀具路径，如图1-112所示。

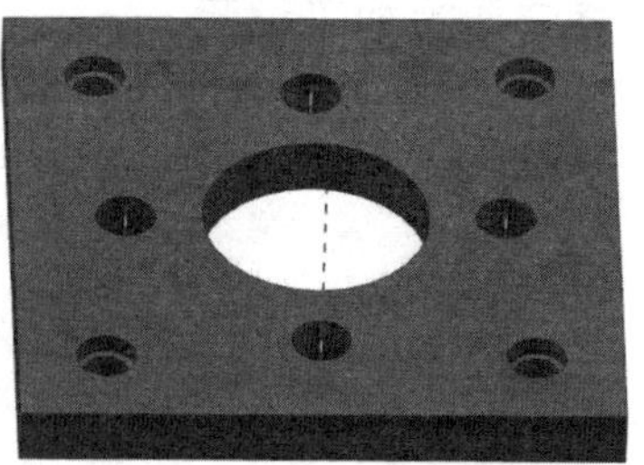

图 1-112 钻孔刀轨

➢ Step60：刀具路径仿真，结果如图1-113所示。

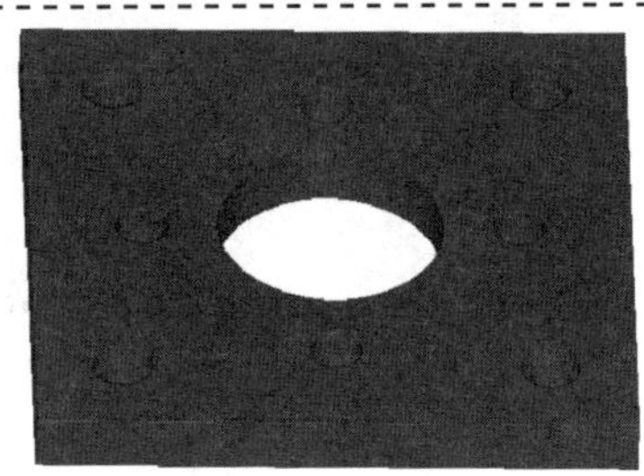

图 1-113 仿真结果

➢ Step61：通过复制上步中创建的底孔刀路，创建M16顶部倒角操作，如图1-114所示操作。

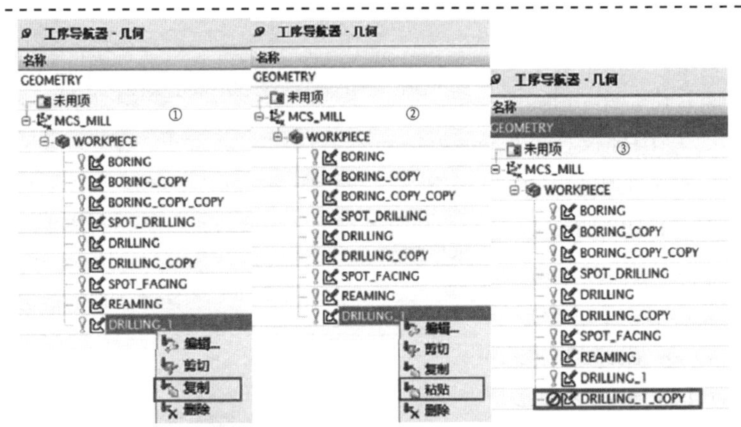

图 1-114 创建倒角加工

➢ Step62：在【钻】对话框中，重新选择【刀具】组中的刀具，如图1-115所示。

图 1-115 更换刀具

➢ Step63：在【钻】对话框中，单击进给率和速度图标按钮，设置倒角加工的进给率和速度，如图1-116所示。

图 1-116 设置进给率和速度

➢ Step64：编辑循环参数，操作过程如图 1-117 所示。

图 1-117　编辑循环参数

➢ Step65：生成刀具路径，如图 1-118 所示。

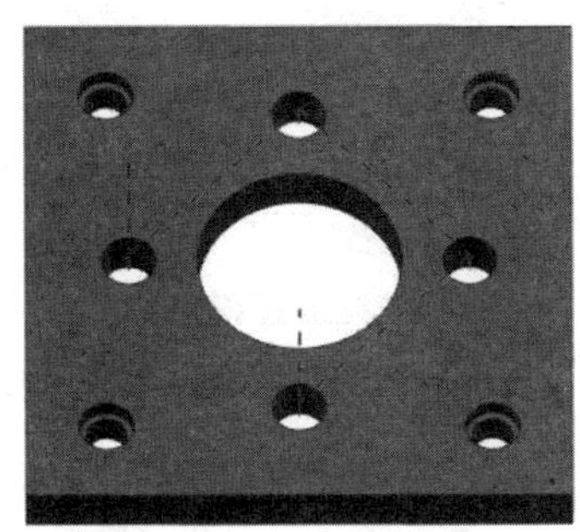

图 1-118　倒角刀轨

➢ Step66：刀具路径仿真，结果如图 1-119 所示。

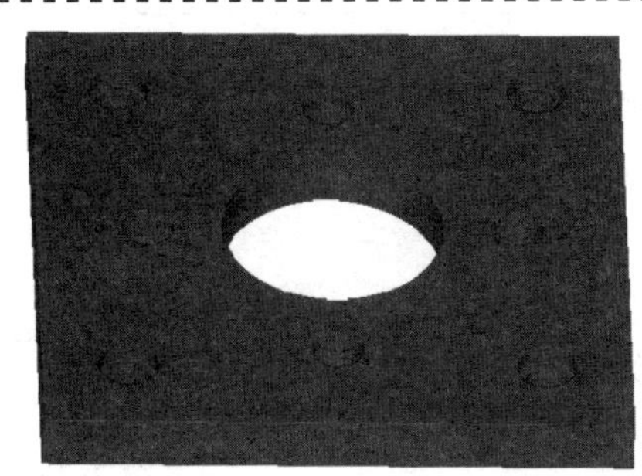

图 1-119　仿真结果

➢ Step67：选择【创建工序】，创建攻丝工序，并选择相关参数，如图 1-120 所示。

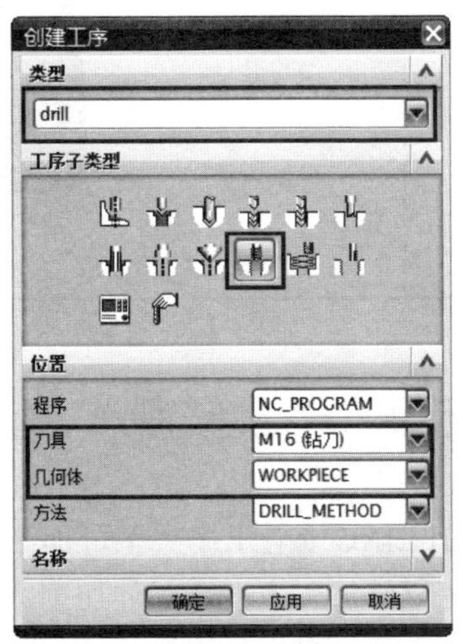

图 1-120　创建攻丝工序

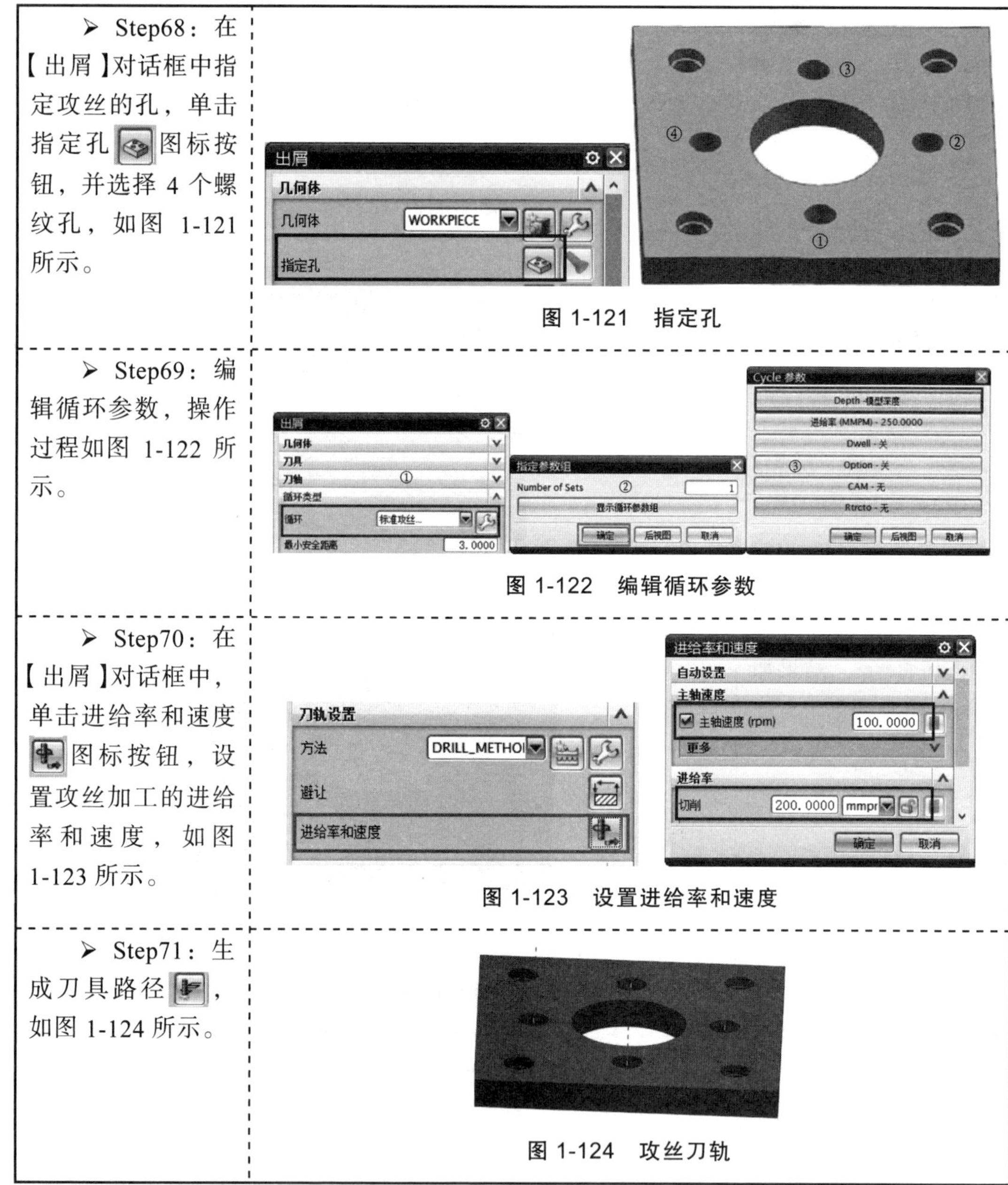

➢ Step68：在【出屑】对话框中指定攻丝的孔，单击指定孔图标按钮，并选择 4 个螺纹孔，如图 1-121 所示。

图 1-121 指定孔

➢ Step69：编辑循环参数，操作过程如图 1-122 所示。

图 1-122 编辑循环参数

➢ Step70：在【出屑】对话框中，单击进给率和速度图标按钮，设置攻丝加工的进给率和速度，如图 1-123 所示。

图 1-123 设置进给率和速度

➢ Step71：生成刀具路径，如图 1-124 所示。

图 1-124 攻丝刀轨

1.5 知识拓展——孔铣削

使用 HOLE_MILLING 工序类型可加工孔和圆柱凸台，而不需要使用基于特征的加工。加工中可以任意反转加工方向、延伸切削的起点和终点、指定螺旋切削模式和螺旋式切削模式，常用于一把刀加工多个不同规格和直径的孔，减少了定值刀具的种类，提高了加工效率。

当选择“HOLE_MILLING”工序后，系统弹出图 1-125 所示的【Hole Milling】对话框。用户可以根据加工进行参数设置。

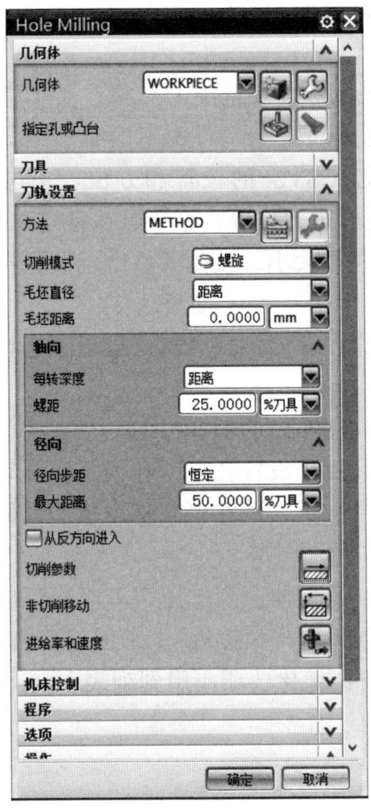

图 1-125 【Hole Milling】对话框

1.5.1　孔铣削几何体

在图 1-125 所示的对话框中，单击指定孔或凸台按钮，系统将弹出图 1-126 所示的【孔或凸台几何体】对话框。

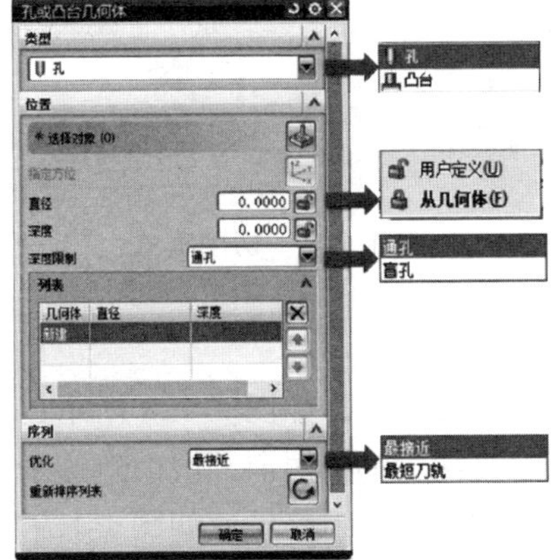

图 1-126 【孔或凸台几何体】对话框

对话框中各参数如下：

（1）【类型】组。

此选项组用于限制选择要铣削加工的孔或凸台。

（2）【位置】组。

● 选择对象：在图形区域选择要铣削的对象，受【类型】组限制，用户可以通过特征的点、圆弧、边或圆柱面进行选取。

● 指定方位：用于指定 CSYS 的位置和方位。单击打开 CSYS 对话框，指定 CSYS。方位将影响铣削时的轮廓进刀位置，系统默认从与 XC 轴交点处进刀。

● 直径：设置孔或凸台的直径大小，软件默认继承所选择的孔或凸台的直径，用户也可单独设置。

● 深度：设置孔或凸台的直径深度，软件默认继承所选择的孔或凸台的深度，用户也可单独设置。

● 反向：针对凸台有效，反转凸台的轴线方向。

● 深度限制：针对孔有效，用于设置孔是通孔或盲孔。

● 列表：显示指定孔和凸台数据，可在单元格中单击以修改数据。

（3）【序列】。

● 优化：指定如何重新排列几何体序列。用户可以执行创建总体“最短刀轨”或通过从一个位置移动到下一个最近位置（即“最接近”）来创建刀轨。

● 重新排序列表：将所选优化选项应用到列表。

1.5.2 孔铣削的切削模式

孔铣削提供了“螺旋式”“螺旋”“螺旋/螺旋式”3 种切削模式（见图 1-127），选择某个选项后会激活相应的文本框。

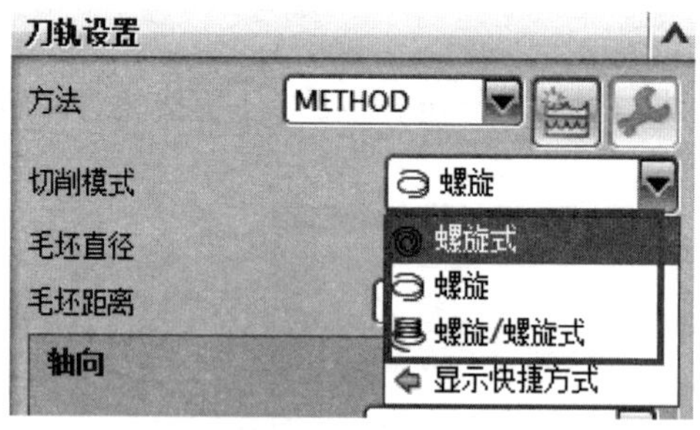

图 1-127 切削模式

1. 螺旋式

选择此项，激活【毛坯直径】文本框，如图 1-128 所示，通过定义毛坯孔的直径来控制平面螺旋线的起点，刀具在每一个深度都按照渐开线的轨迹来切削直至圆柱面，此时的刀路从刀轴方向上看是螺旋渐开线，此模式的刀路轨迹如图 1-129 所示。

图 1-128　螺旋式切削模式

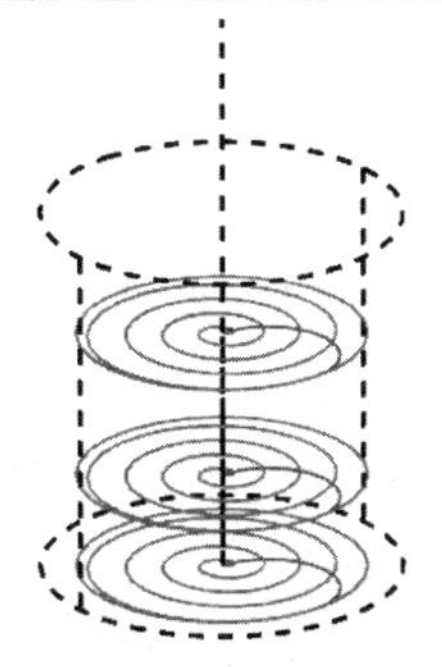

图 1-129　螺旋式刀路

2. 螺　旋

选择此选项，激活【毛坯直径】文本框，如图 1-130 所示，通过定义毛坯孔的直径来控制空间螺旋线的起点，刀具由此点以空间螺旋线的轨迹进行切削，直至底面，然后抬刀，在径向方向增加一个步距值继续按空间螺旋线的轨迹进行切削，重复此过程直至切削结束，此时的刀路从刀轴方向看是一系列同心圆，此模式的刀路轨迹如图 1-131 所示。

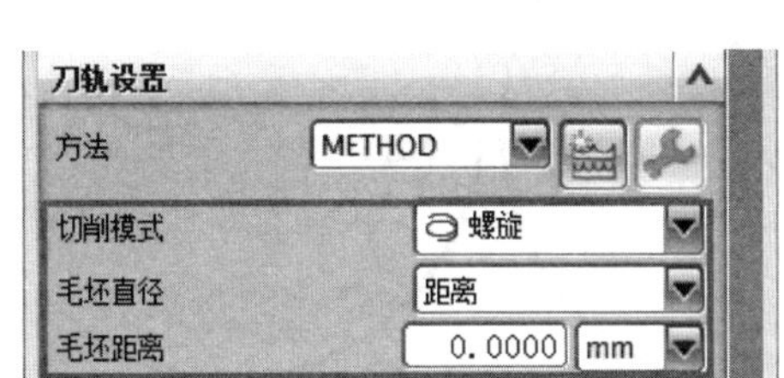

图 1-130　螺旋切削模式

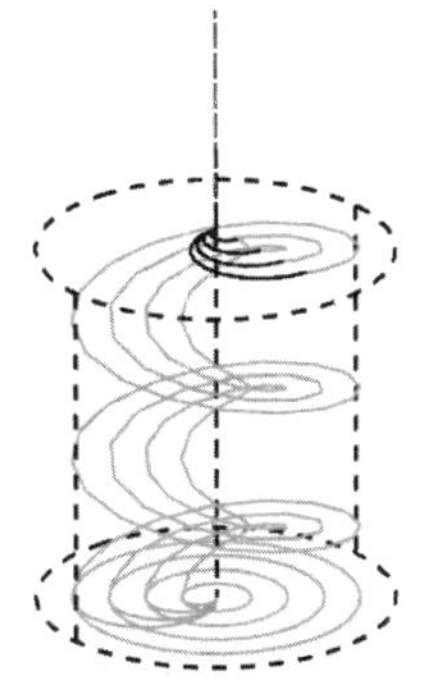

图 1-131　螺旋刀路

3. 螺旋/螺旋式

选择此选项，激活【螺旋线直径】文本框，如图 1-132 所示。通过定义螺旋线的直径来控制空间螺旋线的起点，刀具先以空间螺旋线的轨迹切削到一个深度，然后再按照螺旋渐开线的轨迹来切削其余的壁厚材料，因此该刀路从刀轴方向看既有一系列同心圆，又有螺旋渐开线，此模式的刀路轨迹如图 1-133 所示。

图 1-132　螺旋/螺旋式切削模式

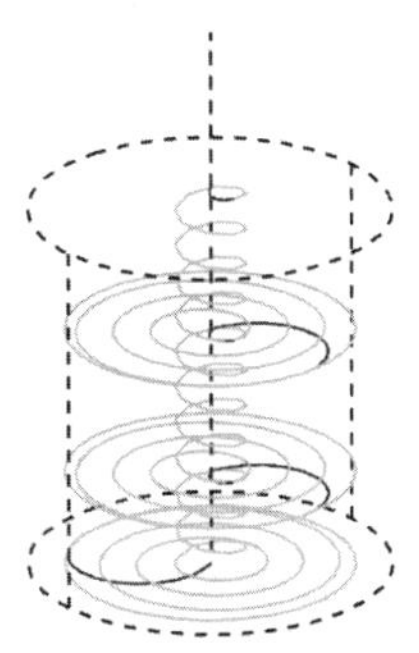

图 1-133　螺旋/螺旋式刀路

1.5.3 孔铣削的毛坯限制

孔铣削在计算刀路轨迹时不会从几何体父节点中继承毛坯来限制切削刀路，而需要通过设置毛坯直径或螺旋线起始直径方式来限制。

（1）当切削模式为“螺旋”或“螺旋式”时，【毛坯直径】有效，如图 1-134 所示。用户通过设置毛坯直径来控制螺旋线的起点，刀具由此点来控制轨迹的生成。

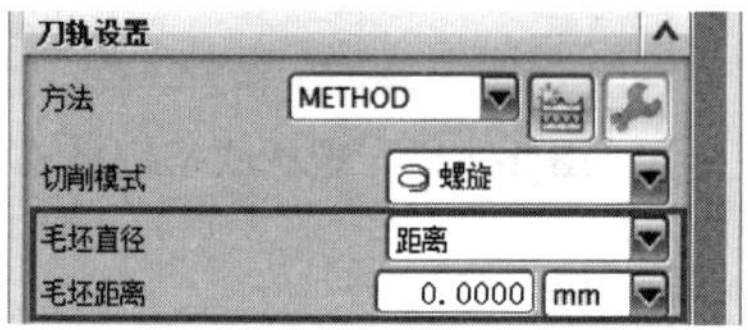

图 1-134 【毛坯直径】

① 直径方式指定毛坯。

当选择【毛坯直径】为【直径】时，允许用户指定孔切割模式或凸台切割模式的起始直径来控制切削区域。图 1-135 显示了 55 mm 孔的起始直径值为 0 mm、30 mm、50 mm 的示例效果。

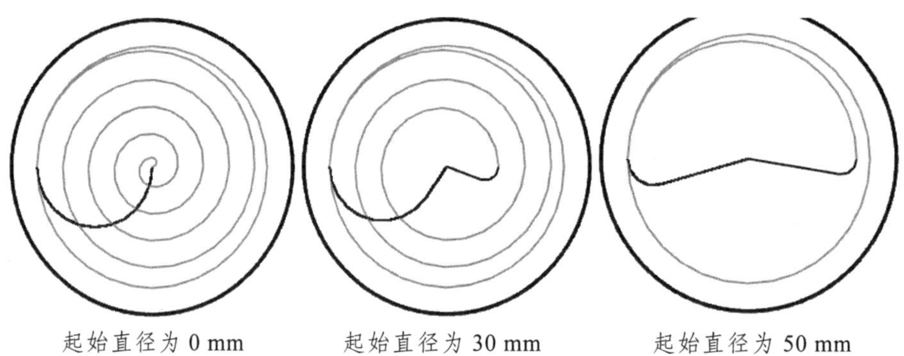

图 1-135 毛坯直径分别 0 mm、30 mm、50 mm 的示例效果图

② 距离方式指定毛坯。

当选择【毛坯直径】为【距离】时，允许用户指定孔切割模式或凸台切割模式的材料厚度（即毛坯距离）来控制切削区域。图 1-136 显示了 55 mm 孔的毛坯距离值为 1 mm、10 mm、25 mm 的示例效果。

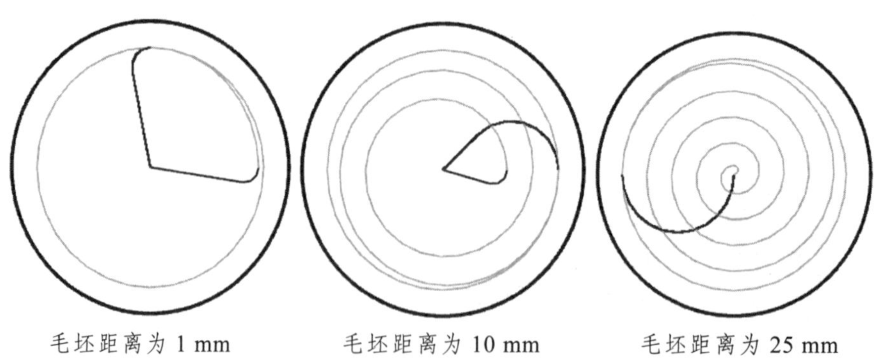

图 1-136 毛坯距离分别 1 mm、10 mm、25 mm 的示例效果图

（2）当切削模式为“螺旋/螺旋式”时，激活【螺旋线直径】选项，通过设置螺旋线直径来控制切削区域以生成刀路轨迹（见图 1-137）。其含义与上述设置【毛坯直径】相同，在此不再赘述。

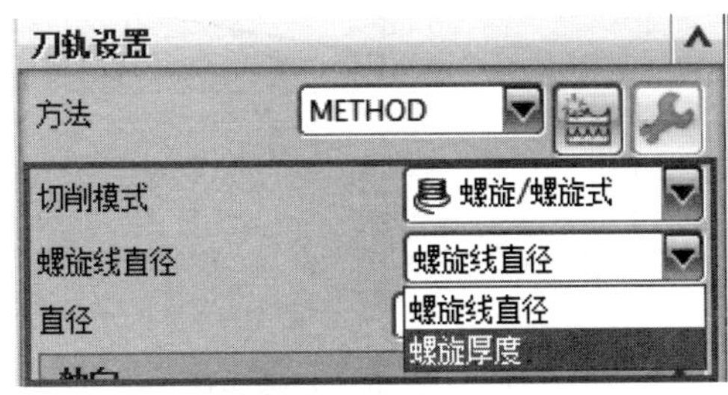

图 1-137 【螺旋线直径】

1.5.4　孔铣削的切削深度与步距

孔铣削的切削深度通过【轴向】参数设置，步距通过【径向】参数设置，如图 1-138 所示。

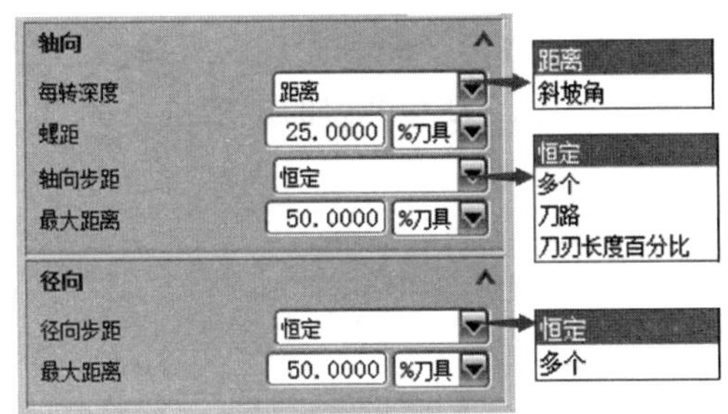

图 1-138 【轴向】与【径向】

1. 轴　向

轴向参数指定用于沿着刀轴计算步距距离的公式，分别用【每转深度】和【轴向步距】控制空间螺旋线的轴向距离（如图 1-139 中①所示）以及平面螺旋渐开线的层与层间的轴向距离（如图 1-139 中②所示）。

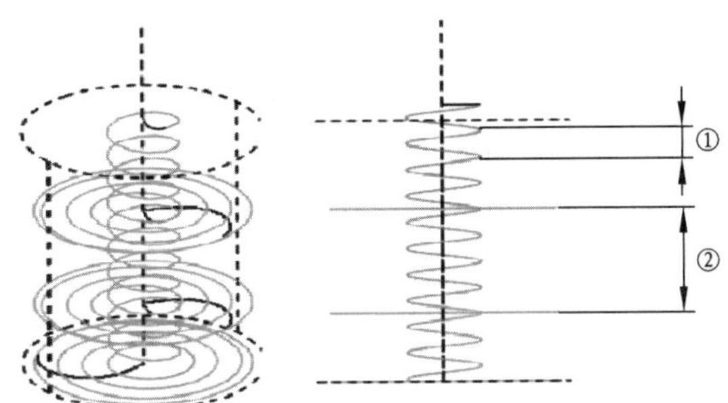

图 1-139 【每转深度】和【轴向步距】图示

（1）每转深度。

每转深度用于指定空间螺旋线的轴向距离，可以通过距离、斜坡角来指定。

- 距离：指定每螺旋旋转的螺距，如图 1-140 中的①所示。
- 斜坡角：将斜坡角指定为轴向步距，如图 1-140 中的②所示。此值可以从刀具继承。

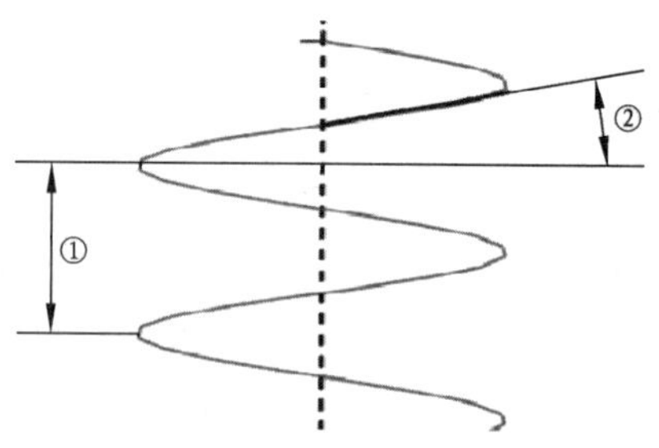

图 1-140　螺距、斜坡角图示

（2）轴向步距。

轴向步距用于指定平面螺旋渐开线的层与层间的轴向距离，可设置恒定、多个、刀路数和刀刃长度百分比。轴向步距应用于整个螺纹长度，包括顶部和底部的偏置，需要注意的是轴向步距始终不得超过刀刃长度。

- 恒定：指定连续切削刀路之间的最大距离。
- 多个：允许用户为各大小指定多个步距和相应的刀路数。刀路列表中的第一行对应于最靠近最后切削层的刀路，后续行会向刀具进刀的层前进。图 1-141 显示了多个轴向步距示例。

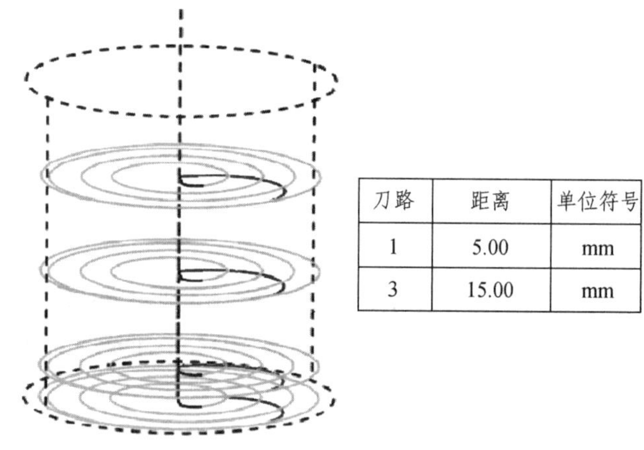

刀路	距离	单位符号
1	5.00	mm
3	15.00	mm

图 1-141　多个轴向步距示例

- %刀刃长度：将步距设置为刀刃长度的百分比。
- 刀路：将步距设置为轴向深度相等时的刀路数。

2. 径　向

- 通过径向步距指定垂直于刀轴的连续切削刀路之间的最大距离，如图 1-142 所示，可以通过恒定和多个方式来指定。
- 恒定：设置一系列恒定增量的运动。
- 多个：分别为每条刀路设置“步距”。刀路列表中的第一行对应于最靠近孔直径的刀路，后续行会向孔中心前进。图 1-143 显示了多个径向步距示例。

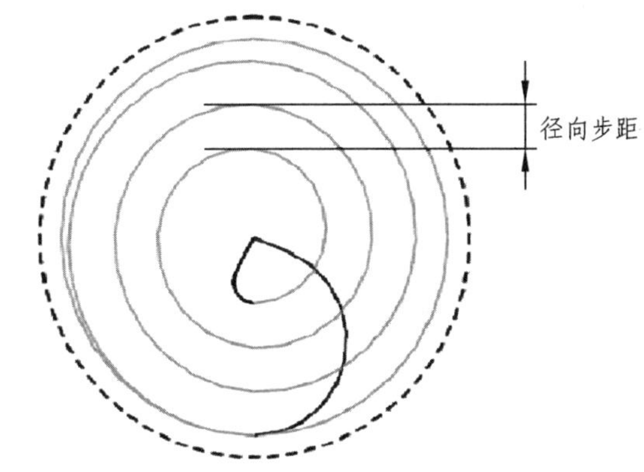

图 1-142　径向步距图示

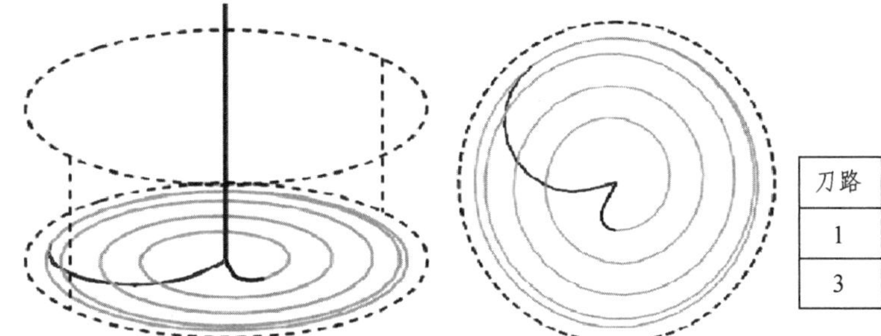

刀路	距离	单位符号
1	1.000	mm
3	5.000	mm

图 1-143　多个径向步距示例

1.5.5　孔铣削的延伸刀轨

孔铣削工序在加工过程中，为了保证加工区域完全切削和保护刀具，一般都需要对顶部或底部进行延伸刀轨操作。

在图 1-125 所示的对话框中单击切削参数按钮，系统弹出图 1-144 所示的【切削参数】对话框，在【策略】标签下的【延伸刀轨】参数组中用户可以对刀轨进行延伸。

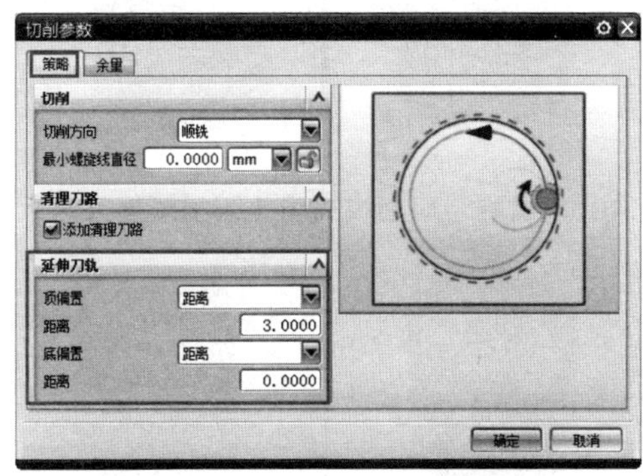

图 1-144　【切削参数】对话框

● 顶偏置：允许用户在任一方向从物理几何体顶面延伸或修剪刀轨总长，可以指定正值或负值，如图 1-145（a）所示。

● 底偏置：允许用户在任一方向从物理螺纹几何体底面延伸或修剪刀轨总长，可以指定正值或负值，如图 1-145（b）所示。需要注意的是，系统不会检查底部方向是否过切，对于盲孔或有底面的凸台会导致过切。

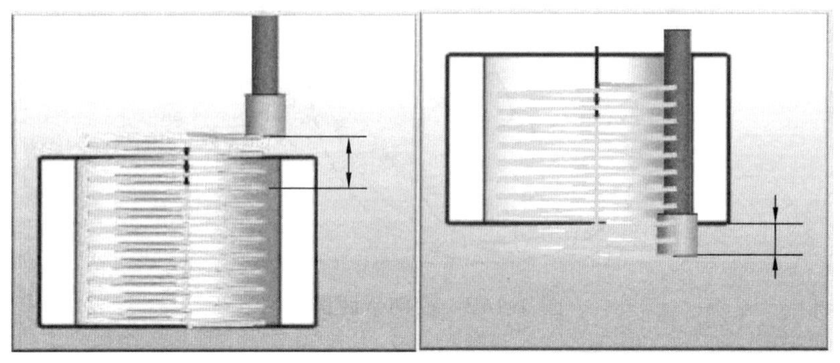

（a）顶偏置示意　　（b）底偏置示意

图 1-145　顶偏置和底偏置示意

1.5.6　添加清理刀路

由于螺旋铣削时会导致底部或侧壁部分材料无法完全清理。NX8.0 在【切削参数】对话框（见图 1-144）的【策略】标签中设置有【添加清理刀路】选项，该选项用于实现对底部或侧壁材料进行清理，可针对不切削模式，产生效果不一样的清理刀路。

● “螺旋”切削模式下：在孔或凸台深处添加单圈清理刀路，如图 1-146 所示。

● “螺旋式”切削模式下：在指定了轴向步距选项的每一层上添加单圈清理刀路，清理刀路为一个完整的孔或凸台直径，如图 1-147 所示。

● “螺旋/螺旋式”切削模式下：螺旋运动后添加单圈清理刀路，然后在指定了轴向步距选项的每一层上添加单圈清理刀路，如图 1-148 所示。

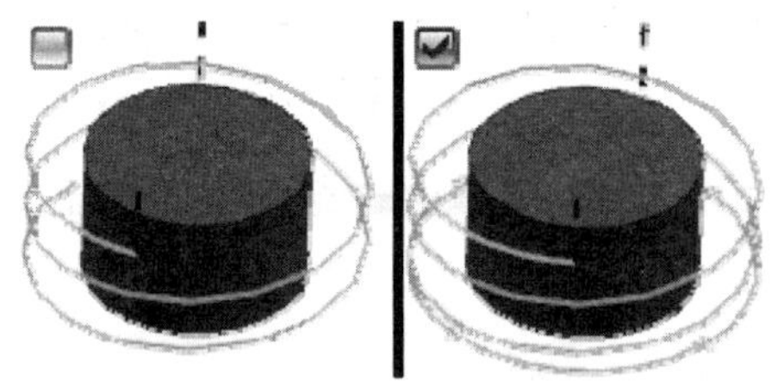

图 1-146　“螺旋”切削模式下【添加清理刀路】示意

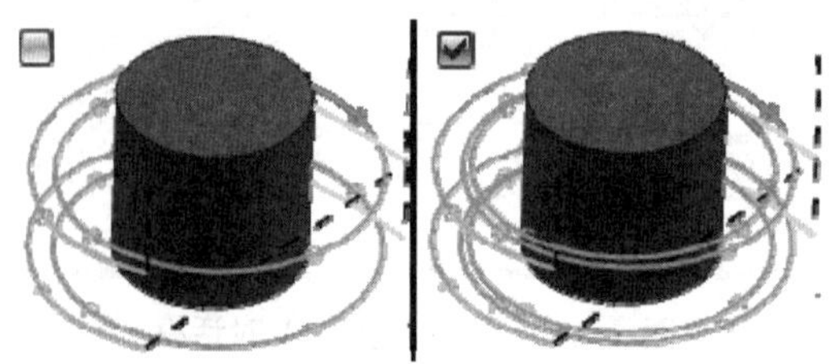

图 1-147　“螺旋式”切削模式下【添加清理刀路】示意

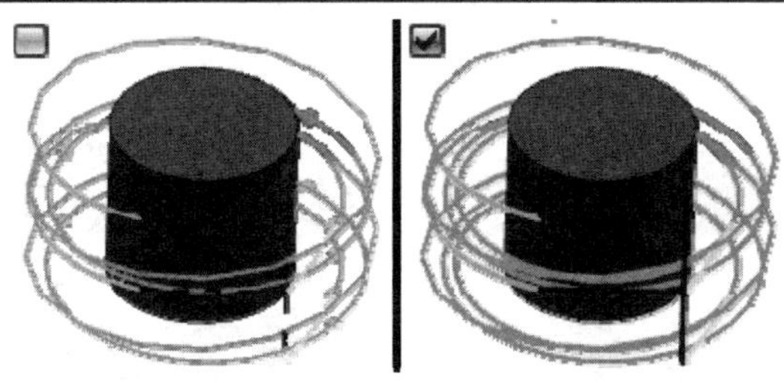

图 1-148　“螺旋/螺旋式”切削模式下【添加清理刀路】示意

1.5.7　孔铣削的进刀方式

NX8.0 提供了 4 种进刀方式，即螺旋、线性、圆形和无。用户可以通过单击图 1-125 所示的对话框中的非切削移动按钮，在弹出的【非切削移动】对话框中（见图 1-149）设置【进刀】标签下【进刀】参数组来实现孔铣削的合理进刀。

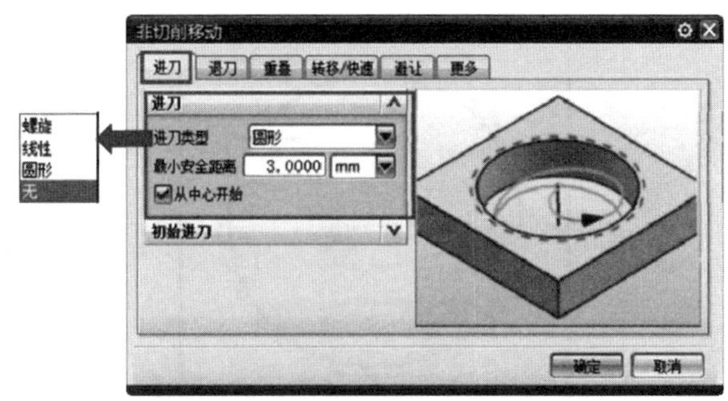

图 1-149　【非切削移动】对话框

1. 进刀类型

使用进刀类型定义刀具从进刀点到初始切削位置移动时刀具的速度和刀具的运动。

- 螺旋：创建螺旋进刀，使刀具相切于切削方向移动进入材料，如图 1-150 所示。
- 线性：创建直线进刀，使刀具垂直于切削方向移动进入材料，如图 1-151 所示。
- 圆形：创建平面圆弧进刀，使刀具相切于切削方向移动进入材料，如图 1-152 所示。
- 无：不使用进刀，如图 1-153 所示。

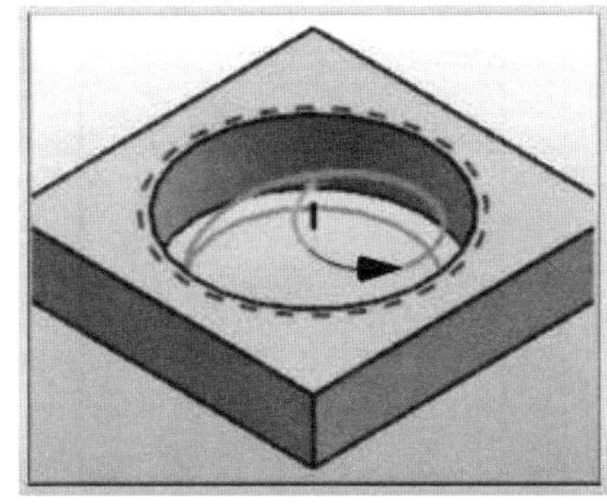

图 1-150　螺旋

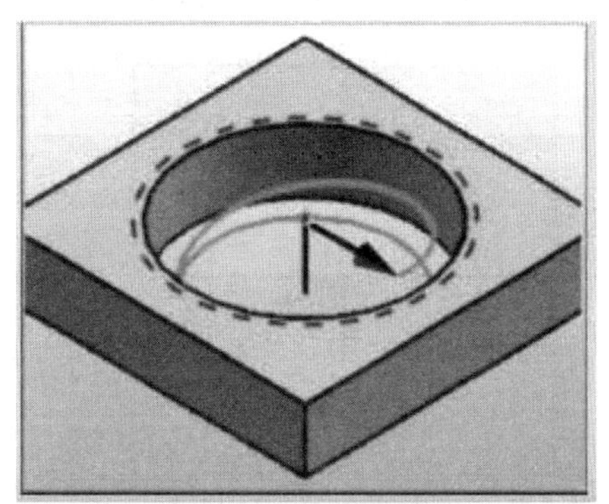

图 1-151　线性

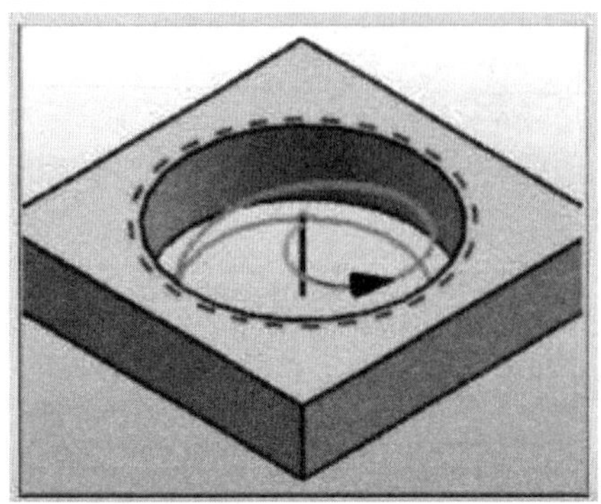

图 1-152 圆形

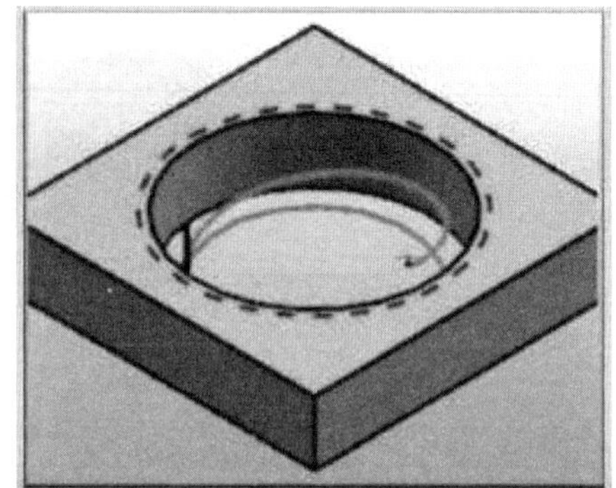
图 1-153 无

2. 最小安全距离

最小安全距离用于指定刀具侧面与孔或凸台圆周之间的安全距离，如图 1-154 所示。此参数控制进刀运动的大小。

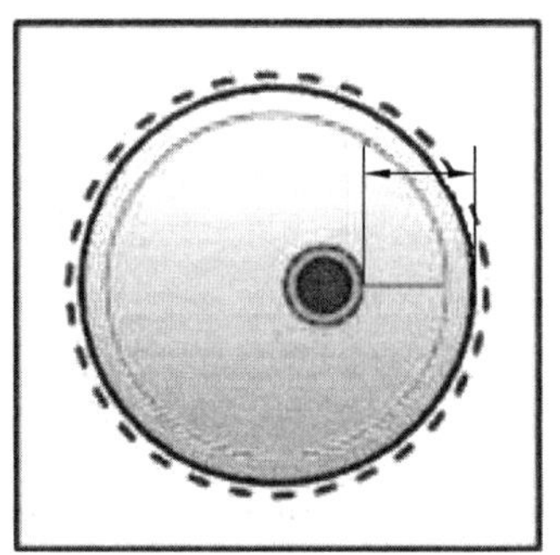
图 1-154 【最小安全距离】示意

3. 从中心开始

从中心开始控制从孔中心“安全距离”层开始的刀具移动。

- 选中此复选框：在孔中心位置将刀具向下快速移动至第一切削层，然后再向外进刀移动至孔壁。切削完最后一层后，刀具始终移动返回中心，然后再退出孔外，如图 1-155 所示。
- 不选此复选框：将刀具垂直向下快速移动至进刀点。切削完最后一层后，刀具直接从当前退刀位置退出，如图 1-156 所示。

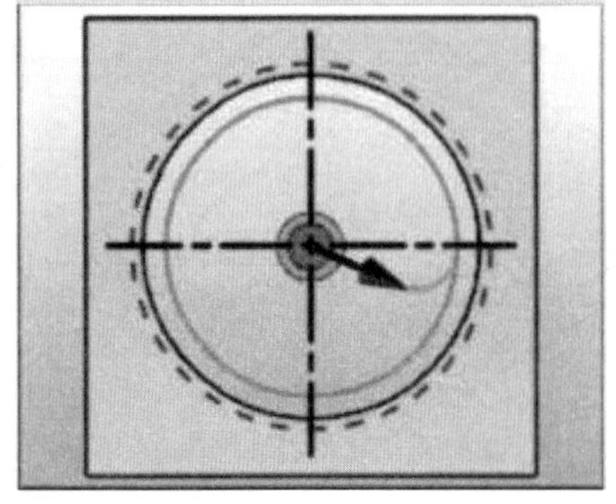
图 1-155 从中心开始

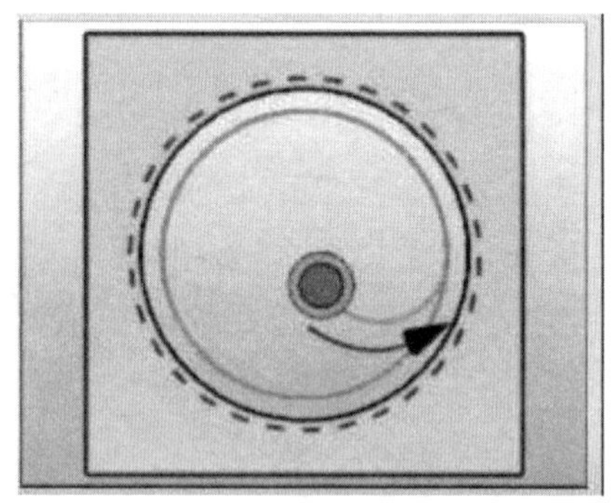
图 1-156 不从中心开始

1.6　思考与练习

通过本项目的学习，制订合理的数控加工工艺，选择合适的刀具及切削参数，完成图 1-157、1-158 所示零件的数控加工编程。

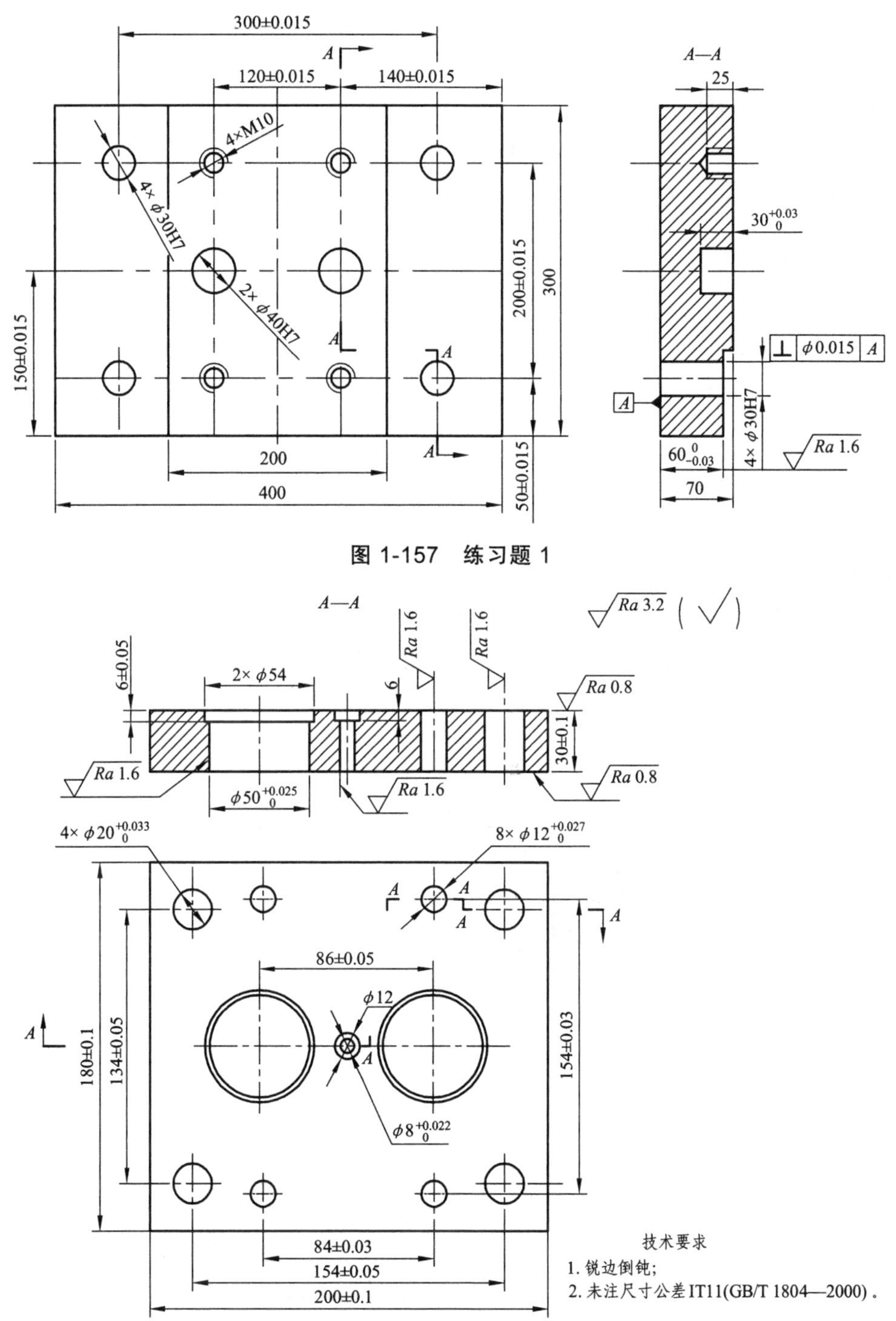

图 1-157　练习题 1

图 1-158　练习题 2

项目 2 表面铣削加工

2.1 知识与技能点

- ✓ 几何体组参数
- ✓ 切削模式
- ✓ 切削参数
- ✓ 速度与进给率
- ✓ 铣削加工刀具
- ✓ 创建表面铣工序

2.2 项目介绍

如图 2-1 所示的某垫块零件，零件材料为铝合金 2A12，前道工序尺寸为 50 mm × 50 mm × 31 mm。制订合理的数控加工工艺，选择合适的刀具及切削参数，完成零件的数控加工编程。

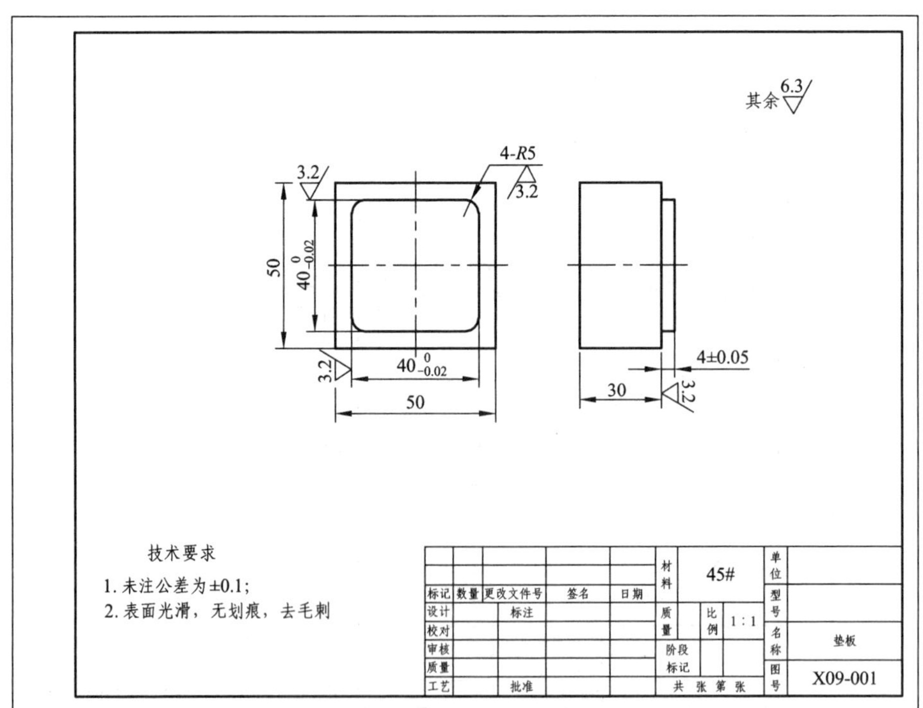

图 2-1 垫块零件

本项目总课时数为 10 学时。

2.3　相关知识

2.3.1　面铣介绍

面铣加工是一种专用于加工表面几何的模板。可直接选择表面来指定要加工的表面几何，也可通过选择存在的曲线、边缘或指定一系列有序点来定义表面几何。在面铣中，可以指定要切除的材料量，也可以指定零件与检查几何体周围的材料量，以避免过切。切除材料的厚度沿刀轴方向、从表面边界平面向上进行测量。另外，在表面铣工序中可以安排空隙的切削运动与跨越运动。

虽然在其他铣削加工工序中可以执行面铣功能，但用面铣工序模板可大大简化工序的创建过程。对选择的每一个表面，系统都根据其形状自动识别加工区域，保证切削过程顺利进行。

面铣削适用于侧壁垂直底面或顶面为面的工件加工，如型芯和型腔的基准面、台阶面、底面、轮廓外形等。

面铣削加工的工件侧壁可以是不垂直的，也就是说面铣可以加工斜面，如复杂型芯和型腔上多个面的精加工。

面铣削常用于多种底面的精加工，也可用于粗加工和侧壁的精加工。

2.3.2　面铣的特点

面铣削工序是从模板创建的，并且需要几何体、刀具和参数来生成刀轨。为了生成刀轨，需要将面几何体作为输入信息。对于每个所选面，处理器会跟踪几何体确定要加工的区域，并在不过切部件的情况下切削这些区域。

面铣削有如下特点：

（1）交互非常简单，原因是用户只需选择所有要加工的面并指定要从各个面的顶部去除的余量即可。

（2）当区域互相靠近且高度相同时，它们就可以一起进行加工，这样就因消除了某些进刀和退刀运动而节省了时间。合并区域还能生成最有效的刀轨，原因是刀具在切削区域之间移动不太远。

（3）面铣提供了一种描述需要从所选面的顶部去除余量的快速简单方法。余量是自面向顶而非自顶向下的方式进行建模的。

（4）使用面铣可以轻松地加工实体上的平面，如通常在铸件上发现的固定凸垫。

（5）创建区域时，系统将面所在的实体识别为部件几何体。如果将实体选为部件，则用户可以进行切削检查，避免碰伤零件。

（6）对于要加工的各个面，用户可以使用不同的切削模式，包括在其中使用示教模式来驱动刀具的手动切削模式。

2.3.3 面铣加工子类型

面铣削模板包含了 3 种加工子类型，如图 2-2 所示，其含义如表 2-1 所示。

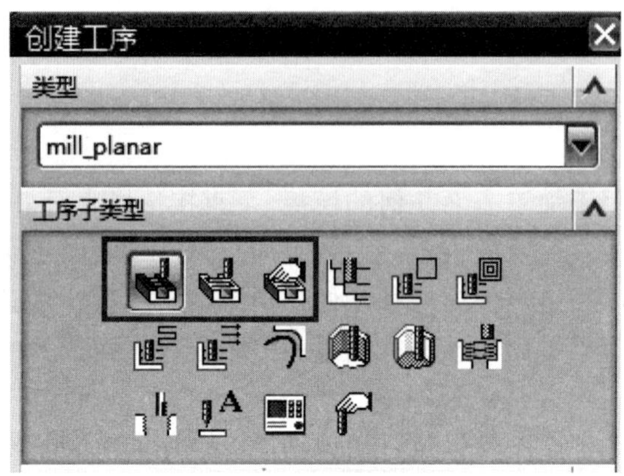

图 2-2 面铣削类型

表 2-1 面铣的操作子类型

图标	英文名称	中文名称	说 明
	FACE_MILLING_AREA	表面区域铣	表面区域铣适用于在实体模型上使用【切削区域】、【壁几何体】等几何体类型进行的精加工和半精加工。该操作中包含部件几何体、切削区域、壁几何体、检查几何体和自动选择壁等几何体
	FACE_MILLING	表面铣	表面铣适用于在实体模型上使用【面边界】等几何体进行的精加工和半精加工。该操作中包含部件几何体、面(毛坯边界)、检查边界和检查几何体
	FACE_MILLING_MANUAL	表面手工铣	表面手工铣可以代替使用某一种可选择、预定义的切削模式。该操作中包含所有几何体类型，并且切削模式为【混合】

2.3.4 铣削几何体

铣削加工中的几何体选择表示需要加工的部件模型、部分部件模型，或者表示程序员添加的附加几何体。几何体定义了如下几种参数：

- 方位：它包括坐标系、装夹偏置、安全平面和刀轴。
- 要加工的区域。
- 部件材料：用来计算加工数据。

在工具栏中单击【创建几何体】按钮或选择菜单栏【插入】|【几何体】命令，弹出【创建几何体】对话框，如图 2-3 所示。

图 2-3 【创建几何体】对话框

不同的加工类型具有不同的几何体子类型，下面以铣削加工为例，对创建铣削几何体中的 MSC、部件、毛坯、检查、切削区域和修剪的设置进行详细介绍。

1. MCS（机床坐标系）

MCS 决定方位组中各项工序的刀轨方位和原点。WCS 决定大部分输入参数，如出发点、安全平面、刀轴。

MCS 的初始位置与绝对坐标系匹配。MCS 的位置保存在部件文件中。每个方位组（例如，MCS、MCS_MILL）定义加工部件特定侧面所必需的 MCS。如果移动 MCS，则可为后续刀轨输出点重新建立基准位置。MCS 有以下特性：

① 它存储了“参考坐标系”（RCS）。

② 它可存储安全平面、下限平面和避让点。

③ 在 MCS 父项下存储的工序继承 MCS 父项中指定的参数。

④ 不必为反映新的方位或原点而生成从一个 MCS 移动到另一个 MCS 的工序。

MCS 可用于以下操作：

- 根据机床原始位置或任何其他常用设置位置，输出刀轨。
- 根据工件重新确定机床刀轴方位。
- 为后续刀轨移动大部件的位置。
- 设置不再拥有参考点的部件，如已经加工移除的定位孔。
- 在旋转台运动和复合轴运动之后重新建立设置位置和方位。
- 维护关键尺寸，如果不做维护，这些尺寸可能因翘曲或累积公差而消失。
- 建立基本和真实位置。

（1）创建 MCS。

MCS 引用 NC/CNC 程序原点，该原点是所有刀轨输出项的零参考点。如果 MCS 移动，所有使用 MCS 的刀轨的零点也将随之移动。

在 MCS 父组中指定机床坐标系的方位和原点时，创建并保存安全平面的做法很有用。

安全平面为操作前后的刀具运动定义安全距离。

创建 MCS 可按以下操作步骤:

① 在插入工具条中，单击创建几何体，或选择菜单【插入】|【几何体】命令，系统即弹出【创建几何体】对话框。

② 在对话框中的【几何体子类型】组中，单击 MCS。

③ 在【位置】组中，选择适当的“几何体”组以向其指派新的 MCS。

④ 在【名称】组中，输入新 MCS 的名称，单击【确定】，系统弹出【MCS】对话框。

⑤ 在【MCS】对话框中，单击【机床坐标系】组中的 CSYS 对话框，指定 MCS 的方位和原点，否则将会把 WCS 的当前方位和原点指派给 MCS。

⑥ 在【安全设置】组中，选择【安全设置选项】，并设置相应参数。

⑦ 可进一步设置【下限平面】、【避让】和【布局和图层】等选项组。

⑧ 单击【确定】，完成 MSC 的创建。

（2）MCS 对话框。

本部分内容对 MCS 创建中的对话框参数（见图 2-4）进行说明。

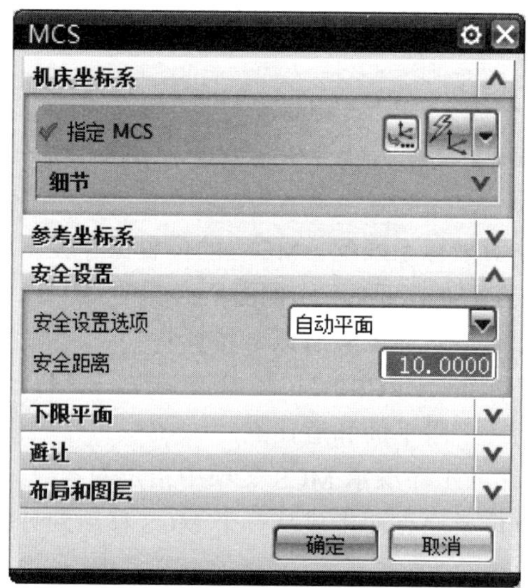

图 2-4 【MCS】对话框

① 机床坐标系。

- 指定 MCS：使用 MCS 列表或 CSYS 对话框来指定 MCS（方位和原点）。
- 细节：【细节】组对话框如图 2-5 所示，具体含义如表 2-2 所示。

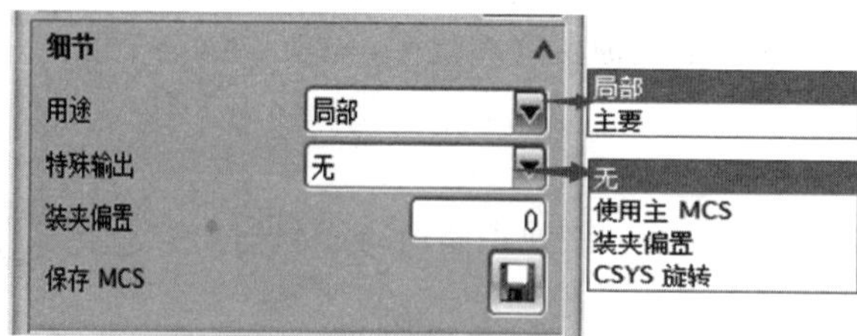

图 2-5 【细节】组

表 2-2 【细节】组含义

名 称	说 明
【用途】	将坐标系指定为主或局部。默认情况下，所有坐标系均为局部坐标系。在某些类型的编程中，如装夹偏置，需要在机床的旋转中心定义主坐标系。然后在“几何视图”中，在主坐标系下创建局部坐标系，以表示各个装夹偏置位置
【特殊输出】	【用途】设置为“局部”时可用。 ● 无：（默认）基于局部 MCS 坐标输出。 ● 使用主 CSYS：忽略局部 MCS 坐标，而基于主 MCS 输出。在“几何视图”中，主 MCS 位于局部 MCS 之上的几何体树中。 ● 装夹偏置：基于局部 MCS 坐标输出。后处理器可以将这些坐标与主坐标一起使用，以输出装夹偏置，如 G54。 ● CSYS 旋转：基于局部 MCS 坐标输出。后处理器可以将这些坐标与主坐标一起使用，以便在局部坐标系中输出编程，如 CYCLE 19。对于常见铣/车、B/C 机床上的直角头和直角台，CSYS 旋转仅支持坐标系函数（如 G68.1、CYCLE 19 和 G125）。对于所有其他机床，使用装夹偏置输出
【装夹偏置】	为使用装夹偏置的机床指定装夹偏置值。每个部件在机床上的方位都与特定的 MCS 相对应，从而生成一个特定的装夹偏置值。在输出过程中，软件会将装夹偏置值加载到 MOM_post 中以创建相应的 G 代码
保存 MCS	可根据当前的 MCS 创建坐标系实体。如果需要将此选择为用户的 WCS，此选项会非常有用

② 参考坐标系（RCS）。

RCS 是指创建、复制、移动或变换工序时对参数进行映射的坐标系。默认情况下，它和“绝对坐标系”处于相同位置，其坐标为 X = 0，Y = 0，Z = 0。创建或编辑 MCS 时均可指定 RCS。每个方位组（例如，MCS、MCS_Mill）都有 RCS。对工序进行变换之后，可使用 RCS 重新定位刀轴矢量、安全平面和避让点。【参考坐标系】对话框如图 2-6 所示，具体含义如表 2-3 所示。

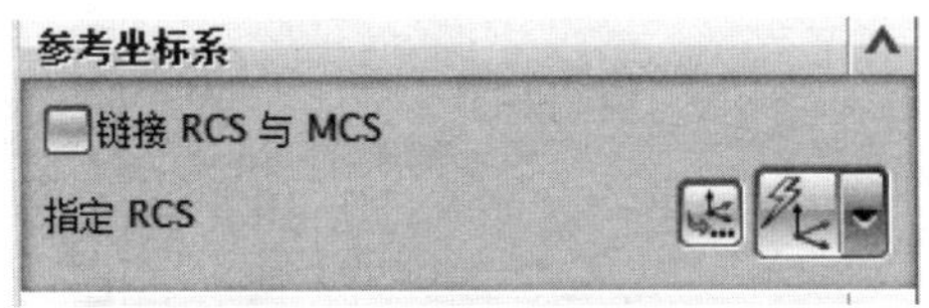

图 2-6 【参考坐标系】对话框

表 2-3 【参考坐标系】含义

名 称	说 明
【链接 RCS 与 MCS】	当此复选框选中时将使 RCS 与 MCS 处于相同的位置和方位；反之，可为 RCS 指定一个不同位置
【指定 RCS】	使用 RCS 列表或 CSYS 对话框来指定 RCS

在下列情况下 RCS 非常有用：

- 在机床上重新定位部件（安装发生变化）。
- 从一个工作面重新定位到另一个工作面。
- 加工多个部件（如“烟囱”安装方式）。

在图 2-7 中，RCS 显示在其原始位置。接受操作后，系统将指定“起点”，并相对于 RCS 存储其位置。随后，用户可以将 RCS 移动到下一个面并调入以前的操作。然后相对于新 RCS 位置定位“起点”。

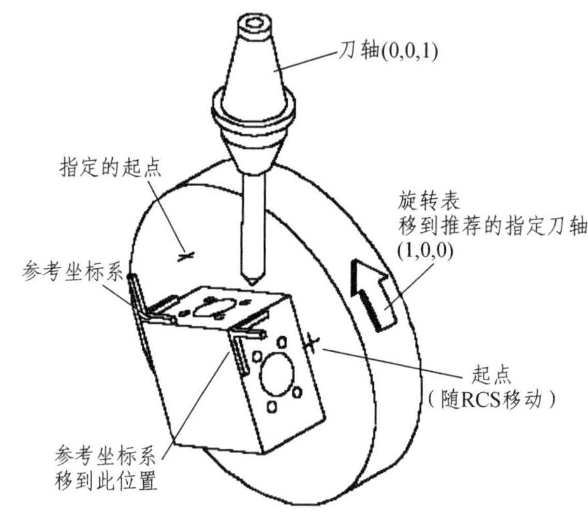

图 2-7 参考坐标系

③ 安全设置。

在工序前后以及在任何编程设定的障碍避让过程中，可通过安全平面定义刀具运动的安全距离。这些选项可由“铣削方位”组的“非切削”移动操作继承。【安全设置】对话框如图 2-8 所示，具体含义如表 2-4 所示。

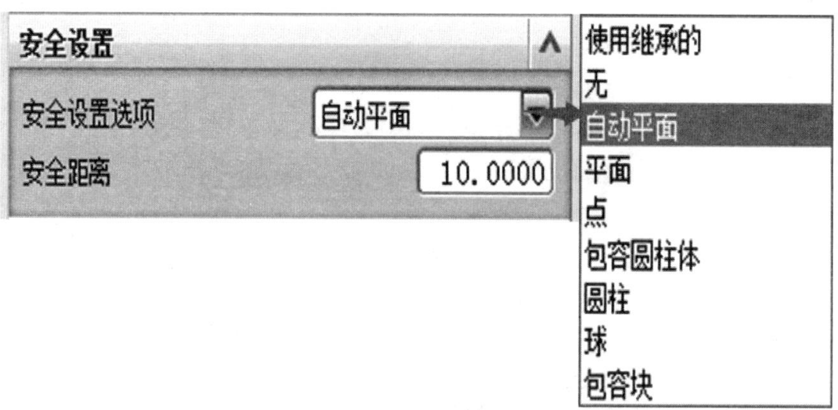

图 2-8 【安全设置】对话框

表 2-4 【安全设置】含义

名　称	说　明	图　示
“无”	不使用安全平面	
“使用继承的”	使用来自较高级别 MCS 的安全设置定义。如果之前没有定义安全平面，则继承的选项与“无”相同	MCS
“自动平面”	按“安全距离”值清除几何体 安全设置选项　自动平面 安全距离　10.0000	
“平面”	为该工序指定安全平面，使用平面构造器来定义安全平面 安全设置选项　平面 指定平面	
“点”	指定要传递到的安全点。可选择预定义的点或使用点构造器来指定一个点 安全设置选项　点 指定点	
“包容圆柱”	指定一个圆柱形状作为安全几何体。圆柱的大小由部件的形状和指定的安全距离决定。软件通常假设圆柱外的体积为安全距离。 选择包容圆柱，然后输入安全距离值以决定圆柱大小 安全设置选项　包容圆柱体 安全距离　10.0000	
“圆柱”	指定一个圆柱形状作为安全几何体。此圆柱的长度是无限的。软件通常假设圆柱外的体积为安全距离，但是需要指定中心点、输入半径值并指定轴方向 ✔ 指定点 指定矢量 半径　0.0000	

续表

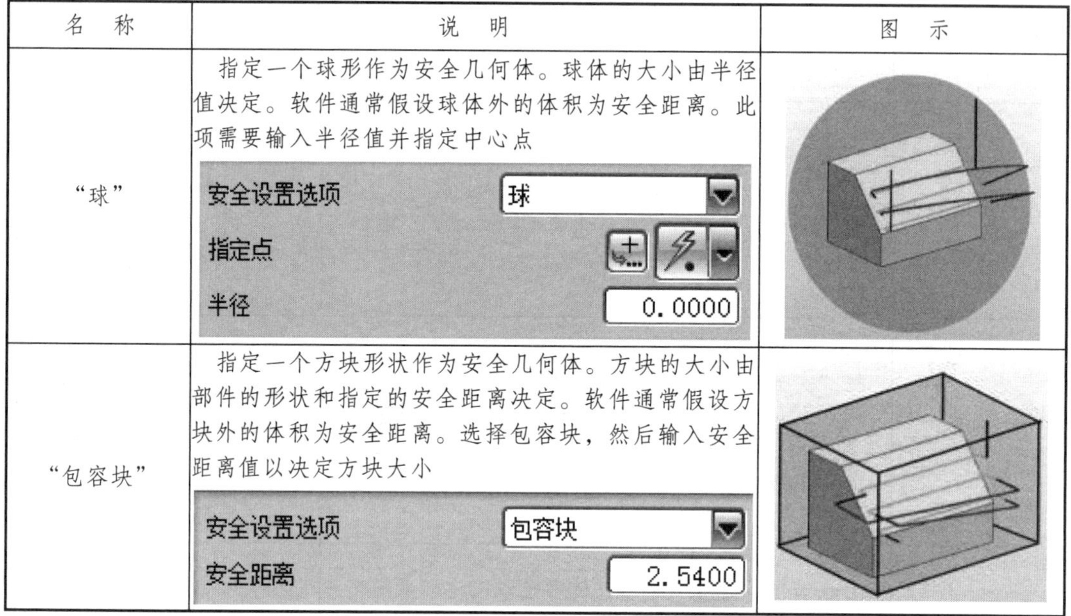

名　称	说　明	图　示
“球”	指定一个球形作为安全几何体。球体的大小由半径值决定。软件通常假设球体外的体积为安全距离。此项需要输入半径值并指定中心点 安全设置选项　球 指定点 半径　0.0000	
“包容块”	指定一个方块形状作为安全几何体。方块的大小由部件的形状和指定的安全距离决定。软件通常假设方块外的体积为安全距离。选择包容块，然后输入安全距离值以决定方块大小 安全设置选项　包容块 安全距离　2.5400	

④ 下限平面。

用户可以指定一平面作为下限平面，定义某些操作中切削和非切削刀具运动的下限。【下限平面】对话框如图 2-9 所示。

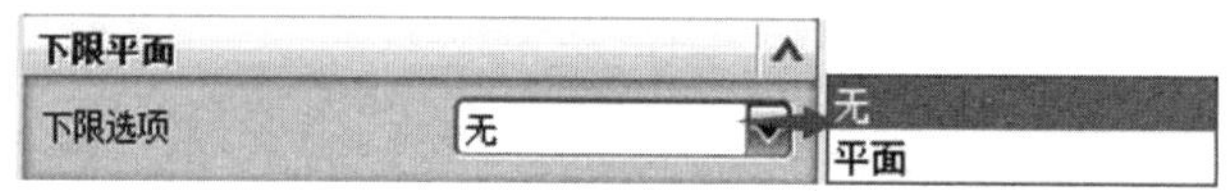

图 2-9 【下限平面】对话框

⑤ 避让。

【避让】中提供用户设备“出发点”“起点”“返回点”和“回零点”4 个选项，以便子节点中的加工工序继承，本书将在项目 3 中详述该部分内容。

⑥ 布局和图层。

用于设置用户是否需要保存当前布局的图层设置及视图信息。【布局和图层】对话框如图 2-10 所示。

图 2-10 【布局和图层】对话框

2. 部件、毛坯、检查、切削区域和修剪边界

部件、毛坯、检查、切削区域和修剪边界等几何体参数可在创建加工工序前创建，即使用

【创建几何体】命令，也可在创建加工工序过程中根据工序需要进行设置，如图 2-11 所示。

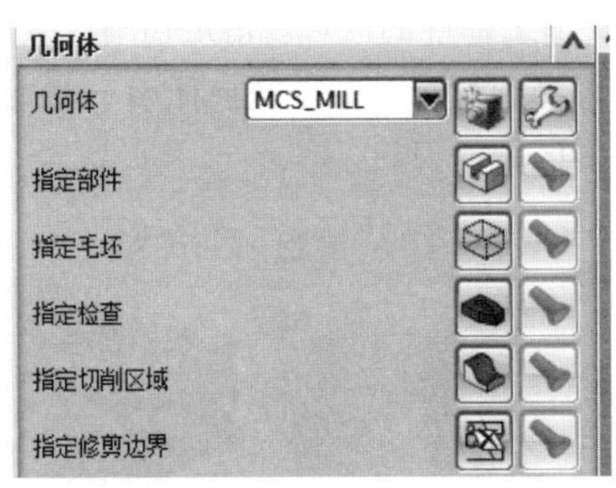

图 2-11　常用铣削几何体

部件几何体：用于表示粗加工和精加工工序要加工零件的几何对象，如图 2-12 所示的平面台阶几何体。

毛坯几何体：表示被加工零件的毛坯的几何对象。软件使用“毛坯几何体”定义要移除的材料，如图 2-12 所示半透明表示的长方体。刀具可以切透或直接进刀至毛坯几何体，因为它不代表最终部件。

检查几何体：用于指定希望刀具避让的几何体，如加工零件所用的夹具，如图 2-12 所示的 3 个压块。在图 2-13 中，未指定检查几何体，则整个零件都进行了加工；在图 2-14 中，指定了 3 个压块为检查几何体，则在零件加工中刀具会避让开指定为检查的几何体。

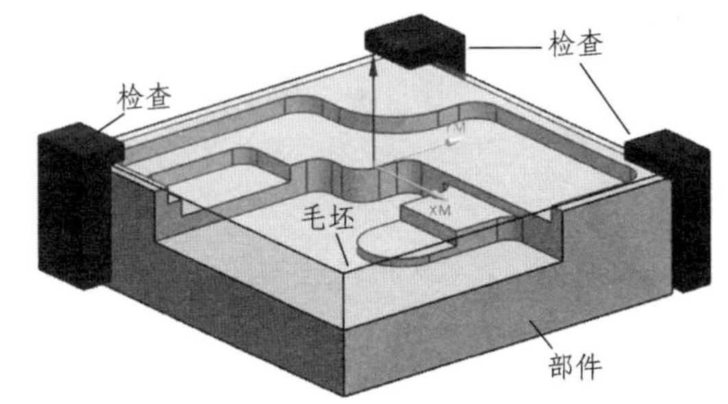

图 2-12　部件、毛坯、检查几何体

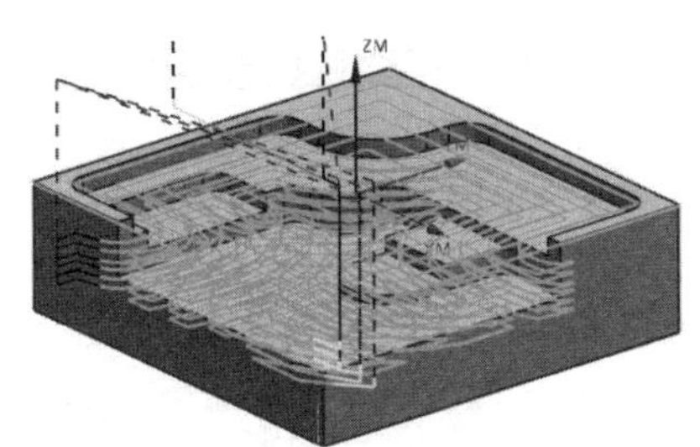

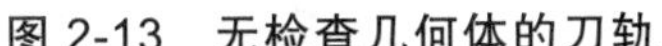
图 2-13　无检查几何体的刀轨

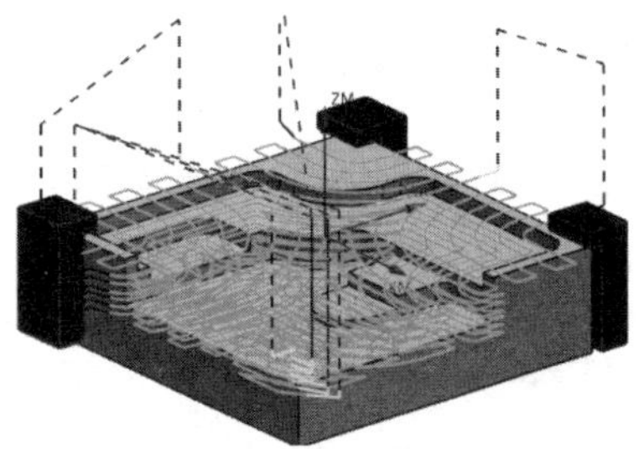

图 2-14　有检查几何体的刀轨

软件标识“检查几何体”与要移除材料体积重叠的区域。刀具在“检查几何体”周围切削或退刀，跨“检查几何体”移刀，然后进刀。“检查边界”有一个相切刀具位置，因此可能需要额外的余量。

切削区域：用于指定要加工部件的区域。指定切削区域之前，必须指定部件几何体。选定用于定义切削区域的几何体必须包含在部件几何体中。图 2-15 和图 2-16 分别表示未指定切削区域的刀轨和有指定切削区域的刀轨。

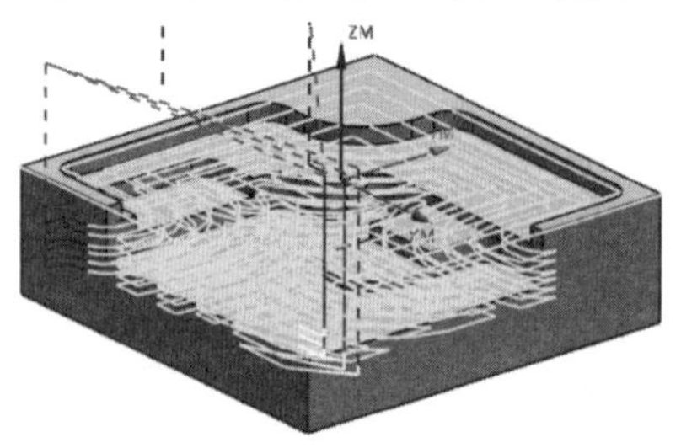

图 2-15 未指定切削区域的刀轨

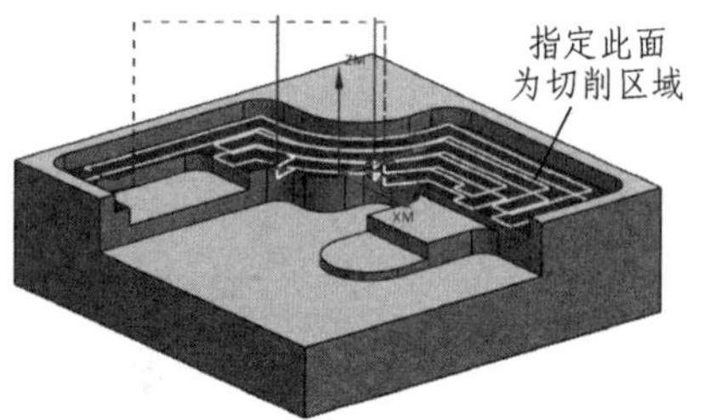

图 2-16 有指定切削区域的刀轨

修剪边界：用于指定要限制的切削区域。将修剪边界与指定的部件几何体组合，可以舍弃修剪边界之外或之内的切削区域，如可以定义修剪边界以使工序仅切削前一工序在夹具下面遗留材料的区域。图 2-17 和图 2-18 分别表示未指定修剪边界的刀轨和有指定修剪边界的刀轨。

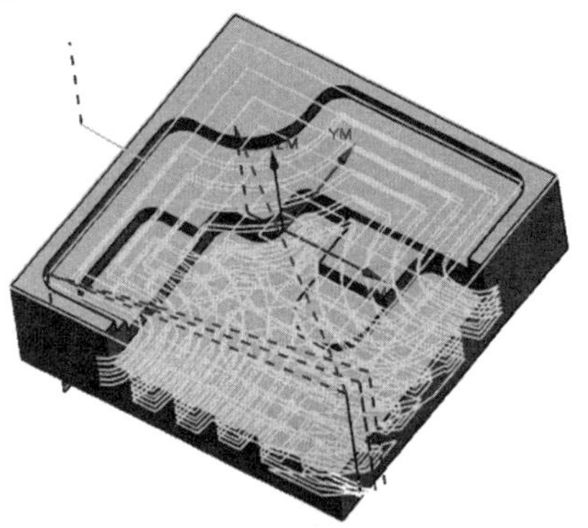

图 2-17 未指定修剪边界的刀轨

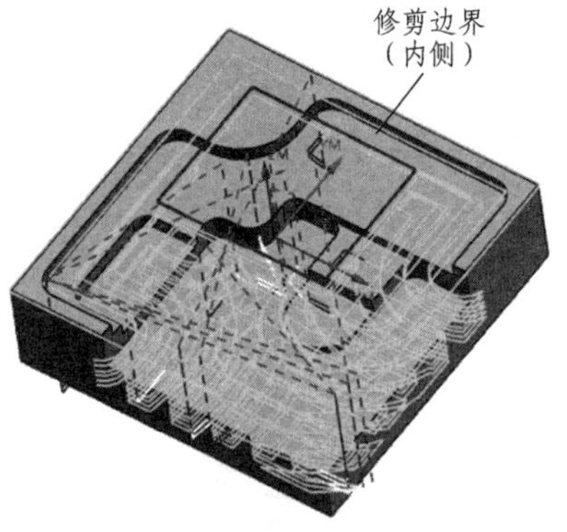

图 2-18 有指定修剪边界的刀轨

（1）指定部件、检查几何体和切削区域对话框。

【指定部件】、【检查几何体】和【切削区域】对话框基本一致（见图 2-19），指定方法类似，在此一并表述。

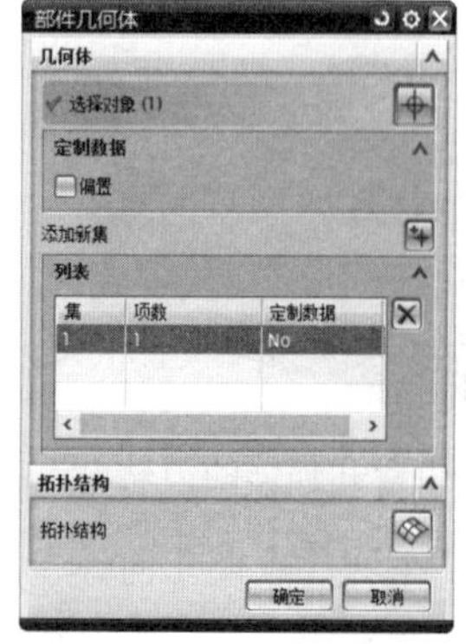

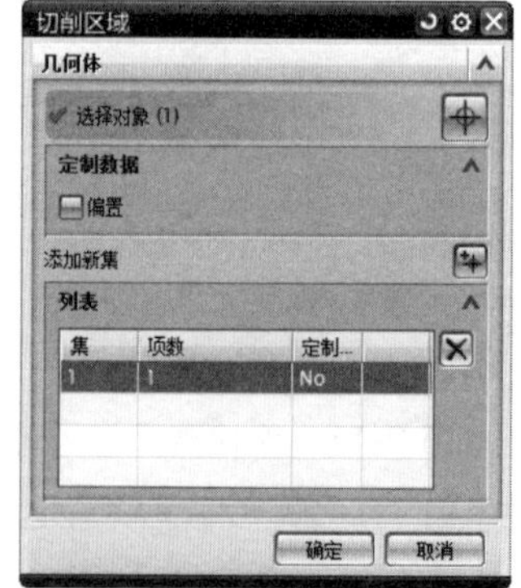

图 2-19 【指定部件】、【检查几何体】、【切削区域】对话框

① 选择对象。

允许在图形窗口中选择任意几何体。先选择的对象会在【列表】框中呈现。

● 部件几何体支持的选择对象：（首选）片体或实体、小平面体、曲面区域、面。
● 检查几何体支持的选择对象：（首选）片体或实体、小平面体、面、曲线。
● 切削区域支持的选择对象：片体、小平面体、面、曲面区域。

在选择部件几何体时为避免碰撞和过切，应当选择整个部件（包括不切削的面）作为部件几何体，然后使用指定切削区域和指定修剪边界来限制要切削的范围。

② 定制数据。

【定制数据】用于设置部件中要加工区域的余量值，通过【偏置】进行设定，此值会与加工工序中的对应余量进行叠加。

③ 拓扑结构。

拓扑结构在编辑几何体时可用，拓扑结构提供曲面分析选项以检查材料侧不一致性、缝隙和缺失的曲面以及重复的曲面。

（2）毛坯几何体对话框。

在【毛坯几何体】对话框中，可通过“几何体”“部件的偏置”“包容块”“包容圆柱体”“部件轮廓”“部件凸包”和“IPW-处理中的工件”设置毛坯几何体，如图2-20所示。

图2-20 【毛坯几何体】对话框

① 选择已有对象为毛坯几何体。

在【类型】下拉列表中，默认设置毛坯的方式为“几何体”，此选项允许在图形窗口中选择几何体来定义毛坯。毛坯几何体支持的选择对象有：（首选）片体或实体、小平面体、曲面区域、特征、面、曲线。选择方法与部件选择相同，此处不再赘述。

② 通过部件的偏置创建毛坯。

在【类型】下拉列表中，选择“部件的偏置”创建毛坯，软件会根据与整个部件四周的偏置距离定义毛坯几何体，如图2-21所示。使用此选项可为毛坯定义一个统一的余量厚度（通过“偏置值”指定）。

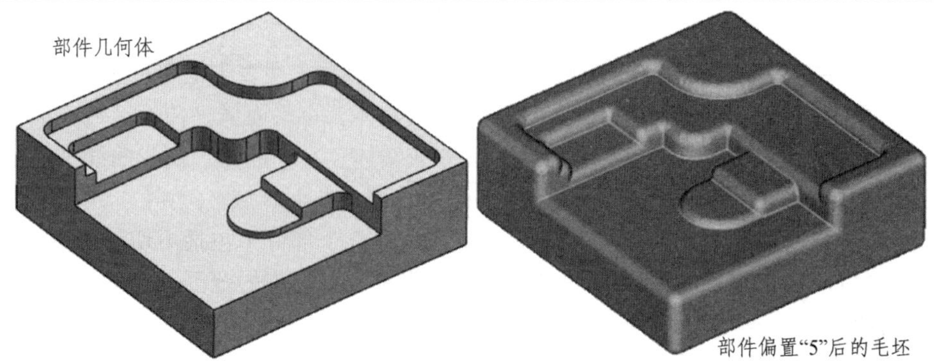

图 2-21 通过部件的偏置创建毛坯

③ 通过包容块创建毛坯。

在【类型】下拉列表中，选择"包容块"创建毛坯，【毛坯几何体】对话框如图 2-22 所示。

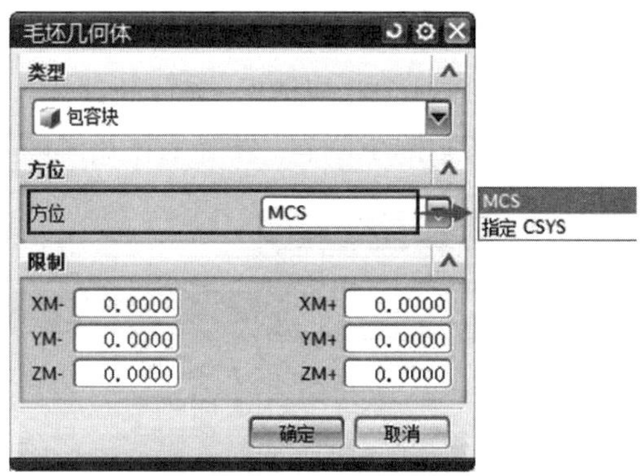

图 2-22 通过"包容块"创建毛坯对话框

通过"包容块"创建毛坯允许定义一个自动块，它围绕与活动 MCS 对齐的部件。要更改块大小，在对话框中输入正或负 XM、YM 和 ZM 值，或拖动手柄更改值，如图 2-23 所示。拖动手柄时，NX 会动态修改对话框中的值。如果没有定义部件几何体，则 NX 将定义一个大小为零的块。

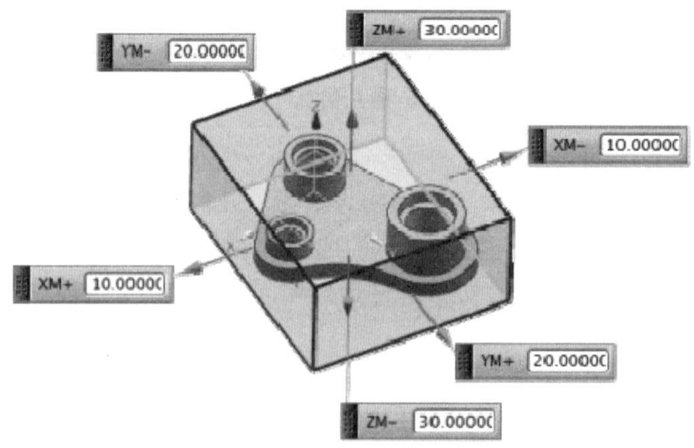

图 2-23 通过"包容块"创建毛坯

由于自动块位于活动 MCS 周围，因此不能将其用于使用不同 MCS 的多个工序。图 2-24 为使用 MCS 控制毛坯方向，图 2-25 为指定 CSYS 控制毛坯方向。

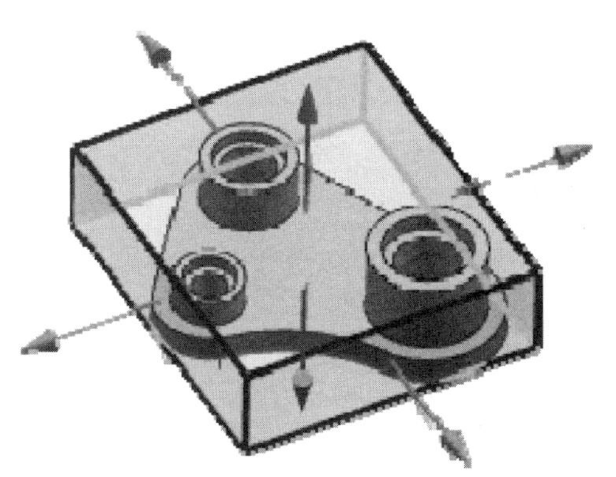

图 2-24　使用 MCS 控制毛坯方向

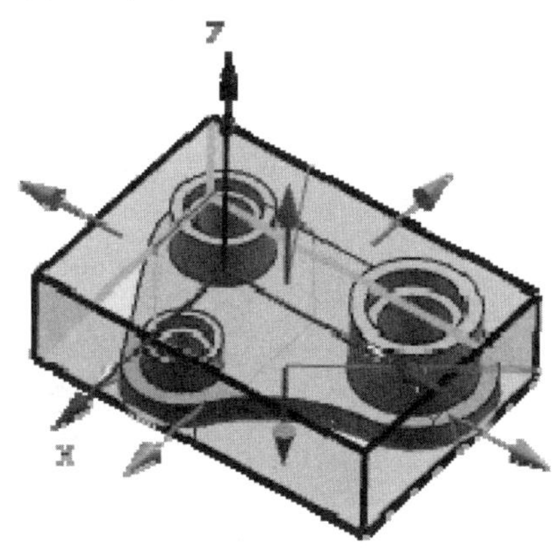

图 2-25　指定 CSYS 控制毛坯方向

④ 通过包容圆柱体创建毛坯。

在【类型】下拉列表中，选择“包容圆柱”创建毛坯，【毛坯几何体】对话框如图 2-26 所示。

图 2-26　通过“包容圆柱”创建毛坯对话框

通过“包容圆柱体”创建毛坯，须指定圆柱体的轴（方向）、底面位置（ZM-）和顶面位置（ZM+）以及半径方向上的余量（偏置），如图 2-27 ~ 2-29 所示。

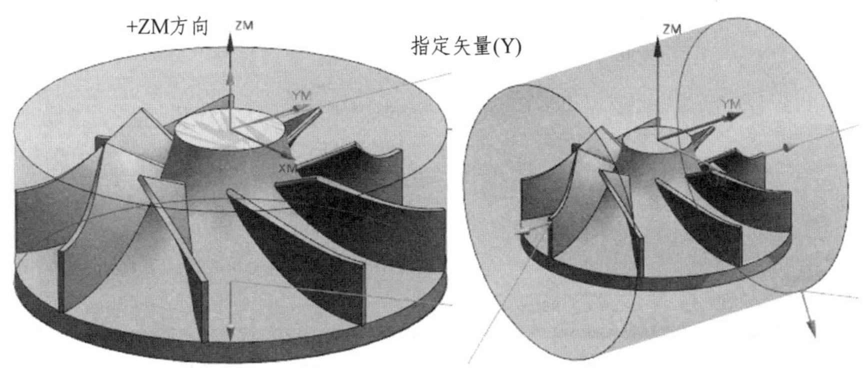

图 2-27　包容圆柱体方向

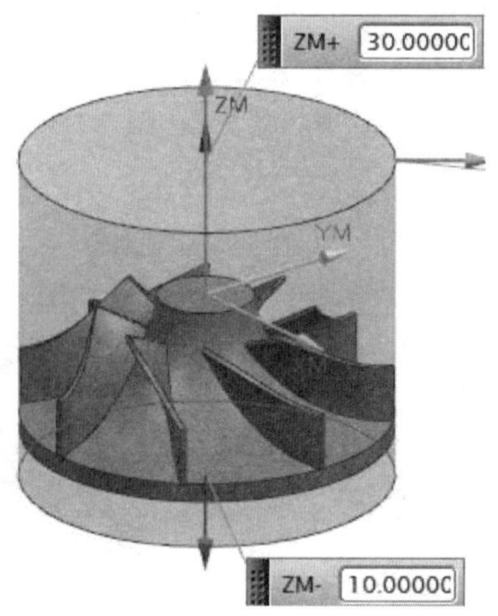

图 2-28　限制圆柱底面位置（ZM-）和顶面位置（ZM+）

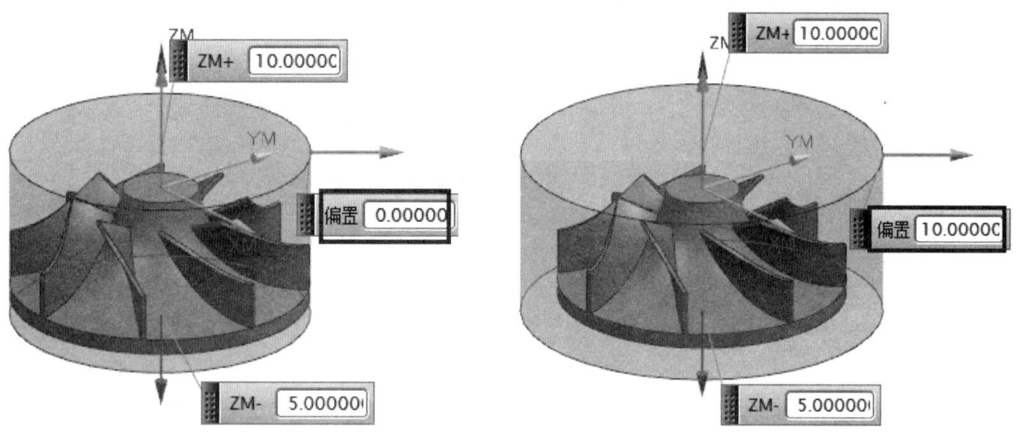

图 2-29　半径方向上的偏置

⑤ 通过部件轮廓或部件凸包创建毛坯。

通过部件轮廓或部件凸包创建毛坯设置方式与通过“包容圆柱体”创建毛坯相同，如图 2-30 和图 2-31 所示，在此不再赘述。

图 2-30　通过部件轮廓或部件凸包创建毛坯对话框

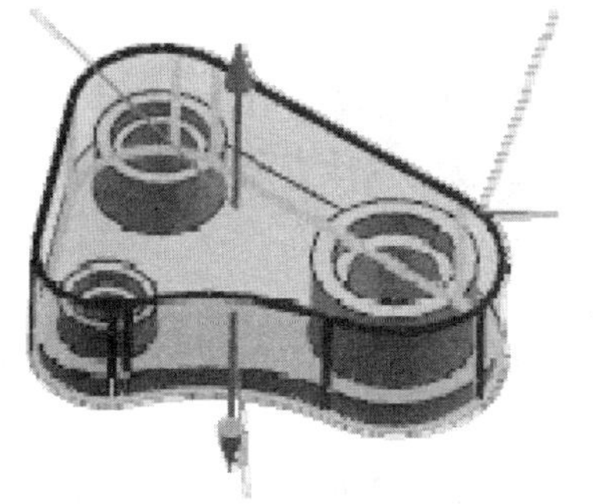

（a）通过部件轮廓创建毛坯

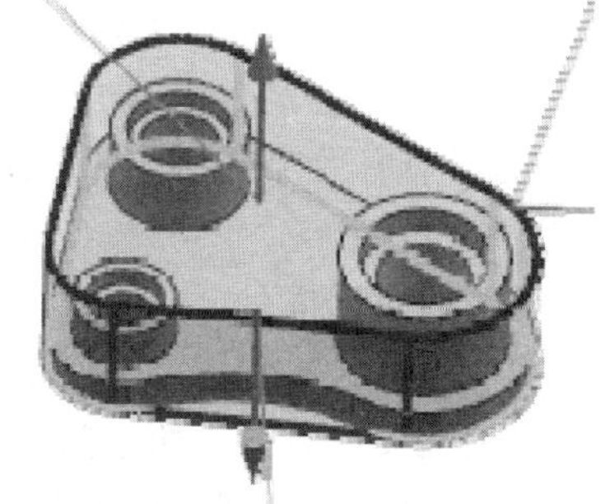

（b）通过部件凸包创建毛坯

图 2-31　通过部件轮廓或部件凸包创建毛坯

⑥ 通过处理中的工件创建毛坯。

在【类型】下拉列表中，选择“IPW-处理中的工件”创建毛坯，【毛坯几何体】对话框如图 2-32 所示。

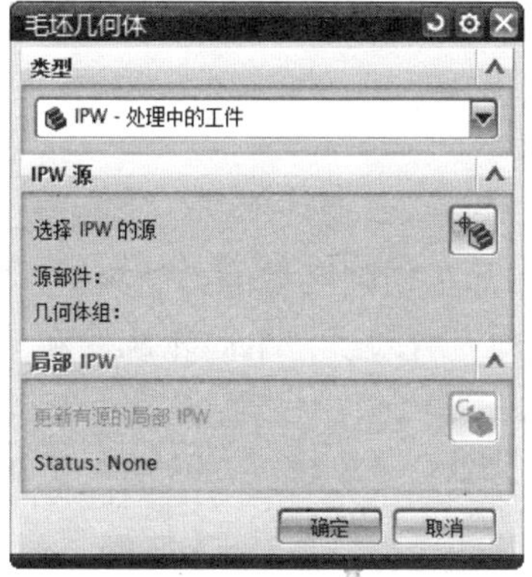

图 2-32　通过处理中的工件创建毛坯对话框

通过处理中的工件创建毛坯，必须指定 IPW 的源来生成 IPW 并继承。单击选择 IPW 的源图标命令，弹出【IPW 源】对话框，如图 2-33 所示。默认源为当前设置集的工作部件，也可以从已加载部件列表中选择其他设置集，或选择浏览搜索其他文件夹中的集合。图 2-34 为通过处理中的工件创建毛坯。

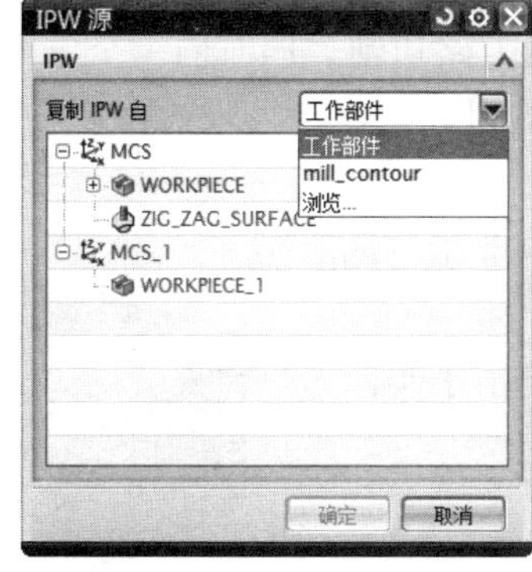

图 2-33 【IPW 源】对话框

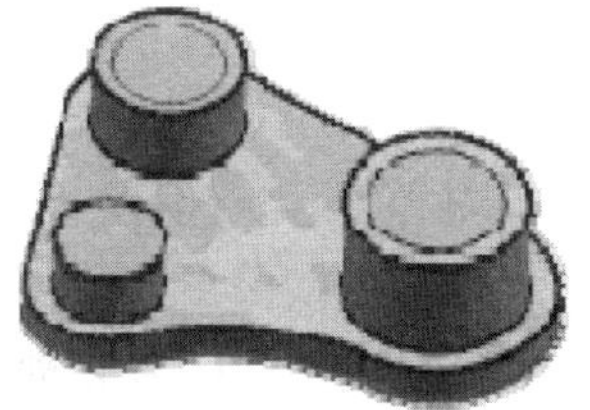

图 2-34　通过处理中的工件创建毛坯

在选择 IPW 源时需注意以下两点：

① 必须为相同集合组件中的 IPW 源选择一个部件作为局部 IPW。

② NX 为具有有效工序和 WORKPIECE 组的制造设置检查所选源部件。如果它们不存在，则 IPW 源列表为空。

（3）修剪边界对话框。

指定修剪边界的方法和指定平面铣部件边界的方法相同，用户可以参考前面的内容，这里不再赘述，但需要注意以下两个问题：

① 修剪边界被当作毛坯处理，并缩小要切削的区域。如果修剪边界在工序的毛坯内，则可以忽略该毛坯。例如，如果有一个大的毛坯，并使用修剪边界切削部件上的一个小区域，则可以在毛坯内部开始修剪的进刀运动。如果上一个工序未移除材料，则这将导致与毛坯材料碰撞。

② 在刀具不能安全进刀至切削区域的情况下不使用修剪边界命令。例如，如果使用修剪边界切削毛坯中的小块区域，移动到已修剪区域的进刀可能在毛坯内部开始。如果前一工序未移除毛坯材料，刀具会与毛坯材料碰撞。

2.3.5 切削模式

工序中的切削模式决定用于加工切削区域的刀轨模式。NX8.0 提供了“跟随部件”“跟随周边”“轮廓加工”“摆线”“单向”“往复”“单向轮廓”和“标准驱动”8 种切削模式，如图 2-35 所示，下面分别进行表述。

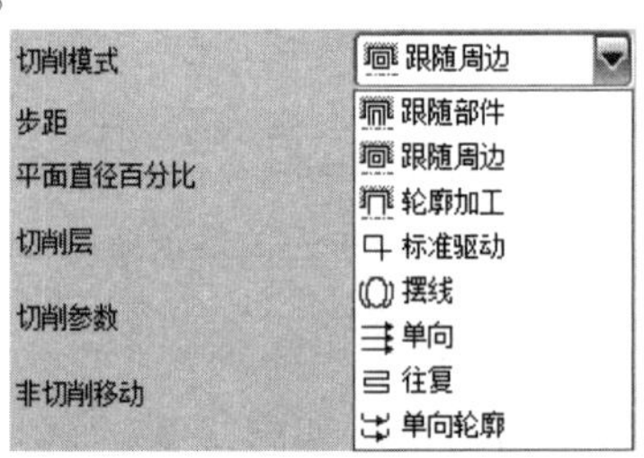

图 2-35 切削模式

1. 往复

“往复”切削模式以一系列相反方向的平行直线刀路切削，同时向一个方向步进，如图 2-36 所示。此切削模式允许刀具在步进过程中连续进刀。

在往复切削模式中，刀路具有以下特点：

（1）尽可能从靠近圆周边界起点的地方开始，除非指定区域起点。

（2）只要刀具不相交或偏离直线刀轨的距离仅小于步距值，跟随切削区域轮廓以保持连续切削运动。

（3）具有始终跟随切削区域轮廓的步进移动。

（4）如果存在障碍，则会缩短。

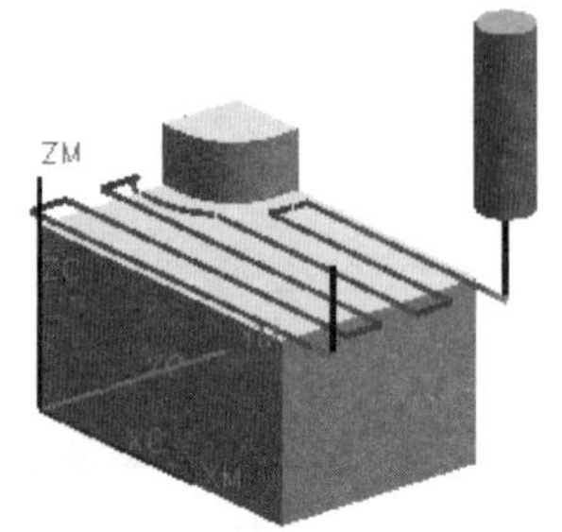

图 2-36 “往复”切削模式刀路

在使用“往复”切削模式时需要注意以下两个问题：

① 工序的【切削参数】中的【切削方向】的设置（顺铣或逆铣）被忽略，因为切削方向在各刀路之间会有变化。

② 工序的【切削参数】中的【壁清理】选项有效，使用此选项可防止在下一切削层沿部件壁遗留太多材料。

2. 单向

“单向”切削模式始终以一个方向切削。刀具在每个切削结束处退刀，然后移动到下一切削刀路的起始位置，保持顺铣或逆铣，如图 2-37 所示。与“往复”切削模式一样，工序的【切削参数】中的【壁清理】选项有效，使用此选项可防止在下一切削层沿部件壁遗留太多材料。

在单向切削模式中，刀路具有以下特点：

（1）始终以一个方向切削。

（2）在连续刀路之间不执行轮廓切削，除非指定的进刀方法要求这么做。

（3）从开放位置进刀，除非这样做会导致刀具跨以前加工的大部分切削区域运动。在这种情况下，该模式会在以前的单向刀路的起点重新进刀，以便将刀具沿切削区域的切削部分进行移动的量最小化。

（4）只要刀具不相交或偏离直线刀轨的距离仅小于步距值，跟随切削区域轮廓以保持连续切削运动。

（5）如果存在障碍，则会缩短。

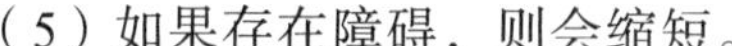

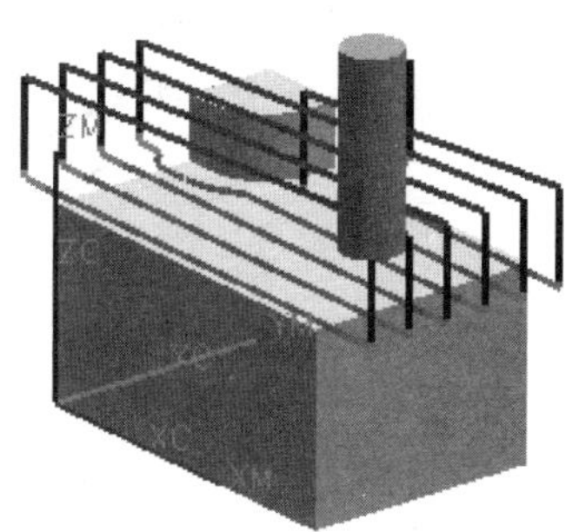

图 2-37 “单向”切削模式刀路

3. 单向轮廓

“单向轮廓”切削模式以一个方向的切削进行加工。沿线性刀路的前后边界添加轮廓加工移动。在刀路结束的地方，刀具退刀并在下一切削的轮廓加工移动开始的地方重新进刀，保持顺铣或逆铣，如图 2-38 所示。

在单向轮廓切削模式中，刀路具有以下特点：

（1）以保持顺铣或逆铣方向的一系列回路进行切削。

（2）具有始终跟随切削区域轮廓的切削步进移动。步进移动使用指定的切削进给率并忽略进给率和速度对话框中的步距进给率。

（3）避免进刀至型腔拐角或沿壁移动以生成更干净的切削。

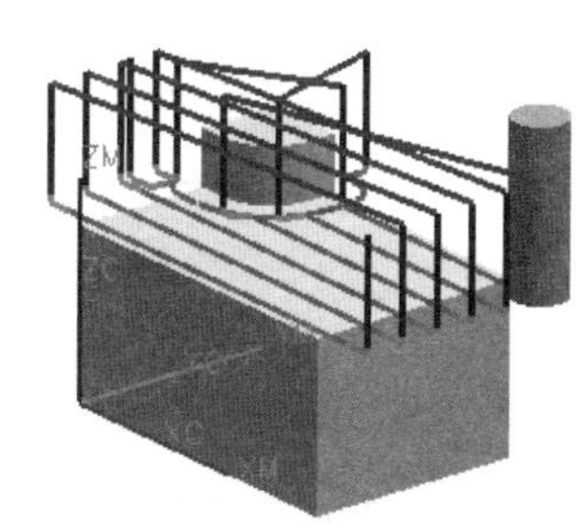

图 2-38 “单向轮廓”切削模式刀路

4. 跟随周边

“跟随周边”切削模式沿部件或毛坯几何体定义的最外侧边缘偏置进行切削。内部岛和型腔需要岛清理或清理轮廓刀路，保持顺铣或逆铣，如图 2-39 所示。

在跟随周边切削模式中，刀路具有以下特点：

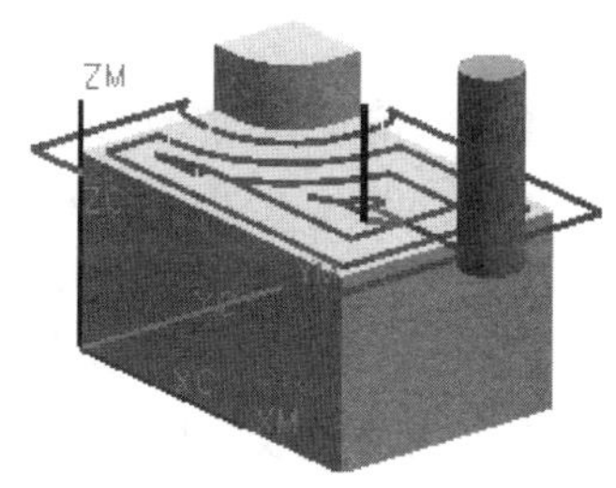

图 2-39 “跟随周边”切削模式刀路

（1）与切削区域周围回路存在偏置的封闭形状。在较窄的区域，软件添加精加工刀路并调整跟随周边刀路以使材料由精加工刀路切削。

（2）无法继续按周边形状切削时，它们与岛形状合并。

（3）只要刀路不相交，则跟随切削区域轮廓以保持连续切削运动。

如果一个区域需要的腔体加工刀路比另一区域多，则软件在子区域之间添加转移移动以完成较大区域，如图 2-40 所示。

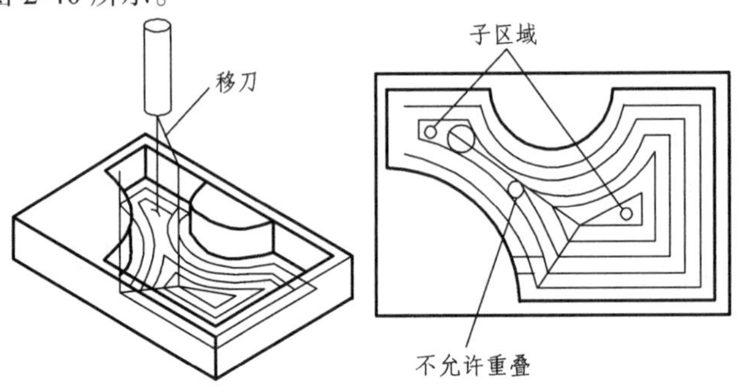

图 2-40　在子区域之间进行转移移动

（4）按照此切削顺序切削。

对于向外递进，首先切削所有封闭的内刀路，然后切削所有开放刀路，如图 2-41（a）所示。

对于向内递进，首先切削所有开放刀路，然后切削所有封闭的内刀路，如图 2-41（b）所示。

要切削开放刀路，刀具会进入开放刀路、切削、退刀并移到另一个开放刀路。

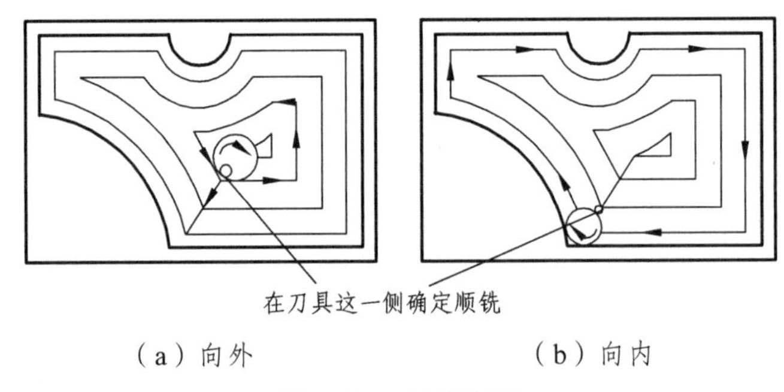

（a）向外　　（b）向内

图 2-41　刀路方向

（5）可以生成对角刀具移动，称之为尖牙刀轨，以便移除拐角中的材料。

当步距与刀具直径相比较大，且拐角处的刀路间没有重叠时，尖牙刀轨就变得非常必要，如图 2-42 所示。

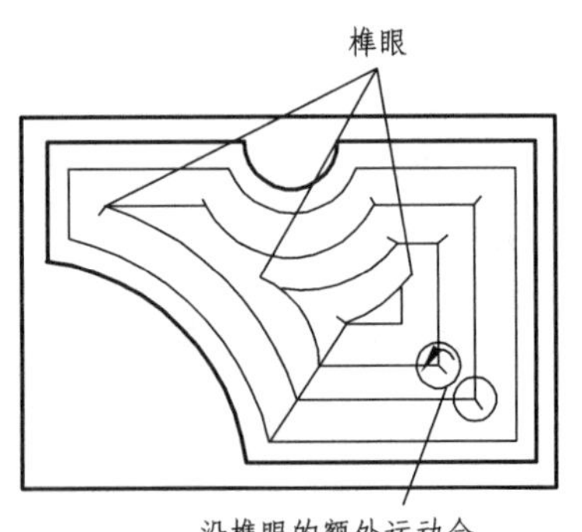

图 2-42　尖牙刀轨

（6）它们可以在连续刀路之间的区域生成额外的清理移动。

额外的清理移动有时对大步距是必需的。如果步距大于刀具直径的 50%，但小于刀具直径的 100%，则视为大步距。

使用“跟随周边”切削模式时需要注意以下两点：

① 工序的【切削参数】中的【刀路方向】的设置（向内或向外）选项有效，用于限制刀路方向是由边缘向内还是内中心向外。

② 工序的【切削参数】中的【壁清理】和【岛清根】选项有效，使用此选项可防止在下一切削层沿部件岛壁遗留太多材料。

5. 跟随部件

“跟随部件”切削模式沿所有指定部件几何体的同心偏置切削。最外侧的边和所有内部岛及型腔用于计算刀轨，这样就没有必要使用岛清理刀路了，同时刀路保持顺铣（或逆铣），如图 2-43 所示。

在“跟随部件”切削模式中，刀路具有以下特点：

（1）从所有部件几何体，包括周边回路、岛和型腔等距偏置，相交偏置不会交叉，但会相互修剪，如图 2-44 所示。

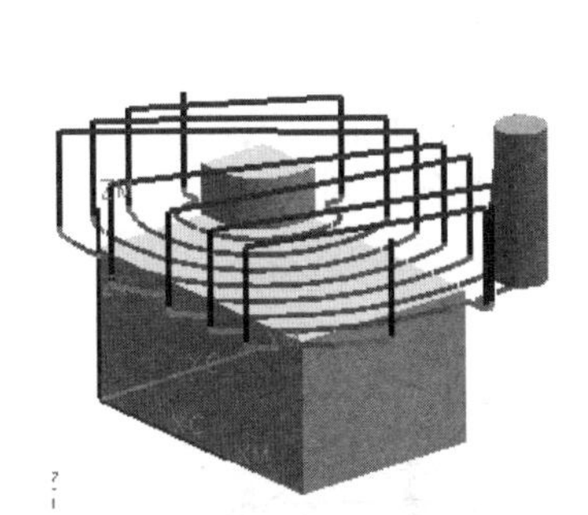

图 2-43 “跟随部件”切削模式刀路

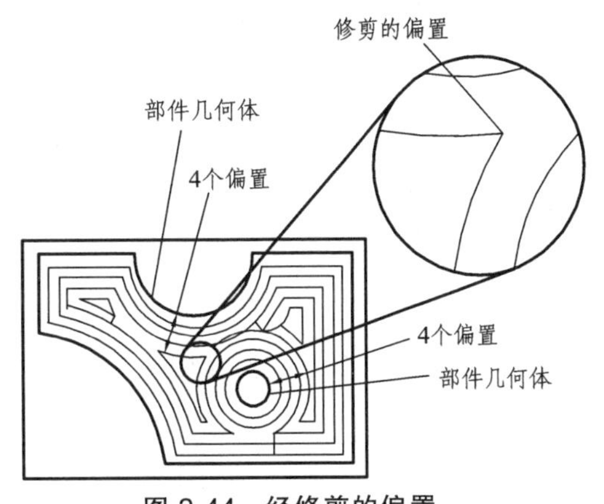

图 2-44 经修剪的偏置

（2）只有当没有定义偏置所依据的部件几何体时（如在面加工区域中），才会从毛坯几何体偏置。

（3）它们可以在连续刀路之间的区域生成额外的清理移动。

额外的清理移动有时对大步距是必需的。如果步距大于刀具直径的 50%，但小于刀具直径的 100%，则视为大步距。

（4）始终朝着部件几何体行进切削。跟随部件切削模式如图 2-45 所示。

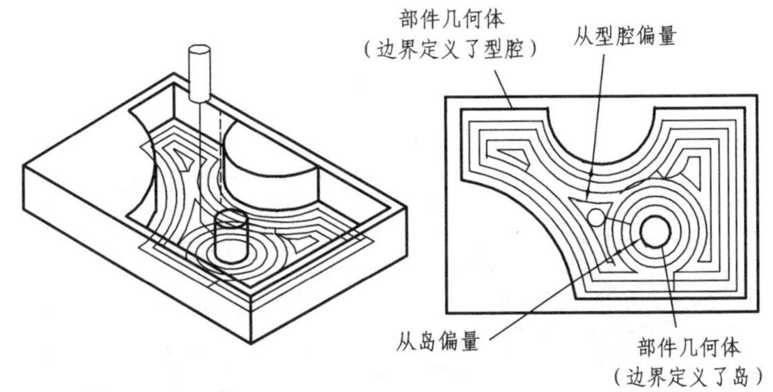

图 2-45 跟随部件切削模式

① 关于步进方向。

- 对于型腔，步进方向为向外。刀路在朝着部件行进过程中逐渐变大。

● 对于岛，步进方向为向内。刀路在朝着部件行进过程中逐渐变小。

● 对于毛坯几何体定义的面加工区域，偏置跟随毛坯几何体的周边形状，步进方向为向内，如图 2-46 所示。

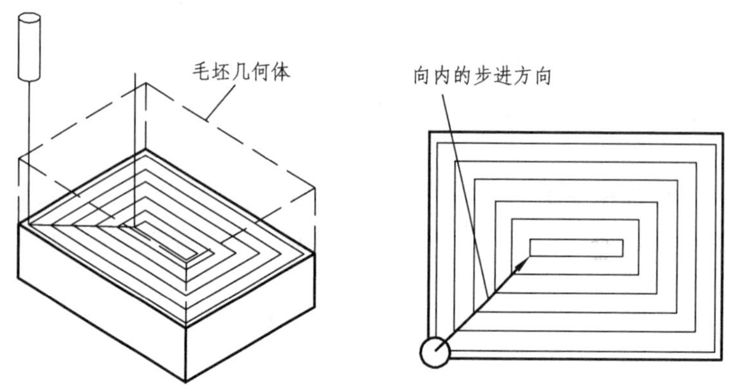

图 2-46 面加工区域

● 对于周边回路由毛坯几何体定义、岛由部件几何体定义的型芯区域，偏置跟随部件几何体的形状，如图 2-47 所示。步进方向指向定义各岛的部件几何体的内部。

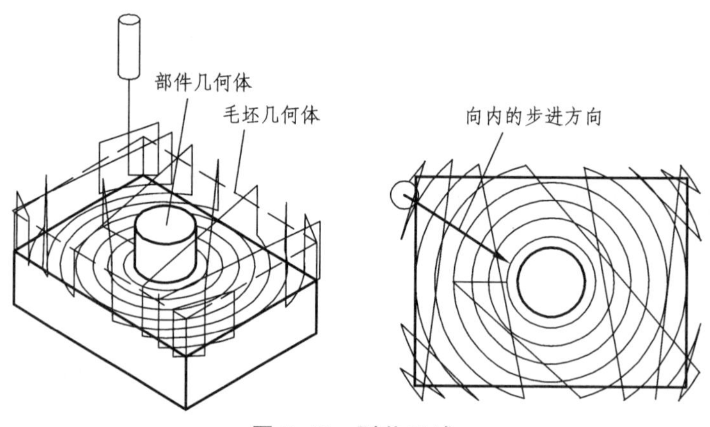

图 2-47 型芯区域

● 对于有岛的型腔，步进方向为朝着定义周边的部件几何体向外，朝着定义岛的部件几何体向内，如图 2-48 所示。

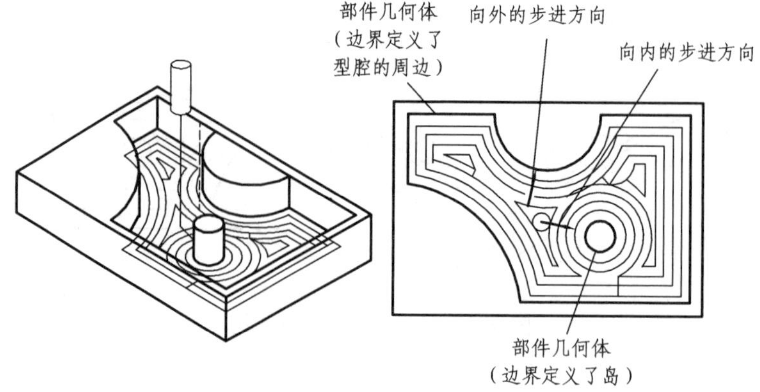

图 2-48 有岛的型腔区域

● 对于不创建封闭周边形状的开放侧区域，步进方向为朝着定义周边的部件几何体向外，朝着定义岛的部件几何体向内，如图 2-49 所示。

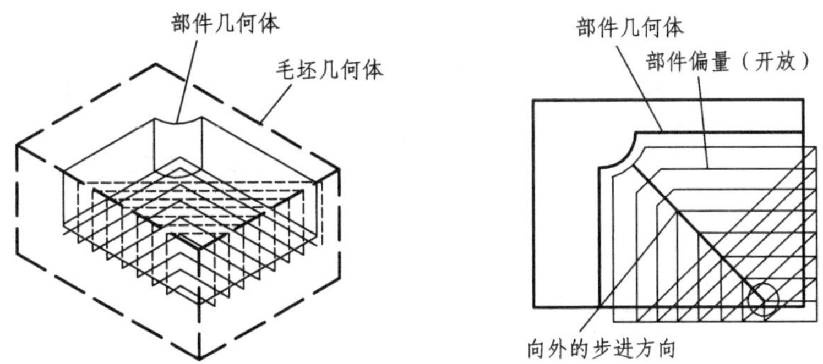

图 2-49 开放侧区域

② 跟随部件切削层偏置。

对于具有多个切削层的“平面铣”和“型腔铣”工序，跟随部件将评估每个切削层中切削区域的类型并应用合适的偏置。图 2-50 说明了系统为一个多层“平面铣”工序（每层有不同的区域类型）生成的各种偏置。

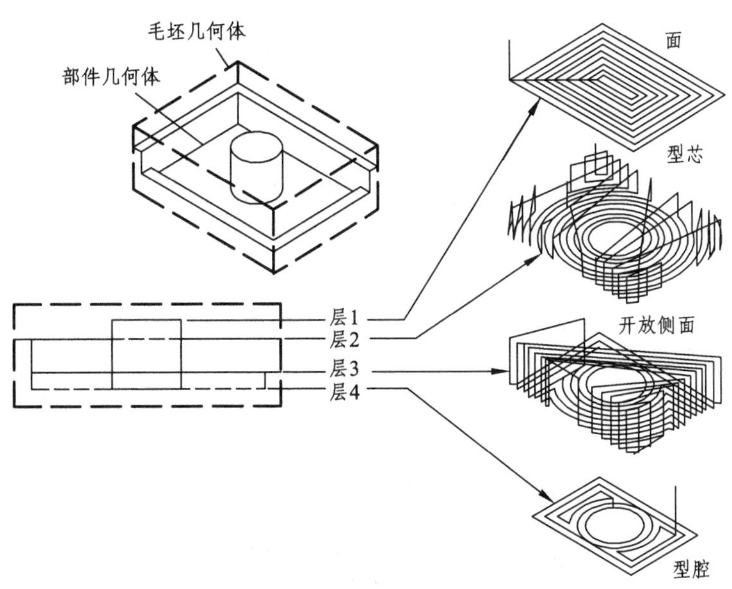

图 2-50 跟随部件切削层偏置

6. 轮廓加工

“轮廓加工”切削模式创建一条或指定数量的切削刀路来对部件壁面进行精加工。它可以加工开放区域，也可以加工封闭区域，刀具跟随边界方向，如图 2-51 所示。

“轮廓加工”切削模式中，刀路具有以下特点：

（1）封闭形状的构建和移刀方式与跟随部件切削模式相同。

（2）可以使用定制刀具，如倒斜角刀具。

（3）可以通过仅在用户想精加工的部件区域定义毛坯几何体将其限制在小区域内。

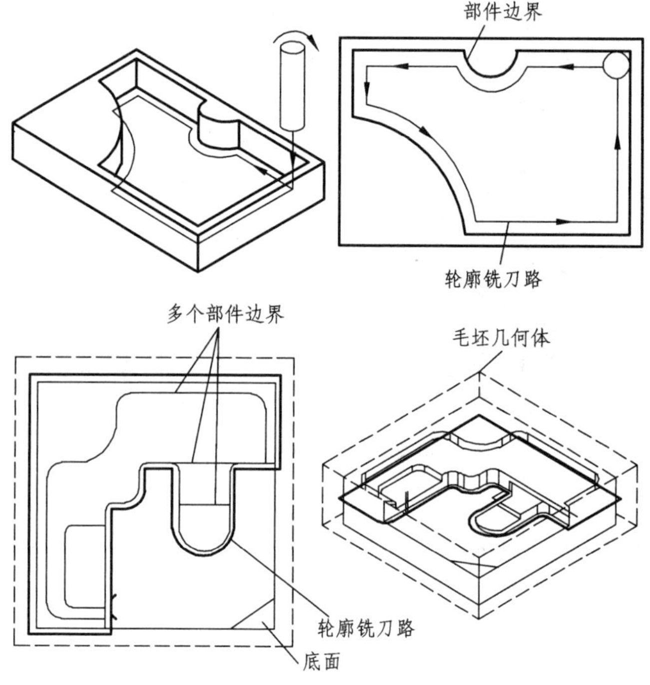

图 2-51 “轮廓加工”切削模式刀路

（4）需要不相交的部件边界以使软件决定材料侧。

（5）一次可以切削多个开放区域。

（6）可以在连续刀路之间的区域生成额外的清理移动。

（7）在完全由毛坯几何体组成的切削区域生成额外的清理移动。

7. 标准驱动

“标准驱动”切削模式沿指定边界创建轮廓加工切削，而不进行自动边界修剪或过切检查，如图 2-52 所示。它可以指定刀轨是否允许自相交。此切削模式仅在平面铣中可用。

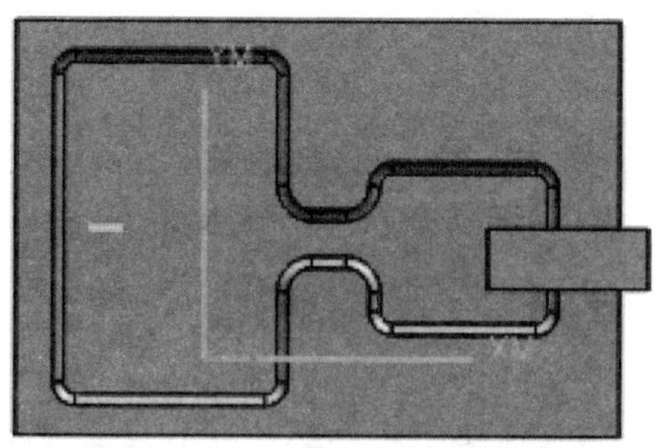

图 2-52 “标准驱动”切削模式刀路

在“标准驱动”切削模式中，刀路具有以下特点：

（1）将各个形状视为独立区域。软件单独追踪各形状，并相互独立地清理各形状。不在形状间执行布尔工序。

（2）可以相交。

（3）不检查过切，因此可能导致刀轨重叠。

（4）忽略所有检查和修剪边界。

需要特别注意的是，标准驱动切削模式在以下这些情况中可能引起不可预测的结果：

（1）在靠近边界自相交的地方更改刀位（对中或相切）。

（2）在刀具太大，无法以“对中”刀位切削拐角的拐角中使用“对中”刀位。

（3）由多个小边界段组成的凸角，如由样条创建的边界。

8. 摆线

“摆线”切削模式采用回环控制嵌入的刀具。当需要限制过大的步距以防止刀具在完全嵌入切口时折断，且需要避免过量切削材料时，需使用此功能。在进刀过程中的岛和部件之间、形成锐角的内拐角以及窄区域中，几乎总是会得到内嵌区域，摆线切削可消除这些区域。刀以小的回环切削模式来加工材料；也就是说，刀在以回环切削模式移动的同时，也在旋转，如图 2-53 所示。

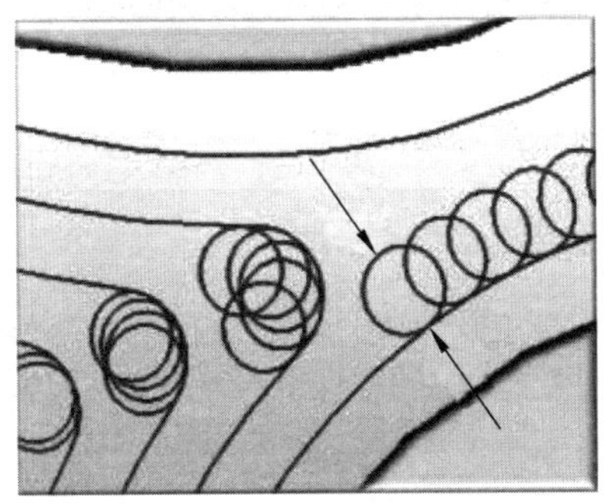

图 2-53 “摆线”切削模式

摆线切削的方向有两种：向外和向内（在切削参数里设置），如图 2-54 所示。

图 2-54 “摆线”切削模式的切削顺序

向外摆线切削是首选模式，它将圆形回环和流畅的跟随移动有效地组合在一起。这种切削模式适合进行高速粗加工。这种模式包括摆线铣削、拐角倒圆和其他拐角及嵌入区域处理，以确保达到指定的步距。它是跟随部件和向内摆线切削模式的组合，可用于型腔铣、平面铣和面铣削操作。

相比向内的切削方向，向外的切削方向有如下特点：

（1）通过引入摆线刀轨，防止刀具开槽或超出指定的步距限制。

（2）对尖角倒圆，使其成为圆滑的转角。

（3）通常从远离部件壁处开始，向部件壁方向行进。

（4）仅在必要时才引入摆线切削。

（5）提供可变摆线宽度，以便加工槽和尖角。用户指定一个最小宽度，软件根据需要逐步减小实际摆线宽度以避免过切。

2.3.6 切削参数

【切削参数】选项用以修改操作的切削参数。不同的类型、子类型和切削模式决定了不同的切削参数设置。

选择一种切削模式，点击切削参数按钮，将进入对应的【切削参数】设置对话框，如图 2-55 所示为选择【轮廓加工】切削模式的【切削参数】对话框。

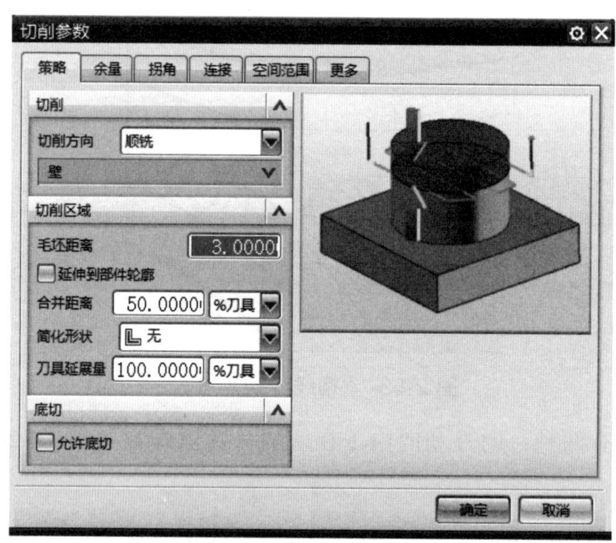

图 2-55 【切削参数】对话框

在 8 种切削模式中，每个切削参数设置对话框都有一些区别，但由于内容限制，不作一一介绍。

【切削参数】对话框中包含 6 个标签："策略""余量""拐角""连接""空间范围"和"更多"，下面以面铣中【轮廓加工】切削模式说明这些参数的含义及其操作方法。

1.【策略】标签

【策略】标签定义的最常用的或主要的参数有切削、切削区域、底切等。

（1）切削。

① 切削方向。

【切削方向】下拉列表框中包括顺铣和逆铣 2 个选项。

在【切削方向】下拉列表框中选择【顺铣】选项，指定刀具的切削方向为顺铣，即刀具的进给方向与刀具旋转方向的切线方向相同，如图 2-56（a）所示。

在【切削方向】下拉列表框中选择【逆铣】选项，指定刀具的切削方向为逆铣，即刀具的进给方向与刀具旋转方向的切线方向相反，如图 2-56（b）所示。

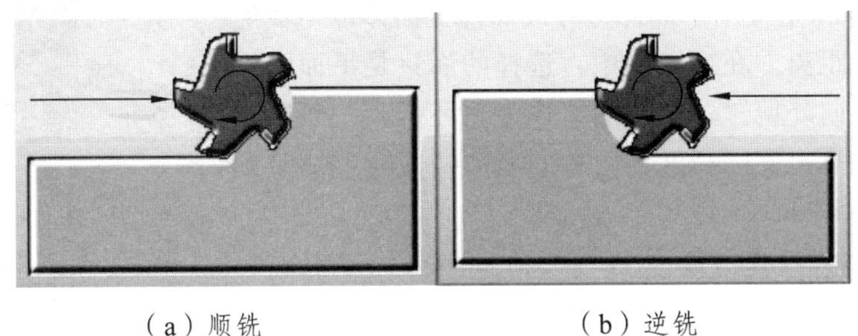

（a）顺铣　　（b）逆铣

图 2-56 “顺铣”与“逆铣”

② 壁。

【岛清根】用于清理岛屿四周的额外残余材料，该选项仅用于切削模式为“跟随周边”。打开【岛清根】选项，则在每一个岛屿边界的周边都包含一条完整的刀具路径，用于清理残余材料；关闭【岛清根】选项，则不清理岛屿周边轮廓，如图 2-57 所示。对于型腔内有岛屿的零件粗加工，必须打开岛清理这一选项，否则将在周边留下很不均匀的残余，并有可能在后续的加工层中一次切除很大残料。

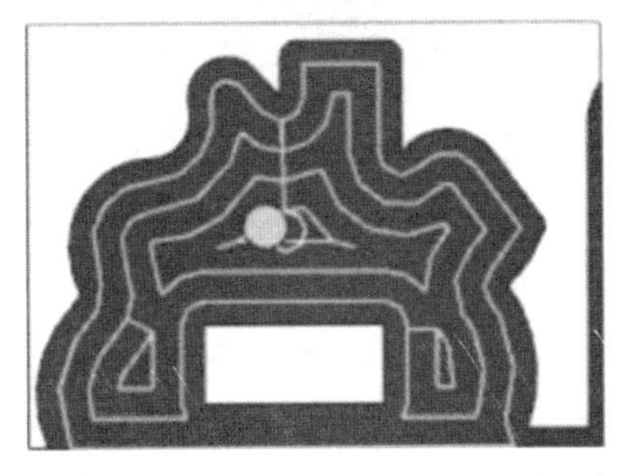

（a）不启用岛清根

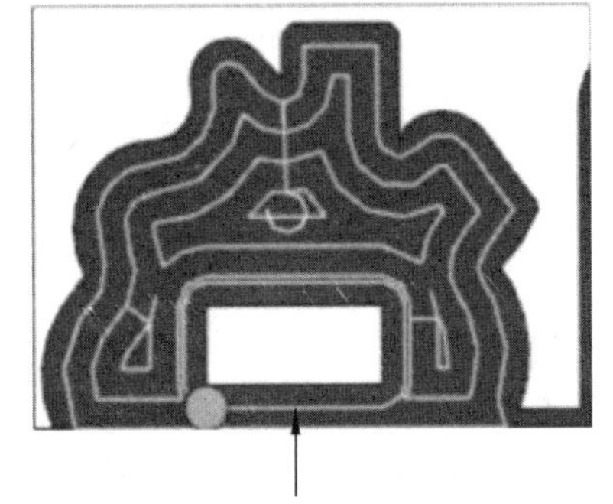

（b）启用岛清根

图 2-57 【岛清根】选项不启用与启用对比

加工壁时，若需加工其他部位，则不勾选只切削壁选项，走刀路线如图 2-58（a）所示。若只加工壁，此时须勾选只切削壁选项，走刀路线如图 2-58（b）所示。

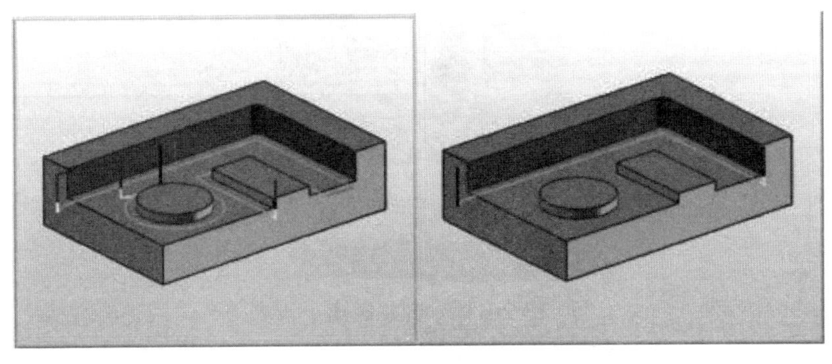

（a）不启用只切削壁　　（b）启用只切削壁

图 2-58 【只切削壁】选项不启用与启用对比

（2）切削区域。

① 毛坯距离。

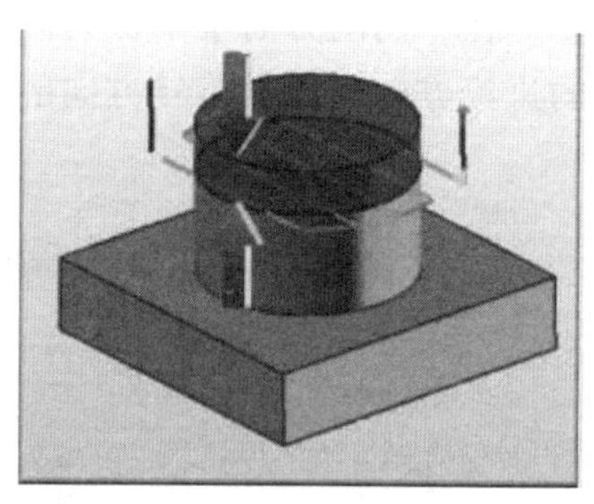

图 2-59 毛坯距离

【毛坯距离】指定应用于部件边界或部件几何体以生成毛坯几何体的偏置距离。在面铣削中，选择的面只是平面，可设定从所选择面向外偏置，偏置的值作为毛坯量，一般要在实际加工中，测量出实际高度与毛坯的差值，注意要测量到最高值，如图 2-59 所示。

② 延伸到部件轮廓。

在设置切削区域时，如果不勾选延伸到部件轮廓，走刀路线与方式如图 2-60（a）所示，如果勾选延伸到部件轮廓，走刀路线与方式如图 2-60（b）所示。

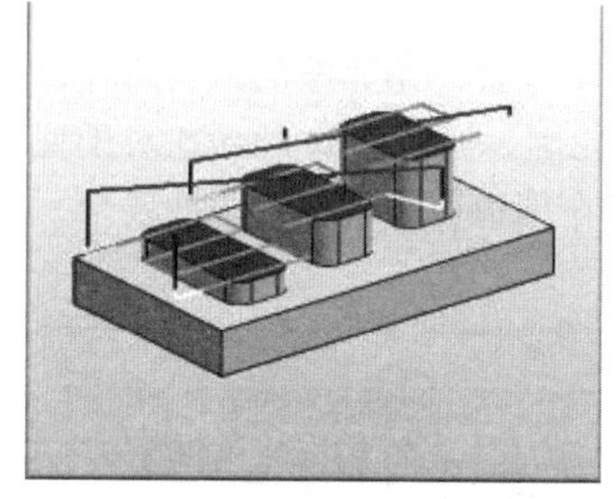

（a）不启用延伸到部件轮廓

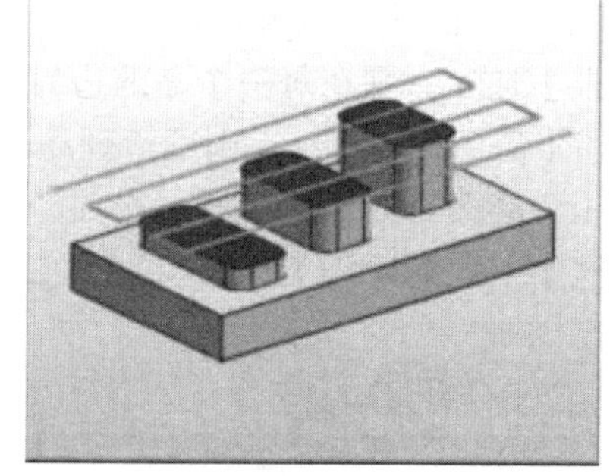

（b）启用延伸到部件轮廓

图 2-60 【延伸到部件轮廓】不启用与启用对比

③ 合并距离。

【合并距离】是当刀路铣削两个区域时，铣刀会铣完一个区域，抬刀、退刀、再进刀，如果加上【合并距离】，就会省去中间步骤，直接去铣。数值的大小就是两个区域边和边的距离，如图 2-61 所示，数值根据工件的形状确定，可以是输入的具体数值，以毫米（mm）为单位，也可以是刀具的百分比。

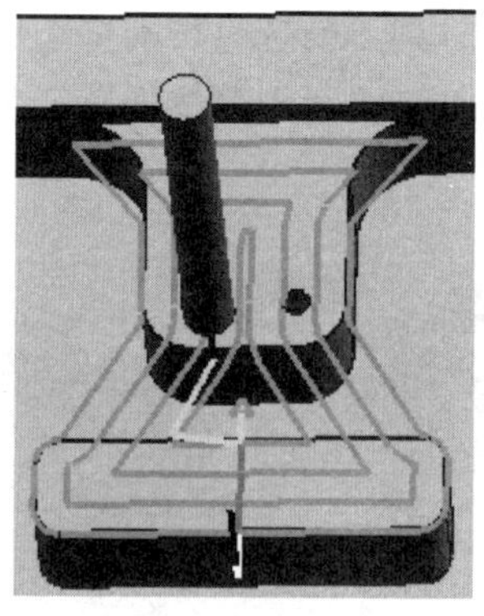

图 2-61 【合并距离】

④ 简化形状。

【简化形状】选项包括无、凸包和最小包围盒，如图 2-62 所示，这是铣削加工时优化刀路的重要方式。

【凸包】选项：可将复杂的多边切削区域几何体修改为更简单的形状。

【最小包围盒】选项：可为复杂的部件形状生成简单的刀轨，从而减少机床运动并缩短切削时间。

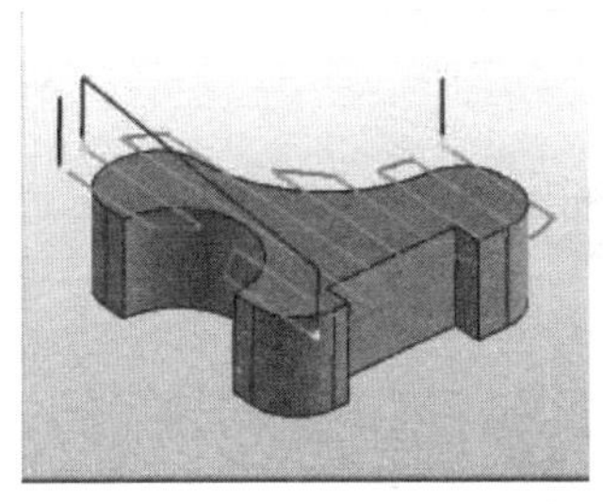
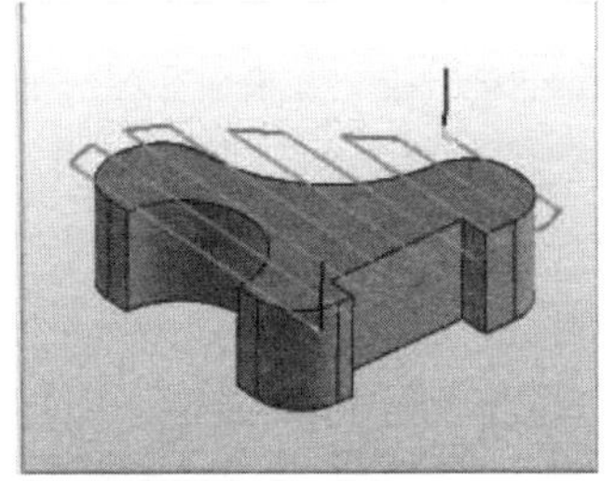
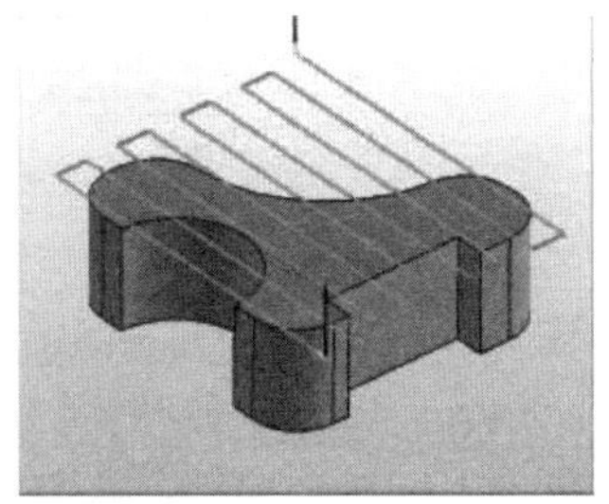

图 2-62 【简化形状】为“无”“凸包”和“最小包围盒”对比

⑤ 刀具延展量。

【刀具延展量】就是刀具会超出边界轮廓的数值，可以是具体的数值，也可以为刀具直径的百分比，如图 2-63 所示。将刀具延展量设置为小于刀具直径的值会最小化空切削的时间。如果是平面开粗，通常设到刀具直径的 50%～100%就可以了。合理的刀具延展量可以提高加工效率。如果是走曲面，机床精度高的情况下也可以不用延伸。

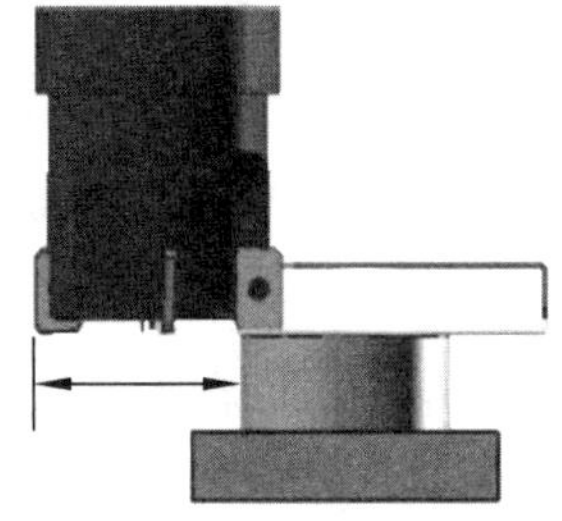

图 2-63　刀具延展量

（3）底切。

在【切削参数】对话框中选中【允许底切】复选框，生成的刀具轨迹将与加工部件的边界逼近，如图 2-64 所示。当边界和岛屿中包括圆锥线和 B 样条曲线时，选中【允许底切】复选框后，能够缩短加工路径的长度和加工时间。图 2-64（a）所示为取消选中【允许底切】复选框时生成的刀具轨迹。图 2-64（b）所示为选中【允许底切】复选框时生成的刀具轨迹。

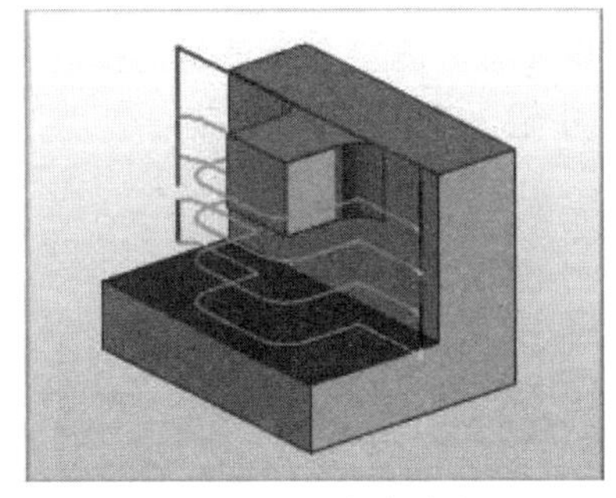

（a）不启用允许底切

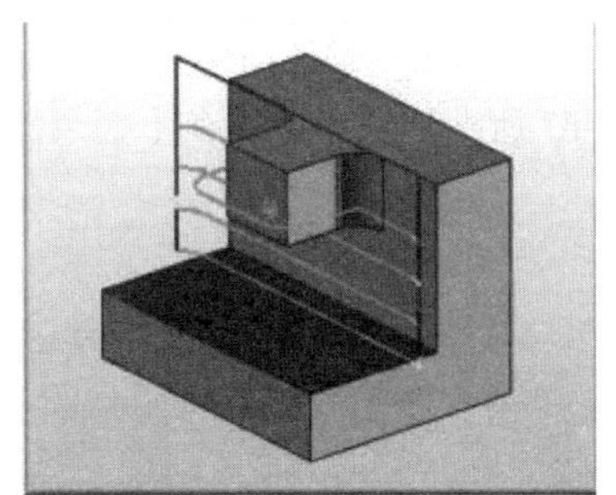

（b）启用允许底切

图 2-64 【允许底切】不启用与启用对比

启用【允许底切】选项需要注意以下两点：

①【允许底切】启用时要防止刀柄或夹持器与部件/检查几何体触碰，因此必须打开【切削参数】中【空间范围】选项卡上的【使用刀具夹持器】。

② 如果选择【壁清理】选项、【允许底切】关闭而且在工序中定义了 T 型刀，则以后用于壁清理的非切削运动可能对部件过切。

2.【余量】标签

在【切削参数】标签中单击【余量】标签，切换到【余量】选项卡，如图 2-65 所示，用户可以在该选项卡中设置余量和公差。

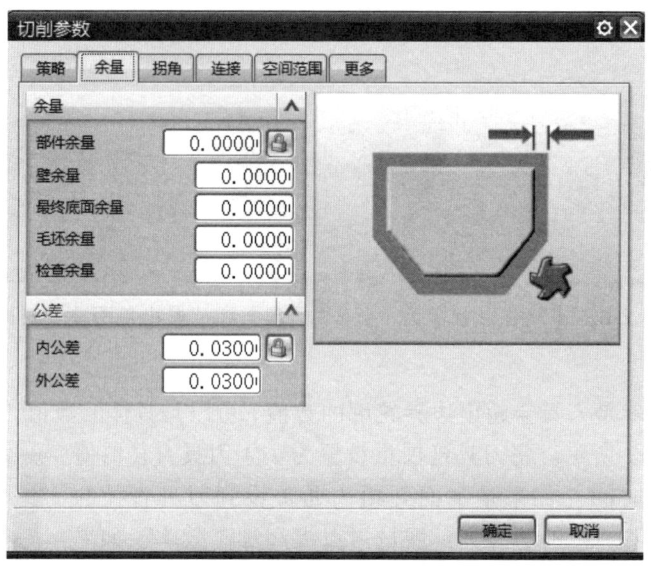

图 2-65 【余量】选项卡

用户可以在【余量】选项卡中设置部件余量、壁余量、最终底面余量、毛坯余量、检查余量、内公差和外公差等，这些选项的含义说明如下。

（1）部件余量。

部件余量是部件的切削余量，当刀具完成切削加工后，部件周围仍然没有切削的部分就是部件余量，如图 2-66 所示。用户可以在【部件余量】文本框中输入部件的切削余量。

（2）壁余量。

壁余量只在 FACE MILLING AREA 这个模块里才有。侧壁余量就是选择的侧壁的壁余量，如图 2-67 所示。用户可以在【壁余量】文本框中输入壁的切削余量。

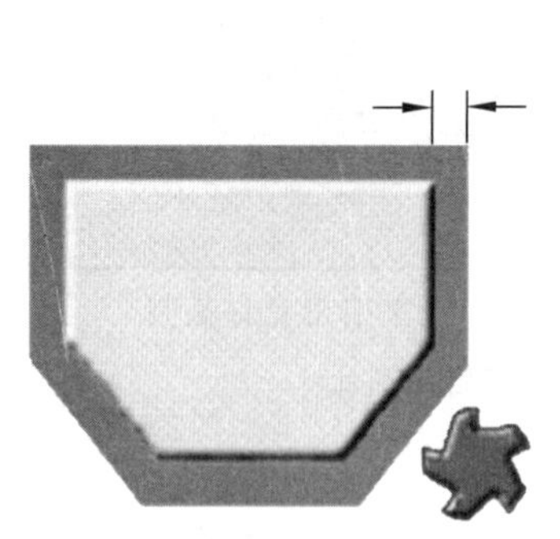

图 2-66 部件余量

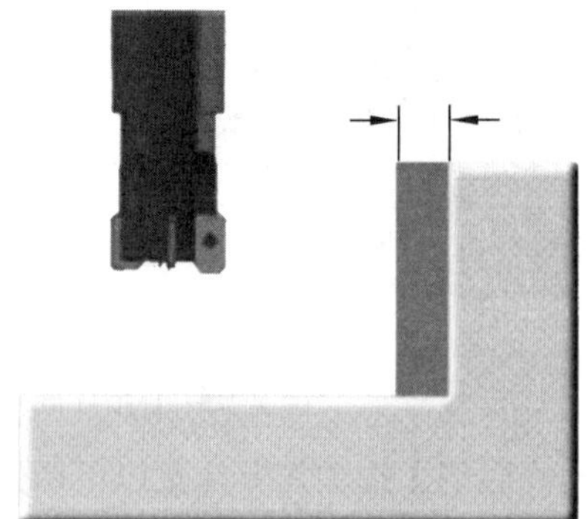

图 2-67 壁余量

（3）最终底面余量。

最终底面余量是指底部面切削加工后，没有切削加工而保留下来的材料部分，如图 2-68

所示。用户可以在【最终底面余量】文本框中输入最终底面的切削余量。

（4）毛坯余量。

毛坯余量是指毛坯切削加工后保留的切削余量，如图 2-69 所示。用户可以在【毛坯余量】文本框中输入毛坯的切削余量。

在面铣工序中，如果选择面，则选中的面实际上为毛坯边界，软件将自选中面偏置指定的距离。

如果选择切削区域，软件将自切削区域偏置指定的距离，以记入这些面的侧面的额外材料。

（5）检查余量。

检查余量是指刀具偏离检查几何边界（如夹具等）的距离，如图 2-70 所示。用户可以在【检查余量】文本框中输入刀具偏离检查几何边界的距离。

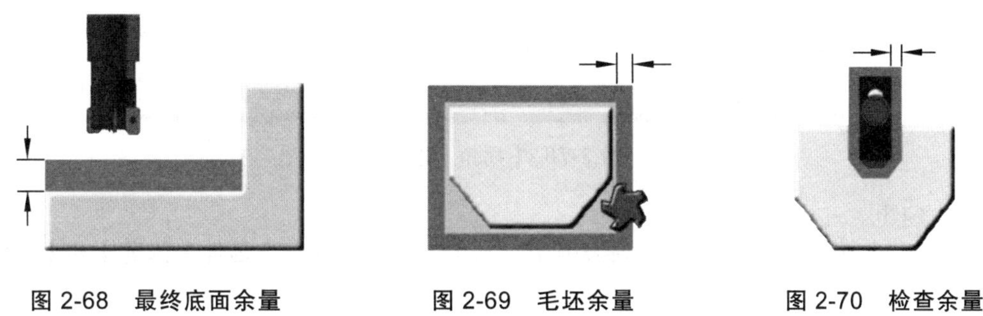

图 2-68　最终底面余量　　图 2-69　毛坯余量　　图 2-70　检查余量

（6）公差。

内公差指定刀具在部件表面内切削时可以偏离预期刀轨的最大距离，如图 2-71 所示。

外公差指定刀具远离部件表面切削时可以偏离预期刀轨的最大距离，如图 2-72 所示。

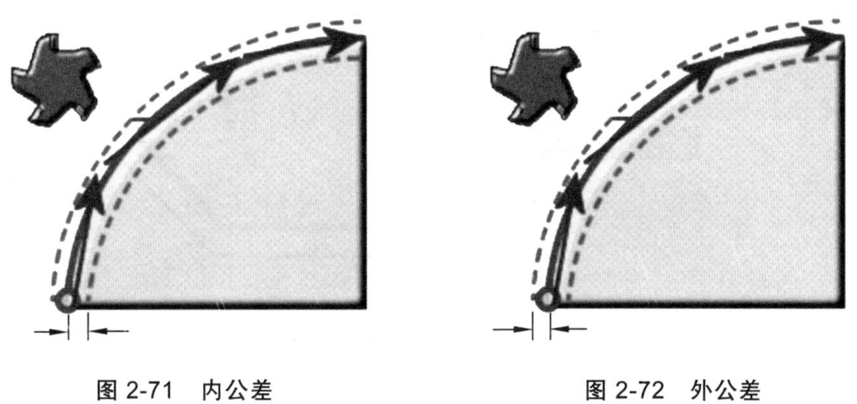

图 2-71　内公差　　图 2-72　外公差

指定刀具可以偏离部件表面的距离，越小的内公差和外公差值所允许与曲面的偏离就越小，并可产生更光滑的轮廓，但是需要更多的处理时间，因为这会产生更多的切削步骤。注意请勿将这两个值都指定为零。

3.【拐角】标签

在【切削参数】对话框中单击【拐角】标签，切换到【拐角】选项卡，如图 2-73 所示。

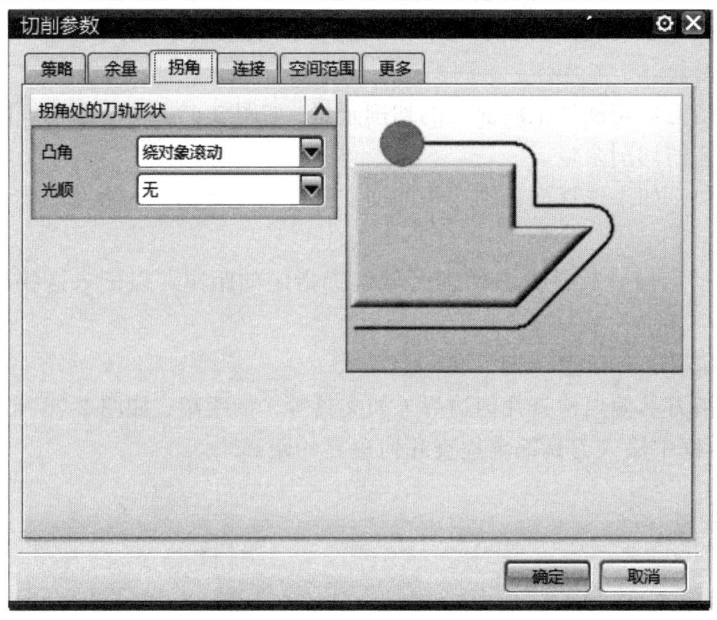

图 2-73 【拐角】选项卡

（1）凸角。

如图 2-74 所示,【凸角】下拉列表框中包括【绕对象滚动】、【延伸并修剪】和【延伸】3个选项，这些选项说明如下。

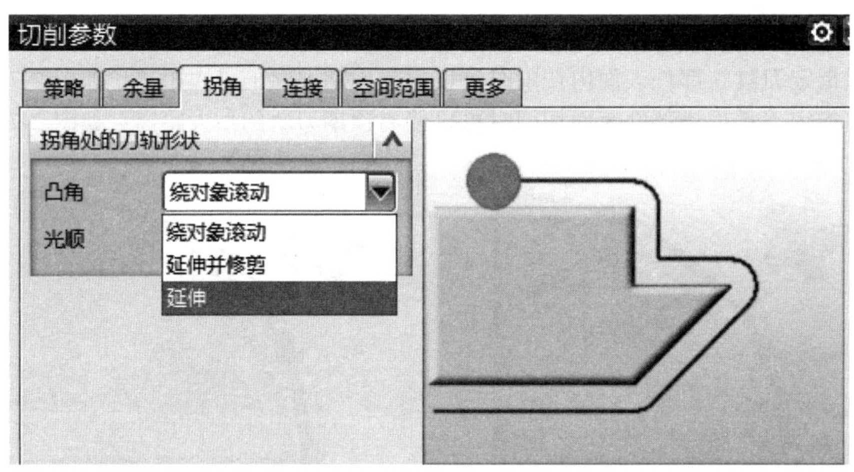

图 2-74 【凸角】下拉列表框

在【凸角】下拉列表框中选择【绕对象滚动】选项，用于设置刀具在铣削到外凸圆拐角时插入一段圆弧，其半径等于刀具半径，圆心在拐角顶端，以便在拐角时使刀具与部件轮廓始终保持接触，如图 2-75（a）所示。

在【凸角】下拉列表框中选择【延伸并修剪】选项，指沿切线方向延伸刀具路径，但不形成锐角，如图 2-75（b）所示。

在【凸角】下拉列表框中选择【延伸】选项，则沿切线方向延伸刀具路径，如图 2-75（c）所示。

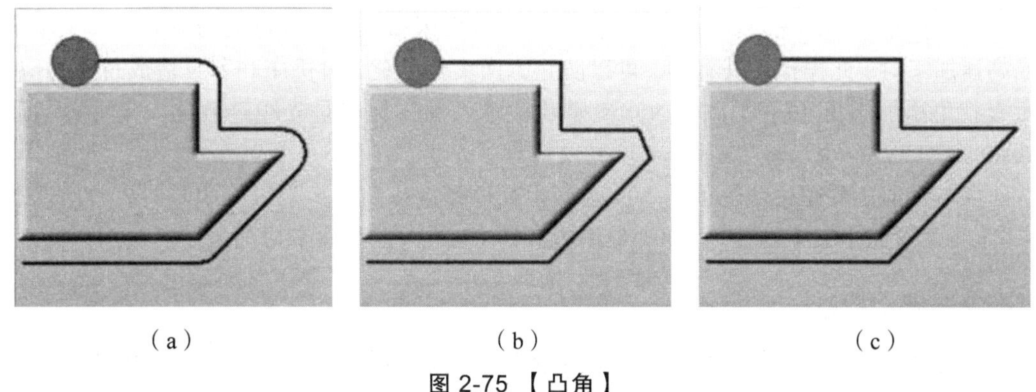

（a）　（b）　（c）

图 2-75 【凸角】

（2）光顺。

【光顺】下拉列表框包括【无】和【所有刀路】两个提供添加圆弧到刀轨的选项。

在【光顺】下拉列表框中选择【无】选项，其刀轨拐角和步距未应用光顺半径，如图 2-76（a）所示；在【光顺】下拉列表框中选择【所有刀路】选项，其刀轨拐角和步距已应用光顺半径，如图 2-76（b）所示。

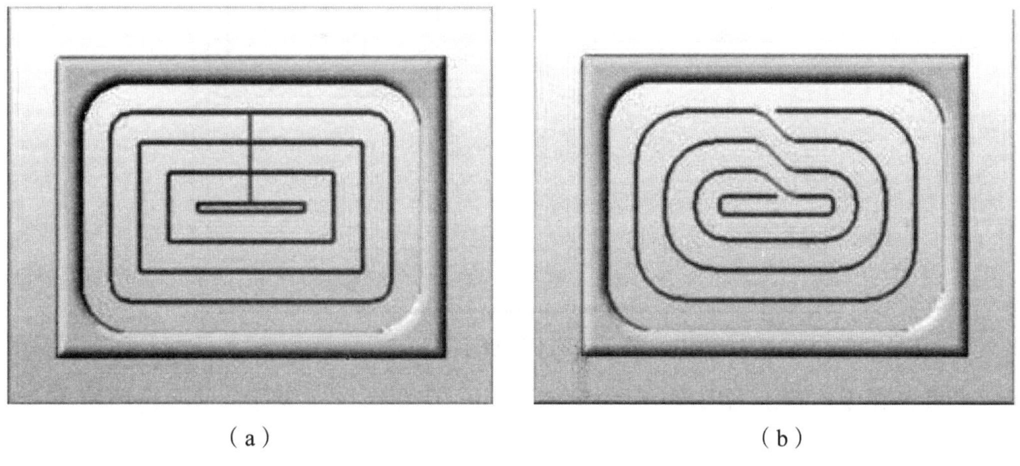

（a）　（b）

图 2-76 【光顺】为“无”和“所有刀路”

在【光顺】下拉列表框中选择【所有刀路】选项时，其【光顺】下拉列表框下方将出现【半径】和【步距限制】文本框，如图 2-77 所示。其中【半径】文本框提供添加到拐角和步距运动的光顺圆弧尺寸输入，仅获取一个拐角半径输入。如果无法使用输入值，则减小半径值。

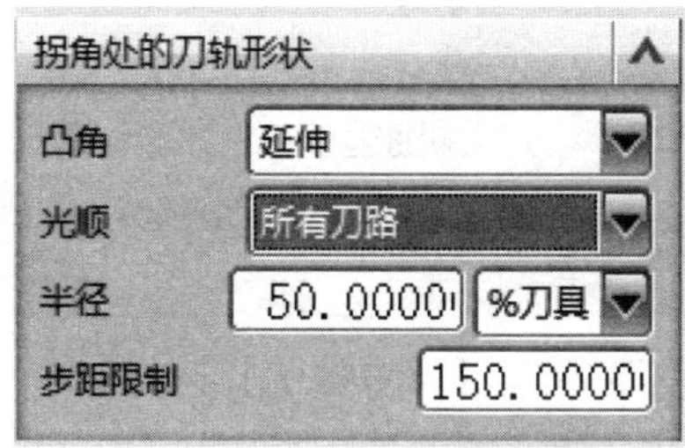

图 2-77 【半径】和【步距限制】文本框

为所有拐角添加圆角可防止方向突然变化，对机床和刀具造成过大的应力。加工硬质材料或高速加工时，此操作尤其有用，可以防止方向突然变化，对机床和刀具造成过大的应力。为所有拐角添加圆角还有助于为 Nurbs 输出生成刀轨，原因是光顺过渡比尖角更容易形成 Nurbs。

建议半径值不要超过步距值的 50%，当半径值接近或超过步距值的 50%时，会出现意外结果。【步距限制】文本框使用 100%最小值和 300%最大值移除未切削区域。

4.【连接】标签

在【切削参数】对话框中单击【连接】标签，切换到【连接】选项卡，如图 2-78 所示。

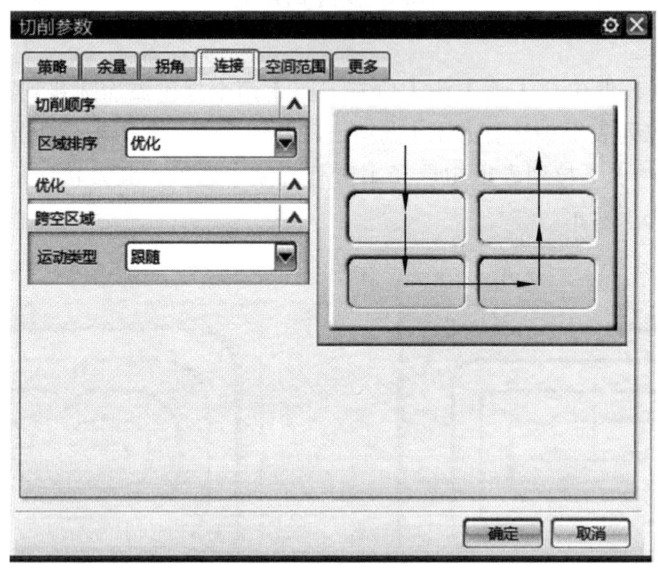

图 2-78 【连接】选项卡

用户可以在【连接】选项卡中设置切削顺序、优化区域连接等，这些选项的含义说明如下。

（1）区域排序。

如图 2-79 所示，在【区域排序】下拉列表框中包括【标准】、【优化】、【跟随起点】和【跟随预钻点】4 种排序方法，具体说明如下。

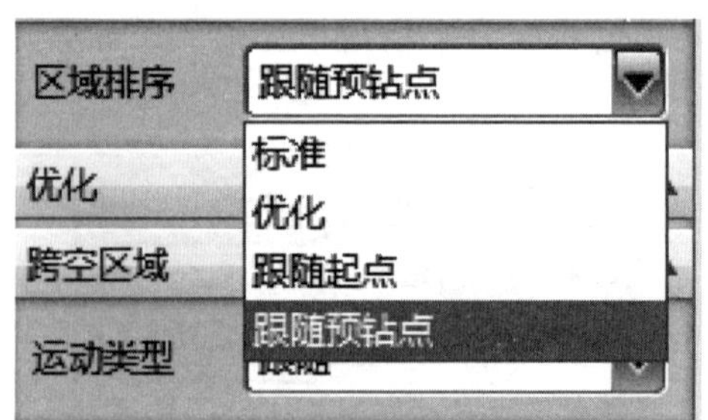

图 2-79 【区域排序】下拉列表

在【区域排序】下拉列表框中选择【标准】选项，指定切削区域的顺序由系统自动排列。

通常系统会根据用户定义部件边界时，选择曲线或边缘的顺序，或者根据用户选择的平面来确定切削区域的顺序，如图 2-80（a）所示。

在【区域排序】下拉列表框中选择【优化】选项，指定切削区域的顺序由系统优化后得到。通常系统会根据切削区域的形状，优化得到最短的切削路径和最短的切削加工时间，如图 2-80（b）所示。优化后的切削区域排列顺序将大大提高刀具的切削加工效率。

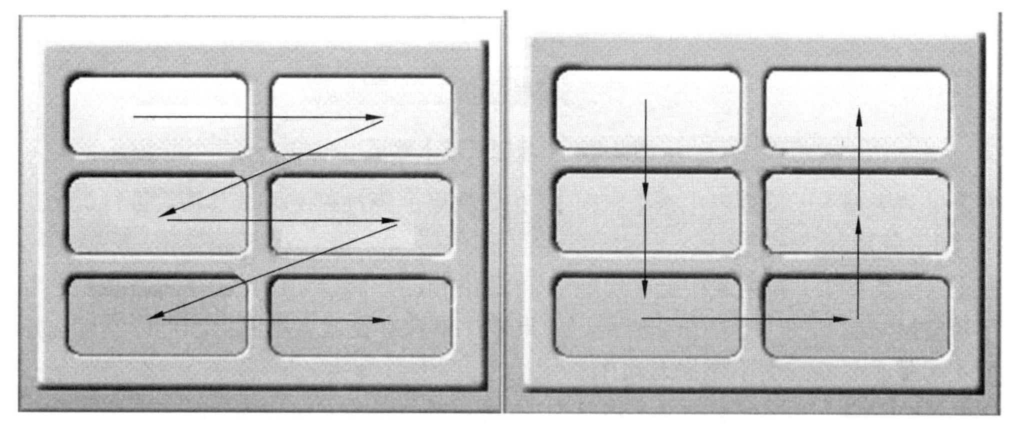

（a）标准　　（b）优化

图 2-80 【区域排序】为“标准”和“优化”对比

在【区域排序】下拉列表框中选择【跟随起点】选项，指定切削区域的顺序由起点来确定。通常系统会根据每个切削区域起点定义的先后顺序，来确定切削区域的排列顺序，如图 2-81（a）所示。

在【区域排序】下拉列表框中选择【跟随预钻点】选项，指定切削区域的顺序由预钻点来确定。通常系统会根据每个切削区域预钻点定义的先后顺序，来确定切削区域的排列顺序，如图 2-81（b）所示。

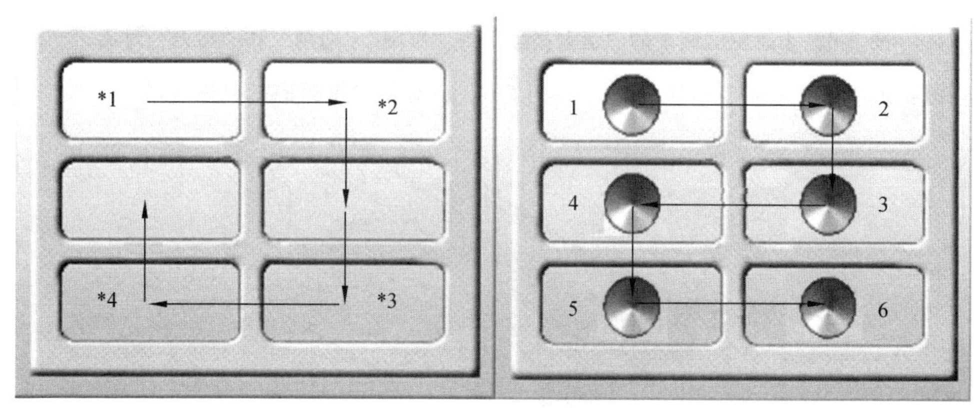

（a）跟随起点　　（b）跟随预钻点

图 2-81 【区域排序】为“跟随起点”和“跟随预钻点”对比

（2）跨空区域。

【跨空区域】选项可用于平面铣、型腔铣中的单向、往复和单向轮廓切削模式以及面铣中的所有切削模式。零件中含有凹槽或孔形成的空区域，【跨空区域】选项可以指定该区域的处理方式。当跨空区域切削时，运动类型有 3 个选项可供选择，分别是跟随、切削、移刀，如图 2-82 所示。

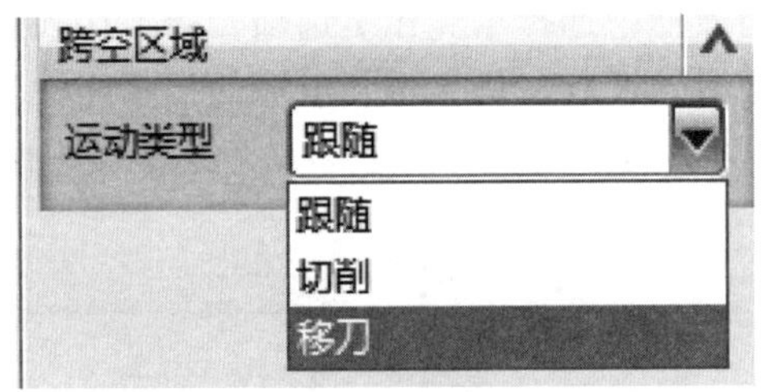

图 2-82 【跨空区域】选项

在【运动类型】下拉列表中选【跟随】，在切削层上绕过跨空区域移动，进行提抬刀，如图 2-83（a）所示。

在【运动类型】下拉列表中选【切削】，继续沿相同方向以切削进给率进行切削，相当于忽略了跨空区域，如图 2-83（b）所示。如果零件中含有孔或者小凹槽，可以使用选择跨空选项为【切削】忽略孔而不作提刀动作。

在【运动类型】下拉列表中选【移刀】，将继续沿相同的方向切削，但如果跨空距离超过移刀距离，当刀具完全悬空时会从切削进给率改为移刀进给率，如图 2-83（c）所示。

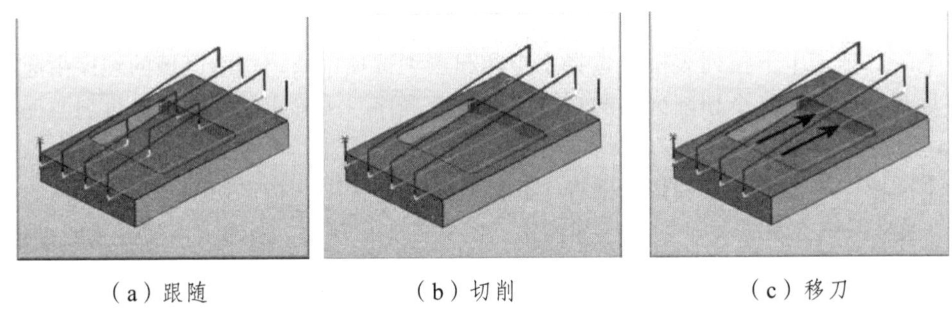

（a）跟随　　（b）切削　　（c）移刀

图 2-83 【跨空区域】的“运动类型”为“跟随”“切削”和“移刀”对比

选择移刀选项时还需要指定【最小移刀距离】，如图 2-84 所示。

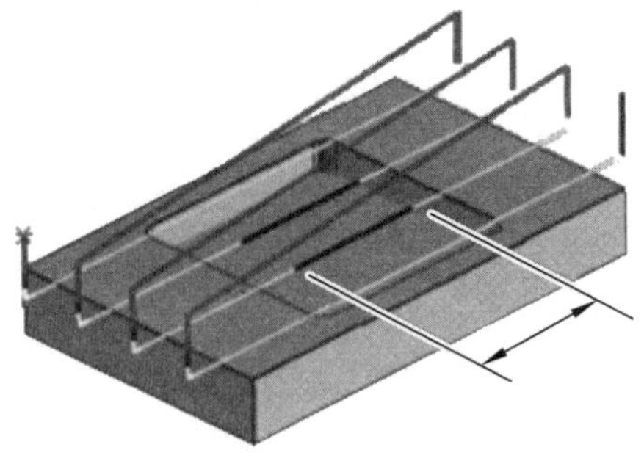

图 2-84 最小移刀距离

5.【空间范围】标签

该标签用于控制刀具夹持器的使用。该标签中的选项设置如图 2-85 所示。

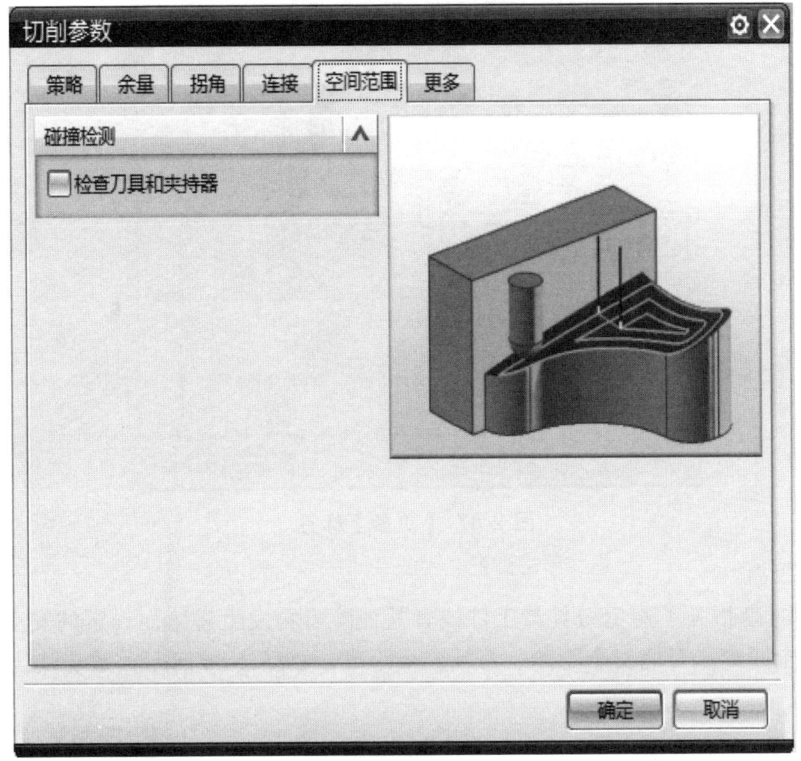

图 2-85 【空间范围】标签

不勾选【检查刀具夹持器】选项，走刀路线如图 2-86（a）所示。勾选【检查刀具夹持器】选项有助于避免夹持器与工件的碰撞，并在操作中选择尽可能短的刀具，走刀路线如图 2-86（b）所示。

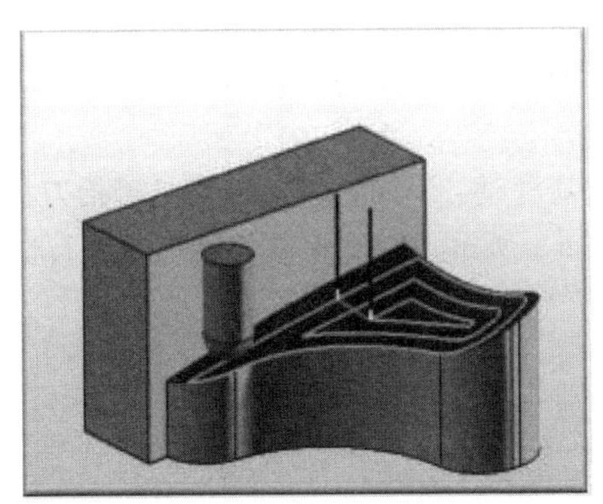

（a）不勾选【检查刀具夹持器】

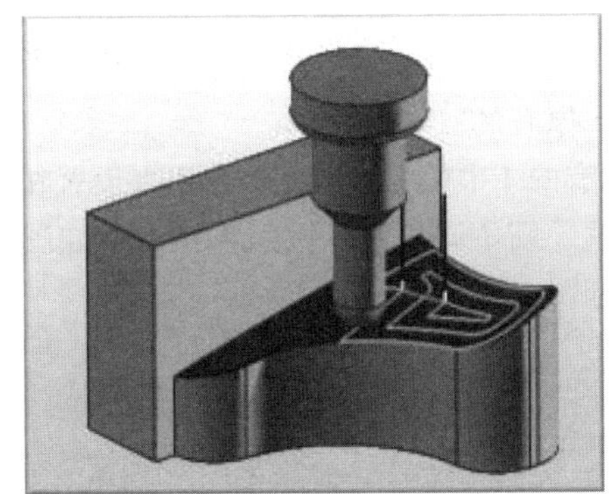

（b）勾选【检查刀具夹持器】

图 2-86 【检查刀具夹持器】选项不启用与启用对比

6.【更多】标签

【更多】标签定义不在先前类别的参数，如部件安全距离、原有的和下限平面等。【更多】标签中的选项设置如图 2-87 所示。

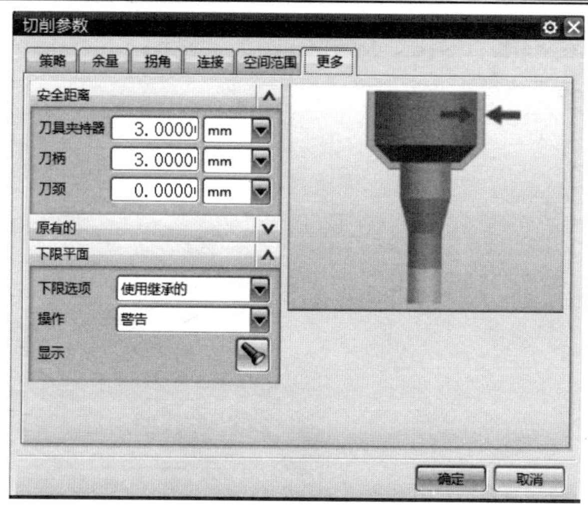

图 2-87 【更多】标签

（1）安全距离。

【安全距离】是指为了避免刀具与工件或者其他障碍物发生碰撞而设定的安全距离，包括刀具夹持器安全距离、刀柄安全距离、刀颈安全距离，如图 2-88 所示。系统默认的部件安全距离为 3 mm。

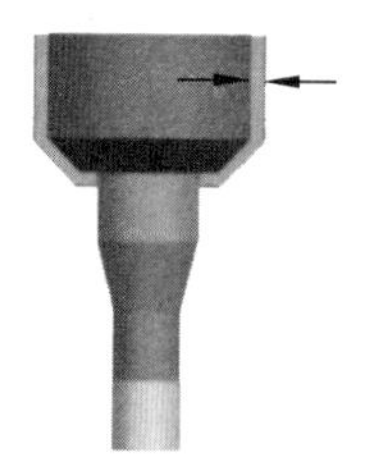
（a）刀具夹持器安全距离

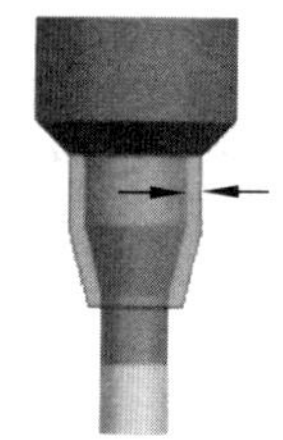
（b）刀柄安全距离

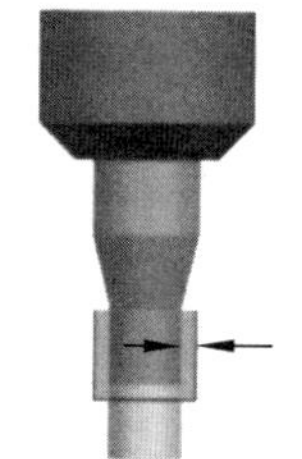
（c）刀颈安全距离

图 2-88 安全距离

（2）原有的。

【原有的】中的【区域连接】用来设置在同一切削深度、不同切削区域间是否抬刀，勾选该复选框，则不同切削区域间不抬刀，如图 2-89（a）所示，否则不同切削区域进行切削时抬刀，如图 2-89（b）所示。

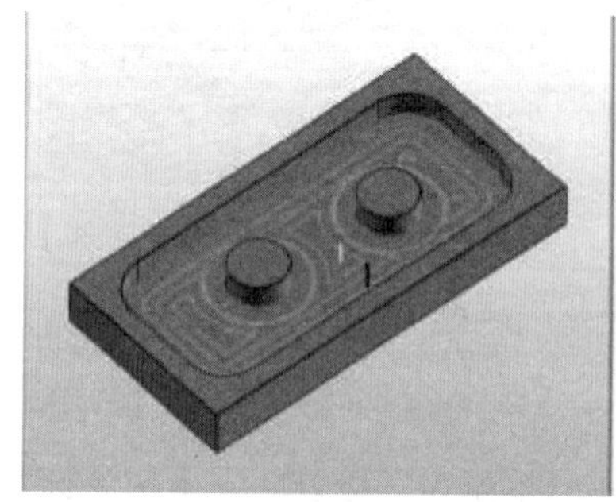
（a）启用区域连接

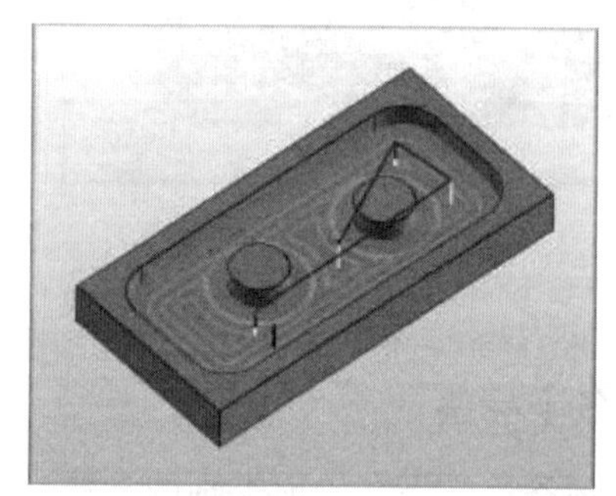
（b）不启用区域连接

图 2-89 【原有的】中的【区域连接】启用与不启用对比

（3）下限平面。

【下限平面】选项组包括【下限选项】下拉列表框和【操作】下拉列表框，这两个选项的含义分别说明如下。

下限平面是刀具切削运动的最低平面。用户在定义下限平面时有 3 种方法，分别是【使用继承的】、【无】和【平面】，这 3 种方法分别说明如下。

在【下限选项】下拉列表框中选择【使用继承的】选项，指定下限平面使用系统继承得到的平面，即激活下限平面，此时下限平面处于激活状态，【显示】按钮圈也处于激活状态，此时单击【显示】按钮圈，系统将在绘图区高亮显示下限平面，如图 2-90（a）所示。

【下限选项】下拉列表框中选择【无】选项，指定在当前操作中不使用下限平面，此时下限平面将不被激活。同时【下限平面】选项组中不再显示【显示】按钮圈，这是因为此时没有下限平面可以显示，如图 2-90（b）所示。

在【下限选项】下拉列表框中选择【平面】选项，系统将出现【指定平面】选项，进行平面的选择，如图 2-90（c）所示。

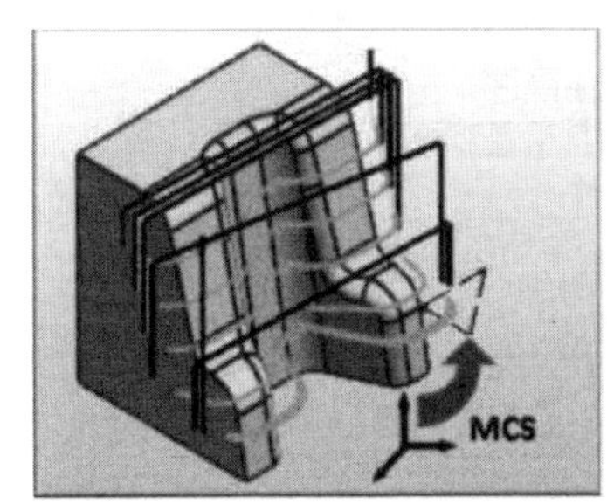

（a）【使用继承的】选项

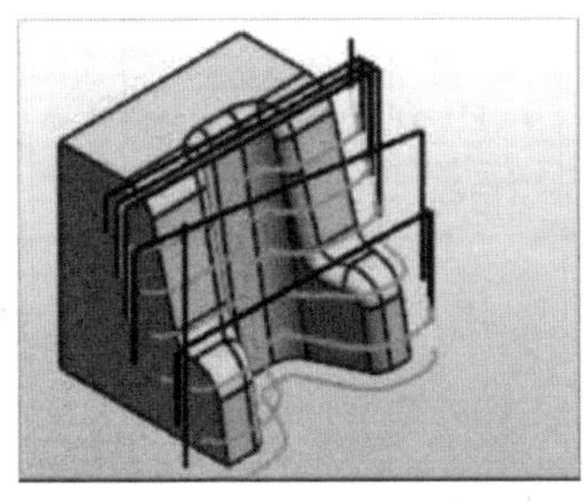
（b）【无】选项

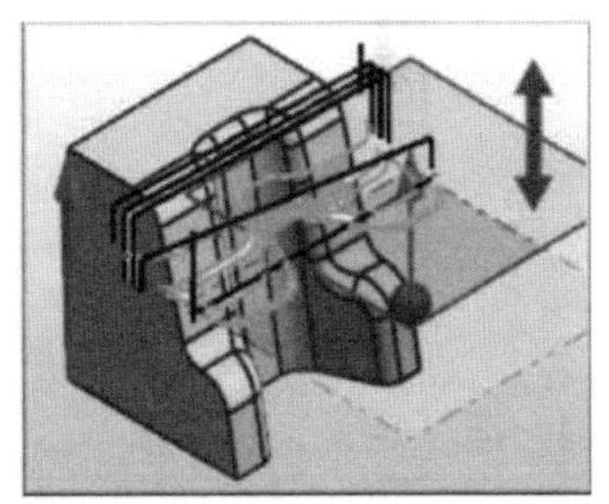
（c）【指定平面】选项

图 2-90 【下限选项】

操作方法包括【警告】、【沿刀轴】和【垂直于平面】，这 3 个操作方法的含义分别说明如下。

在【操作】下拉列表框中选择【警告】选项，指定当刀具的切削运动低于下限平面时，系统发出警告信息，并且把警告信息显示在 CLSF 文件中。但对低于下限平面的刀具轨迹不作任何处理，如图 2-91（a）所示。

在【操作】下拉列表框中选择【沿刀轴】选项，指定当刀具的切削运动低于最低平面时，系统发出警告信息，并且对低于下限平面的刀具轨迹进行投影处理，即沿着刀具轴线方向把低于下限平面的刀具轨迹投影到下限平面上，如图 2-91（b）所示。

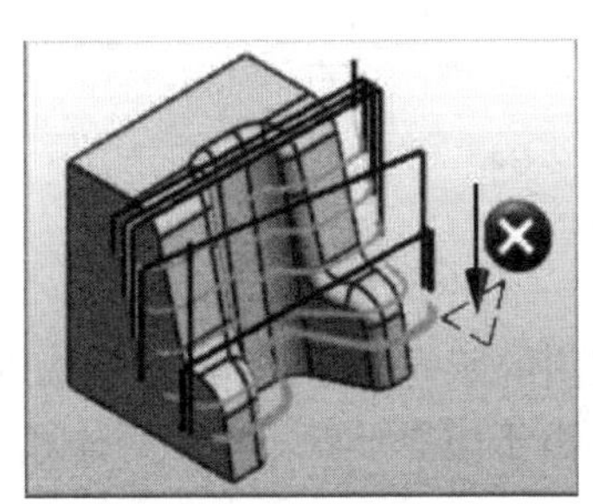
（a）【警告】选项

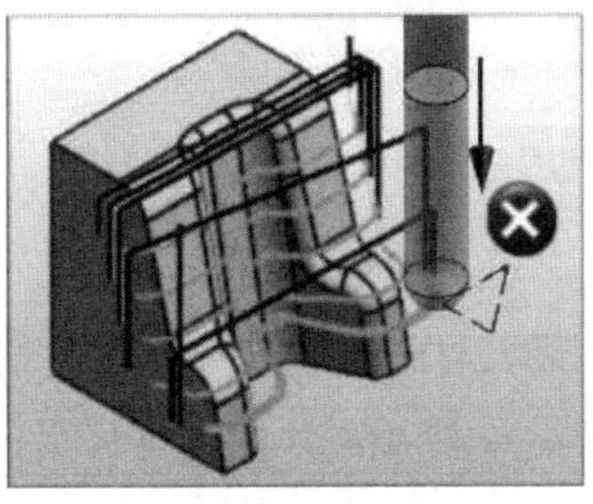
（b）【沿刀轴】选项

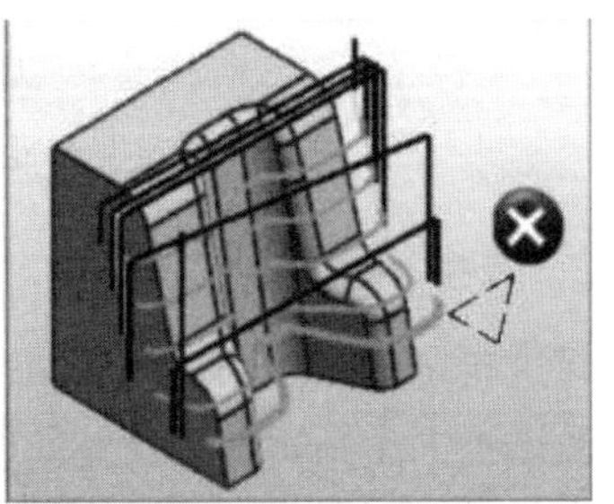
（c）【垂直于平面】选项

图 2-91 【下限平面】的【操作】选项

在【操作】下拉列表框中选择【垂直于平面】选项，指定当刀具的切削运动低于最低平面时，系统发出警告信息，并且对低于下限平面的刀具轨迹进行投影处理，即沿着垂直于平面的方向把低于下限平面的刀具轨迹投影到下限平面上，如图 2-91（c）所示。

2.3.7 步 距

步距指定刀路之间的距离。在所创建的加工工序的【刀轨设置】中，通过【步距】选项设置，如图 2-92 所示，NX 可以直接通过输入一个常数值或刀具直径的百分比来指定该距离，也可以间接地通过输入残余高度并使系统计算切削刀路间的距离来指定该距离。

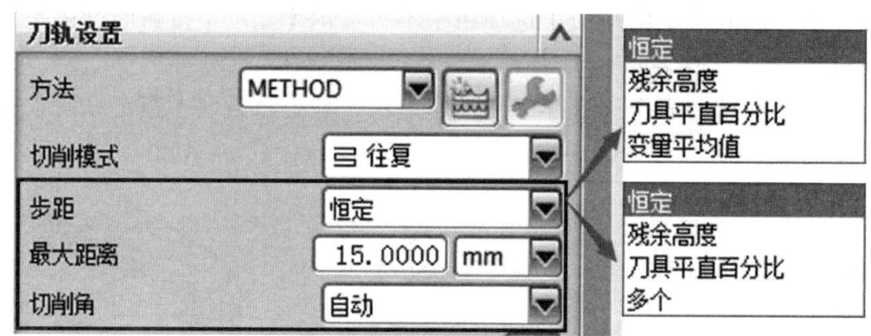

图 2-92 【步距】

1. 恒 定

恒定用于按当前单位或当前刀具的百分比指定连续刀轨之间的最大距离，如图 2-93 所示。如果指定的刀路间距不能平均分割所在区域，软件将减小这一刀路间距以保持恒定步距，如图 2-94 所示。

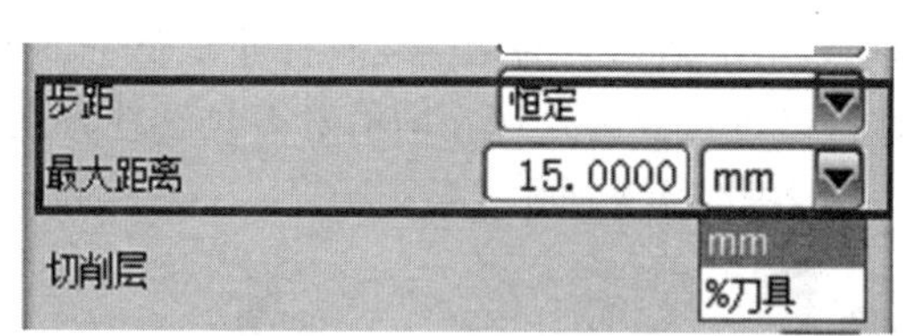

图 2-93 “恒定”步距选项

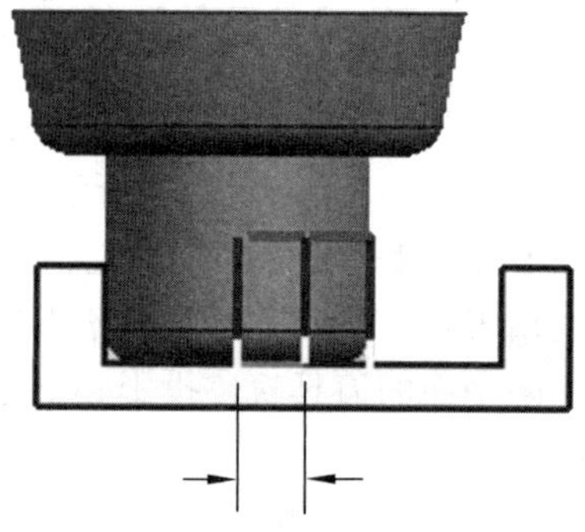

图 2-94 “恒定”步距图示

2. 残余高度

通过指定刀路之间可以遗留的最大材料高度来计算每次切削的所需的步距，使刀路间的残余高度不大于指定的高度，如图 2-95 所示。在加工过程中，由于边界形状不同，所计算出的每次切削的步距也不同，为保护刀具在移除材料时负载不至于过重，最大步距被限制在刀具直径长度的 2/3 以内，如图 2-96 所示。

图 2-95 “残余高度”步距选项

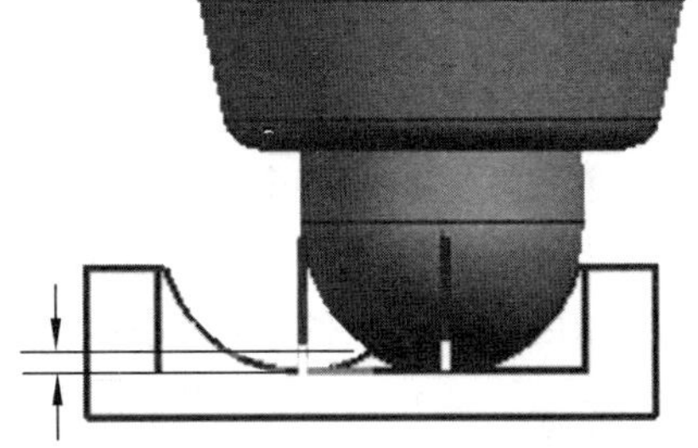

图 2-96 “残余高度”步距图示

3. 刀具平直百分比

通过指定有效刀具直径的百分比作为连续刀路之间的距离，如果刀路间距不能平均分割所在区域，软件将减小这一刀路间距以保持恒定步距，如图 2-97 所示。有效刀具直径是指实际上接触到腔体底部的刀具的直径。对于球头铣刀，系统将其整个直径用作有效刀具直径；对于其他刀具，有效刀具直径按 $D-2C_R$ 计算，如图 2-98 所示。

图 2-97 “刀具平直百分比”步距选项

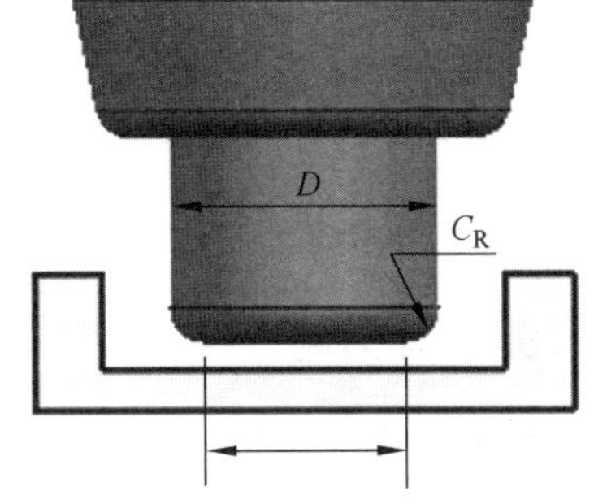

图 2-98 “刀具平直百分比”步距图示

4. 变量平均值

对于切削模式为“往复”“单向”“单向步进”“单向轮廓”“同心往复”“同心单向”“同心单向步进”和“同心单向轮廓”时，可以通过指定“最大值”和“最小值”方式来定义步距大小，如图 2-99 所示。NX 软件通过计算能够在平行于往复刀路的壁之间均匀适合的最小步距数，并调整步距以确保刀具切削始终与平行于往复切削的边界相切，刀具沿壁切削而不会遗留多余材料，如图 2-100 所示。

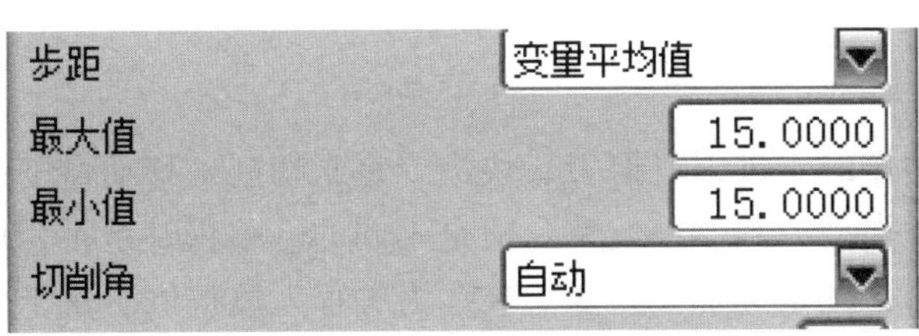

图 2-99 “变量平均值”步距选项

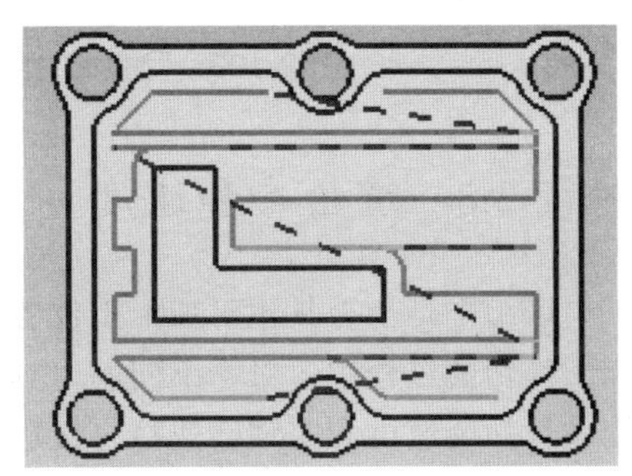

图 2-100 “变量平均值”步距图示

5. 多　个

对于切削模式为“跟随部件”“跟随周边”“轮廓加工”和“标准驱动”时，用户可以通过“多个”方式指定多个步距和相应的刀路数，如图 2-101 所示。刀路列表中的第一行对应最靠近边界的刀路，随后的行朝着腔体中心行进，如图 2-102 所示。所有刀路的总数不等于要加工的区域时，软件会从切削区域中心加上或减去刀路。

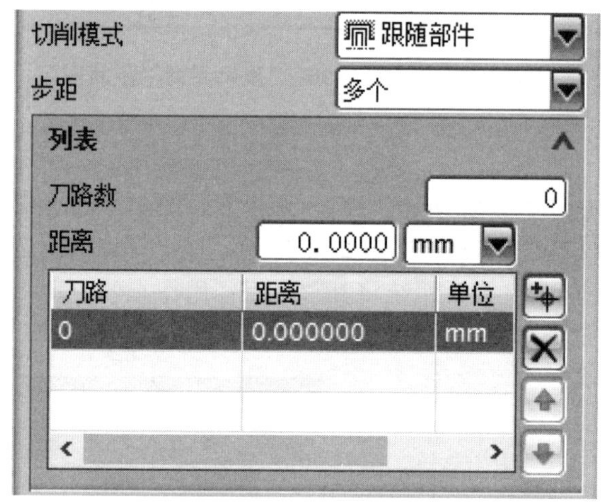

图 2-101　“多个”步距选项

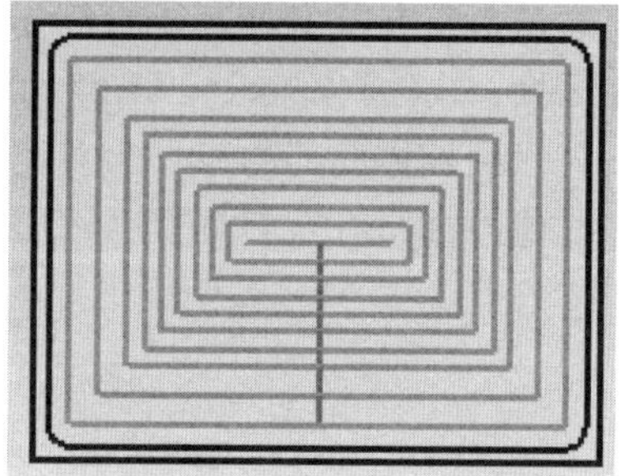

图 2-102　“多个”步距图示

6. 附加刀路

对于切削模式为“标准驱动”和“轮廓加工”切削模式时，用户可以指定一个附加的刀路数，如图 2-103 所示。它允许刀具进入连续的同心切削的边界，如图 2-104 所示。

图 2-103　“附加刀路”

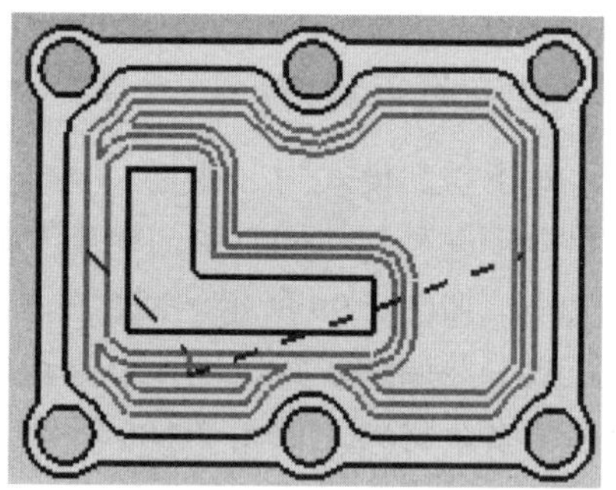

图 2-104　“附加刀路”图示

2.3.8　进给率和速度

进给率是指刀具相对加工工件各种动作的（进刀、退刀、快进、正常切削）移动速度。在工件切削过程中，对于不同的刀具运动类型，其“进给率”值是不同的。编程时是否合理地设置切削速度和主轴转速将直接影响加工效率和加工质量。NX 为编程人员提供了富于变化的进给率和切削速度。在设置时用户可以选择进给率单位为 in/min（IPM）或 in/r（IPR），也可以按照 mm/min（MMPM）或 mm/r （MMPR）来设置。

在工序对话框的【刀轨设置】中单击 （进给率和速度）按钮，系统弹出【进给率和速度】对话框。该对话框包含【自动设置】、【主轴速度】、【进给率】3 个选项，如图 2-105 所示。

图 2-105 【进给率和速度】对话框

用户可以根据需要在相应的选项中设置参数，设置完毕单击【确定】按钮即可。切削参数在切削过程中的作用，如图 2-106 所示。

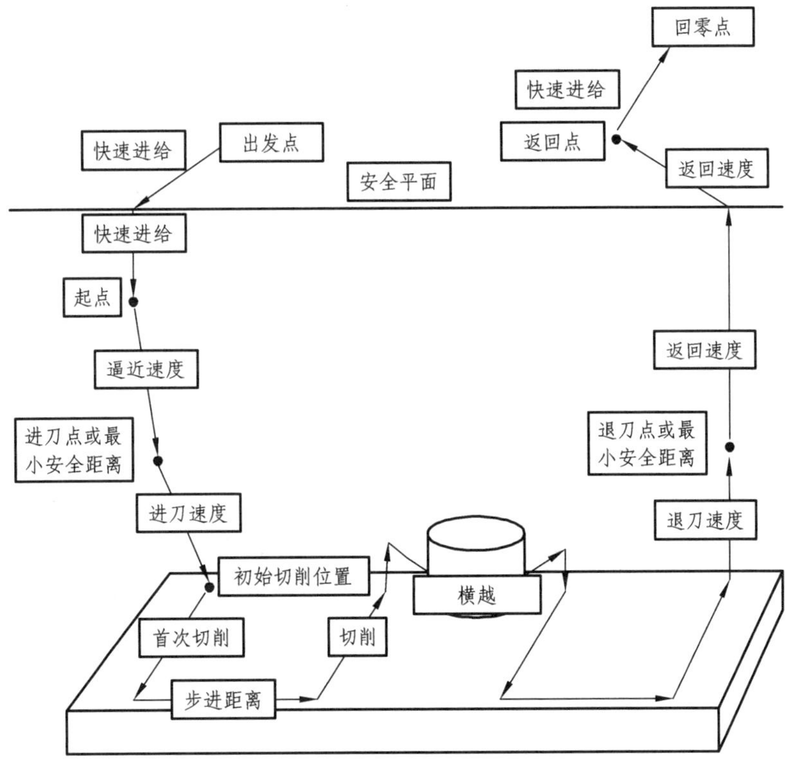

图 2-106 切削参数在切削过程中的作用

下面对【进给率和速度】对话框中各项参数进行介绍。

1. 自动设置

【自动设置】选项主要用于设定表面速度和每齿进给等参数，如图 2-107 所示。

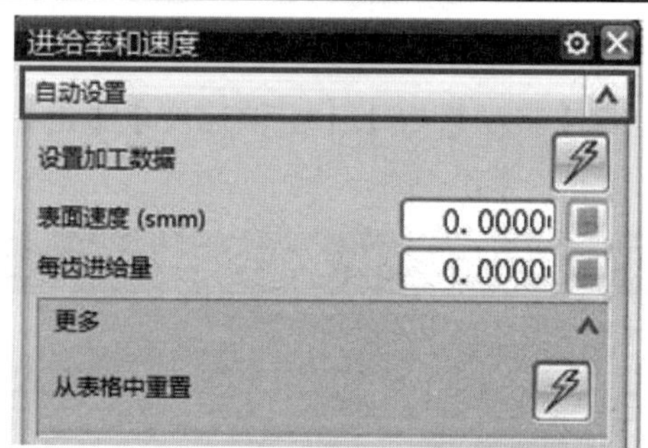

图 2-107 【自动设置】选项

（1）设定加工数据。

如果在创建加工工序时指定了工件材料、刀具类型、切削方式等参数，单击按钮，软件会自动计算出最优的主轴转速、进给量、切削速度、切削深度等参数。

（2）每齿进给量。

设定刀具转动一周每齿切削材料的厚度，测量单位是英寸或毫米。

（3）表面速度（smm）设定。

设定切削加工时刀具在材料表面的切削速度。

（4）更多。

部件材料、刀具材料、切削方法和切削深度参数指定完毕后，单击按钮，就会使用这些参数推荐从预定义表格中抽取适当的“表面速度”和“每齿进给”值。之后，根据处理器的不同（“车”“铣”等），这些值将用于计算“主轴速度”和一些切削进给率。

2. 主轴速度

在【主轴速度】选项下有 5 个设置参数，分别是主轴速度（rpm）、输出模式、方向、范围状态、文本状态，如图 2-108 所示。

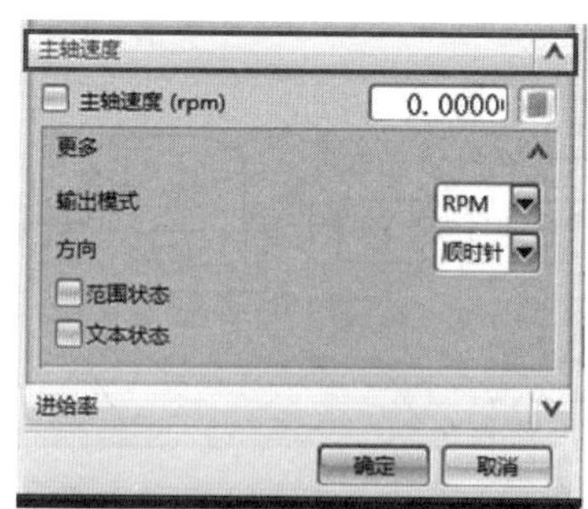

图 2-108 【主轴速度】选项

（1）主轴速度（rpm）。

设定刀具转动的速度，单位符号是 r/min。

（2）输出模式。

主轴转速有 4 种输出模式，分别为无、RPM（每分钟转速）、SFM（每分钟曲面英尺）、SMM（每分钟曲面米）。

（3）方向。

主轴的方向设置有 3 个选项：无、顺时针、逆时针。

（4）范围状态。

设置允许的主轴转速范围。勾选【范围状态】复选框，然后在【范围状态】文本框中输入允许的主轴速度范围。主轴速度范围通常为编程数字，有时也可以使用 LOW、MEDIUM 和 HIGH 等变量。IOW 始终等于 1；MEDIUM 始终等于 2；HIGH 等于 2，但如果多于 2 个范围，则 HIGH 等于 3。

（5）文本状态。

文本状态指定 CLS 输出过程中添加到 LOAD 或 TURRET 命令的文本，在后处理期间，软件将此文本存储在 mom 变量中。

3. 进给率

【进给率】选项下有 11 个设置参数，用来设置刀具在不同的运动状态时的移动速度。对不同的刀具运动状态设置合适的进给参数，将会提高加工质量和速度，如图 2-109 所示。

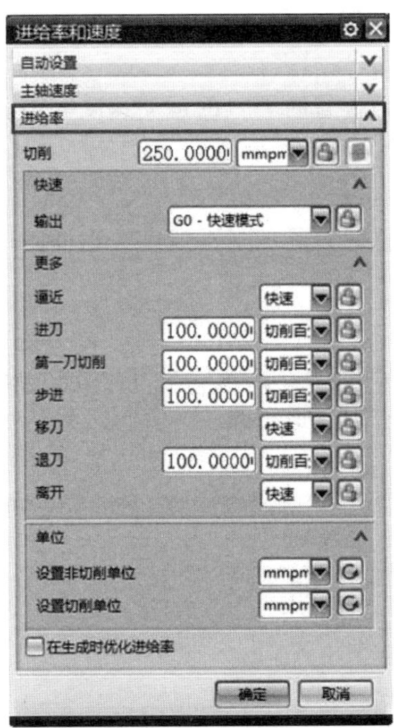

图 2-109 【进给率】选项

（1）切削。

设置刀具在切削工件时的进给速度。

（2）快速。

设置从出发点到起点和从返回点到回零点的运动状态。软件给予了两种选择模式，如果选择【G0-快速模式】，则后处理器命令 RAPID 将被写入到刀轨和 CLSF（刀位源文件）中，后处理器输出机床快速代码 G00 或加工刀具最大进给率；如果选择【G1-进给模式】，则输出指定的进给数值。

（3）逼近。

设置从出发点到进刀点或最小安全距离的刀具运动速度。在平面铣和型腔铣的工步中，逼近进给率可以控制刀具从一个层到下一个层的进给，当逼近速度为 0 时，系统将使用快速进给率。

（4）进刀。

设置进刀位置到初始切削位置时刀具的进给率。当进刀速度为 0 时，系统将使用切削进给率。

（5）第一刀切削。

设置初始切削进给率。当进给率为 0 时，系统将使用切削进给率。

（6）步进。

设置刀具向下一平行刀轨移动时的进给率。单步执行仅适用于往复切削模式。当步进为 0 时，系统将使用切削进给率。

（7）移刀。

设置刀具从现切削区域跨越至另一切削区域的移动速度。当移刀速度为 0 时，将使用快速进给率。

（8）退刀。

设置从最终切削位置到退刀位置时刀具的运动速度。当退刀进给率为 0 时，刀具将以进刀速度进行退刀操作。

（9）离开。

设置从退刀点到返回点位置时刀具的运动速度。当返回进给率为 0 时，刀具将以快速进给率移动。

（10）设置非切削单位。

非切削有 3 种单位可以选择，分别为无、英寸/分钟、英寸/转，用来设置刀具在没有切削材料时的移动速度单位，如进刀、退刀时。

（11）设置切削单位。

切削也有 3 种单位可以选择，分别为无、英寸/分钟、英寸/转，用来设置刀具在切削材料时的移动速度单位。

2.4 操作训练

2.4.1 确定加工工艺方案

1. 加工路线分析

根据图 2-1 所示的零件图可知，本零件较为简单，主要为底面和侧面加工，为保证零件的加工质量，需要对零件进行粗、精加工，确定加工顺序为零件上表面加工→侧面加工。

2. 加工工艺方案的制订

根据零件几何尺寸和加工要求，加工工艺方案制订如表 2-5 所示。

表 2-5　加工工艺简卡

工步号	工步内容	刀具规格	主轴转速 /r · min^{-1}	进给速度 /mm · min^{-1}
1	零件上表面加工	ϕ12 平底铣刀	2 500	500
2	零件凸台侧面粗加工	ϕ12 平底铣刀	5 000	1 500
3	零件侧面精加工	ϕ12 平底铣刀	5 000	1 500

2.4.2　创建加工编程操作

1. 进入加工环境

➢ Step1：打开文件“2-1 diankuai.prt”，在【标准】工具条上选择【开始】|【加工】命令，弹出【加工环境】对话框，如图 2-110 所示。选择【mill_planar】选项，单击【确定】按钮。

图 2-110 【加工环境】对话框

2. 设置加工坐标系

➢ Step2：切换【工序导航器】视图为几何视图，如图 2-111 所示。

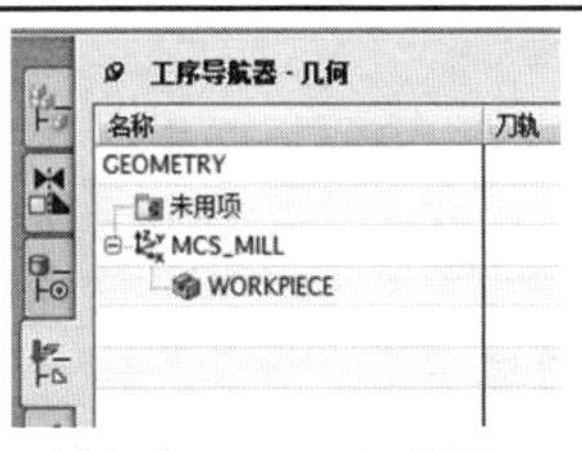

图 2-111　几何视图

➢ Step3：编辑【MCS_MILL】，在弹出的对话框中设置【装夹偏置】为“1”，如图 2-112 所示。

图 2-112 【装夹偏置】设置

➢ Step4：设置【安全选项】，如图 2-113 所示。

图 2-113 【安全选项】设置

➢ Step5：单击【确定】，完成坐标系设置。

3. 设置加工几何体

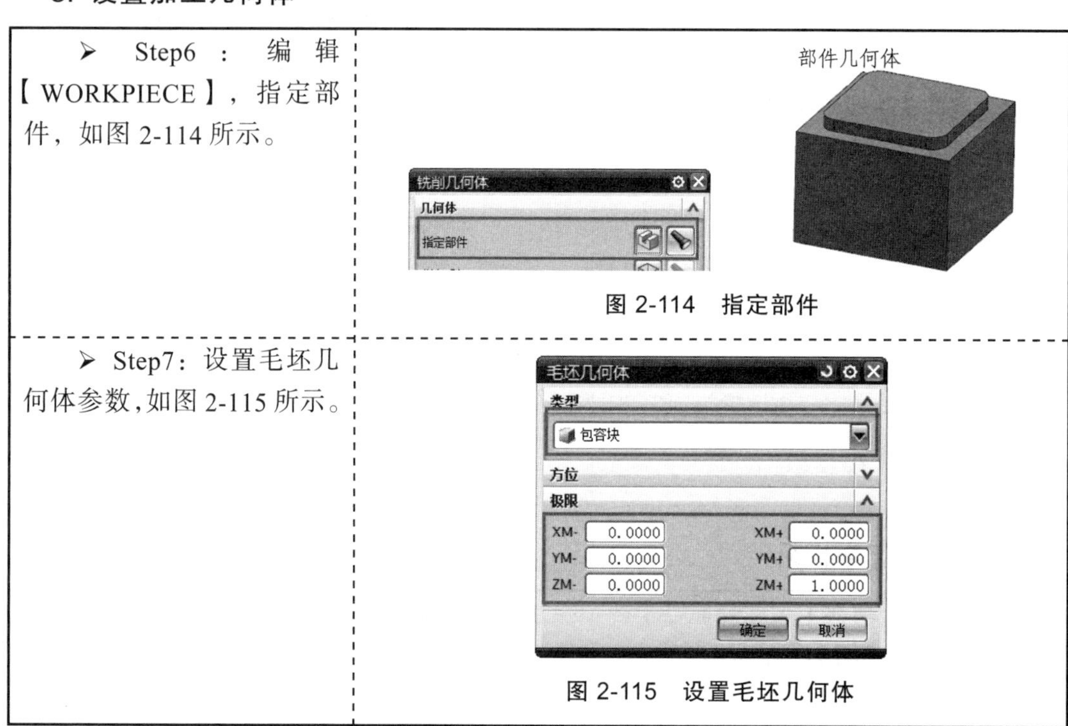

➢ Step6：编辑【WORKPIECE】，指定部件，如图 2-114 所示。

图 2-114 指定部件

➢ Step7：设置毛坯几何体参数，如图 2-115 所示。

图 2-115 设置毛坯几何体

4. 创建刀具

➢ Step8：选择【创建刀具】命令，创建 1 把 ϕ12 的平底铣刀，设置【刀具号】、【补偿寄存器】和【刀具补偿寄存器】号均为“1”，如图 2-116 所示。

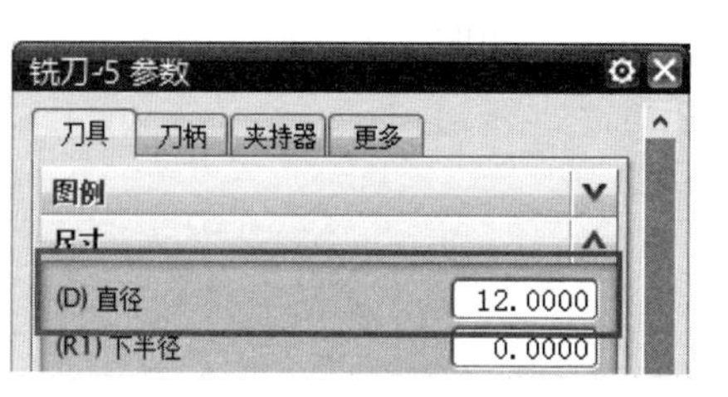

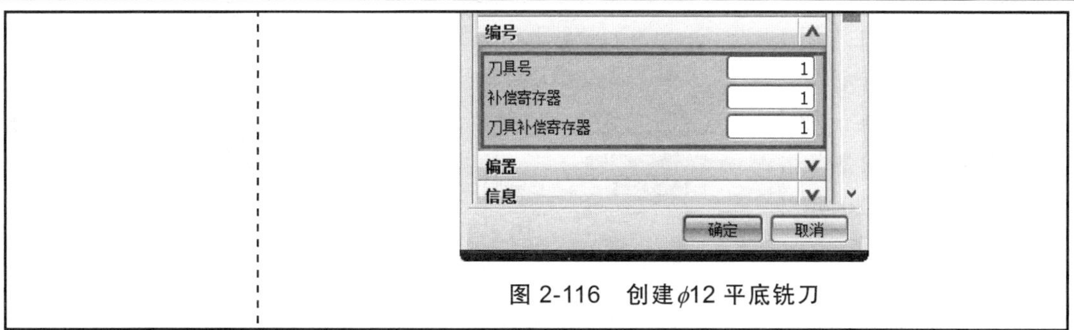

图 2-116　创建ϕ12 平底铣刀

5. 创建面铣对零件上表面加工

➢ Step9：选择【创建工序】，创建面铣工序，并选择相关参数，如图 2-117 所示。

图 2-117　创建面铣

➢ Step10：在【面铣削区域】对话框中指定“切削区域”，选择上表面为切削区域，如图 2-118 所示。

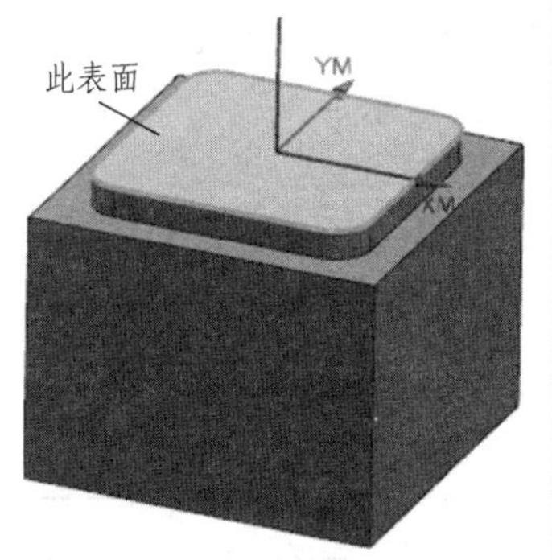

图 2-118　指定“切削区域”

➢ Step11：设置【切削模式】与【步距】，如图 2-119 所示。

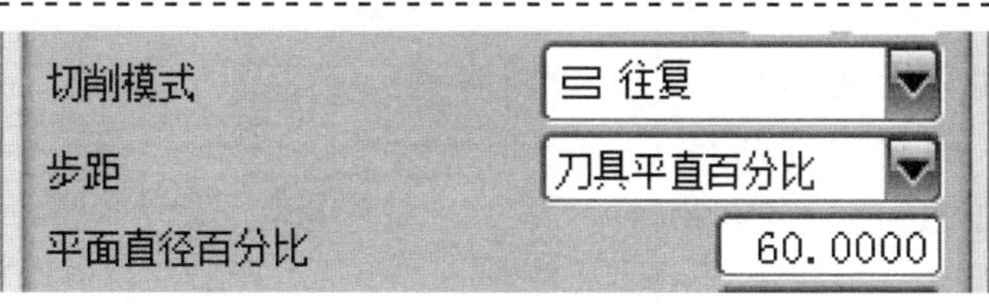

图 2-119　【切削模式】与【步距】

➢ Step12：在【切削参数】对话框中，分别设置“切削角”和“延伸到部件轮廓”参数，如图 2-120 所示。	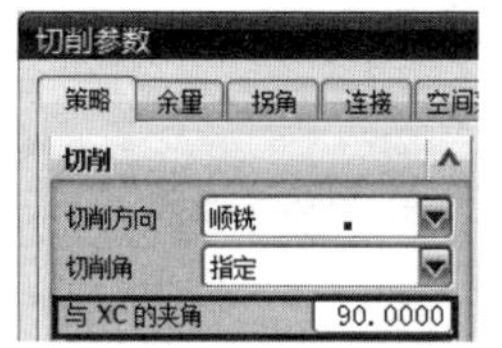  图 2-120 设置切削参数
➢ Step13：在【进给率和速度】对话框中，分别设置【主轴速度】和【进给率】，如图 2-121 所示。	 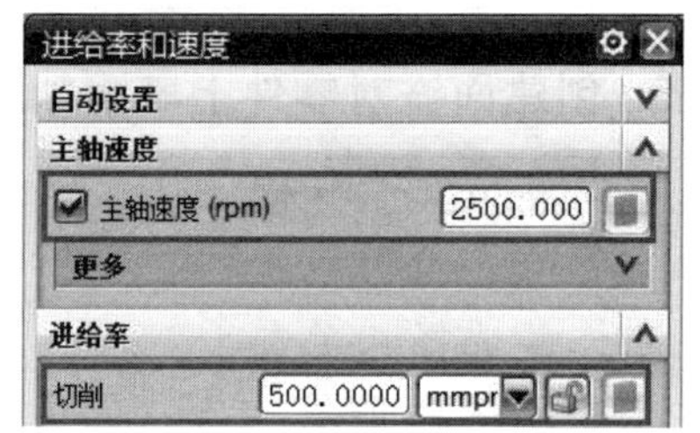 图 2-121 设置进给率和速度
➢ Step14：生成刀具路径，如图 2-122 所示。	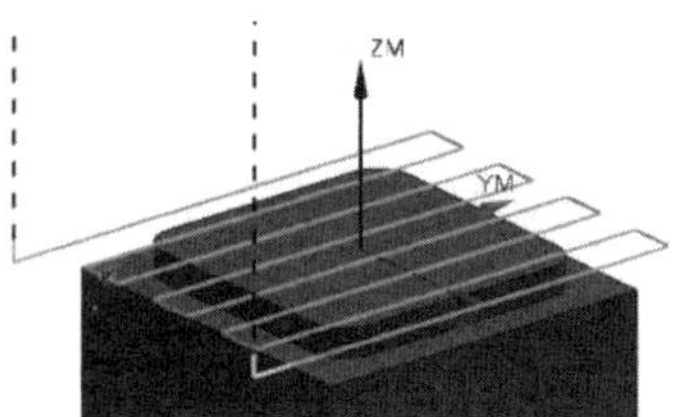 图 2-122 上表面加工刀轨
➢ Step15：刀具路径仿真，结果如图 2-123 所示。	 图 2-123 仿真结果

6. 使用面铣对零件凸台粗加工

➢ Step16：通过复制已创建上表面加工工序，创建零件凸台粗加工工序，如图 2-124 所示。	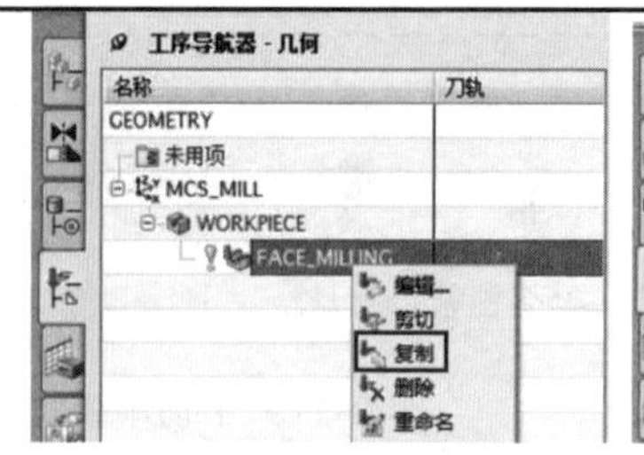 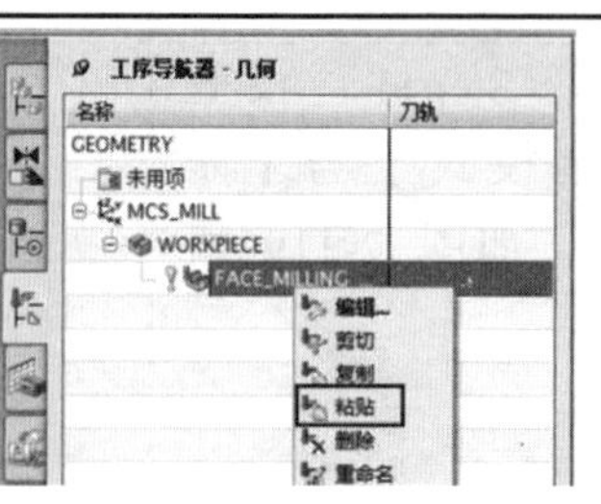

图 2-124 创建凸台粗加工工序

➢ Step17：对粘贴的面铣工序进行编辑，如图 2-125 所示。

图 2-125 编辑工序

➢ Step18：编辑【指定切削区域】，选择图 2-126 所示的凸台下表面为切削区域，如图 2-126 所示。

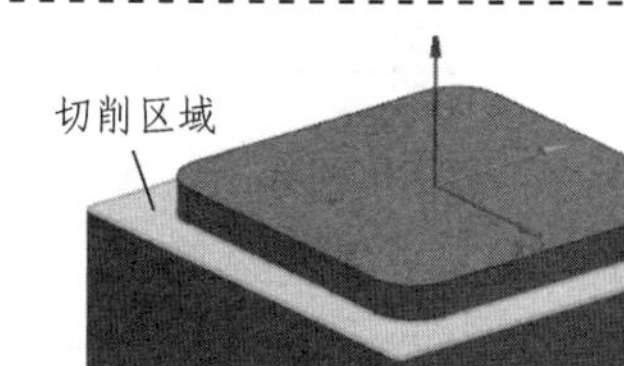

图 2-126 切削区域

➢ Step19：在【刀轨设置】组中，设置【切削模式】、【毛坯距离】和【每刀深度】，如图 2-127 所示。

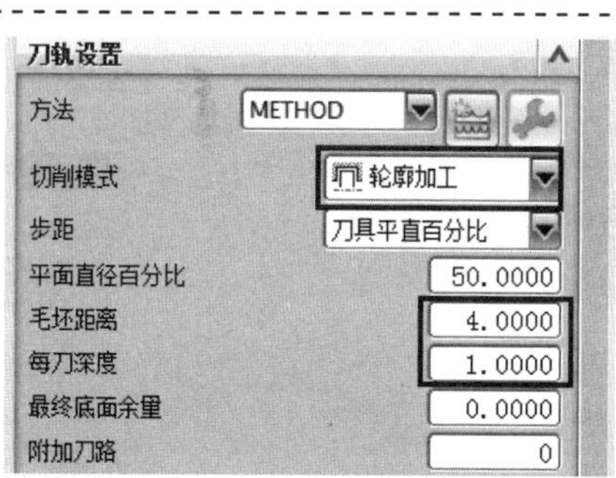

图 2-127 【刀轨设置】

➢ Step20：在【切削参数】对话框中，设置【余量】，如图 2-128 所示。

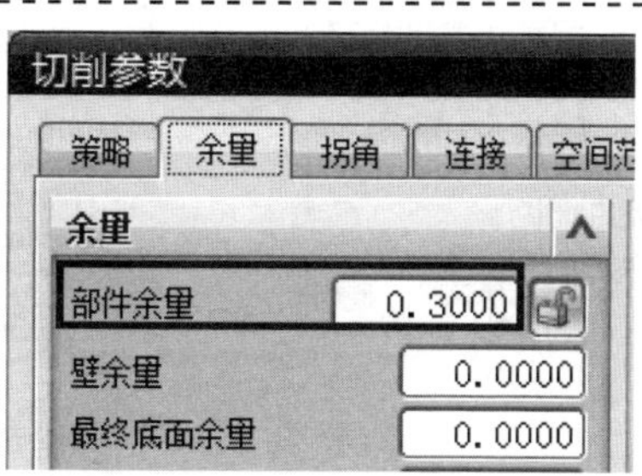

图 2-128 设置【余量】参数

➢ Step21：在【非切削移动】参数中设置【进刀】方式，如图 2-129 所示。

图 2-129　设置【进刀】方式

➢ Step22：在【非切削移动】参数中设置【起点/钻点】，如图 2-130 所示。

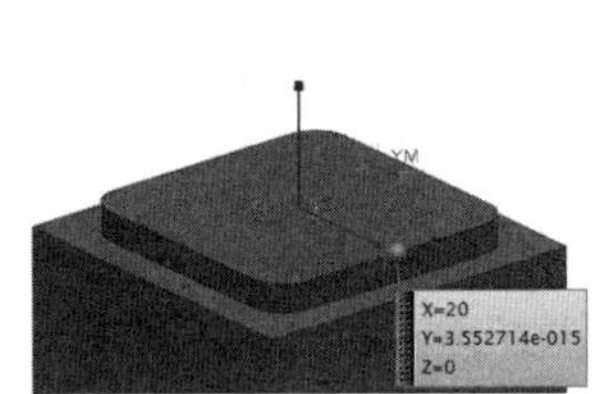

图 2-130　设置【起点/钻点】

➢ Step23：在【非切削移动】参数中设置【转移/快速】参数，如图 2-131 所示。

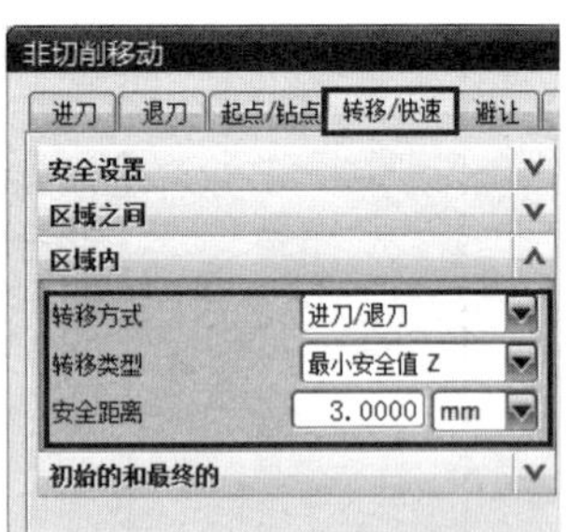

图 2-131　【转移/快速】

➢ Step24：在【进给率和速度】对话框中，分别设置【主轴速度】和【进给率】，如图 2-132 所示。

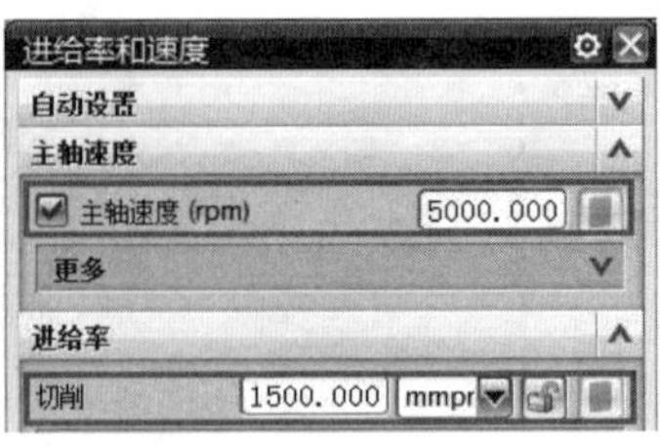

图 2-132　设置进给率和速度

➢ Step25：设置完成，生成刀具路径[icon]，图 2-133 所示。	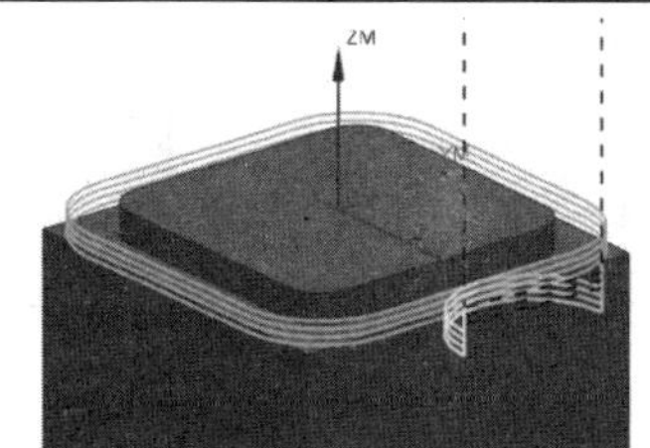 图 2-133　生成刀具路径
➢ Step26：刀具路径仿真[icon]，结果如图 2-134 所示。	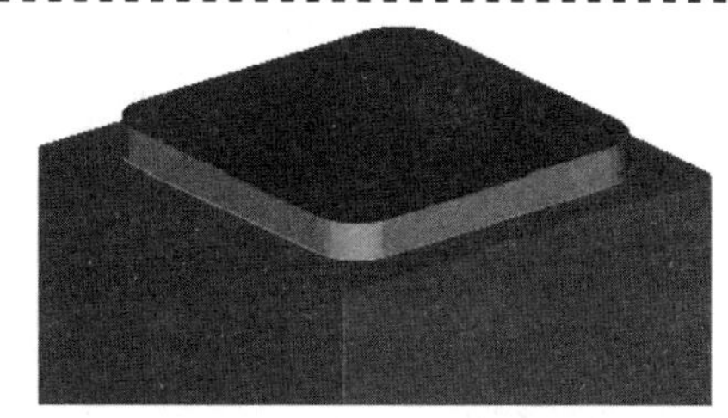 图 2-134　仿真结果

7. 对零件凸台精加工

➢ Step27：通过复制已创建的凸台粗加工工序，创建凸台侧面精加工工序，如图 2-135 所示。	 图 2-135　创建凸台侧面精加工工序
➢ Step28：对创建的工序进行编辑，如图 2-136 所示。	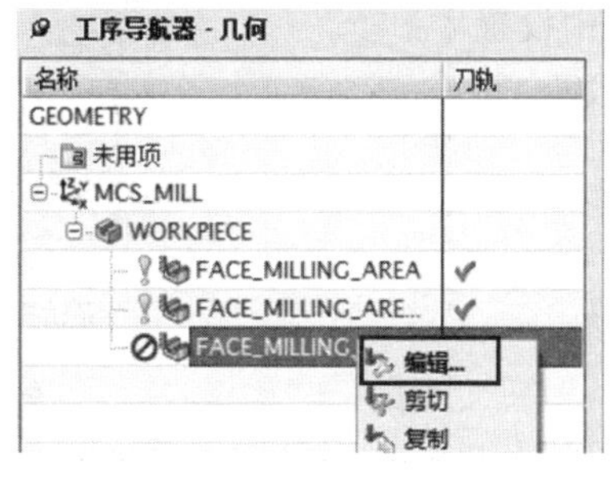 图 2-136　编辑凸台侧面精加工工序

<table>
<tr>
<td>➢ Step29：在【面铣削区域】对话框中，设置【每刀深度】为“0”，如图 2-137 所示。</td>
<td>图 2-137　设置【每刀深度】</td>
</tr>
<tr>
<td>➢ Step30：在【切削参数】对话框中，设置【余量】和【公差】，如图 2-138 所示。</td>
<td>

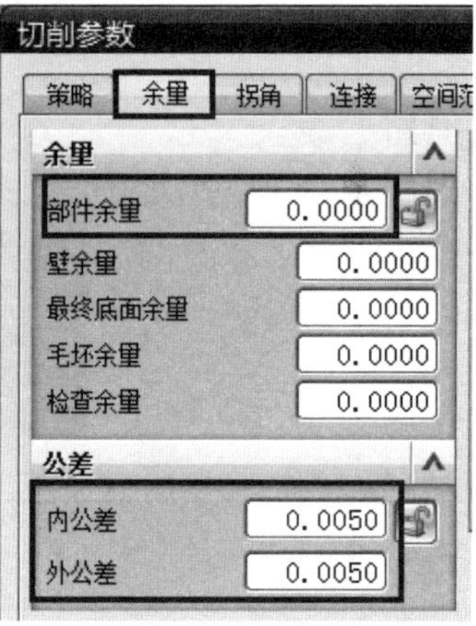

图 3-138 【余量】和【公差】

</td>
</tr>
<tr>
<td>➢ Step31：在【切削参数】对话框中，设置【余量】和【公差】，如图 2-139 所示。</td>
<td>

图 2-139 【余量】和【公差】

</td>
</tr>
<tr>
<td>➢ Step32：在【非切削移动】参数中设置【起点/钻点】参数，如图 2-140 所示。</td>
<td>

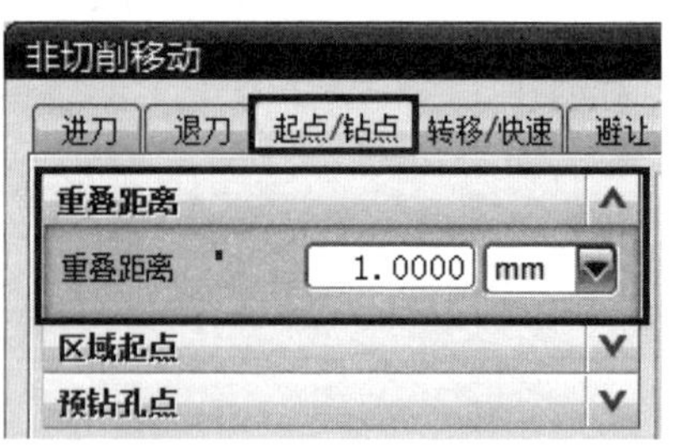

图 2-140 【起点/钻点】

</td>
</tr>
</table>

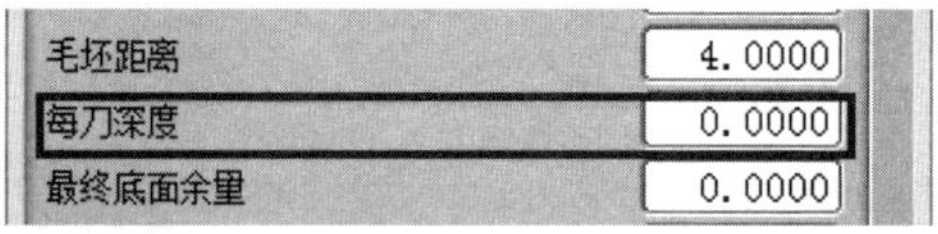

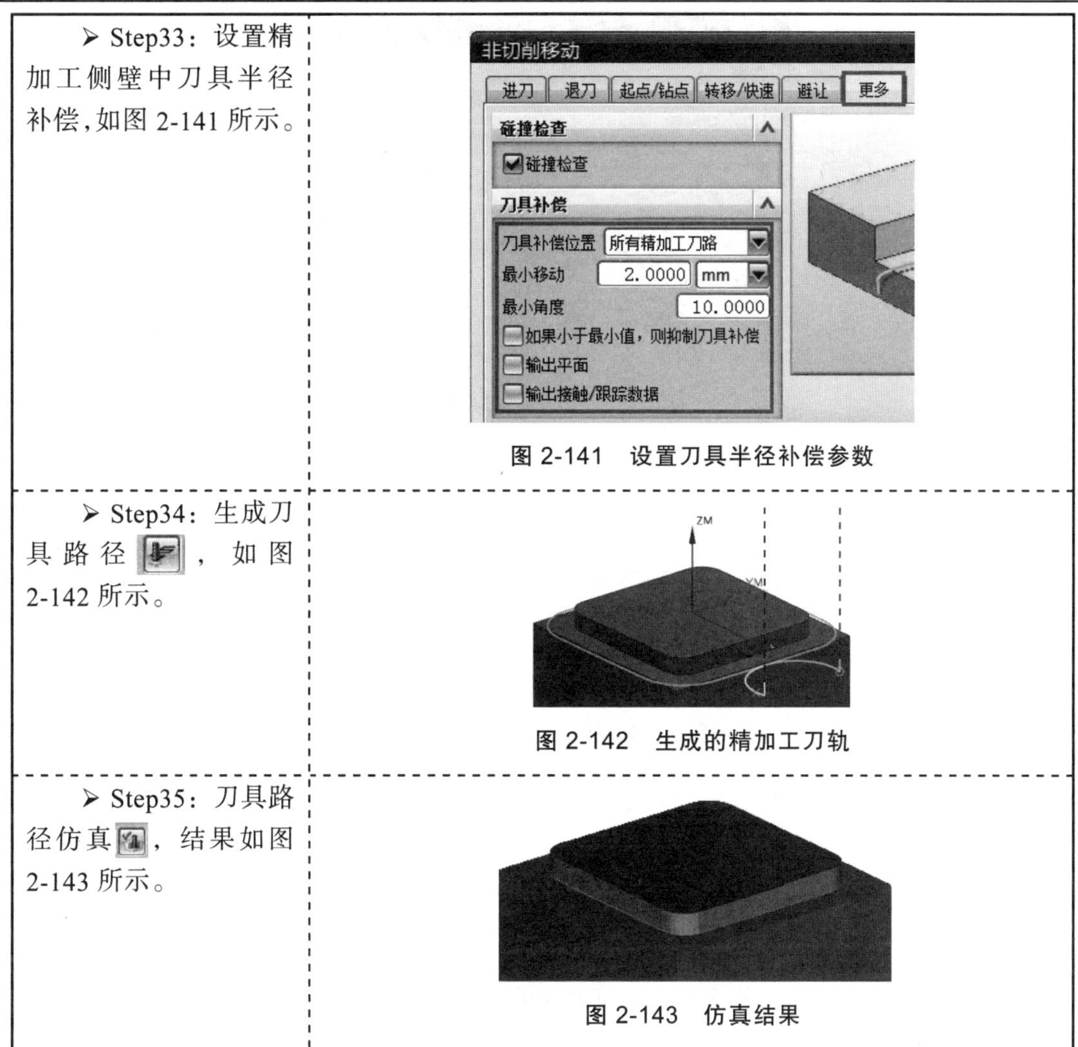

➢ Step33：设置精加工侧壁中刀具半径补偿，如图 2-141 所示。	图 2-141　设置刀具半径补偿参数
➢ Step34：生成刀具路径，如图 2-142 所示。	图 2-142　生成的精加工刀轨
➢ Step35：刀具路径仿真，结果如图 2-143 所示。	图 2-143　仿真结果

2.5　知识拓展——创建刀具

2.5.1　定义刀具

在加工过程中，刀具是从工件上切除材料的工具，在创建铣削、车削、点位加工操作时，必须创建刀具或从刀库中选取刀具。在创建和选取刀具时，应考虑加工类型、加工表面的形状和加工部位的尺寸大小等因素。

在【插入】工具条中单击【创建刀具】按钮或在所创建的工序对话框的【刀具】组中点击新建图标，即弹出图 2-144 所示的【创建刀具】对话框。

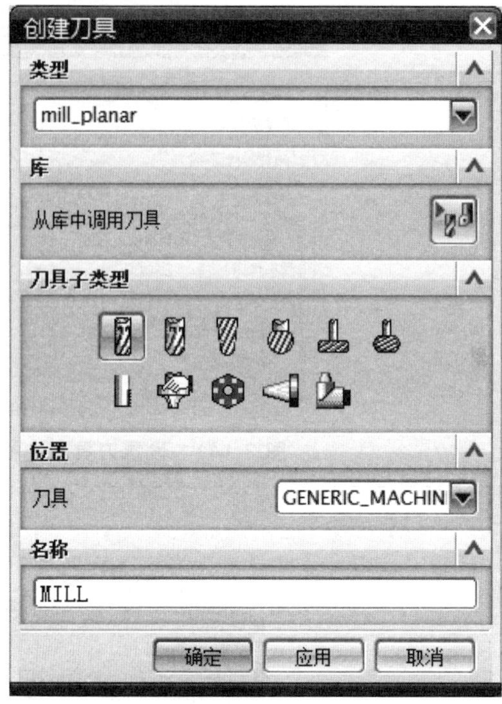

图 2-144 【创建刀具】对话框

1. 刀具类型

刀具类型随着工序模板的不同而不同。表 2-6 列出了各个不同工序模板类型对应的刀具类型（当然这里的工序类型模板仅是系统提供的 cam_general 加工环境中的工序模板，且不同操作模板类型下显示的同名刀具子类型是相同的）。

表 2-6 各种工序模板对应的刀具类型

名 称	图 示	说 明
Drill（钻）		用于钻、铰、镗、攻牙的各类刀具
Hole_Making（孔_加工）		用于钻、铰、镗、攻牙的各类刀具
mill_planar（平面铣）		用于平面铣的各类刀具

续表

名　称	图　示	说　明
mill_contour（轮廓铣）		用于轮廓铣的各类刀具
mill_multi-axis（多轴轮廓铣）		用于多轴轮廓铣的各类刀具
Turning（车）		用于车削的各类刀具

2. 从刀具库中调用已定义刀具

（1）在【创建刀具】对话框的【库】组中，单击“从库中调用刀具” 按钮，弹出图2-145所示的【库类选择】对话框，共分4个大类：铣（Milling）、钻（Drilling）、车（Turning）、实体（solid）。每个大类里面包括许多种类，在【铣】大类里面就包括端铣（不可转位）、端铣（可转位）、球头铣（不可转位）、倒斜铣（不可转位）、球面铣（不可转位）、面铣削（可转位）、T形键槽铣（不可转位）、桶状铣、5参数铣刀、7参数铣刀、10参数铣刀、螺纹铣、铣削成形刀具等。

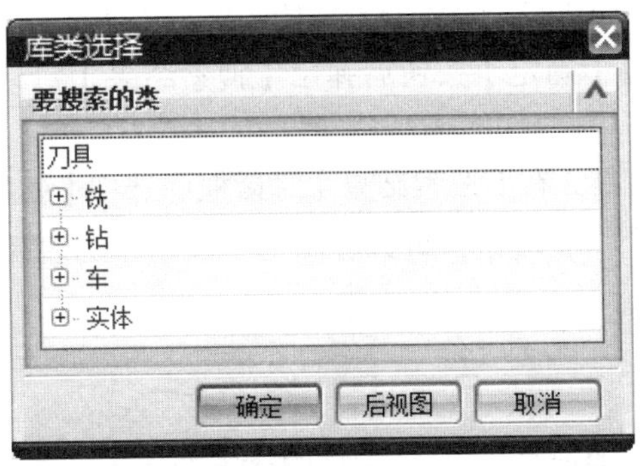

图2-145　【库类选择】对话框

（2）选中某一子类，假如选中【面铣削（可转位）】子类，单击【确定】按钮后，将弹出图2-146所示的【搜索准则】对话框。图中给出了【搜索参数】选项：“（D）直径”“（D2）直径2”“（FL）刀刃长度”“材料”“夹持系统”。在全部或部分选项的右边文本框中输入数值，单击【匹配数】 按钮，右边将显示符合条件的刀具数量，单击【确定】按钮，即可弹出图2-147所示的【搜索结果】对话框，列出符合条件的刀具的详细信息。

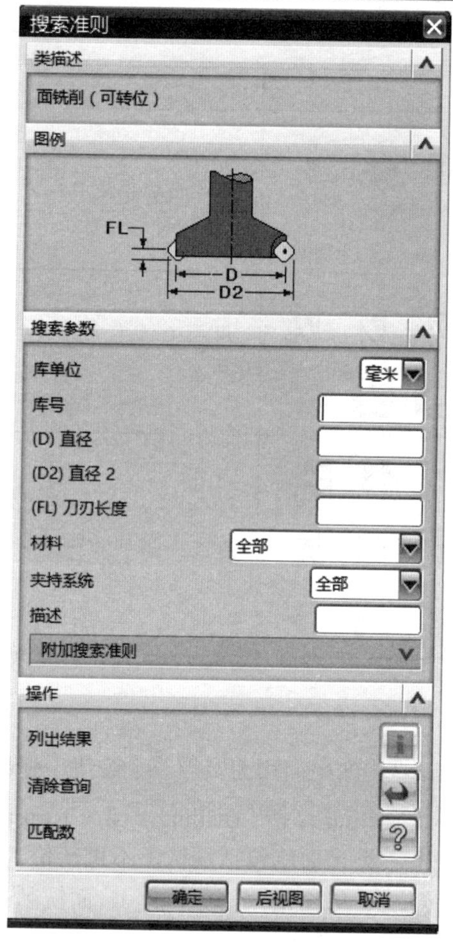

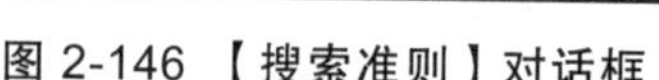
图 2-146 【搜索准则】对话框

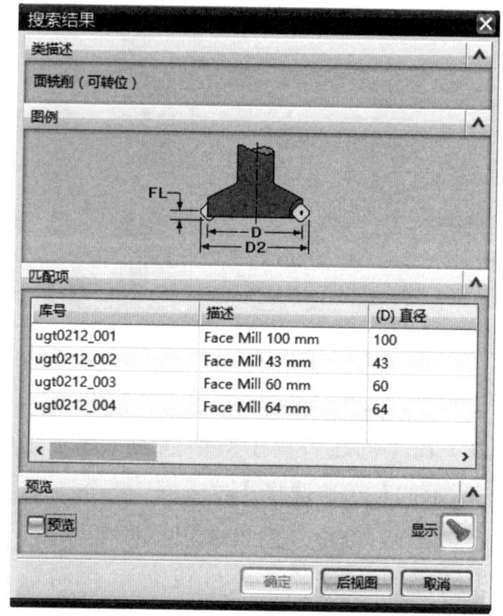

图 2-147 【搜索结果】对话框

（3）在【（D）直径】右边的文本框中输入 10，单击【匹配数】按钮，右边将显示符合条件的刀具数量 6；单击【确定】按钮后弹出【搜索结果】对话框，列出了符合条件的一个刀具的具体信息。

（4）选中某个适合的刀具，在【搜索结果】对话框中选中【匹配项】下的“ugt0201_128”刀具，单击下面的【显示】按钮，可以在图形上显示出刀具轮廓，如图 2-148 所示。

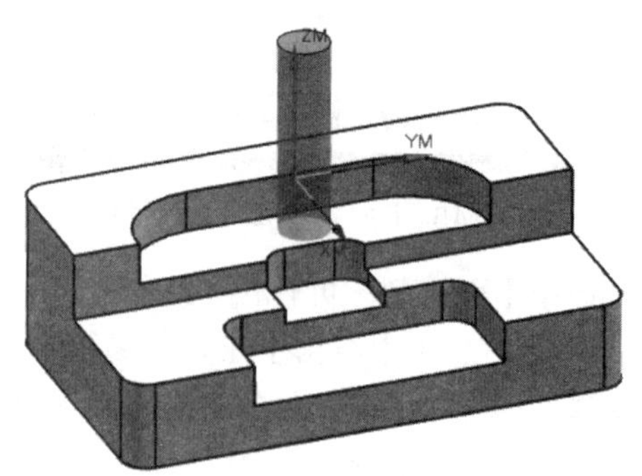

图 2-148 显示出的刀具轮廓

（5）选定刀具后，返回【创建刀具】对话框，同时在【工序导航器-机床】对话框中列出了创建的刀具，如图 2-149 所示。

图 2-149 【工序导航器-机床】对话框

3. 创建通用刀具

用户在创建刀具时，也可以直接通过选择【子类型】组中提供的刀具类型，通过设置对应该参数，快速创建刀具。下面以创建立铣刀对话框进行表述，其余刀具创建类似，在此不一一表述。图 2-150 为【铣刀-5 参数】对话框。

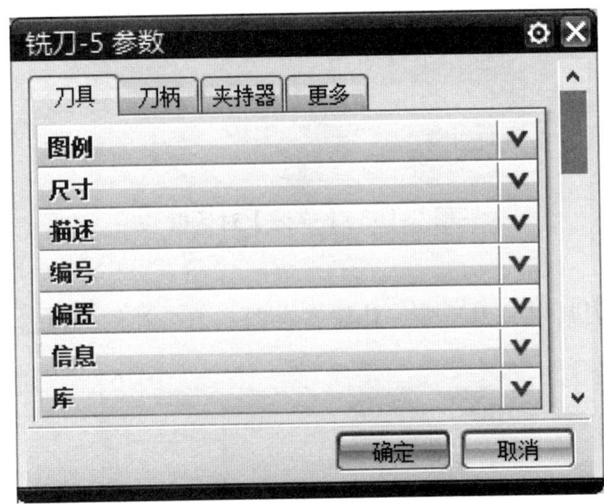

图 2-150 【铣刀-5 参数】对话框

（1）【刀具】选项卡。

① 图例。

此组显示所选择刀具类型的几何参数示意，如图 2-151 所示。

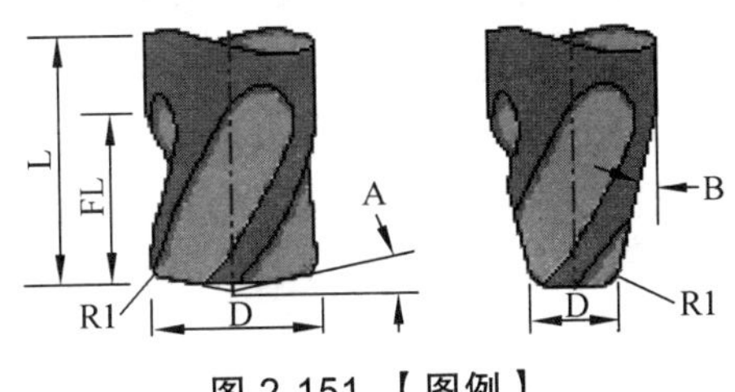

图 2-151 【图例】

② 尺寸。

此组用于修改所定义刀具的各几何参数（见图 2-152），参数含义如图 2-151 所示。

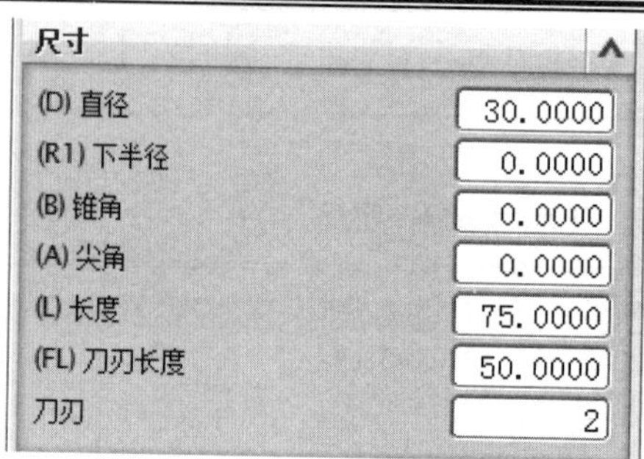

图 2-152 【尺寸】对话框

③ 描述。

描述文本框：可以添加与刀具名称一起显示的刀具描述。描述可以显示为工序导航器中的一列。

材料：从库中指派一种刀具材料给此刀具。如果当前材料已定义，则会显示该材料，如图 2-153 所示。在库中搜索刀具材料，并可从搜索结果中选择材料。刀具材料用于设置加工数据计算。

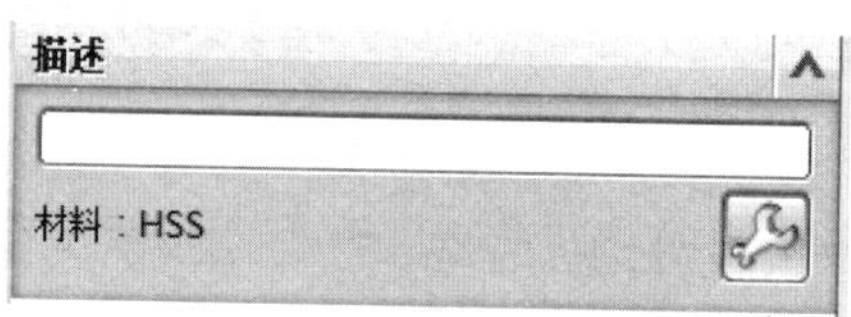

图 2-153 【描述】对话框

④ 编号。

【编号】组可以为刀具定义刀具号、补偿寄存器、刀具补偿寄存器，如图 2-154 所示。

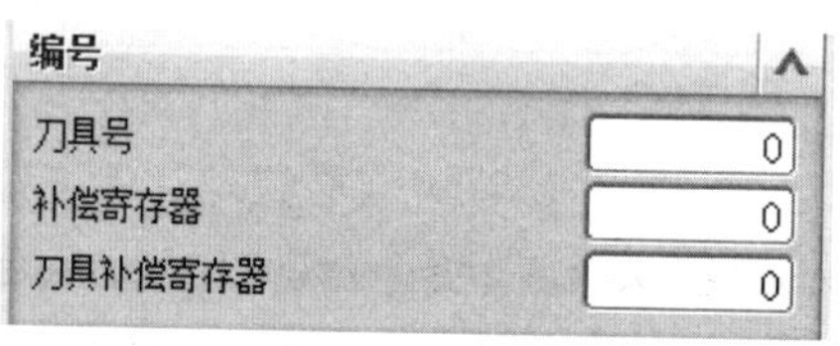

图 2-154 【编号】对话框

刀具号指定标识刀具的编号，有效编号为 1 到 2 147 483 647。在使用加工中心加工时，是在处理装刀或换刀事件时的刀具编号。

补偿寄存器：指定编号以标识包含此刀具正确刀具偏置值的补偿寄存器位置，如 FUNAC-0i 系统中的长度补偿号。如果指定某个值，则在处理装刀或换刀事件时，补偿寄存器会被激活。如果不指定值，则在处理装刀或换刀事件时，补偿寄存器会被取消。

刀具补偿寄存器：指定编号以标识此刀具要输出的刀具补偿寄存器。在 NC 控制器中，此寄存器包含正确的刀具直径补偿（刀具补偿）以允许刀具大小变化。

⑤ 偏置。

在“Z 偏置”文本框中输入偏置值，此值为从主轴标定点到刀尖的距离，如图 2-155 所示。对于能够进行刀具中心点编程的机床，Z 偏置值必须为零，若不为零，NX 后处理 NC 代码时会把所有 Z 坐标按“Z 偏置”进行偏置。

图 2-155 【偏置】

⑥ 信息。

【信息】组中可以为“目录号”输入最多 20 个字符（仅限字母、数字、句点和连字符）。要删除目录号，则清空文本框。

⑦ 库。

库号：显示从库中调用的刀具的库号。将刀具导出到库时，用户可以在此处输入要定义的库号。

将刀具导出至库：将当前刀具导出到库。图 2-156 为【库】对话框。

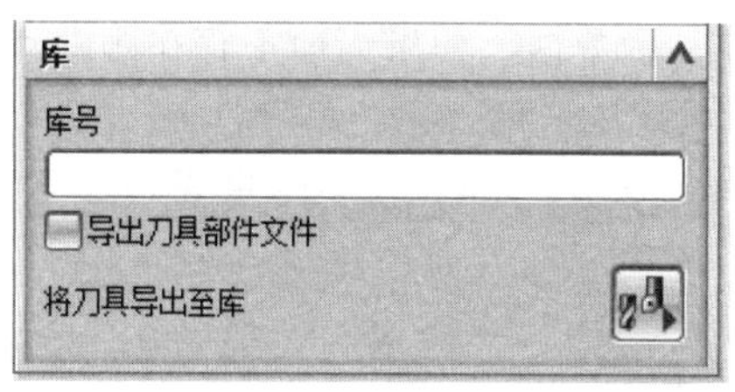

图 2-156 【库】对话框

（2）【更多】选项卡。

【更多】选项卡提供用户对刀具参数进一步设置，如图 2-157 所示。

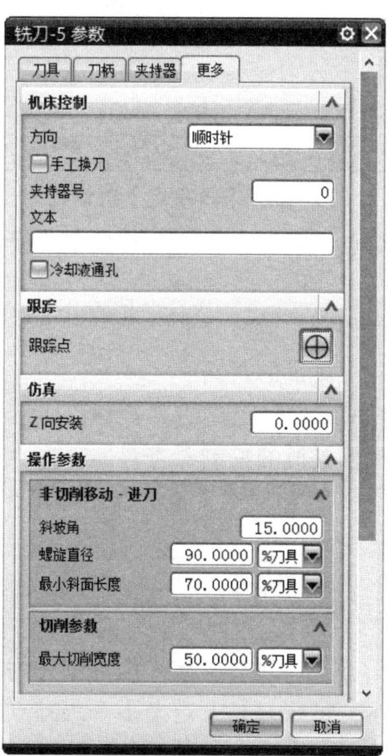

图 2-157 【更多】选项卡

① 机床控制。

方向：CLW 指定顺时针主轴方向；CCLW 指定逆时针主轴方向。

手工换刀：向后处理器发出信号以手动换刀。

冷却液通孔：向后处理器发出信号，指示此刀具有冷却液通道贯穿刀体。

夹持器号：可以指定 1 到 6 之间的编号以指派右侧夹持器的方位。在后处理器中，刀轴沿指定轴映射。

文本：可以指定要在 CLSF 输出过程中添加到 LOAD 或 TURRET 命令的文本。后处理过程中，软件将此文本存储在 mom 变量中。

② 跟踪。

所有铣刀的默认跟踪点都在刀具末端的中心线上，但用户可以调用跟踪点对话框，为任何铣刀定义附加的跟踪点，如图 2-158 所示。如果当前存在多个跟踪点，系统会选择最后一个跟踪点并在表下面的字段中显示数据。如果当前不存在跟踪点，系统会将所有数据字段设为 0，并在“名称”字段中显示默认名称。

图 2-158 【跟踪点】对话框

名称：如果当前不存在跟踪点，系统会将所有数据字段设为 0，并在“名称”字段中显示默认名称。

直径：设置跟踪点的输出直径。

距离：设置从刀尖沿刀轴向上测量的距离。

Z 偏置：刀具参考点和它的跟踪点间距离的 Z 坐标。

补偿寄存器：指定包含刀具偏置值的控制器寄存器。

刀具补偿寄存器：指定包含刀具补偿偏置值的控制器寄存器。刀具补偿的一般目的是补偿刀轨以允许刀具大小有所变化。

4. 创建用户自定义类型刀具

【用户定义的铣刀】对话框（见图 2-159）允许用户创建拐角倒圆刀具和倒斜角刀具以及其他定制形状，如图 2-160 所示，可在刀具上定义多个跟踪点。然后，从工序选择合适的跟踪点沿着部件边界驱动刀具。由于通常应用这种刀具的情况是简单轮廓铣，因此用户定义的刀具当前仅在 PLANAR_PROFILE 工序中可用。

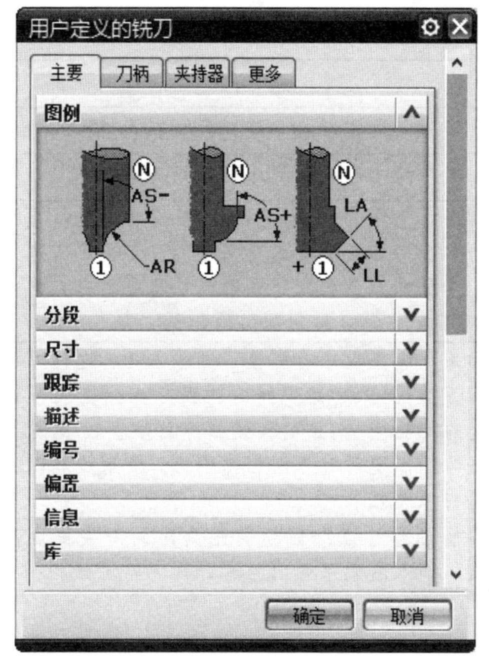

图 2-159 【用户定义的铣刀】对话框

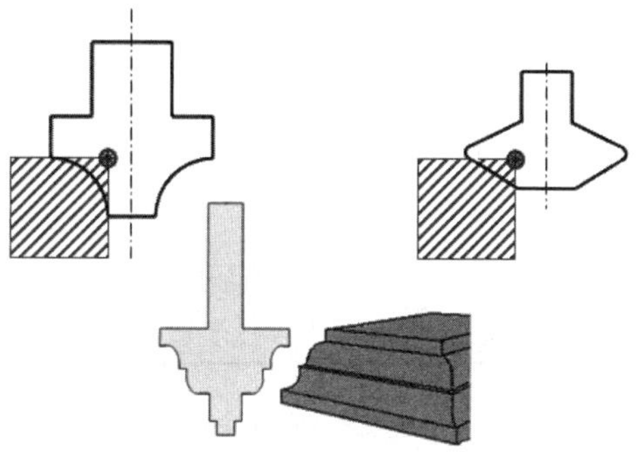

图 2-160　用户定义刀具形状

（1）【用户定义的铣刀】对话框。

在【用户定义的铣刀】对话框中，大部分参数与创建通用刀具参数相同，此处仅对定义刀具形状参数进行表述。图 2-161 为【分段】对话框，其含义如表 2-7 所示。

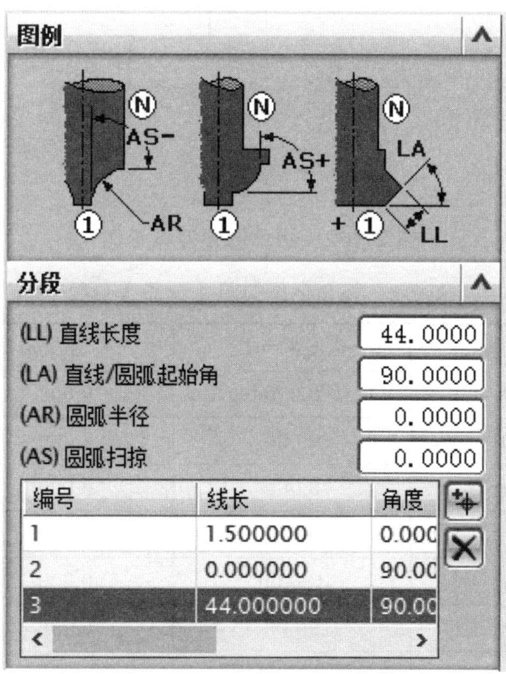

图 2-161 【分段】组

表 2-7 【分段】组参数含义

选 项	参数值	说 明
编号	整数 1~20	系统为每段指派一个序列号，存在 20 段限制
直线长度（LL）	≥0	如果不希望段中有直线，则输入 0
线/圆弧起始角（LA）	0.00°≤LA≤180°	指定了直线长度后，直线/圆弧起始角控制直线段的方向。角度值是在水平位置从 0°开始测量的，逆时针为正向。如果指定了圆弧半径，则直线/圆弧起始角可确定圆弧的起始方向
圆弧半径（AR）	≥0	如果不希望段中有圆弧，则输入 0。这样可测量从直线/圆弧起始角处的圆弧起点到圆弧段终点处的值的增量。正的圆弧扫掠角从直线/圆弧起始角开始按逆时针方向扫掠圆弧；负角按顺时针方向扫掠圆弧
圆弧扫掠（AS）	如果圆弧半径>0，则 −180°≤圆弧扫掠≤180°	不能创建终点到刀柄的距离比到刀尖更近的圆弧。如果圆弧半径值为零，则忽略圆弧扫掠

（2）创建用户定义的铣刀示例。

下面介绍拐角倒圆刀具、倒斜角刀具和木工铣刀的创建实例。

① 拐角倒圆刀具如图 2-162 所示，其参数值如表 2-8 所示。

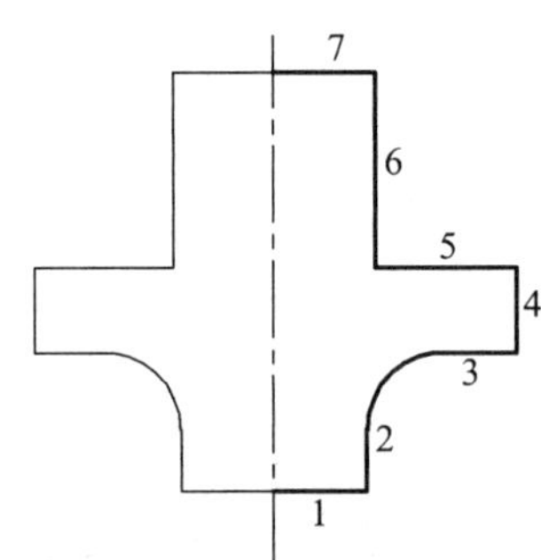

图 2-162 拐角倒圆刀具图例

表 2-8 拐角倒圆刀具【分段】参数

编号	直线长度/mm	角度/（°）	半径/mm	扫掠/（°）
1	2.000	0.000	0.000	0.000
2	3.000	90.00	3.000	−90.00
3	2.000	0.000	0.000	0.000
4	4.00	90.00	0.000	0.000
5	4.000	180.00	0.000	0.000
6	20.000	90.00	0.000	0.000
7	3.000	180.00	0.000	0.000

② 倒斜角刀具，如图 2-163 所示，其参数值如表 2-9 所示。

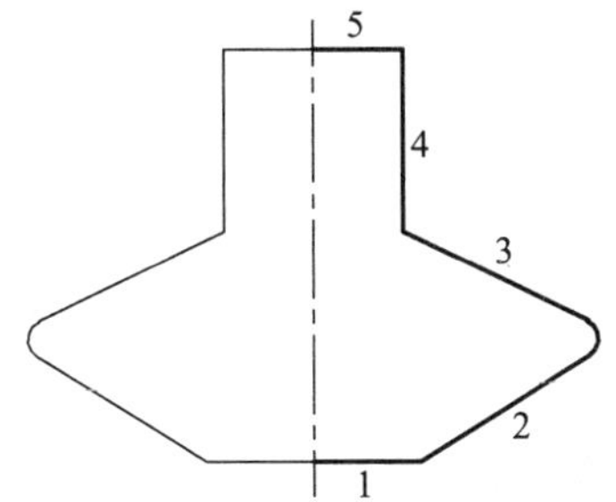

图 2-163　倒斜角刀具图例

表 2-9　倒斜角刀具【分段】参数

编号	直线长度/mm	角度/（°）	半径/mm	扫掠/（°）
1	3.000	0.000	0.000	0.000
2	16.000	175.00	1.000	145.00
3	16.000	162.50	0.000	0.000
4	20.00	90.000	0.000	0.000
5	3.000	180.00	0.000	0.000

③ 木工铣刀，如图 2-164 所示，其参数值如表 2-10 所示。

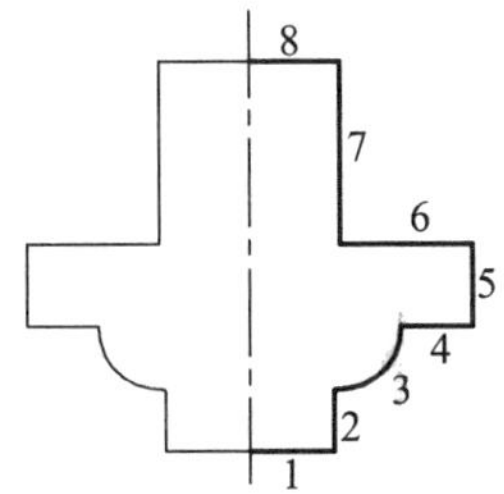

图 2-164　木工铣刀图例

表 2-10　木工铣刀【分段】参数

编号	直线长度/mm	角度/（°）	半径/mm	扫掠/（°）
1	3.000	0.000	0.000	0.000
2	2.000	90.00	0.000	0.000
3	0.000	0.000	3.000	90.000
4	2.000	0.000	0.000	0.000
5	4.000	90.00	0.000	0.000
6	4.000	180.00	0.000	0.000
7	20.000	90.00	0.000	0.000
8	4.000	180.00	0.000	0.000

2.5.2 定义刀柄与夹持器

1. 定义刀柄

创建新刀具、编辑现有刀具及从库中调用铣削或钻孔刀具时均可定义刀柄。图 2-165 为【刀柄】选项卡，图 2-166 为刀柄示例。

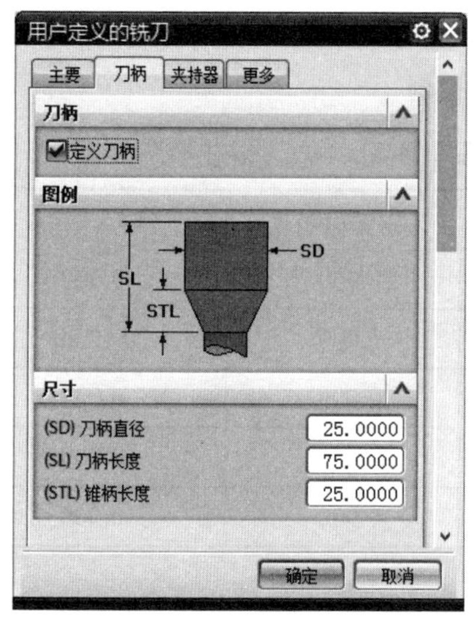

图 2-165 【刀柄】选项卡

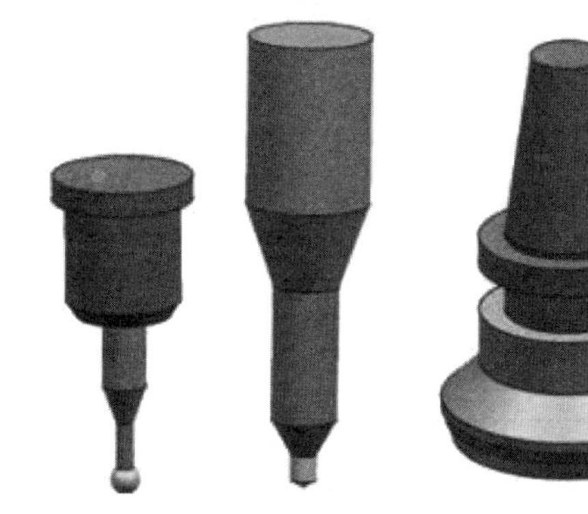

图 2-166 刀柄

定义刀柄：选中此复选框后，允许用户为刀具定义刀柄。刀柄从刀具末尾开始计算长度。定义刀柄后，刀柄将插入夹持器；如果未定义刀柄，则直接将刀具插入夹持器。

图例：创建刀柄的参数示例。

（SD）刀柄直径：在装载至刀具夹持器的刀具上设置刀柄的直径。

（SL）刀柄长度：在刀具上设置刀柄的总长度。

（STL）锥柄长度：设置刀柄锥形过渡的长度。NX 可确定刀具直径顶部和刀柄直径顶部之间的过渡角。

2. 定义夹持器

使用【夹持器】选项卡（见图 2-167）定义按规格顺序堆叠的一系列柱状截面。此顺序可创建一个更精确的刀具夹持器表示法。定义这些柱状截面时，从刀具或刀柄开始一个一个进行。

图例：创建夹持器的参数示例。

（LD）下直径：设置在列表中选择的柱状截面的下直径值。

（L）长度：设置在列表中选择的柱状截面的长度值。

（UD）上直径：设置在列表中选择的柱状截面的上直径值。

（B）锥角：设置在列表中选择的柱状截面的锥角值。（UD）上直径值和（B）锥角是相依参数。如果更改一个，则另一个也会重新计算和更新。

（R1）拐角半径：设置在列表中选择的柱状截面的拐角半径值。

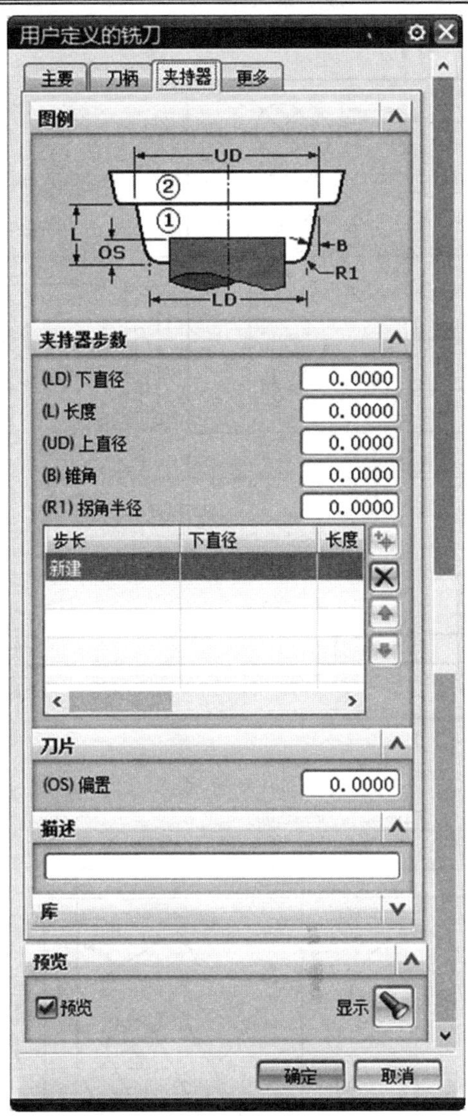

图 2-167 【夹持器】选项卡

（OS）偏置：设置刀具或刀柄插入夹持器的长度。

夹持器库号：如果从库中调用夹持器或将夹持器导出到库，则此选项可指定夹持器的唯一标识符。

从库调用：从库调用夹持器。

导出夹持器到库中：将当前夹持器导出到库。

2.6 思考与练习

通过本项目的学习，制订合理的数控加工工艺，选择合适的刀具及切削参数，完成图2-168 ~ 2-170 所示零件的数控加工编程。

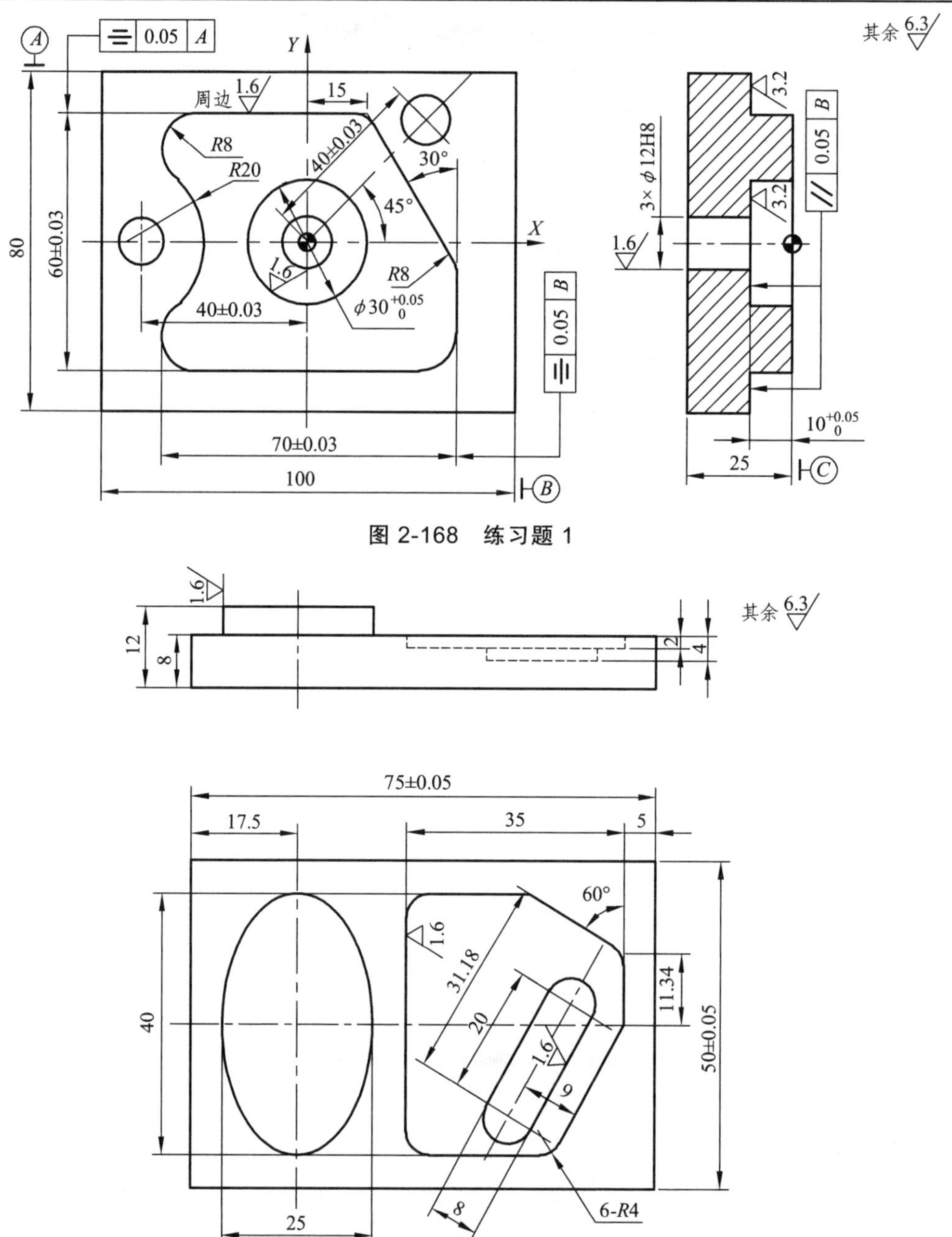

图 2-168 练习题 1

图 2-169 练习题 2

$5^{+0.075}_{0}$
$8^{+0.09}_{0}$
Ra 6.3
$5^{+0.075}_{0}$
20
Ra 6.3 (√)
A—A
0.04 B
R8
R6
22.4
38.11
R5
14
$3\times28^{+0.13}_{0}$
(33)
$30^{+0.052}_{0}$
50±0.019
$55^{0}_{-0.012}$
80
R7
A
A
0.04 A
6
$60^{+0.012}_{0}$
4- $\phi10^{+0.022}_{0}$ 通孔
Ra 1.6
60±0.023
(94.87)
100
B
A
技术要求
1. 锐边区毛刺;
2. 未注尺寸公差IT11(GB/T 1804—2000)

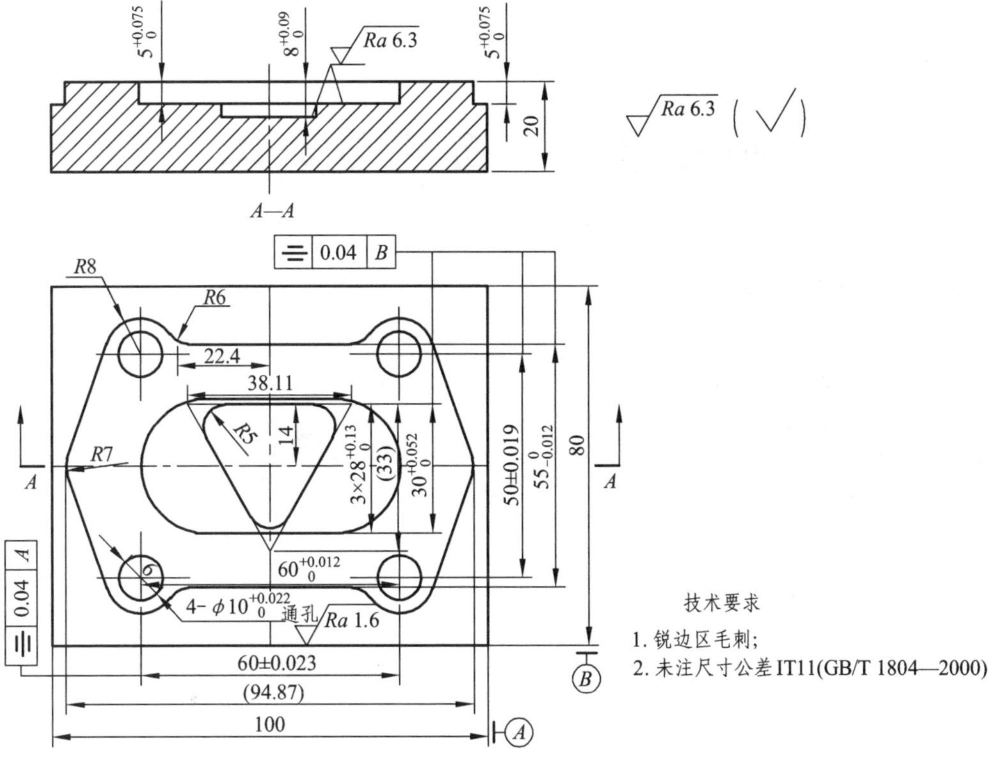

图 2-170　练习题 3

项目 3　平面铣削加工

3.1　知识与技能点

✓ 平面铣的特点与应用范围
✓ 平面铣的几何体
✓ 非切削参数
✓ 采用平面铣编制零件加工程序
✓ 刀具半径补偿
✓ 平面铣倒角加工

3.2　项目介绍

如图 3-1 所示的凸台零件，零件材料为铝合金 2A12，前道工序尺寸为 100 mm × 80 mm × 21 mm。制订合理的数控加工工艺，选择合适的刀具及切削参数，完成零件的数控加工编程。

本项目总课时数为 6 学时。

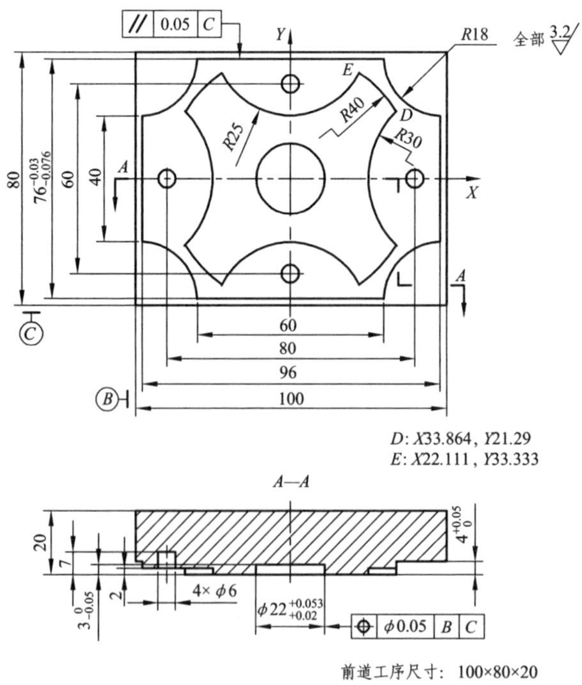

图 3-1　凸台零件

3.3 相关知识

3.3.1 平面铣介绍

平面铣是一种 2.5 轴的加工方式，是在一个平面内分层切除材料加工。平面铣主要用于粗加工和局部精加工，其加工过程首先完成水平方向 XY 两轴联动，然后在 Z 轴完成一层加工后再进入下一层加工。通过不同的切削方法，平面铣可以完成零件的直壁、顶平面和腔体底平面的加工。适用于平面铣加工的典型零件如图 3-2 所示。

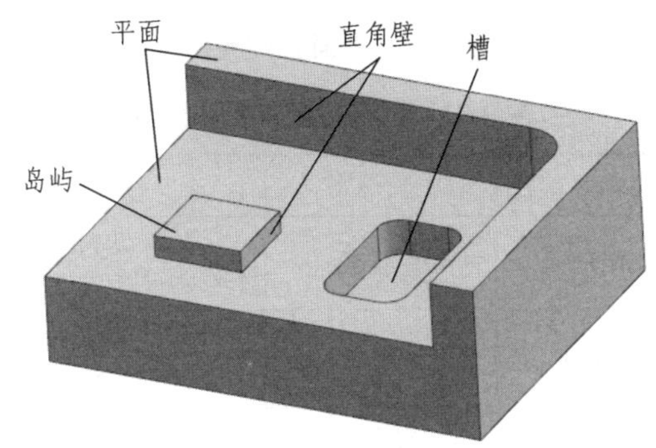

图 3-2 平面铣典型零件

一般适合平面铣加工的零件侧壁和底面垂直，零件中可以包含岛屿、槽、孔，但是岛屿的顶面和腔槽的底面必须是平面。因平面铣属于固定轴铣削，它的刀具轴线相对工件不发生变化，所以它只能对侧面与底面垂直部分进行加工，而不能加工零件中侧面与底面不垂直的部分。

3.3.2 平面铣的特点

平面铣是 NX CAM 加工中重要的加工手段，其特点如下：

（1）平面铣属于 2.5 轴加工，是在零件平面与 XY 平面平行的切削层上创建刀具轨迹的。其刀轴是沿 Z 轴固定的，垂直于 XY 平面；零件侧面平行于刀轴 Z 方向。

（2）平面铣采用边界定义刀具切削运动区域，可以很方便定义边界及边界与刀具之间的位置关系。

（3）平面铣是基于边界曲线计算刀路轨迹，所以计算速度快。

（4）平面铣可以用于型腔加工，也可以用于外形轮廓加工等。

（5）平面铣一般用于粗加工，也适用于满足条件的局部精加工。

3.3.3 平面铣加工子类型

平面铣削模板包含了很多种加工子类型，如图 3-3 所示，其含义如表 3-1 所示。

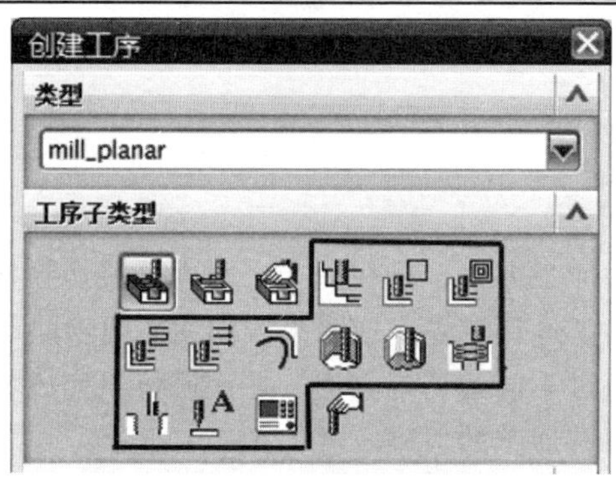

图 3-3 平面铣削类型

表 3-1 平面铣的工序子类型

图标	英文名称	中文名称	说 明
	PLANAR_MILL	平面铣	平面加工的基本工序，适用于使用各种切削模式进行平面类工件的粗加工和精加工
	PLANAR_PROFILE	平面轮廓铣	适用于无须指定几何体，仅使用“轮廓加工”切削模式精加工侧壁
	ROUGH_FOLLOW	跟随工件粗铣	适用于使用“跟随部件”切削模式进行区域的粗加工
	ROUGH_ZIGZAG	往复粗铣	适用于使用“往复”切削模式进行区域的粗加工
	ROUGH_ZIG	单向粗铣	适用于使用“单向带轮廓”切削模式进行区域的粗加工
	CLEANUP_CORNERS	清根轮廓铣	适用于使用“跟随部件”切削模式清除以前工序在拐角处余留的材料
	FINISH_WALLS	精铣侧壁	适用于使用“轮廓加工”切削模式精加工侧壁轮廓，默认情况下，自动在底平面留下余量
	FINISH_FLOOR	精铣底面	适用于使用“轮廓加工”切削模式精加工底面，默认情况下，自动在侧面留下余量
	THREAD_MILLING	螺纹铣	适用于在余留孔内铣削螺纹
	PLANAR_TEXT	平面文本	直接在平的曲面上雕刻文本

3.3.4 平面铣削的加工几何体

1. 加工几何体类型

用户在创建一个平面铣削工序时，需要指定加工几何体，包括几何体、部件几何体、毛坯几何体、检查几何体、修剪几何体和底面。这 6 个不同类型的加工几何体可以指定系统在毛坯材料上，按照用户指定的部件边界、检查边界、修剪边界和底面等来加工几何体铣削零件，从而得到正确的刀具轨迹。【几何体】选项组如图 3-4 所示。

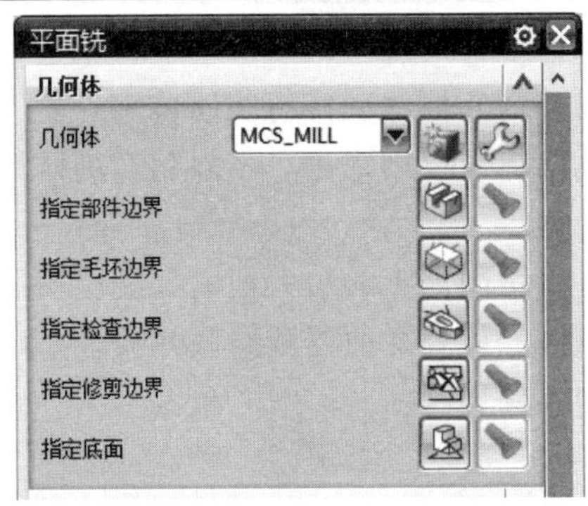

图 3-4 【几何体】选项组

（1）几何体。

几何体是铣削加工的主要组成部分，一般包含加工坐标系（MCS）、毛坯几何体（Blank Geometry）和部件几何体（Part Geometry）等信息，如图 3-5 所示。几何体若需要在创建铣削加工工序之前创建，用户可以通过在【插入】工具条中单击【创建几何体】按钮，创建一个加工几何体。

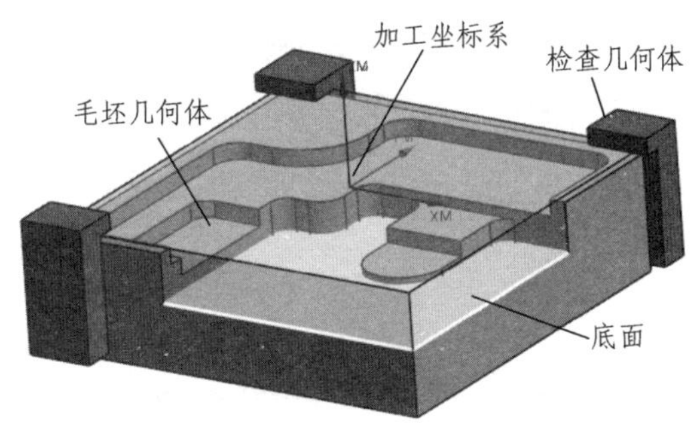

图 3-5　几何体

（2）部件几何体。

部件几何体是毛坯材料铣削加工后得到的最终形状，用来指定平面铣削加工的几何对象，它定义了刀具的走刀范围。用户可以选择面、曲线、点和边界等来定义部件几何体，图 3-5 所示的部件几何体即可以通过选择面来指定。

（3）毛坯几何体。

毛坯几何体是切削加工的材料块，即部件没有进行切削加工前的形状。与部件几何体的指定方法类似，用户可以选择面、曲线、点和边界等来定义毛坯几何体，如图 3-5 所示。在平面铣削加工中，用户可以指定毛坯几何体，也可以不指定毛坯几何体。如果用户定义了毛坯几何体，那么毛坯几何体和部件几何体将共同决定刀具的走刀范围，系统根据它们的共同区域来计算刀具轨迹。

（4）检查几何体。

检查几何体代表夹具或者其他一些不能铣削加工的区域。类似地，用户可以选择面、曲线、点和边界等来定义检查几何体。

（5）修剪几何体。

修剪几何体是指在某个加工过程中，不参与加工工序的区域。当用户定义部件几何体后，如果希望切削区域的某一个区域不被切削，即不产生刀具轨迹，那么可以将该区域定义为修剪几何体，系统将根据定义的部件几何体和修剪几何体来计算刀具轨迹，保证该区域不产生刀具轨迹。也就是说，修剪几何体可以用来进一步限制切削区域。

（6）底面。

底面是铣削加工中刀具可以铣削加工的最大切削深度。当用户指定底面后，系统将根据指定的部件几何体、毛坯几何体、检查几何体和修剪几何体，沿着刀具的轴线方向切削到底面，从而加工得到用户需要的零件形状。

2. 指定部件边界

在【平面铣】对话框中的【几何体】选项组中单击【选择或编辑部件边界】按钮，系统将打开图 3-6 所示的【边界几何体】对话框，系统提示用户“部件边界—选择面”。

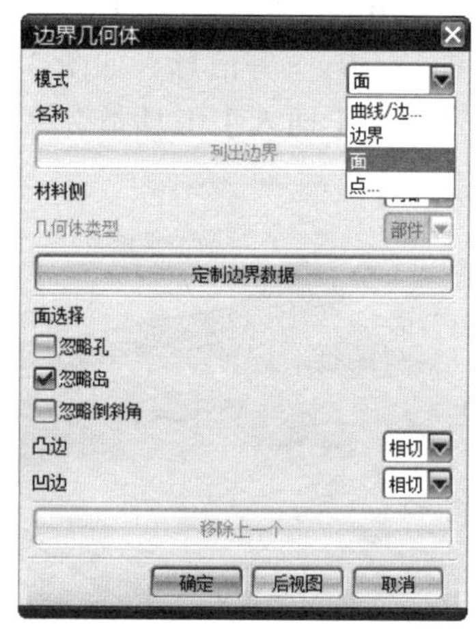

图 3-6 【边界几何体】对话框

在【边界几何体】对话框中，用户需要指定部件边界的【模式】、【材料侧】、【定制边界数据】和【凸边】等参数，这些参数的设置方法说明如下。

（1）模式。

部件边界的模式有 4 种，分别是【曲线/边…】、【边界】、【面】和【点…】，这 4 种模式分别说明如下。

① 面。

在【模式】下拉列表框中选择【面】选项，指定在定义部件边界时，用户通过选择面来定义部件边界，此时系统显示图 3-6 所示的【边界几何体】对话框。【面】模式是系统默认的定义部件边界的模式。在【模式】下拉列表框中选择不同的模式，【边界几何体】对话框将显示不同的内容。但是由于【面】模式是系统默认的定义部件边界的模式，因此，选择【面】选项后【边界几何体】对话框没有发生变化。

② 曲线/边。

在【模式】下拉列表框中选择【曲线/边…】选项，指定在定义部件边界时，用户通过选择曲线或者边来定义部件边界，此时系统将显示图 3-7 所示的【创建边界】对话框，系统提示“部件边界—选择对象#1”。

图 3-7 【创建边界】对话框

a. 边界的类型。

边界的类型有两种，分别是【封闭的】和【开放的】，用户可以根据切削区域，选择不同的边界类型。图 3-8 所示为封闭的和开放的边界。在【创建边界】对话框的【类型】下拉列表框中选择【开放的】选项，【材料侧】下拉列表框中的选项将从【内部】和【外部】变为【左视图】和【右视图】选项。

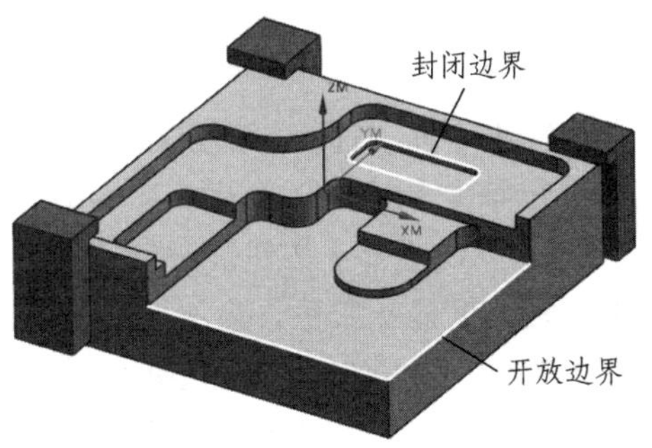

图 3-8 边界的类型

b. 平面。

在创建【曲线/边…】类型的边界时，除了需要指定曲线或者边的类型外，还需要指定曲线或者边所在的平面。

指定平面的方法有两种，一种是【自动】，另一种是【用户定义】。在【平面】下拉列表框中选择【自动】选项，指定系统根据用户选择的曲线或者边，自动判断曲线或者边的平面。在【平面】下拉列表框中选择【用户定义】选项，系统将打开图 3-9 所示的【平面】对话框，系统提示用户“选择平面方法或输入常数值并返回”。

用户可以在【平面】对话框中选择一种构造平面的方法来定义一个平面，或者指定主平面类型，然后输入一个常数值来定义一个平面。

定义一个平面后，在【平面】对话框中单击【确定】按钮，系统将返回到【创建边界】对话框。

图 3-9 【平面】对话框

c. 创建下一个边界。

如果需要创建多个边界，可以在创建一个边界后，单击【创建边界】对话框中的【创建下一个边界】按钮。此时，用户创建的边界将显示在绘图区中，同时边界上显示箭头，代表部件边界和材料侧。

d. 移除上一个成员。

需要删除上次创建的边界时，可以单击【创建边界】对话框中的【移除上一个成员】按钮。此时，用户上一次创建的边界将灰色显示在绘图区中，表明该边界不可用，已经被移除。

③ 边界。

在【模式】下拉列表框中选择【边界】选项，指定在定义部件边界时，用户通过选择边界来定义部件边界，此时【边界几何体】对话框显示如图 3-10 所示。

在【边界几何体】对话框中，【列出边界】按钮被激活，同时【面选择】选项组，如【忽略孔】、【忽略岛】和【凸边】等复选框显示灰色，为不可用状态。

用户可以单击【列出边界】按钮，然后在列表中选择合适的边界作为部件边界。当部件中不存在边界时，系统将打开图 3-11 所示的【Message】对话框，提示用户“本部件中无边界”，用户需要定义边界。

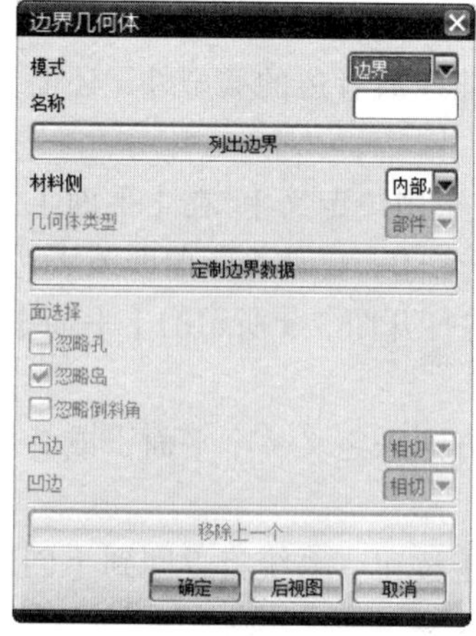

图 3-10 【边界几何体】对话框

图 3-11 【Message】对话框

④ 点。

如果在【模式】下拉列表框中选择【点…】选项，指定在定义部件边界时，用户通过选择点来定义部件边界，此时系统会打开图 3-12 所示的【创建边界】对话框，提示用户“选择对象以自动判断点”。

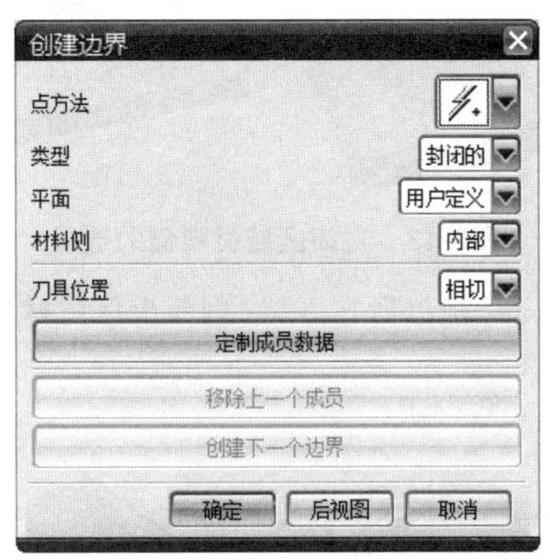

图 3-12 【创建边界】对话框

a. 类型。

点的类型有两种，分别是【封闭的】和【开放的】，用户可以根据切削区域选择不同的点类型。用户可以选择【点方法】下拉列表框中的选项，任意选择一种指定点的方式，然后构成边界。

b. 平面。

与创建【曲线/边…】类型的边界类似，用户在创建【点…】类型的边界时，除了需要指定曲线或者边的类型外，还需要指定点所在的平面。指定平面的方法和创建【曲线/边…】类型的边界相同，这里不再赘述。

（2）材料侧。

材料侧是指用户需要保留的材料在边界的哪一侧。部件材料的材料侧与选择的部件边界的封闭或开放有关。

① 封闭区域的材料侧。

封闭区域的材料侧分为内部和外部。在【材料侧】下拉列表框中选择【内部】选项，指定保留边界内部的材料，切削区域位于边界的外部。在【材料侧】下拉列表框中选择【外部】选项，指定保留边界外部的材料，切削区域位于边界的内部。

如果以“面”方式来定义部件边界，可以肯定的是每个面就是切削区域的最底层。也就是说，到了最底层，边界内的材料不再被切削，所以材料侧选择为内部。若以“曲线/边”方式来定义部件的边界，可在要切削区域的边上选择，所在边界的材料侧应选择为“外部”，如图 3-13 所示。

② 开放区域的材料侧。

开放区域的材料侧分为“左”和“右”（以屏幕方位来分），在【材料侧】下拉列表框中选择【左】选项，指定保留边界左侧的材料，切削区域位于边界的右侧。在【材料侧】下拉列表框中选择【右】选项，指定保留边界右侧的材料，切削区域位于边界的左侧。

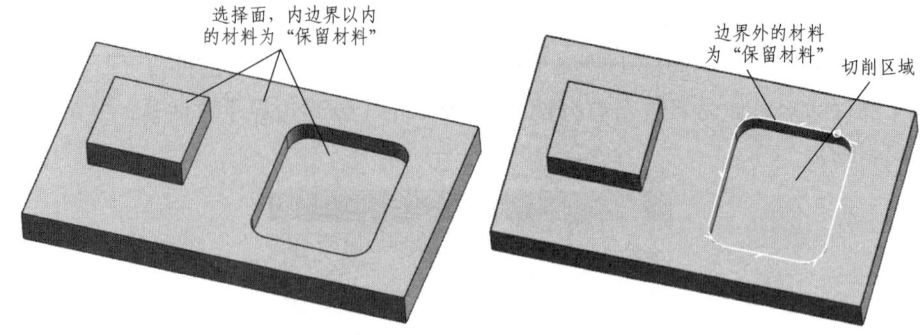

图 3-13 封闭区域材料侧的选择

在加工零件中选择一条边界，根据所在方位，判断出保留材料为边界的哪一侧，如图 3-14 所示。

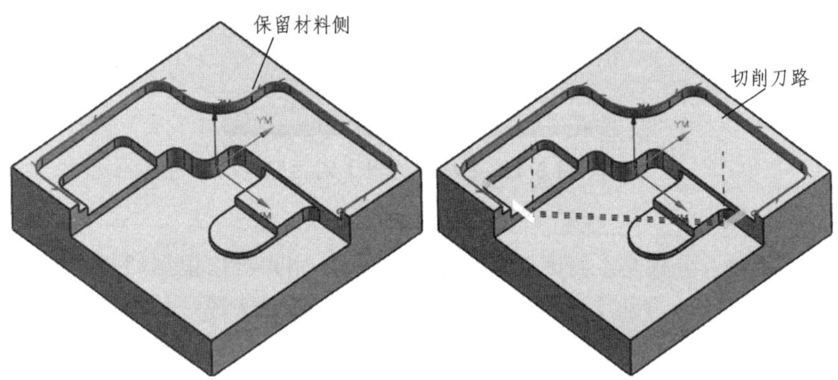

图 3-14 开放区域材料侧的选择

（3）刀具位置。

刀具位置是指刀具在切削加工时相对边界的位置。刀具位置的类型有两种，一种是【对中】，另外一种是【相切】。这两种刀具位置的含义分别说明如下。

① 相切。

在【刀具位置】下拉列表框中选择【相切】选项，指定在切削加工时，刀具相切于边界，如图 3-15（a）所示。

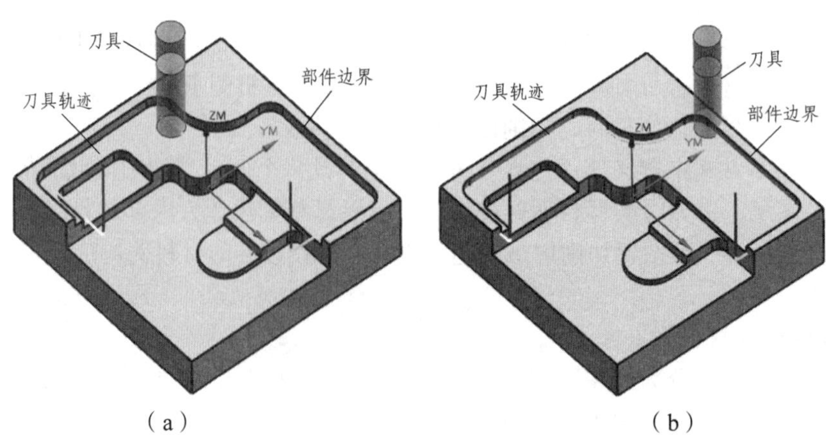

图 3-15 刀具轨迹中心示意图

② 对中。

在【刀具位置】下拉列表框中选择【对中】选项，指定在切削加工时，刀具中心位于边界之上，如图 3-15（b）所示。

创建一个边界后，系统将在边界上显示一个小圆圈和箭头，如图 3-14 所示。边界上的小圆圈代表边界的起点，箭头表示边界的方向，铣削工序的刀具轨迹将沿着箭头方向运动。系统显示的箭头有两种，一种是完整的箭头，一种是半边箭头。在【刀具位置】下拉列表框中选择【相切】选项时，显示半边箭头；在【刀具位置】下拉列表框中选择【对中】选项时，显示完整的箭头。

（4）定制边界数据。

在【边界几何体】对话框中单击【定制边界数据】按钮，此时【边界几何体】对话框将扩展为图 3-16。

【定制边界数据】选项组中包括【公差】、【余量】、【毛坯距离】和【切削进给率】等复选框，它们的含义说明如下。

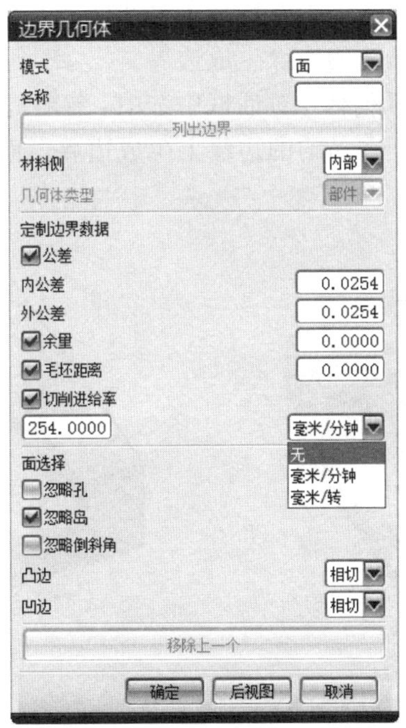

图 3-16 【边界几何体】对话框

① 公差。

选中【公差】复选框后，【内公差】和【外公差】文本框被激活。用户可以在【内公差】和【外公差】文本框中设置边界的内公差和外公差值。系统默认的内公差和外公差是“0.03”。

② 余量。

选中【余量】复选框后，【余量】文本框被激活。用户可以在该文本框内输入边界的余量数值。

③ 毛坯距离。

选中【毛坯距离】复选框后，【毛坯距离】文本框被激活。用户可以在该文本框内输入毛坯距离。

④ 切削进给率。

选中【切削进给率】复选框后,【切削进给率】文本框和单位下拉列表框被激活。用户可以在本框内输入切削进给率,并且可以在文本框右侧的下拉列表框中选择切削进给率的单位。切削进率的单位包括【无】、【毫米/分钟】和【毫米/转】。用户可以根据数控机床和零件形状输入合适的切削进给率，并且选择合适的单位。

（5）忽略孔。

在【边界几何体】对话框中选中【忽略孔】复选框后，系统在创建边界时，将忽略平面上孔的边缘，即不在平面上的孔边缘生成边界。

如图 3-17 所示，选择平面后，该平面将高亮显示在绘图区。在【边界几何体】对话框中，选中【忽略孔】复选框，取消选中【忽略岛】复选框后，创建生成的边界将不在孔的边缘上生成边界，而在外形轮廓和岛屿边缘处产生边界。

（6）忽略岛。

在【边界几何体】对话框中选中【忽略岛】复选框后，系统在创建边界时，将忽略平面上岛屿的边缘，即不在平面上岛屿的边缘生成边界。

如图 3-18 所示，在【边界几何体】对话框中选中【忽略岛】复选框，取消选中【忽略孔】复选框后，创建生成的边界将不在岛屿的边缘上生成边界，而只在外形轮廓和孔的边缘处产生边界。

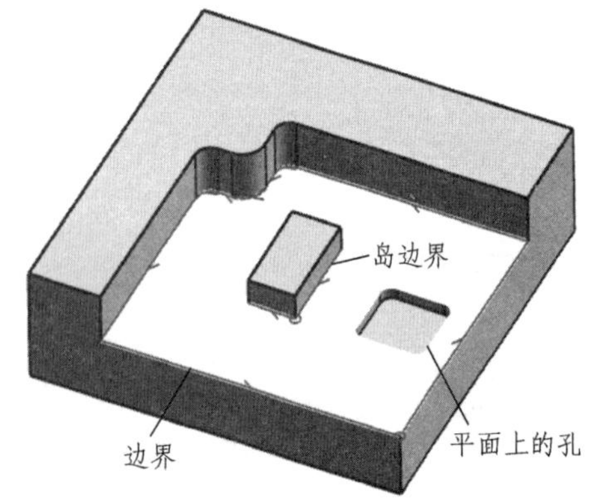

图 3-17 忽略孔

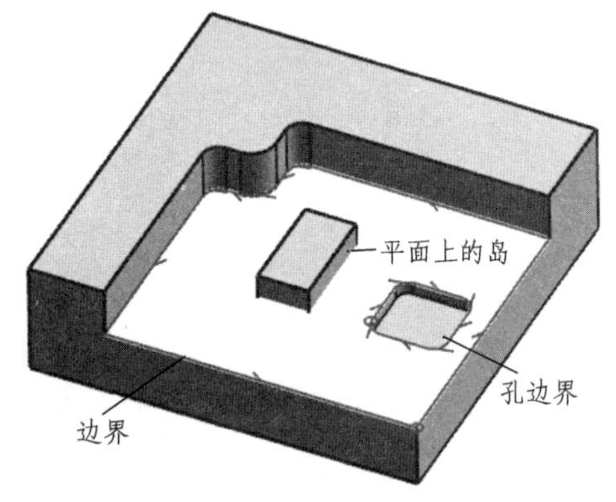

图 3-18 忽略岛

（7）忽略倒斜角。

在【边界几何体】对话框中选中【忽略倒斜角】复选框后，系统在创建边界时，将忽略与平面邻接的倒角、圆角和圆面等，即创建的边界将包括与平面邻接的倒角、圆角和圆面等。

在创建图 3-19 所示的边界时，没有在【边界几何体】对话框中选中【忽略倒斜角】复选框。此时，系统将只在用户选择的平面上创建边界，而不包括邻接的斜角。因此，边界生成在斜角的内边线。

在创建图 3-20 所示的边界时，用户需要在【边界几何体】对话框中选中【忽略倒斜角】复选框，忽略与平面邻接的斜角。此时，系统将不仅在用户选择的平面上创建边界，而且还包括邻接的斜角。因此，创建的边界将生成在斜角的外边线上。

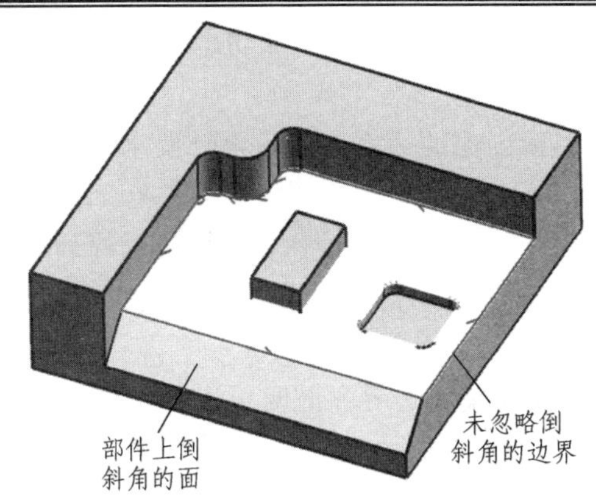

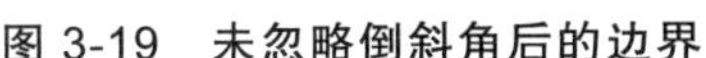
图 3-19　未忽略倒斜角后的边界

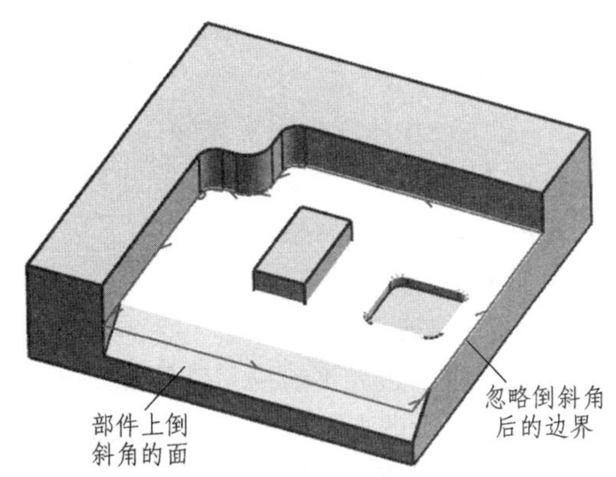

图 3-20　忽略倒斜角后的边界

（8）凸边。

【凸边】下拉列表框用来控制刀具相对用户选择平面上凸边的位置。

【凸边】下拉列表框可以控制的刀具位置有两种，一种是【对中】，另外一种是【相切】。选择【对中】选项后，指定刀具在用户选择平面上的凸边时，刀具中心位于边界上，即刀具中心位于凸边上。选择【相切】选项后，指定刀具在用户选择平面上的凸边时，刀具相切于边界，即刀具与凸边相切。

如图 3-21 所示，在【凸边】下拉列表框中选择【对中】选项后，指定刀具位于凸边上。此时，外形轮廓和平面上的孔周围的边界显示完整的箭头，表明刀具位置为【对中】。

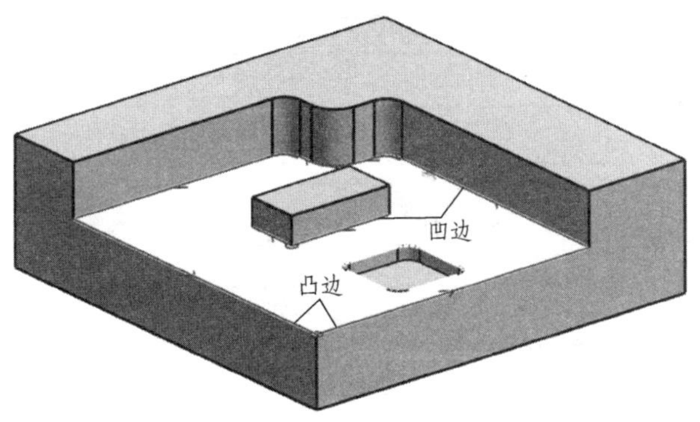

图 3-21　凸边与凹边

（9）凹边。

【凹边】下拉列表框用来控制刀具相对用户选择平面上凹边的位置。与【凸边】下拉列表框类似，【凹边】下拉列表框可以控制的刀具位置也有两种，分别是【对中】和【相切】。如果选择【对中】选项，指定刀具在用户所选择平面上的凹边时，刀具中心位于边界上，即刀具中心位于凹边上。如果选择【相切】选项，指定刀具在用户所选择平面的凹边时，刀具相切于边界，即刀具与凹边相切。

在【凹边】下拉列表框中，系统默认选择【相切】选项，指定刀具与凹边相切。这是因为在铣削凹边时，凹边周围会有竖直相邻面，为了防止铣削掉凹边周围的材料，一般指定刀具与凹边相切。

如图 3-21 所示，当用户在【凹边】下拉列表框中选择【相切】选项时，指定刀具与凹边相切。此时，平面上岛屿周围的边界显示半边箭头，表明刀具位置为【相切】。

（10）移除上一个。

【移除上一个】按钮用来删除已经创建的边界。当新创建的边界不满足设计要求时，用户可以单击【移除上一个】按钮删除边界。

完成上述参数设置后，在【边界几何体】对话框中单击【确定】按钮，系统将返回到【平面铣】对话框。

（11）编辑边界。

如果创建的边界不能满足铣削加工要求，用户还需要编辑边界，此时可以再次单击【平面铣】对话框中的【选择或编辑部件边界】按钮，系统将打开图 3-22 所示的【编辑边界】对话框，系统提示用户“在几个边界间循环或选择一个进行编辑”。

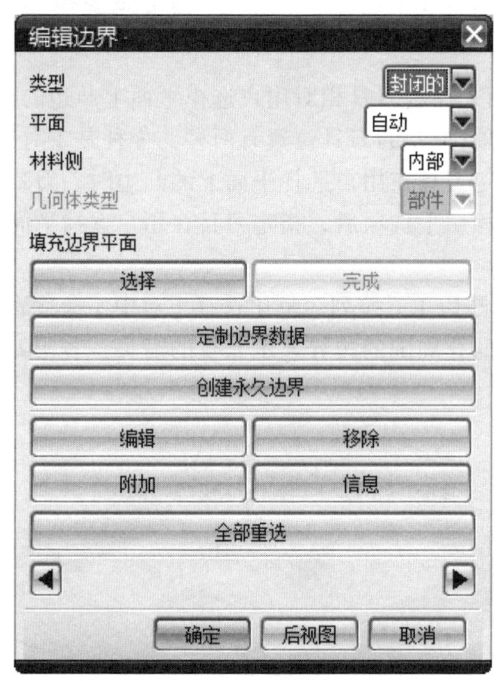

图 3-22 【编辑边界】对话框

用户可以在【编辑边界】对话框中创建永久边界、编辑边界、移除边界、增加新的边界和显示边界信息，操作方法说明如下。

① 创建永久边界。

单击【创建永久边界】按钮后，一条临时边界将创建为永久边界。永久边界的最大特点就是能够被重复使用，而且在不同的工序中都可以引用同一条永久边界。如果用户需要再次使用该边界不需重新创建边界，直接选择该永久边界或者输入永久边界的名称就可以。临时边界则不能被重复使用，而且只能被一个工序引用。

② 编辑边界。

在【编辑边界】对话框中单击【编辑】按钮，系统将打开图 3-23 所示的【编辑成员】对话框，系统提示用户“在成员的中点附近选择”。

用户可以在【编辑成员】对话框中重新指定刀具相对边界的位置、定制成员数据和重新定义边界的起点。在【编辑成员】对话框中单击【起点】按钮，系统将打开图 3-24 所示的【修改边界起点】对话框，系统提示用户“用范围内的百分比值分割封闭的边界（0 ~ 100）”。

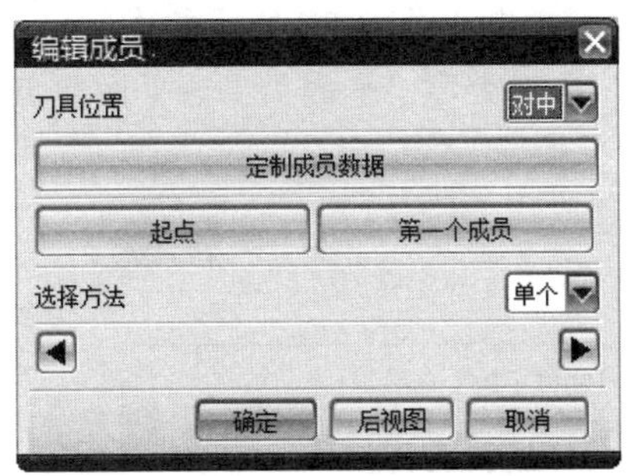

图 3-23 【编辑成员】对话框

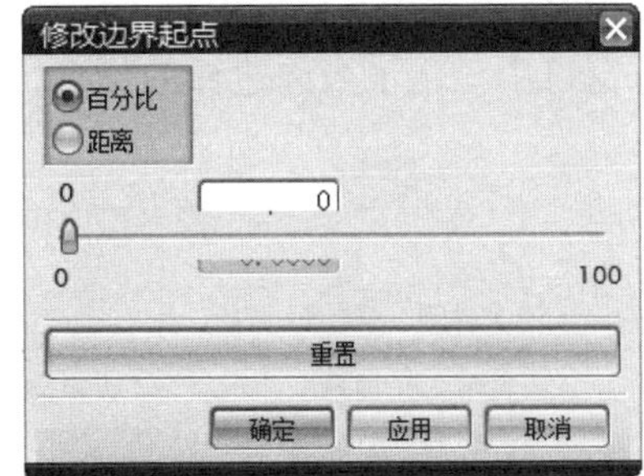

图 3-24 【修改边界起点】对话框

用户可以在【修改边界起点】对话框中选择边界起点位置的定位方法和输入具体数值。选择边界起点位置的方法有两种，包括【百分比】和【距离】，这两种方法分别说明如下。

a. 百分比。

在【修改边界起点】对话框中选中【百分比】单选按钮后，指定边界起点的定位方式为百分比，即根据用户设置的百分比来确定边界起点。

b. 距离。

在【修改边界起点】对话框中选中【距离】单选按钮后，指定边界起点的定位方式为距离，即根据用户设置的距离来确定边界起点。

确定选择定位起点位置的方法后，还需要指定具体的数值。指定具体数值的方法有两种，分别是拖动滑块和在数值文本框中输入。无论是拖动滑块，还是输入数值，只要选择其中一种方法，另一个选项也会随之发生变化。例如，选中【百分比】单选按钮，然后在【数值】文本框中输入“50”，此时滑块也会自动移动到 0 ~ 100 相应的位置上。系统默认的选择定位起点位置的方法是【百分比】。

当用户需要重新设置起点位置时，可以在【修改边界起点】对话框中单击【重置】按钮，此时滑块和数值文本框都将恢复到系统的默认数值。系统的默认数值为 100。

重新设置起点位置后，在【修改边界起点】对话框中单击【确定】按钮，系统将返回到【编辑成员】对话框。

用户在编辑边界时，首先要选择一个边界成员，在选择边界成员时，用户可以确定选择边界的方法。选择边界的方法有两种，分别是【单个】和【成链】，用户可以根据需要选择合适的方法。

编辑边界完成后，在【编辑成员】对话框中单击【确定】按钮，系统将返回到【平面铣】对话框。

③ 移除边界。

需要删除一个边界时，可以在【编辑成员】对话框中单击【移除】按钮，此时当前的边界成员将被删除，在绘图区呈现灰色。

④ 增加新的边界。

在【编辑边界】对话框中，单击【附加】按钮，系统将打开【边界几何体】对话框，用户可以新增加一个边界。创建完边界后，在【边界几何体】对话框单击【确定】按钮，系统将返回到【编辑边界】对话框。

⑤ 边界信息。

在【编辑边界】对话框中单击【信息】按钮，系统将打开图 3-25 所示的【信息】窗口。【信息】窗口中显示了当前边界的信息，包括成员数、边界类型、平面类型、平面原点和平面矩阵等。

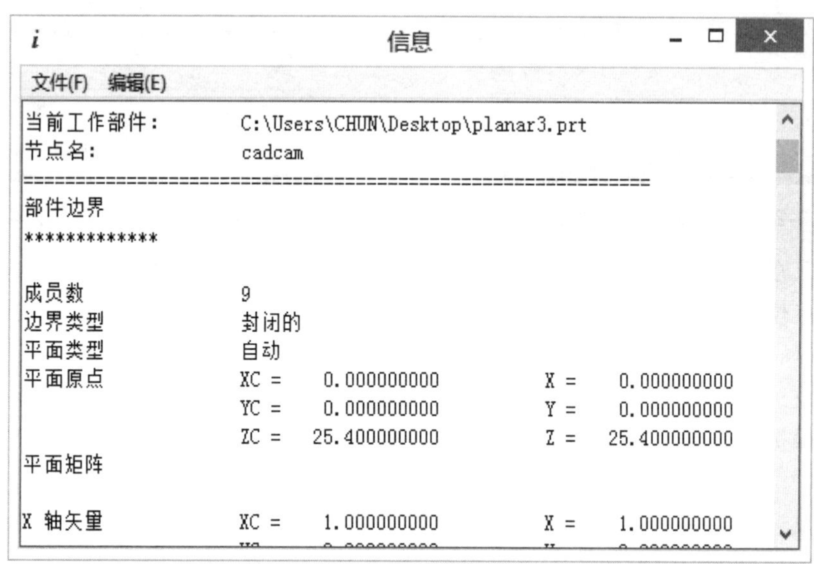

图 3-25 【信息】窗口

⑥ 上一个和下一个按钮。

在编辑边界时，用户需要首先选择一个边界成员作为当前边界成员，可以通过单击【上一个】按钮或者【下一个】按钮来选择边界成员。

完成边界的编辑后，在【编辑边界】对话框中单击【确定】按钮，系统将返回到【平面铣】对话框中。

3. 指定毛坯边界

在【平面铣】对话框的【几何体】选项组中单击【选择或编辑毛坯边界】按钮，系统将弹出图 3-26 所示的【边界几何体】对话框，系统提示用户“毛坯边界—选择面”。

指定毛坯边界的【边界几何体】对话框与指定部件边界的【边界几何体】对话框基本相同，只是【几何体类型】下拉列表框中显示为【毛坯】选项，而指定部件边界的【边界几何体】对话框中显示为【部件】选项。指定毛坯边界的方法和指定部件边界的方法相同，用户可以参考前面的内容，这里不再赘述。

有时，毛坯边界可以不用定义，可以在指定部件边界时指定一个外部边界来包容多个部件边界，这样就可以作为毛坯边界使用了。如图 3-27 所示，外环“部件”边界作为一个主包容边界，也就是用于定义“毛坯”体积。在主包容边界范围内的多个内部“部件”边界可定义“部件”体积。切削体积（要去除的材料）是由“毛坯”体积与“部件”体积的差定义的。要正确地识别“部件”和“毛坯”体积，应将边界放置在材料的顶部。

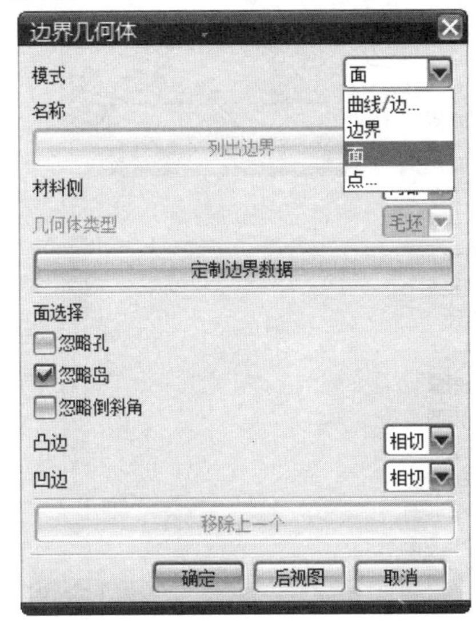

图 3-26 【边界几何体】对话框

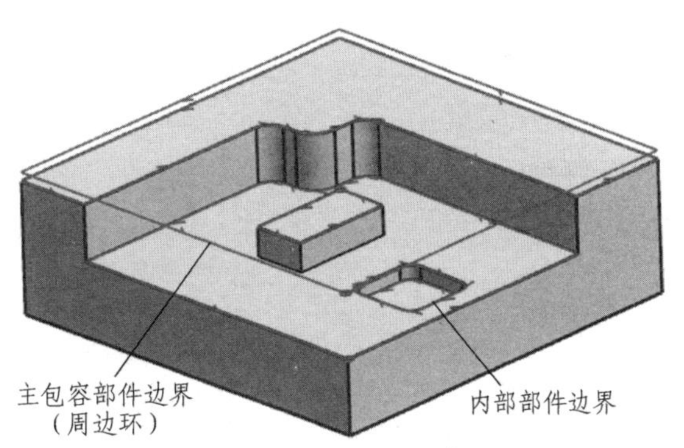

图 3-27　替代毛坯边界的主包容部件边界

4. 指定检查边界

在【平面铣】对话框的【几何体】选项组中单击【选择或编辑检查边界】按钮，系统仍将打开【边界几何体】对话框，系统提示用户“检查边界—选择面”。指定检查边界的方法和指定部件边界的方法相同，用户可以参考前面的内容，这里不再赘述。

5. 指定修剪边界

在【平面铣】对话框的【几何体】选项组中单击【选择或编辑修剪边界】按钮，系统仍将打开【边界几何体】对话框，系统提示用户“修剪边界—选择面”。指定修剪边界的方法和指定部件边界的方法相同，用户可以参考前面的内容，这里不再赘述。

6. 指定底面

在【平面铣】对话框的【几何体】选项组中单击【选择或编辑底平面几何体】按钮，系统将打开图 3-28 所示的【平面】对话框，系统提示用户“底平面”。

在【平面】对话框中，用户一般可以选择平面类型、定义对象、偏置和平面方位等，这些选项的含义说明如下。

（1）【类型】过滤器。

【类型】下拉列表框中有【自动判断】、【按某一距离】、【成一角度】、【二等分】等 15 个选项，如图 3-29 所示。

（2）要定义平面的对象。

【要定义平面的对象】选项组显示被选择的对象。

（3）平面方位。

在【平面方位】选项组中可以修改平面的方向。

（4）偏置。

在【偏置】选项组中可以将选择的平面进行偏移，得到需要的平面。

图 3-28 【平面】对话框

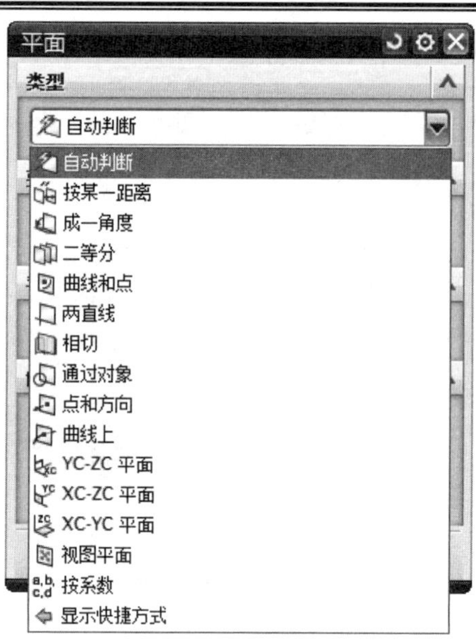

图 3-29 【类型】下拉列表框

3.3.5 平面铣削的刀轨切削层

切削层也叫切削深度，它决定多深度切削的过程。切削层可由岛顶部、底平面和输入值来定义。只有在刀具轴与底面垂直或者部分边界与底面平行的情况下，才会应用切削层参数。

在【刀轨设置】选项组中单击【切削层】按钮。系统将打开图 3-30 所示的【切削层】对话框，系统提示用户“设置切削深度参数”。

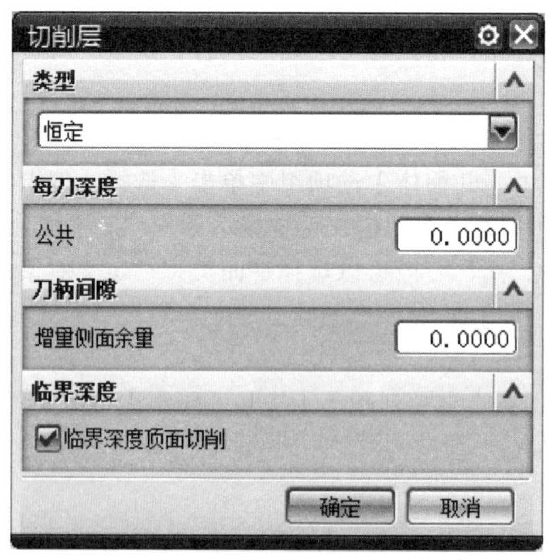

图 3-30 【切削层】对话框

在【切削层】对话框中可以选择切削深度的类型和数值，这些参数的含义及其操作方法说明如下。

1. 切削深度的类型

在【类型】下拉列表框中有 5 种深度类型，分别是【用户定义】、【仅底面】、【底面及临界深度】、【临界深度】和【恒定】，这些选项的含义及其操作方法说明如下。

（1）【用户定义】选项。

切削深度由用户自定义参数类型，允许在下方激活的参数文本框中设定值。

（2）【仅底面】选项。

指定切削深度仅仅由底部面决定，系统将在底部面创建一个切削层。该选项一般在用户只需要切削加工底部面时选用，如图 3-31 所示。

（3）【底面及临界深度】选项。

指定切削深度由底部面和岛的顶面决定。即在底平面上生成单个切削层，接着在每个岛屿顶部生成一条清理刀轨。清理刀轨仅限于每个岛的顶面，且不会切削岛屿边界的外侧，如图 3-32 所示。该选项一般在用户只需要切削加工底部面和岛的顶面时选用。

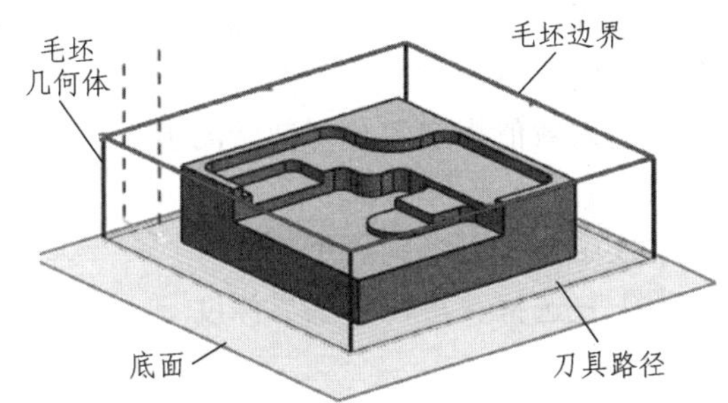

图 3-31　仅底面

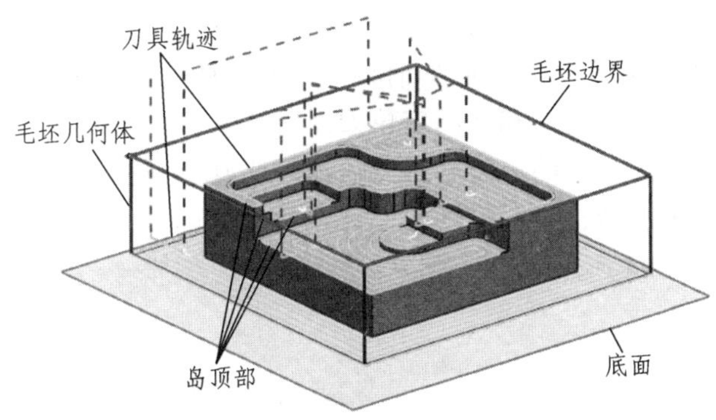

图 3-32　仅底面

（4）【临界深度】选项。

指定切削深度仅仅由岛的顶面决定，系统将在岛的顶面创建一个切削层，接着在底平面生成单个切削层。与不会切削岛边界外侧的清理刀路不同的是切削层生成的刀轨可完全移除每个平面层内的所有毛坯，如图 3-33 所示。

（5）【恒定】选项。

指定切削深度由用户指定的固定深度来决定，系统将根据固定深度产生多个切削层。

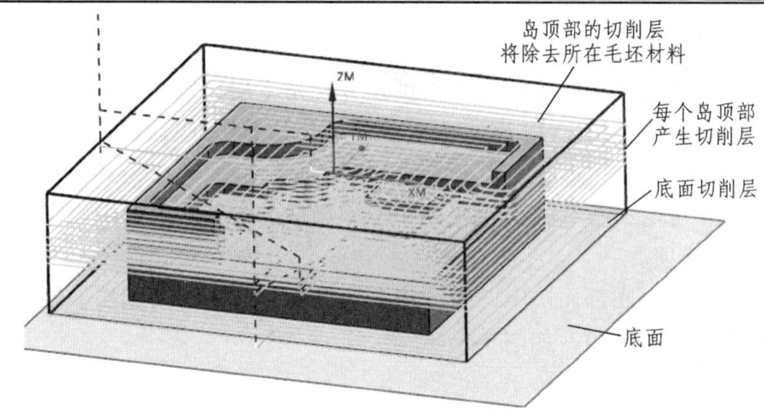

图 3-33 临界深度

2. 切削深度的数值设置。

切削深度的数值包括【每刀深度】文本框、【增量侧面余量】文本框、【临界深度顶面切削】复选框，这些选项的含义说明如下。

在【每刀深度】文本框中输入数值指定刀具切削层的最大值，刀具切削层的最大值不包括最初的切削层和最终的切削层。

在【增量侧面余量】文本框中输入刀柄间隔距离。

选择【临界深度顶面切削】复选框，可以在临界深度下，切削岛的顶面。

3.3.6 非切削移动

【非切削移动】选项用于指定在切削移动之前、之后及之间对刀具进行定位的移动，包括刀具半径补偿。【非切削移动】选项控制如何将多个刀轨连接为一个工序中相连的完整刀轨。非切削移动在切削运动之前、之后和之间定位刀具。

非切削移动可以简单到单个的进刀和退刀运动，或复杂到一系列定制的进刀、退刀和移刀（离开、移刀、逼近）运动，这些运动的设计目的是协调刀路之间的多个部件曲面、检查曲面和提升操作，如图 3-34 所示。

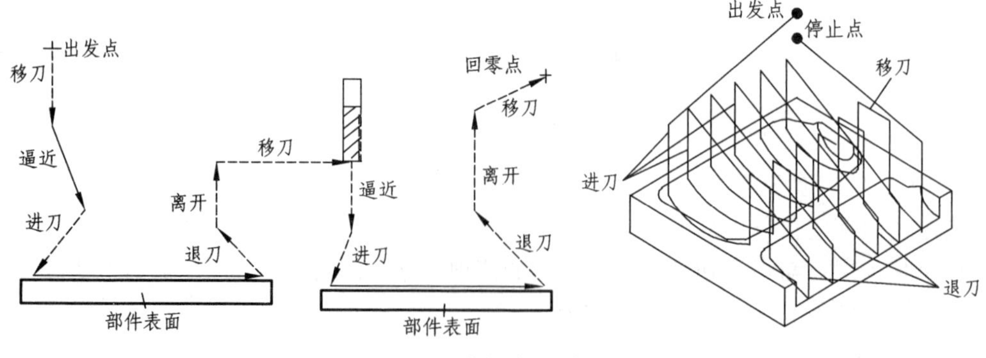

图 3-34 非切削移动

在【刀轨设置】选项组中单击【非切削移动】按钮，系统将打开图 3-35 所示的【非切削移动】对话框。

在【非切削移动】对话框中可以设置进刀、退刀、起点/钻点、转移/快速、避让等参数，这些参数的含义及其操作方法说明如下。

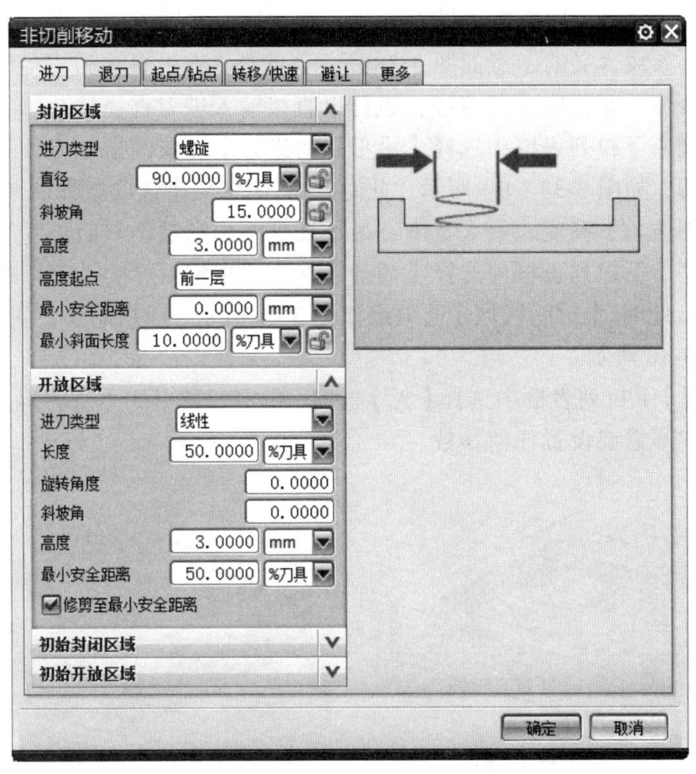

图 3-35 【非切削移动】对话框

1. 进　刀

在【非切削移动】对话框中单击【进刀】标签，切换到【进刀】选项卡，如图 3-34 所示。用户可以在该对话框中设置【封闭区域】、【开放区域】、【初始封闭区域】和【初始开放区域】的进刀运动参数。

（1）封闭区域。

在【封闭区域】选项组中，需要设置进刀类型、直径、斜坡角、高度、高度起点、最小安全距离和最小斜面长度。如图 3-36 所示，【进刀类型】下拉列表框中包括 5 种不同的选项，这些选项的含义及其参数设置方法说明如下。

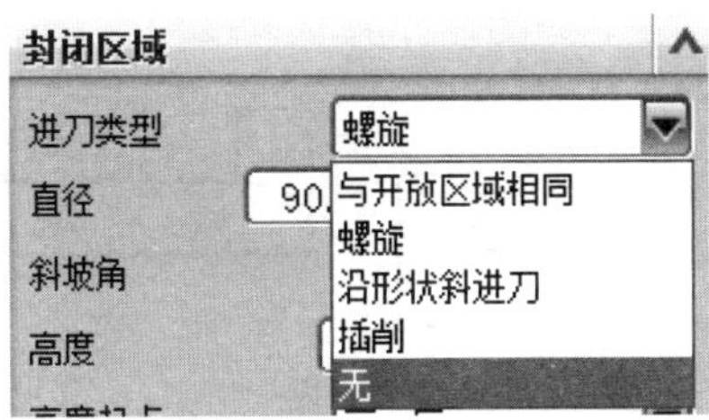

图 3-36 【进刀类型】下拉列表框

在【进刀类型】下拉列表框中选择【与开放区域相同】选项，指定刀具的进刀方式与开放区域相同。

在【进刀类型】下拉列表框中选择【螺旋】选项，指定刀具的进刀方式为螺旋类型，如图 3-37（a）所示。此时，用户需要设置的参数有直径、斜坡角、高度、最小安全距离和最小斜面长度，这些参数含义的示意如图 3-38 所示。此外，在设置进刀直径时，用户可以通过输入刀具直径的百分比来指定进刀直径，也可以直接输入进刀直径。

在【进刀类型】下拉列表框中选择【沿形状斜进刀】选项，指定刀具的进刀方式为根据工件形状斜向进刀，如图 3-37（b）所示。此时，【封闭区域】选项组如图 3-39 所示。用户需要设置的参数有斜坡角、高度、最大宽度、最小安全距离和最小斜面长度等。

在【进刀类型】下拉列表框中选择【插削】选项，指定刀具的进刀方式为插削方式，如图 3-37（c）所示。此时，【封闭区域】选项组如图 3-40 所示。用户需要设置的参数只有高度，高度的示意如图 3-40 所示。

在【进刀类型】下拉列表框中选择【无】选项，指定刀具不产生进刀运动，如图 3-37（d）所示。此时，用户不需要设置任何参数。

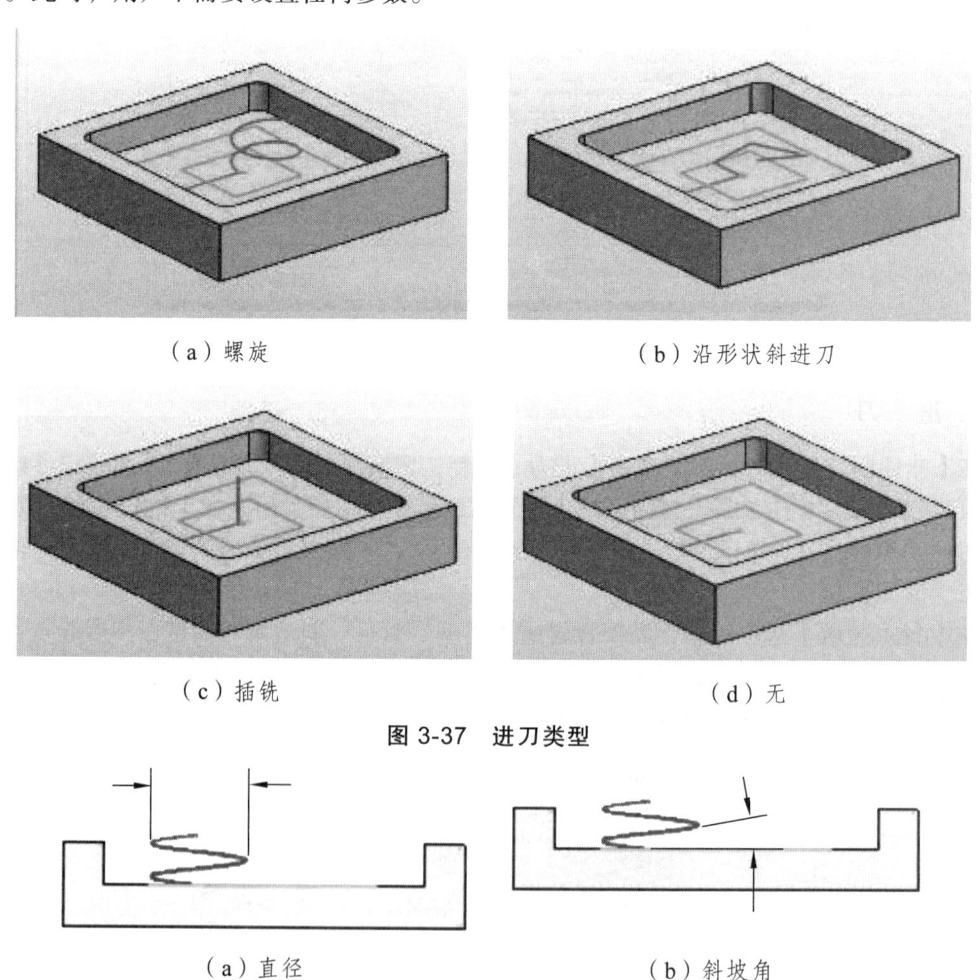

（a）螺旋　　（b）沿形状斜进刀

（c）插铣　　（d）无

图 3-37　进刀类型

（a）直径　　（b）斜坡角

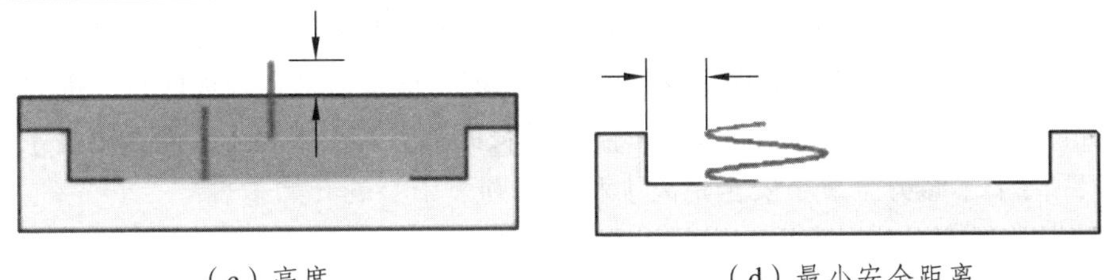
（c）高度　（d）最小安全距离

图 3-38　各参数含义的示意

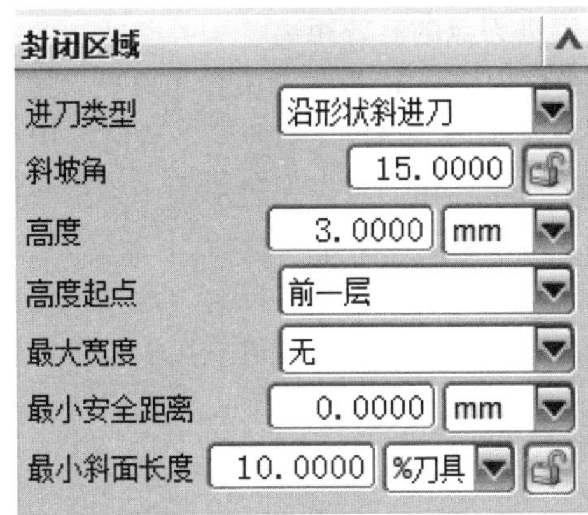

图 3-39　沿形状斜进刀

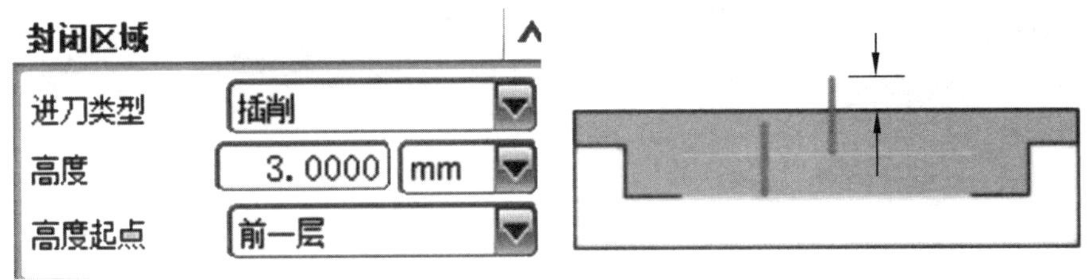

图 3-40　插铣

（2）开放区域。

在【开放区域】选项组中，需要设置进刀类型、长度、旋转角度、斜坡角、高度、最小安全距离和修剪至最小安全距离。

【进刀类型】下拉列表框中包括 9 种选项，分别是【与封闭区域相同】、【线性】、【线性-相对于切削】、【圆弧】、【点】、【线性-沿矢量】、【角度　角度　平面】、【矢量平面】和【无】，这些选项的含义及其参数设置方法说明如下。

在【进刀类型】下拉列表框中选择【与封闭区域相同】选项，指定刀具在开放区域的进刀方式与在封闭区域的进刀方式相同。此时，不需要设置任何参数，系统将根据封闭区域内的进刀方式，设置开放区域的进刀方式。

在【进刀类型】下拉列表框中选择【线性】选项，指定刀具在开放区域的进刀方式为线性方式，如图 3-41（a）所示。此时，需要设置的参数有【长度】、【旋转角度】、【斜坡角】、【高度】、【最小安全距离】和【修剪至最小安全距离】。在设置进刀长度时，用户可以通过输入刀具长度的百分比来指定进刀长度，也可以直接输入进刀长度的数值。

在【进刀类型】下拉列表框中选择【线性-相对于切削】选项，指定刀具在开放区域的进刀方式为线性－相对于切削方式，此时，用户需要设置的参数与线性方式相同。

在【进刀类型】下拉列表框中选择【圆弧】选项，指定刀具在开放区域的进刀路线为圆弧形状，如图 3-41（b）所示。此时，用户需要设置的参数有【半径】、【圆弧角度】、【高度】、【最小安全距离】、【修剪至最小安全距离】和【在圆弧中心处开始】。

在【进刀类型】下拉列表框中选择【点】选项，指定刀具在开放区域的进刀方式根据用户指定的点来进行。此时，用户需要设置的参数有【半径】、【进刀点】、【有效距离】、【距离】和【高度】。用户可以通过单击【点对话框】按钮，打开【点】对话框来定义进刀点。此外，用户还可以选择指定或不指定进刀点的有效距离。

在【进刀类型】下拉列表框中选择【线性-沿矢量】选项，指定刀具在开放区域的进刀方式根据用户指定的矢量来进行，如图 3-41（c）所示。此时，用户需要设置的参数有【指定矢量】和【长度】，如图 3-42 所示。用户可以通过单击【矢量对话框】按钮，打开【矢量】对话框来定义进刀矢量方向。当用户定义一个矢量后，【指定矢量】下方的【反向】按钮将被激活，用户可以根据需要，选择是否使矢量方向反向。此外，用户在定义长度时，既可以通过输入刀具直径的百分比来指定刀具长度，也可以直接输入进刀长度。

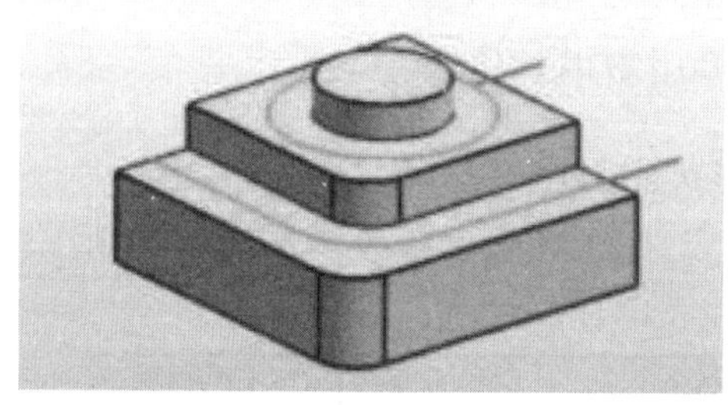

（a）线性

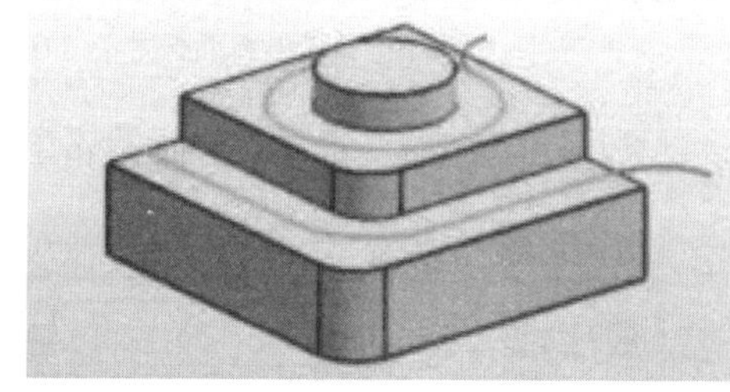

（b）圆弧

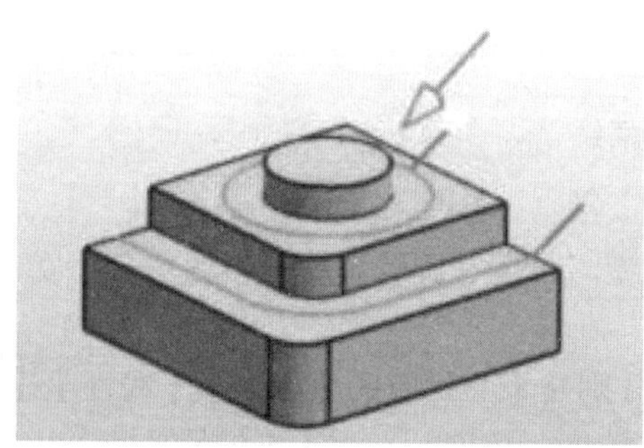

（c）线性-沿矢量

（d）角度 角度 平面

图 3-41 进刀类型示意图

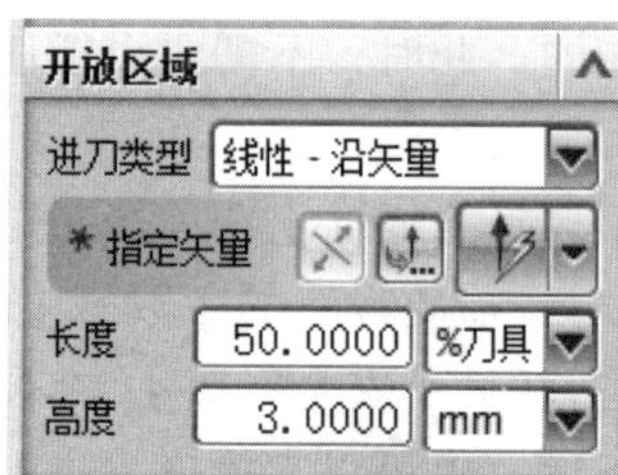

图 3-42 【线性-沿矢量】进刀类型

在【进刀类型】下拉列表框中选择【角度 角度 平面】选项，指定刀具在开放区域的进刀方式根据用户指定的两个角度和一个平面来进行，如图 3-41（d）所示。此时，用户需要设置的参数有【旋转角度】、【斜坡角】和【选择平面】。用户在指定旋转角度和斜坡角后，可以通过单击【平面对话框】按钮，打开【平面】对话框来指定平面。

在【进刀类型】下拉列表框中选择【矢量平面】选项，指定刀具在开放区域的进刀方式根据用户指定的一个矢量和一个平面来进行。

在【进刀类型】下拉列表框中选择【无】选项，与【封闭区域】选项相同，不需要设置任何参数。

（3）初始封闭区域和初始开放区域。

【初始封闭区域】和【初始开放区域】的进刀运动参数分别与前面的【封闭区域】和【开放区域】相同，这里不再赘述。

2. 退　刀

在【非切削移动】对话框中单击【退刀】标签，切换到【退刀】选项卡，如图 3-43 所示，用户可以在该选项卡中设置退刀类型。

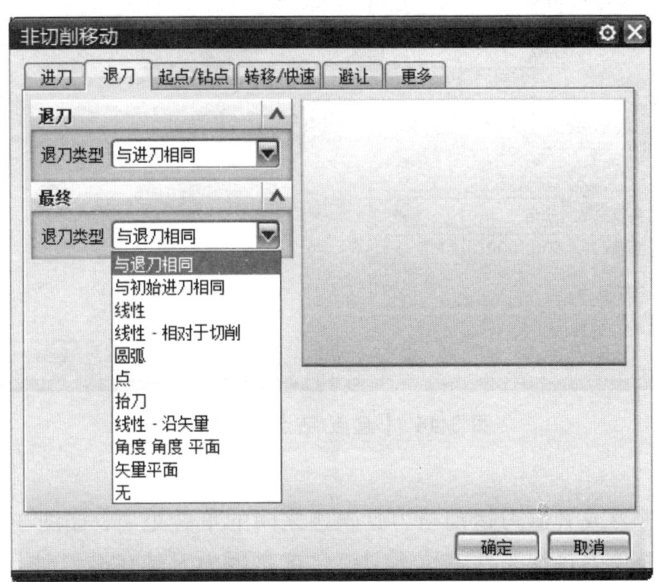

图 3-43 【退刀】选项卡

在【最终】选项组【退刀类型】下拉列表框中，用户可以设置的类型包括【与退刀相同】、【与初始进刀相同】、【线性】、【线性-相对于切削】、【圆弧】、【点】、【抬刀】、【线性-沿矢量】、【角度　角度　平面】、【矢量平面】和【无】，其中部分选项的含义与【退刀】选项组中【退刀类型】中的选项含义相同，因此这里不再赘述。下面仅对【与退刀相同】和【抬刀】两个选项的含义进行说明。

（1）与退刀相同。

在【退刀类型】下拉列表框中选择【与退刀相同】选项，指定刀具的退刀类型与用户设置的进刀类型相同。此时，【退刀类型】下拉列表框下方不显示任何选项，用户也不需要设置退刀参数。

（2）抬刀。

在【退刀类型】下拉列表框中选择【抬刀】选项，指定刀具的退刀类型为抬刀方式。此时，【退刀类型】下拉列表框下方显示【高度】文本框，用户可以在【高度】文本框中输入抬刀的高度。

3. 起点/钻点

在【非切削移动】对话框中单击【起点/钻点】标签，切换到【起点/钻点】选项卡，如图 3-44 所示。用户可以在该选项卡中设置【重叠距离】、【区域起点】和【预钻孔点】等参数。

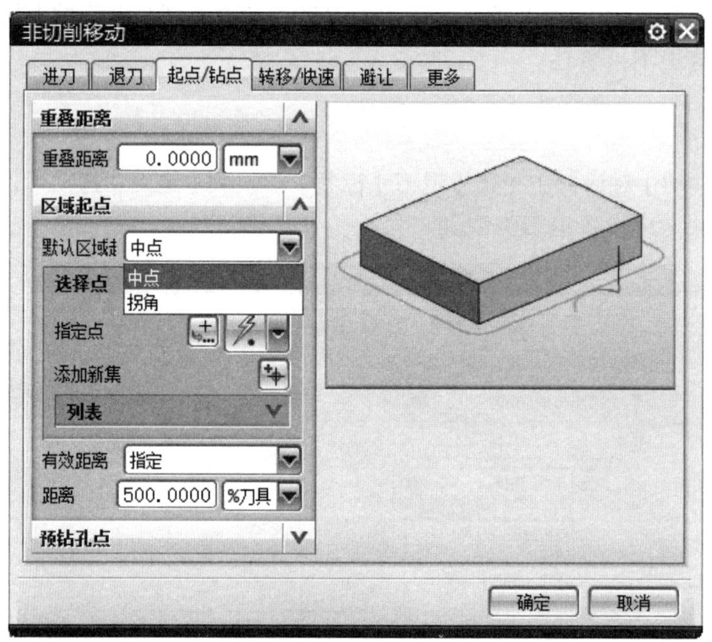

图 3-44 【起点/钻点】选项卡

（1）重叠距离。

重叠距离是指进刀或者退刀运动与刀具轨迹之间的重叠距离，如图 3-45 所示。设置重叠距离的目的是为了避免刀具在工件上留下刀痕，这是因为刀具在进刀时，进刀处的材料可能不会完全切削干净，为了使进刀处的材料完全切削干净，不留下刀痕，需要设置一定的重叠距离。可以直接在【重叠距离】文本框中输入重叠距离的数值。

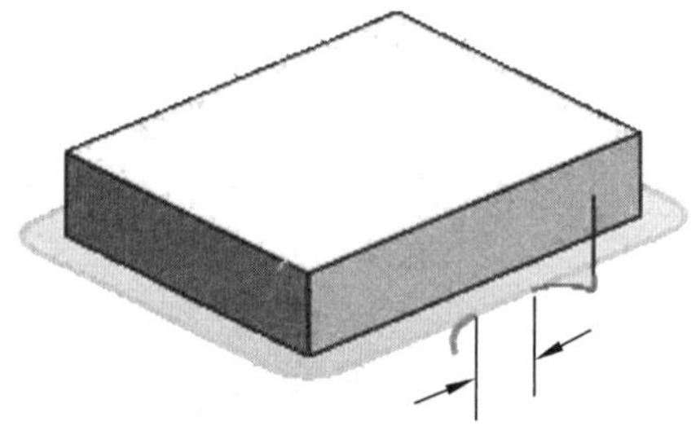

图 3-45 重叠距离

（2）区域起点。

区域起点是刀具轨迹在每个切削区域中的起点，即刀具在切削加工该区域时的起点。每个切削区域都有一个区域起点，用户可以通过【区域起点】选项组来指定每个切削区域的区域起点。

在指定区域起点时，可以指定区域起点的类型，还可以指定区域起点的有效距离。在指定区域起点的类型时，用户可以选择【中点】和【拐角】选项。

（3）预钻孔点。

预钻孔点是指在正式切削加工工件之前，预先在工件上钻一个直径大于刀具直径的孔，这个孔称为预钻孔。预钻孔是为了在粗加工中改善刀具的切削条件和受力情况。在【非切削移动】对话框中单击【点对话框】按钮，打开【点】对话框，定义一个点作为预钻孔点，还可以指定预钻孔点的有效距离。在设置有效距离时，用户可以通过输入刀具直径的百分比来指定有效距离，也可以直接输入有效距离。

4. 转移/快速

在【非切削移动】对话框中单击【转移/快速】标签，切换到【转移/快速】选项卡，如图 3-46 所示。用户可以在该选项卡中设置【安全设置】、【区域之间】、【区域内】和【初始的和最终的】等选项组中的参数。

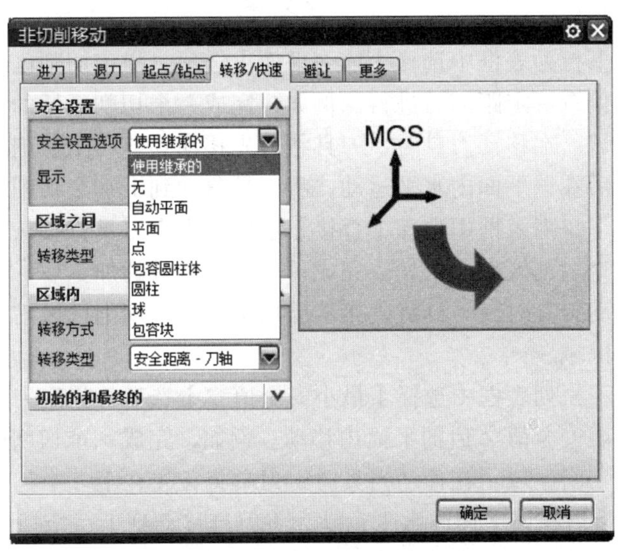

图 3-46 【转移/快速】选项卡

（1）安全设置。

【安全设置】与 MCS 中的【安全设置】操作相同，详见项目 2 中相关说明，此处不在赘述。

（2）区域内。

用户可以在【区域内】选项组中设置刀具在切削区域内的转移方式和转移类型，这两个选项的含义分别说明如下。

切削区域内的转移方式包括【进刀/退刀】、【抬刀和插削】和【无】3 种，这 3 个选项的含义分别说明如下。

在【转移方式】下拉列表框中选择【进刀/退刀】选项，指定切削区域内的转移方式为进刀和退刀，即刀具在某个切削区域内完成一次切削加工后，通过进刀和退刀方式来转移到下一次切削加工的路径上。

在【转移方式】下拉列表框中选择【抬刀和插削】选项，指定切削区域内的转移方式为抬刀和插削，即刀具在某个切削区域内完成一次切削加工后，通过抬刀和插削方式来转移到下一次切削加工的路径上。当用户指定切削区域内的转移方式为抬刀和插削时，用户可以设置抬刀/插削的高度，直接在【抬刀/插削高度】文本框中输入高度的数值即可。

在【转移方式】下拉列表框中选择【无】选项，切削区域内的转移方式为无。

完成切削区域内的转移方式的设置后，还需要指定切削区域内的转移类型。切削区域内的传递类型包括【最小安全值 Z】、【前一平面】、【直接】、【安全距离】和【毛坯平面】等。

（3）区域之间。

切削区域之间的转移类型包括【安全距离】、【前一平面】、【直接】、【最小安全值 Z】和【毛坯平面】等。

在【转移类型】下拉列表框中选择【安全距离】选项，指定切削区域之间的转移运动在安全平面内进行。例如，完成一个切削区域的加工后，接下来需要移动到下一个切削区域。在移动刀具时，刀具将首先移动到安全平面，然后在安全平面内水平运动，将刀具移动到下一个切削区域的进刀位置。

在【转移类型】下拉列表框中选择【前一平面】选项，指定切削区域之间的转移运动在前一个平面的基础上偏置一定距离后进行。例如，完成一个切削区域的加工后，接下来需要移动到下一个切削区域。在移动刀具时，刀具将首先移动到前一个切削区域平面偏置一定垂直距离的平面内，然后在该平面内水平运动，将刀具移动到下一个切削区域的进刀位置。

在【转移类型】下拉列表框中选择【直接】选项，指定刀具直接从一个切削区域沿着直线方向移动到另外一个切削区域。例如，完成一个切削区域的加工后，接下来需要移动到下一个切削区域。在移动刀具时，刀具将直接从已加工的一个切削区域沿着直线方向移动到下一个需要加工的切削区域。

在【转移类型】下拉列表框中选择【最小安全值 Z】选项，指定刀具在上一个切削区域所在的平面上偏置最小安全值 Z 后的平面内移动。例如，完成一个切削区域的加工后，接下来需要移动到下一个切削区域。在移动刀具时，刀具将首先在上一个切削区域所在的平面上偏置最小安全值 Z，然后在该平面内水平运动，将刀具移动到下一个切削区域的进刀位置。

在【转移类型】下拉列表框中选择【毛坯平面】选项，指定刀具沿着要移除的材料上层定义的平面转移。

（4）初始的和最终的。

【初始的和最终的】选项组中的【逼近类型】和【离开类型】下拉列表框都包括【安全距离】、【相对平面】、【毛坯平面】和【无】等选项。

【安全距离】：将最终离开移动添加到指定的安全平面中。

【相对平面】：定义了一个平面，其目的是为沿刀轴处于最终退刀点之上的位置指定安全距离值。

【无】：不添加最终离开移动。

5. 避　让

在【非切削移动】对话框中单击【避让】标签，切换到【避让】选项卡，如图 3-47 所示。可以在该选项卡中设置【出发点】、【起点】、【返回点】和【回零点】等选项组中的参数。

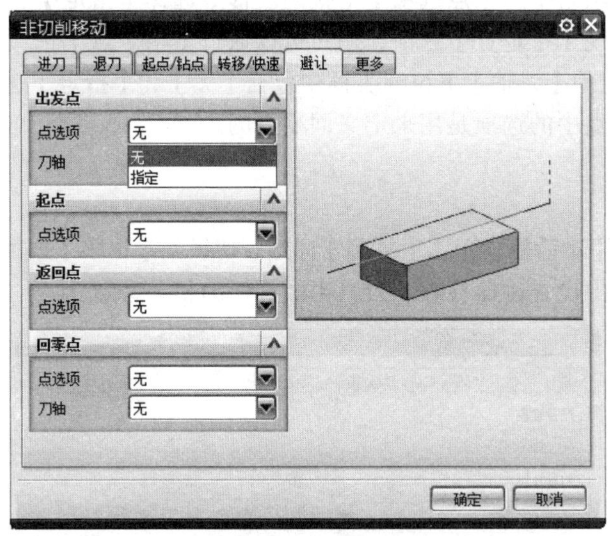

图 3-47 【避让】选项卡

（1）出发点。

出发点是指刀具开始进行切削加工之前的最初位置，【出发点】选项组的【点选项】下拉列表框中包括【无】和【指定】两个选项，含义说明如下。

选择【无】选项可以不定义出发点。

在【出发点】选项组中的【点选项】下拉列表框中选择【指定】选项，【点选项】下拉列表框下方将出现【指定点】选项。用户可以通过【指定点】选项来定义一个出发点。

【出发点】选项组的【刀轴】下拉列表框中包括【无】和【指定】两个选项，含义说明如下。

在【出发点】选项组中的【刀轴】下拉列表框中选择【无】选项，选择几何体。

在【出发点】选项组中的【刀轴】下拉列表框中选择【指定】选项，此时【刀轴】下拉列表框下方将出现【选择刀轴】选项。用户也可以使用矢量构造器来定义轴。

（2）起点。

起点是刀具轨迹开始的位置。

（3）返回点。

返回点是刀具完成切削加工后，离开工件时的位置。

（4）回零点。

回零点是刀具完成切削加工后，刀具的最终位置。

【回零点】选项组的【点选项】下拉列表框中包括【无】、【与起点相同】、【回零-没有点】和【指定】选项，这 4 个选项的含义说明如下。

在【回零点】选项组中的【点选项】下拉列表框中选择【无】选项，指定不定义回零点。

在【回零点】选项组中的【点选项】下拉列表框中选择【与起点相同】选项，指定回零点与起点相同。该选项是最常用的选项，即一般指定回零点的位置与起点相同。

在【回零点】选项组中的【点选项】下拉列表框中选择【回零-没有点】选项，指定回零点暂时没有定义点。

在【回零点】选项组中的【点选项】下拉列表框中选择【指定】选项，此时【点选项】下拉列表框下方将出现【指定点】选项，用户可以通过【指定点】选项来定义一个回零点。

【回零点】选项组的【刀轴】下拉列表框中包括【无】和【指定】选项，与【出发点】选项组中的相同，回零点中的选项是用来定义回零点的。

6. 更 多

在【非切削移动】对话框中单击【更多】标签，切换到【更多】选项卡，如图 3-48 所示，用户可以在该对话框中设置碰撞检查和刀具半径补偿的相关参数。

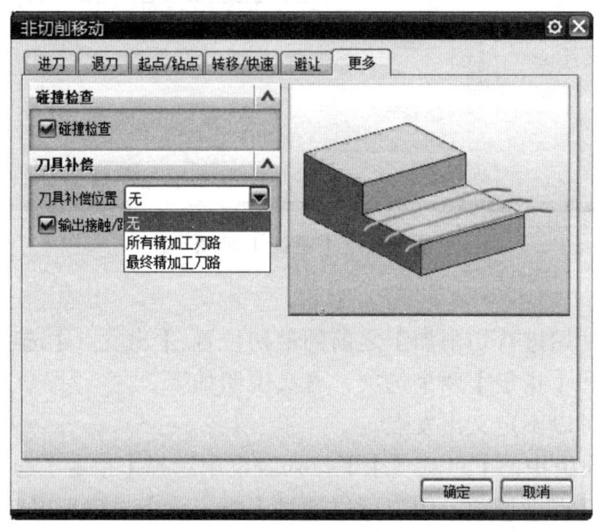

图 3-48 【更多】选项卡

选中【碰撞检查】复选框可以检测与部件几何体和检查几何体的碰撞。所有适用的余量和安全距离都添加到部件和检查几何体中用于碰撞检查。如果原移动过切，则可避免碰撞。如果不能进行无过切移刀运动，则会发出警告。取消选中该复选框可关闭碰撞检查。

在【刀具补偿位置】下拉列表框中包括【无】、【所有精加工刀路】和【最终精加工刀路】3 个选项，含义说明如下。

在【刀具补偿位置】下拉列表框中选择【最终精加工刀路】选项，指定系统仅在刀具轨迹的最终精加工刀路中增加刀具半径补偿。此时【刀具补偿位置】下拉列表框下方仍然显示【最小移动】和【最小角度】文本框。

3.3.7 机床控制和铣削

1. 机床控制

展开【机床控制】选项组和【选项】选项组，如图 3-49 所示。

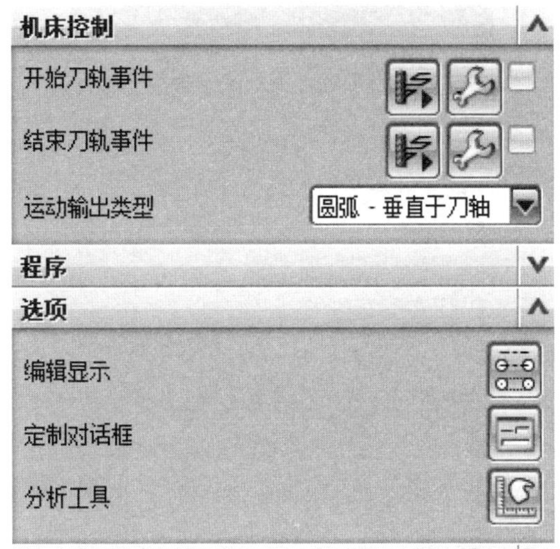

图 3-49 【机床控制】和【选项】选项组

在【机床控制】选项组中用户可以复制和编辑开始刀轨事件与结束刀轨事件，复制和编辑刀轨事件的方法说明如下。

（1）复制刀轨事件。

在【机床控制】选项组中单击【复制自】按钮，系统将打开图 3-50 所示的【后处理命令重新初始化】对话框。

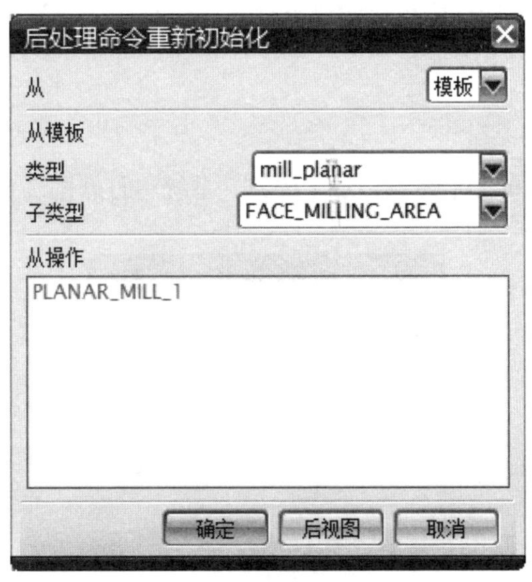

图 3-50 【后处理命令重新初始化】对话框

在【后处理命令重新初始化】对话框中可以设置加工模板、加工类型和加工子类型等，用户直接在下拉列表框中选择合适的选项即可。

（2）编辑刀轨事件。

在【机床控制】选项组中单击【编辑】按钮，系统将打开图 3-51 所示的【用户定义事件】对话框。

图 3-51 【用户定义事件】对话框

在【用户定义事件】对话框中可以定义事件，并且可以对定义事件进行【删除】、【切削】、【粘贴】、【编辑】和【列表】等操作。

2. 选 项

在【选项】选项组中单击【编辑显示】按钮，系统将打开图 3-52 所示的【显示选项】对话框。

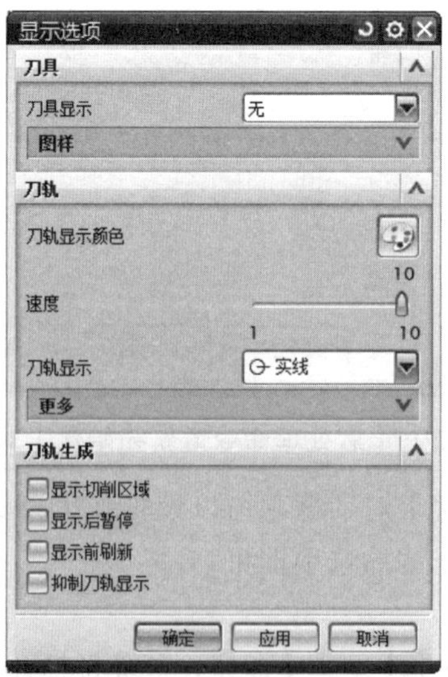

图 3-52 【显示选项】对话框

在【显示选项】对话框中可以指定刀具轨迹的颜色、刀具显示的形式、刀轨显示的形式、刀具运动的快慢以及其他一些过程显示参数，这些选项的含义及其设置方法分别说明如下。

（1）刀具轨迹的颜色。

在【显示选项】对话框中单击【刀轨显示颜色】按钮，系统将打开图3-53所示的【刀轨显示颜色】对话框。

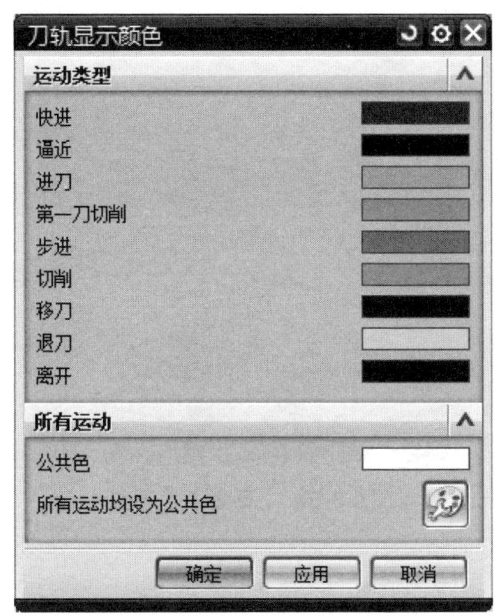

图3-53 【刀轨显示颜色】对话框

在【刀轨显示颜色】对话框中显示了快进、逼近、进刀、第一刀切削、步进、切削、移刀、退刀、离开等各种刀具运动的刀具轨迹颜色。用户可以根据自己的需要，对不同类型的刀具运动设置不同的刀具轨迹显示颜色。

（2）刀具显示。

在【显示选项】对话框中，【刀具显示】下拉列表框中有3种刀具形式，分别是【无】、【2D】和【3D】选项，这3个选项的含义说明如下。

【无】选项：指定在刀具轨迹中不显示刀具。

【2D】选项：指定在刀具轨迹中，以二维形式显示刀具。

【3D】选项，指定在刀具轨迹中，以三维形式显示刀具。

（3）刀轨显示。

在【显示选项】对话框中，【刀轨显示】下拉列表框中有3种刀轨显示形式，分别是【实线】、【虚线】、【轮廓线】、【填充】和【轮廓线填充】，选项的含义说明如下。

【实线】选项：指定在刀具轨迹的中心线处绘制实线。

【虚线】选项：指定在刀具轨迹的中心线处绘制虚线。

【轮廓线】选项：指定系统根据刀具直径，用实线绘制刀具的走刀轮廓。

【填充】和【轮廓线填充】选项：指定刀具轨迹填充和沿轮廓线填充。

（4）速度。

在【显示选项】对话框中，可以通过拖动滑块来指定刀具速度的快慢，即改变刀具在模拟切削过程中的速度。向左拖动可以减小刀具速度，向右拖动可以加快刀具速度，其中 1 为最慢，10 为最快。

（5）更多。

在【显示选项】对话框中展开【更多】选项组，如图 3-54 所示。可以在【更多】选项组中设置刀具轨迹的进给率、箭头、行号等。完成上述刀具轨迹的显示参数设置后，可以返回【平面铣】对话框。

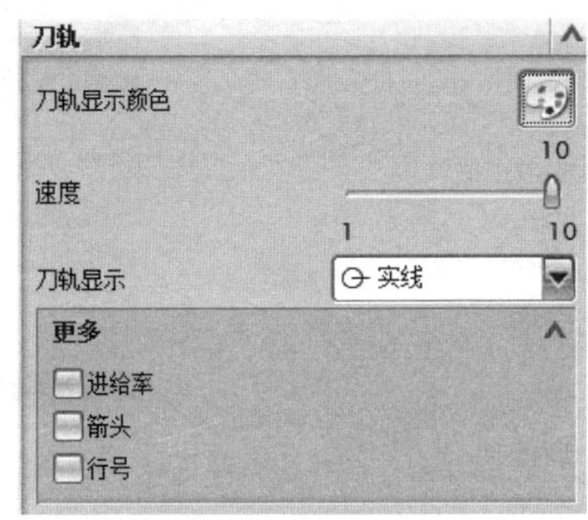

图 3-54 【更多】选项组

3.4 操作训练

3.4.1 确定加工工艺方案

1. 加工路线分析

根据图样可知，该零件较为简单，主要为凸台和圆槽的加工，为保证零件加工质量，需要对零件进行粗、精加工，确定加工顺序为：零件整体粗加工→底面精加工→侧面精加工。

2. 加工工艺方案的制订

根据零件几何尺寸和加工要求，加工工艺方案制订如表 3-2 所示。

表 3-2 加工工艺简卡

工步号	工步内容	刀具规格	主轴转速 /r · min^{-1}	进给速度 /mm · min^{-1}
1	零件整体粗加工	ϕ12 平底铣刀	5 000	1 500
2	零件底面精加工	ϕ12 平底铣刀	2 500	500
3	零件侧面精加工	ϕ12 平底铣刀	5 000	1 500

3.4.2　创建加工编程工序

1. 进入加工环境

➢ Step1：打开文件“3-1 PLANAR_MILL.prt”，在【标准】工具条上选择【开始】|【加工】命令，弹出【加工环境】对话框，如图 3-55 所示。选择【mill_planar】选项，单击【确定】按钮。

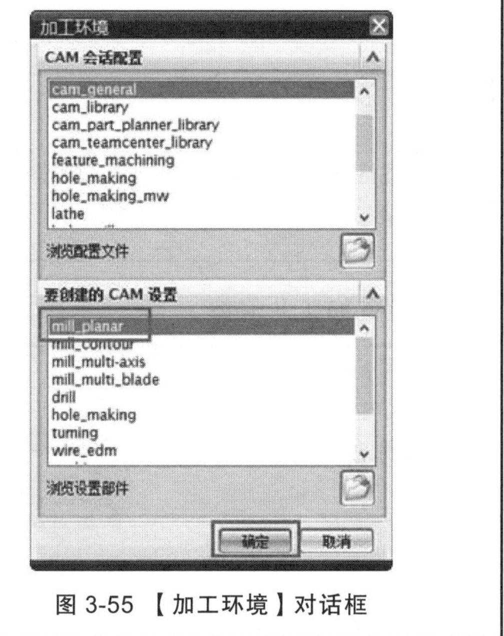

图 3-55 【加工环境】对话框

2. 设置加工坐标系

➢ Step2：切换【工序导航器】视图 几何视图，如图 3-56 所示。

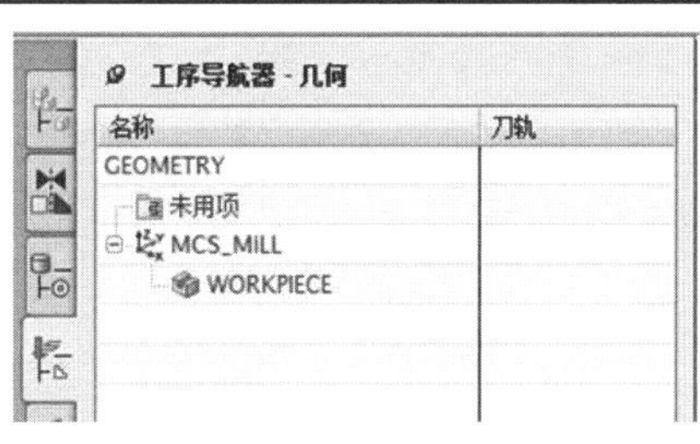

图 3-56　几何视图

➢ Step3：编辑【MCS_MILL】，在弹出的对话框中设置【装夹偏置】为“1”，如图 3-57 所示。

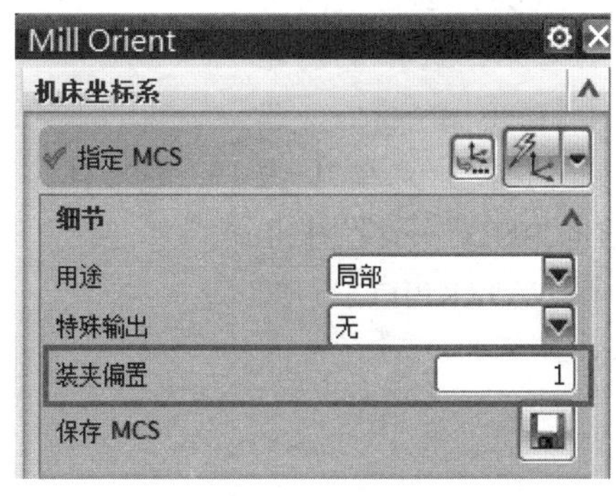

图 3-57 【装夹偏置】设置

➢ Step4：设置【安全选项】，如图 3-58 所示。

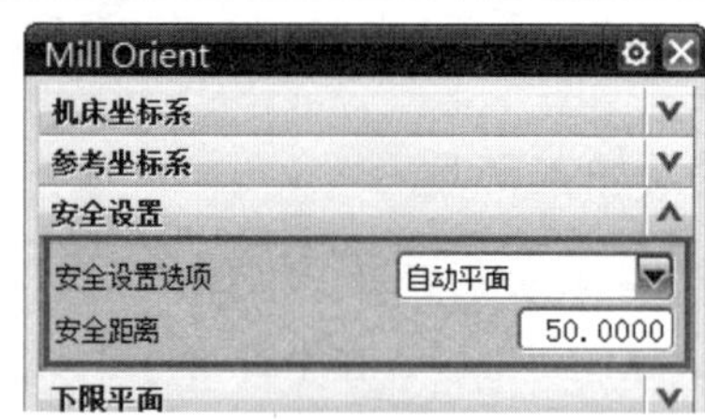

图 3-58 【安全选项】设置

➢ Step5：单击【确定】，完成坐标系设置。

3. 设置加工几何体

➢ Step6：编辑【WORKPIECE】，指定部件，如图 3-59 所示。

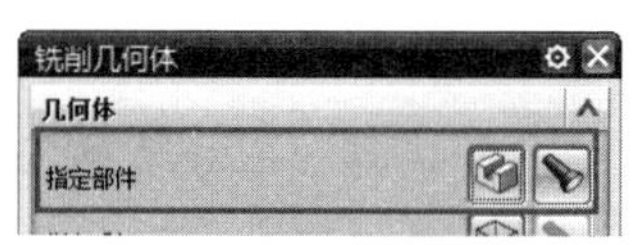

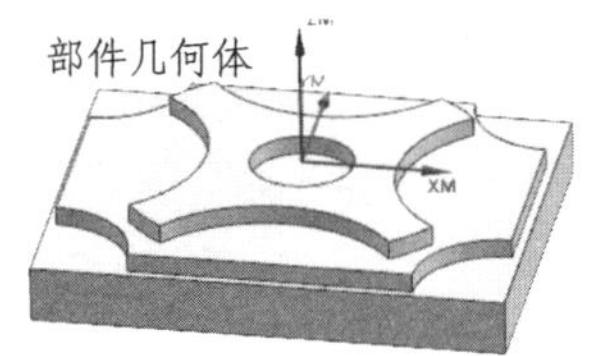

图 3-59 指定部件

➢ Step7：设置毛坯几何体参数，如图 3-60 所示。

图 3-60 设置毛坯几何体

➢ Step8：创建平面铣削加工边界，选择【创建几何体】命令 几何体(G)...，选择【几何体子类型】为“MILL_BND”，设置【几何体】为 WORKPIECE，如图 3-61 所示。

图 3-61 【创建几何体】设置

➢ Step9：在【铣削边界】对话框中，选择【指定部件边界】，选择图3-62 所示的上表面为零件部件边界。

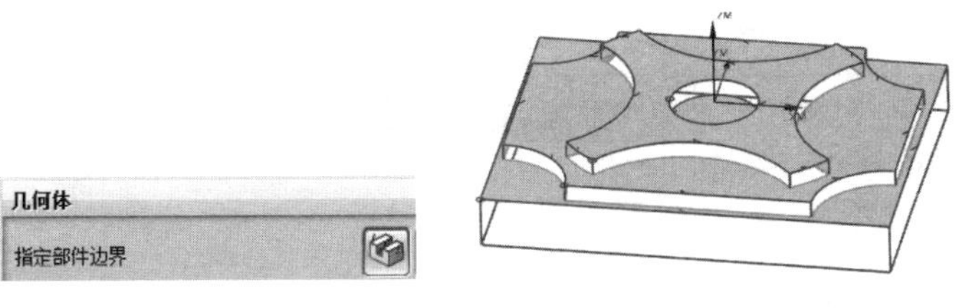

图 3-62　部件边界

➢ Step10：以【曲线边界】方式指定零件最大外形轮廓为毛坯边界，并设置毛坯边界高度，如图3-63 所示。

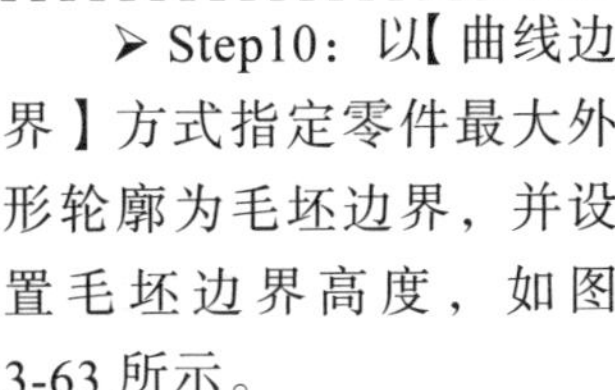

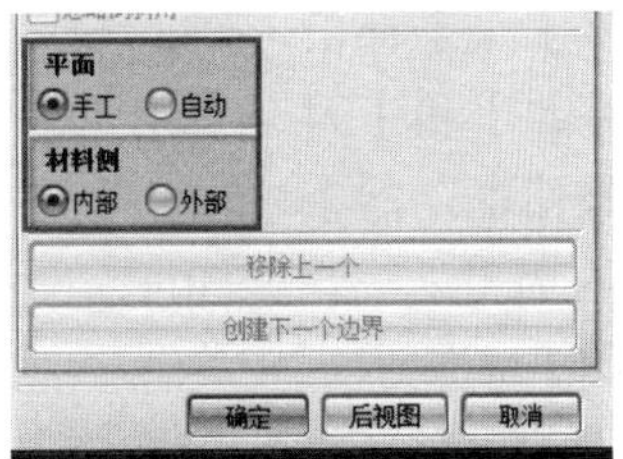

选择零件上表面
向上偏置“1”为
毛坯边界平面

选择图中零件下表面边为毛坯边界

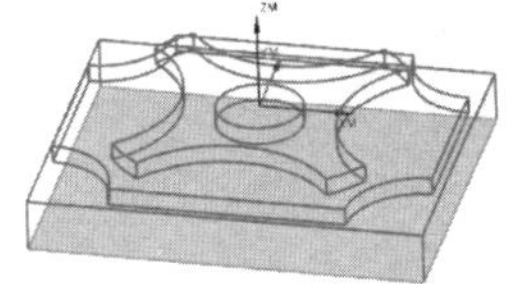

图 3-63　设置毛坯边界

➢ Step11：在【几何体】对话框中，通过【指定底面】选择要加工面中最低面为底面，如图 3-64 所示。

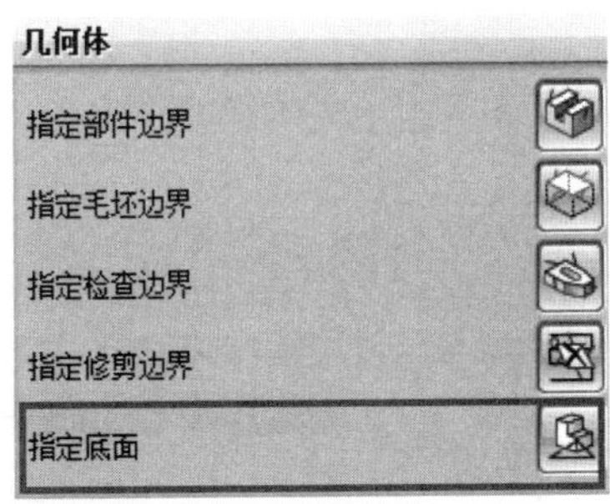

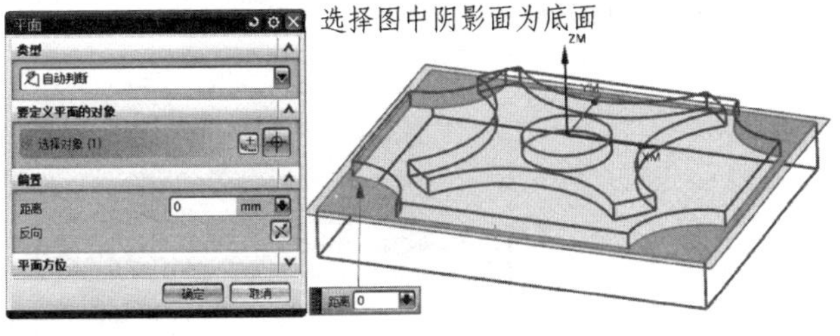

图 3-64　指定底面

4. 创建刀具

➢ Step12：选择【创建刀具】命令，创建1把$\phi12$的平底铣刀，设置【刀具号】、【补偿寄存器】和【刀具补偿寄存器】号均为“1”，如图3-65所示。

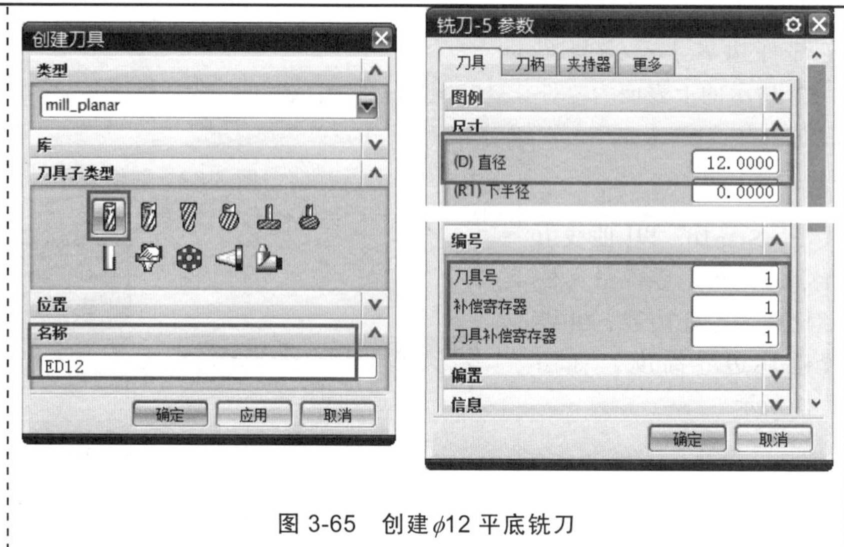

图 3-65　创建$\phi12$平底铣刀

5. 创建平面铣对零件进行整体粗加工

➢ Step13：选择【创建工序】，创建平面铣工序，并选择相关参数，如图3-66所示。

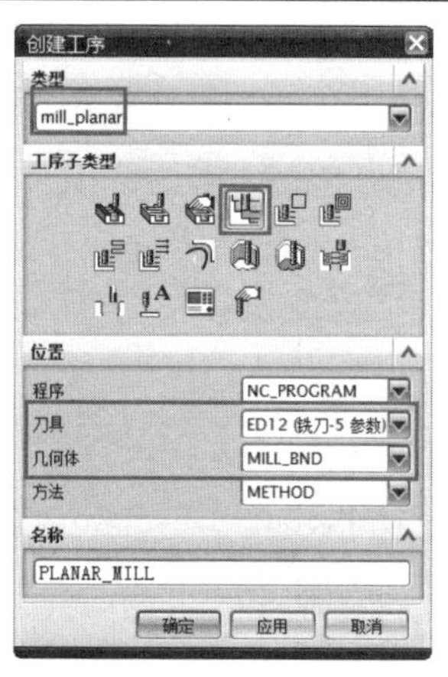

图 3-66　创建平面铣

➢ Step14：在【平面铣】对话框中设置切削层参数，最大切削深度为“2”，如图3-67所示。

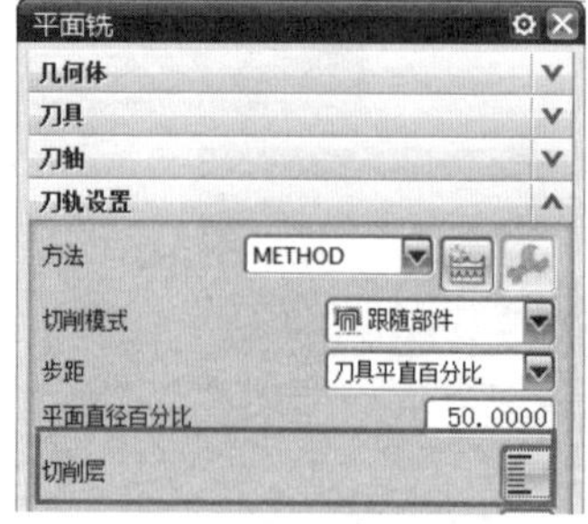

图 3-67　设置每刀切削深度

➢ Step15：在【切削参数】对话框中，分别设置【切削顺序】、【余量】和【开放刀路】参数，如图 3-68 所示。

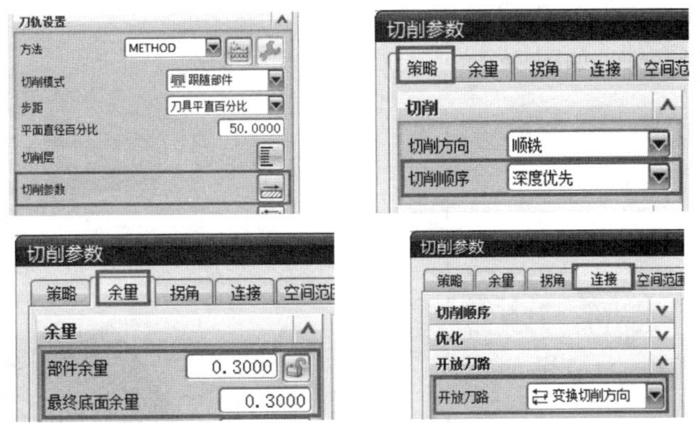

图 3-68　设置切削参数

➢ Step16：在【非切削移动】对话框中，分别设置【进刀】和【转移/传递】参数，如图 3-69 所示。

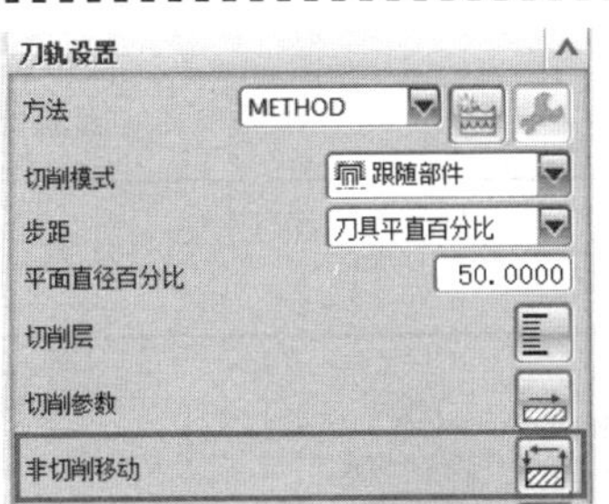

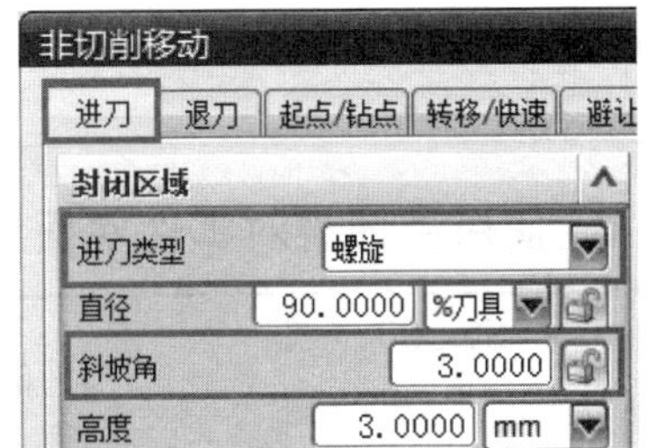

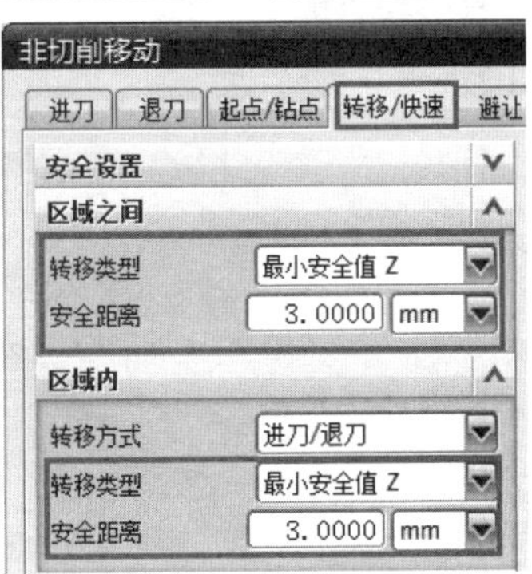

图 3-69　设置切削参数

➢ Step17：在【进给率和速度】对话框中，分别设置【主轴速度】和【进给率】，如图 3-70 所示。

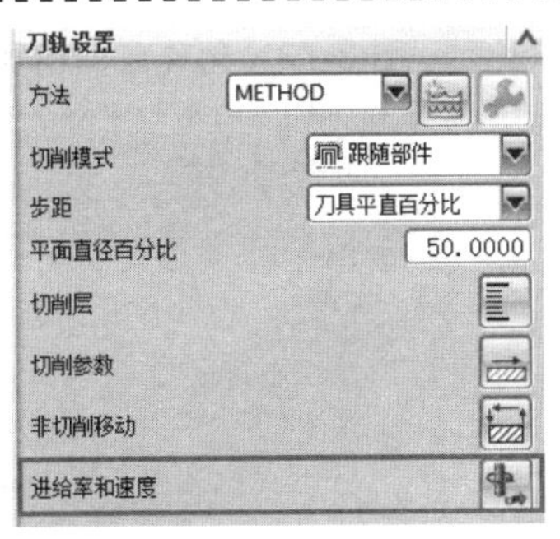

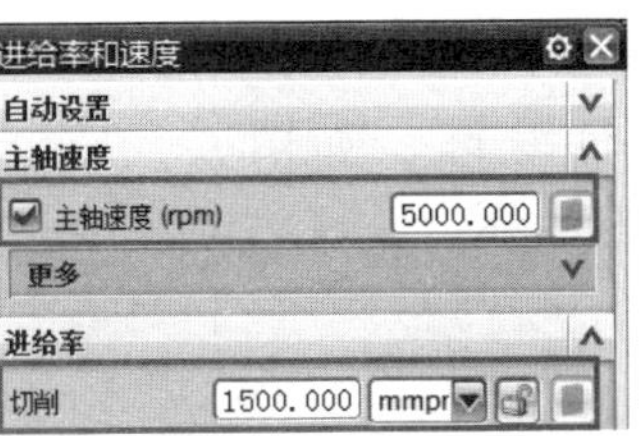

图 3-70　设置速度和进给率

➢ Step18：生成刀具路径，如图 3-71 所示。

➢ Step19：刀具路径仿真，结果如图 3-72 所示。

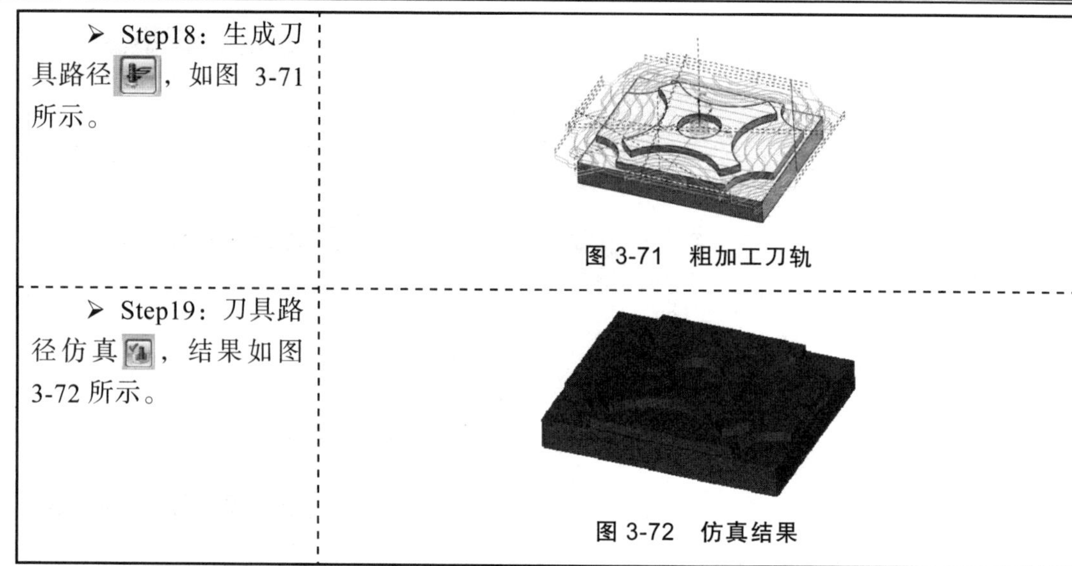

图 3-71　粗加工刀轨

图 3-72　仿真结果

6. 使用平面铣对零件底面精加工

➢ Step20：通过复制已创建的粗加工工序，创建底面精加工工序，如图 3-73 所示。

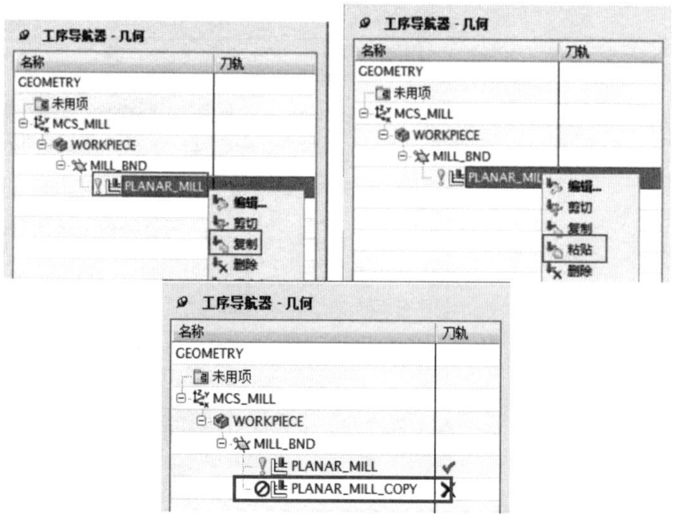

图 3-73　创建底面精加工工序

➢ Step21：对创建的平面铣工序进行编辑，如图 3-74 所示。

图 3-74　编辑精加工工序

➢ Step22：编辑【切削层】，设置切削层类型为【底面及临界深度】，如图 3-75 所示。

图 3-75　设置【切削层】参数

➢ Step23：在【切削参数】对话框中，设置【余量】和【公差】，如图 3-76 所示。

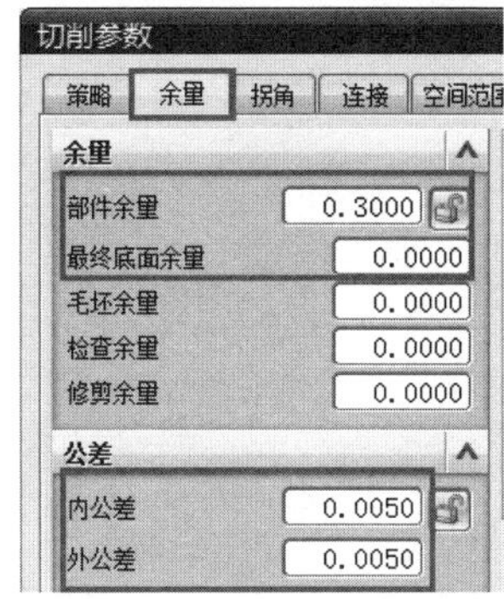

图 3-76　设置【余量】和【公差】参数

➢ Step24：在【进给率和速度】对话框中，设置【进给率】，如图 3-77 所示。

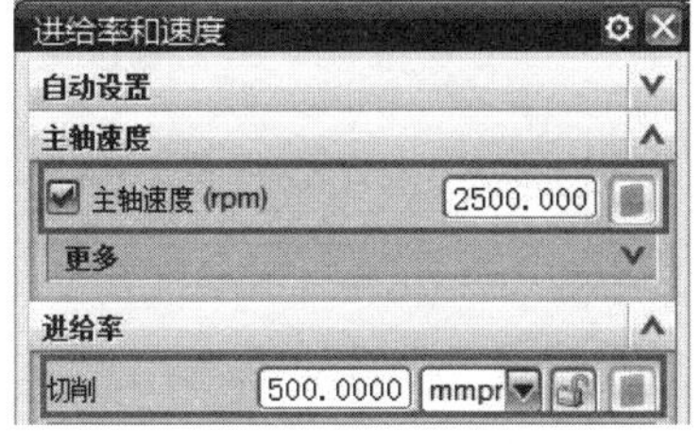

图 3-77　设置【进给率】参数

➢ Step25：生成刀具路径，如图 3-78 所示。

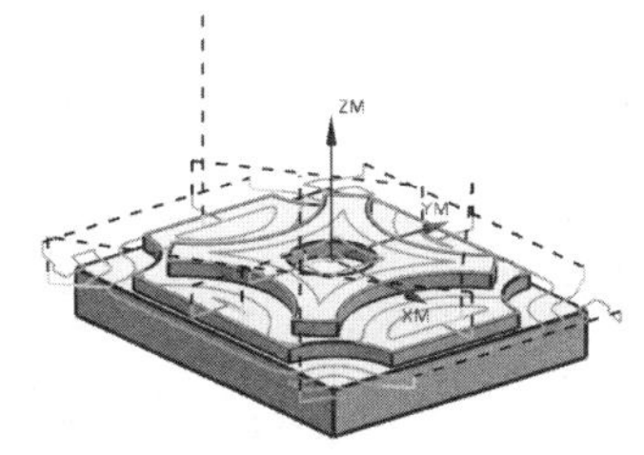

图 3-78　生成刀具路径

➢ Step26：刀具路径仿真，结果如图 3-79 所示。

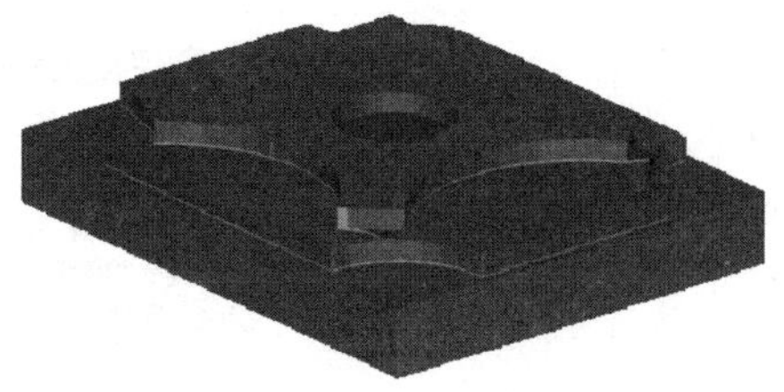

图 3-79　仿真结果

7. 使用平面铣对零件侧面精加工

➢ Step27：通过复制已创建的粗加工工序，创建侧面精加工工序，如图 3-80 所示。

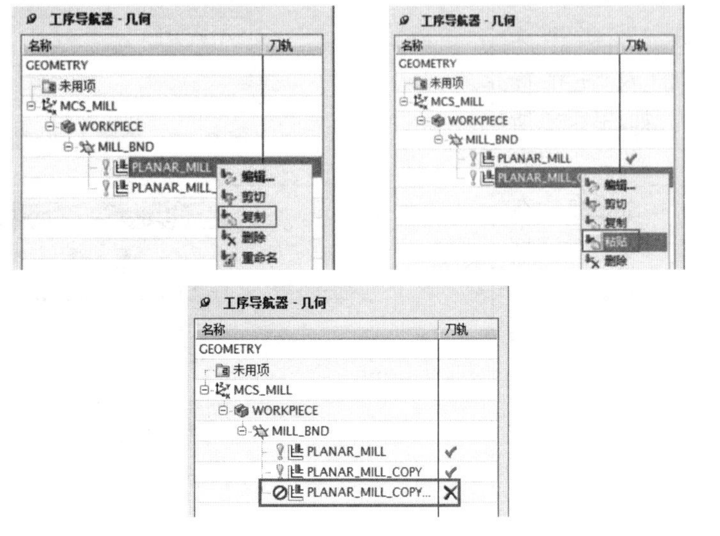

图 3-80 创建侧面精加工工艺

➢ Step28：对创建的平面铣工序进行编辑，如图 3-81 所示。

图 3-81 编辑侧面精加工工序

➢ Step29：在【平面铣】对话框中，设置【切削模式】为【轮廓加工】，如图 3-82 所示。

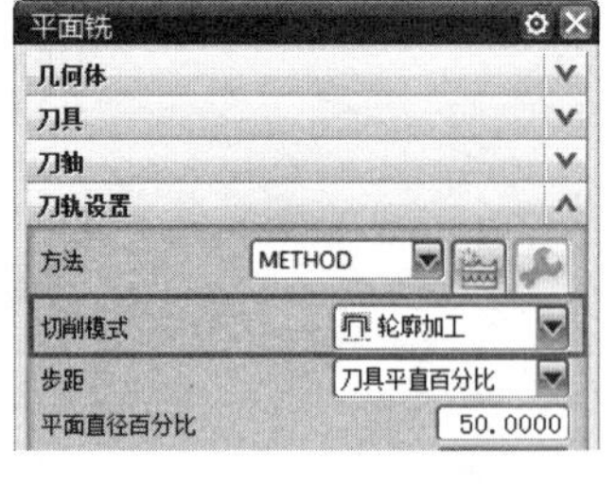

图 3-82 设置【切削模式】

➢ Step30：编辑【切削层】，设置切削层类型为【临界深度】，如图 3-83 所示。

图 3-83 设置【临界深度】

➢ Step31：在【切削参数】对话框中，设置【余量】和【公差】，如图 3-84 所示。

图 3-84　设置【余量】和【公差】参数

➢ Step32：在【非切削移动】参数中设置【进刀】和【起点/钻点】参数，如图 3-85 所示。

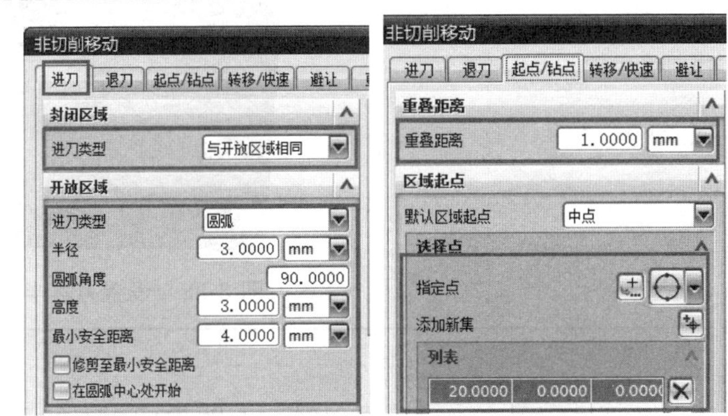

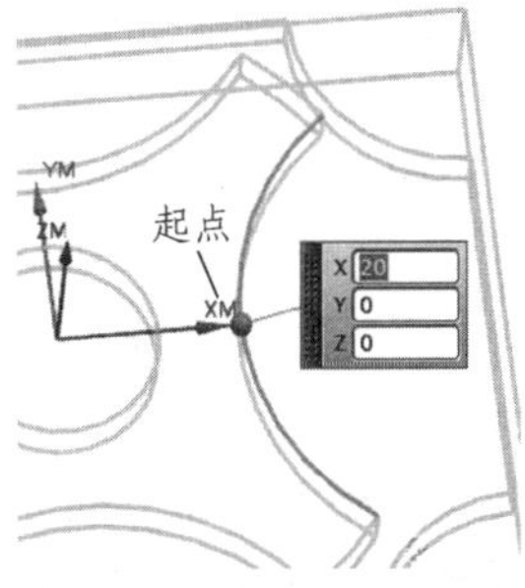

图 3-85　设置【进刀】和【起点/钻点】参数

➢ Step33：设置精加工侧壁中刀具半径补偿，如图 3-86 所示。

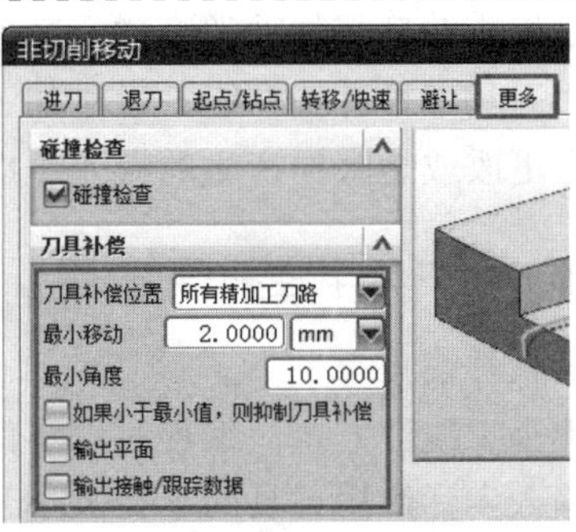

图 3-86　设置刀具半径补偿参数

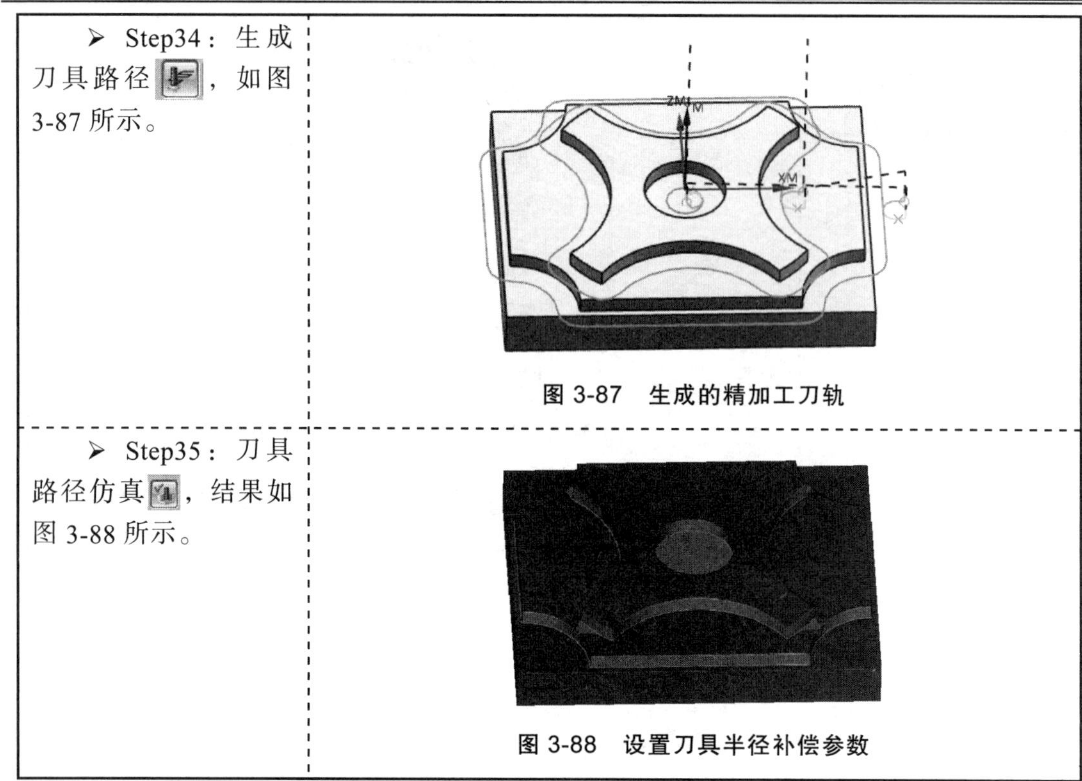

➢ Step34：生成刀具路径，如图 3-87 所示。	图 3-87 生成的精加工刀轨
➢ Step35：刀具路径仿真，结果如图 3-88 所示。	图 3-88 设置刀具半径补偿参数

3.5 知识拓展——刀具半径补偿和倒角加工

3.5.1 基于 NX8.0 的平面轮廓数控铣削加工刀具半径补偿

在数控加工中，半精加工、精加工多用来作为最后一次走刀，用以保证零件轮廓的最终尺寸。采用新刀直接铣削，以刀具中心线路径编程，固然会简化加工操作，但若用手工编程方式，则路线规划和节点计算相当复杂，特别是随着加工的进行，刀具出现磨损，这时从刀心到轮廓的距离不变的情况下，就会使加工尺寸出现较大偏差。而如果由于特殊情况，刀具大小需要更换，原有的数控程序便不再适用。在这种情况下，需要重新规划路线和计算节点。特别是生产现场批量偏小并且零件种类多样，频繁更换刀具与程序会极大地降低生产效率。这时，需要通过使用刀具半径补偿功能，通过加工操作中调整相关补偿参数，使数控机床自动补偿由于刀具发生更改或是磨损产生的误差，以解决上述问题。

1. 数控铣削加工中刀具半径补偿方式

（1）刀具半径形状补偿。

此种方法多用于手工编程方式，编程时以零件轮廓线为刀具路径中心线，加工操作过程中，在数控系统中输入实际使用刀具的半径大小，数控系统自动偏移刀具，以达到需要加工轮廓的尺寸要求。

（2）刀具半径磨损补偿。

此种补偿形式，在编程时，根据刀具半径大小，以远离轮廓线方向偏移一个刀具半径值为刀具路径中心线；在加工操作过程中，根据所使用刀具实际半径与编程时依据的刀具半径之间的差值进行补偿，输入数控系统中的补偿值即为此差值，数控系统自动偏移刀具，以达到需要加工轮廓的尺寸要求。此种方法由于需要规划线路和计算节点，因此，一般用于 CAM 编程中。

2. 基于 NX8.0 的平面轮廓数控铣削加工刀具半径补偿实现

在 NX8.0 的 CAM 中，可通过定义【非切削移动】参数或【开始刀轨事件】参数两种方式实现，并且最终后处理的 NC 代码中是否有该刀具半径补偿功能，与所用后置处理器有直接关系，具体如下。

（1）通过【非切削移动】参数实现。

打开【非切削移动】参数，在窗口中选择【更多】标签，对【刀具补偿】参数进行设置，如图 3-89 所示。

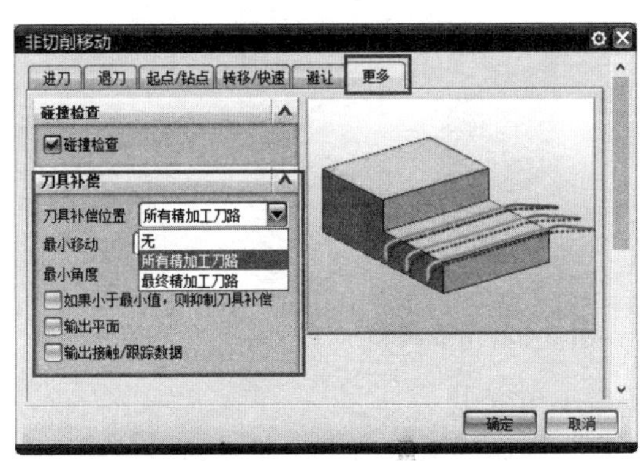

图 3-89 设置刀具半径补偿参数

①【刀具补偿位置】。

此参数用于指定是否使用或何处应用刀具半径补偿。刀具半径补偿需要精加工刀路，对于刀具半径补偿，轮廓铣刀路被视为等同于精加工刀路。

a. 【无】。

该选项为不应用刀具半径补偿功能，如图 3-90 所示。此为系统默认设置，但需要注意的是，虽然此处不应用刀具半径补偿，不代表在后处理的 NC 代码不会应用刀具半径补偿。

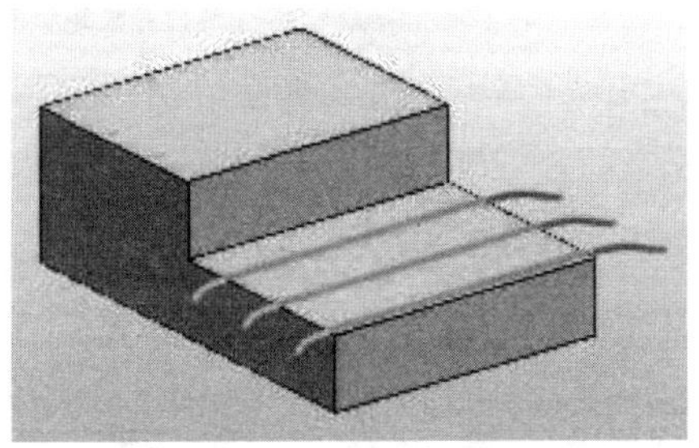

图 3-90 【无】刀具半径补偿

b.【所有精加工刀路】。

选择此选项后，系统将根据零件轮廓及材料侧，自动对所有刀路添加刀具半径补偿，如图 3-91 所示。

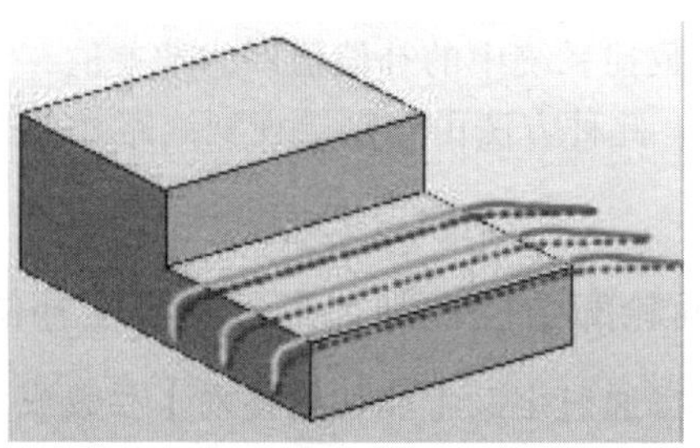

图 3-91 【所有精加工刀路】刀具半径补偿

c.【最终精加工刀路】。

选择此选项后，系统将根据零件轮廓及材料侧，仅对轮廓的精加工添加刀具半径补偿，如图 3-92 所示。

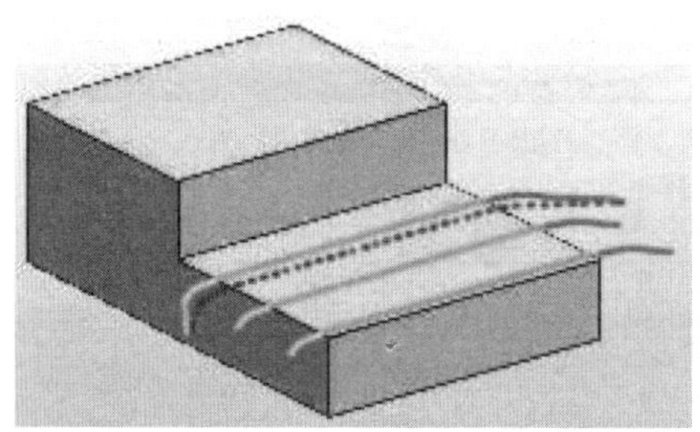

图 3-92 【最终精加工刀路】刀具半径补偿

②【最小移动】和【最小角度】。

这两个选项用于不允许在初始圆弧进刀上应用刀具半径补偿的机床控制单元。

【最小移动】和【最小角度】用于定义为启用刀具半径补偿而添加的线性移动。刀具半径补偿随后会应用于该线性移动、圆弧进刀以及刀路的其余部分，直到进行退刀运动。

a.【最小移动】。

此选项用于定义在启用刀具半径补偿而添加的线性移动距离，如图 3-93 所示。通常，在启用或取消刀具半径补偿时，刀具线性移动的距离应大于加工操作时输入的刀具半径补偿值。对于使用刀具半径形状补偿时，此移动值应大于使用的刀具半径值；对于使用刀具半径磨损补偿时，此值应大于实际刀具与编程刀具半径间的差值。

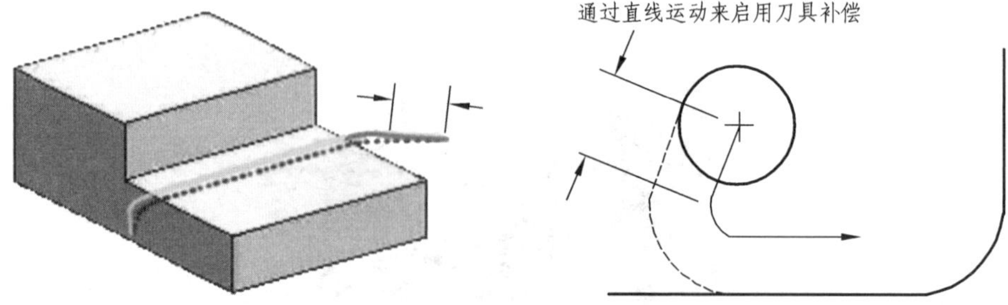

图 3-93 【最小移动】示意图

b.【最小角度】。

【最小角度】是指从圆弧半径的直线延伸处开始旋转一个指定角度，如图 3-94 所示。通常，最好在最小移动和圆弧进刀移动之间有一个微小的最小角度，而不使它们在一条线上（即指定零角度）。朝向切削的刀具一侧测量的角度为正角度。

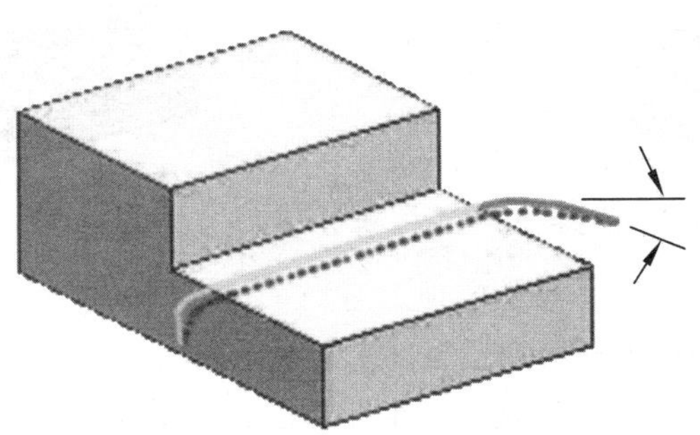

图 3-94 【最小角度】示意图

③【如果小于最小值，则抑制刀具补偿】。

该选项为可选项。如果不选该选项，则即使偏置值小于【最小移动】和【最小角度】值，也不会关闭刀具补偿，如图 3-95 所示。如果选择该选项，如偏置值小于【最小移动】和【最小角度】值，则关闭刀具补偿，如图 3-96 所示。

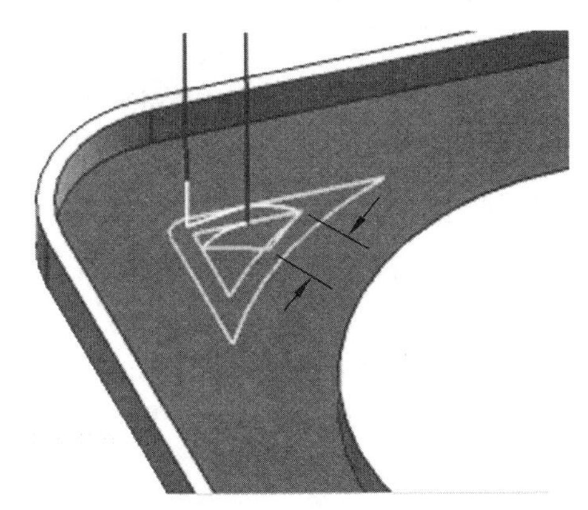

图 3-95　不抑制刀具补偿

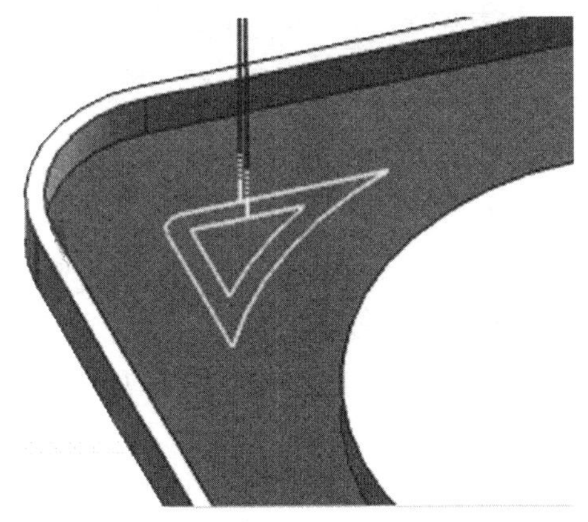

图 3-96　抑制刀具补偿

④【输出平面】。

该选项为可选项。如果选择该选项，将平面数据包含在刀具补偿命令中。插入到刀具补偿命令中的平面将是应用刀具补偿的平面。

⑤【输出接触/跟踪数据】。

该选项为可选项，对于平面铣、面铣和型腔铣工序可用。如果不选该选项，则在一个 NC 中输出所有切削运动的刀具中心，如图 3-97 所示，即为刀具半径磨损补偿。如果选该选项，在一个 NC 中输出所有切削运动的几个刀具的接触位置，而非一个刀具的结束位置。刀具接触位置为刀具接触部件的位置，刀具结束位置位于刀具中心。此时为刀具半径形状补偿，如图 3-98 所示。

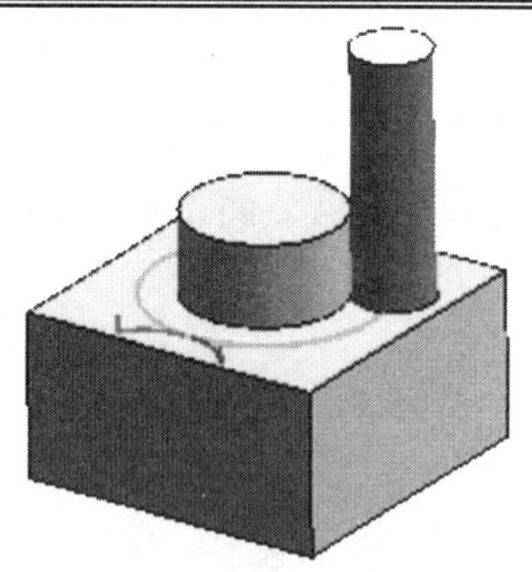

图 3-97　不输出跟踪数据

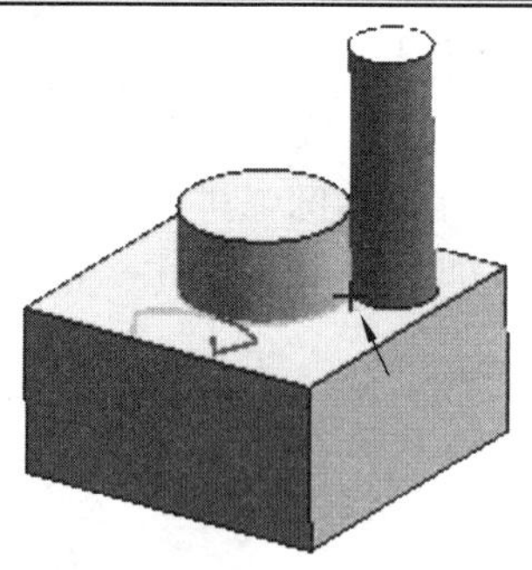

图 3-98　输出跟踪数据

（2）通过【开始刀轨事件】参数实现。

设置【机床控制】中的【开始刀轨事件】参数，如图 3-99 所示，将弹出【用户自定义事件】窗口，通过添加可用事件来实现刀具半径补偿，如图 3-100 所示。

图 3-99 【机床控制】窗口

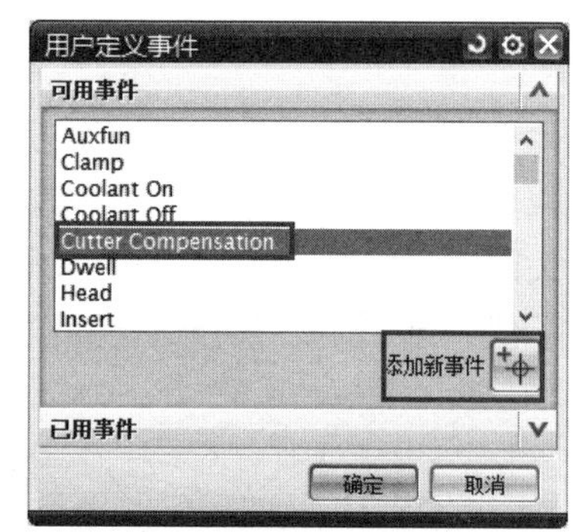

图 3-100 【用户定义事件】窗口

选择【可用事件】中的【Cutter Compensation】，点击【添加新事件】，将弹出【刀具补偿】窗口，如图 3-101 所示，通过对【状态】、【模式】、【开】、【关】等参数的设置，来实现刀具半径补偿。需要注意的是，在此设置的参数不会对生成的刀具路径产生任何影响，只是对后处理过程，会自动在下刀/退刀过程中强行启用/取消刀具半径补偿。因此，此方法对需要在刀具半径补偿平面启用/取消刀具半径补偿的数控机床控制单元来说，如果后置处理不能很好解决这一点，在机床运行中会产生报警。

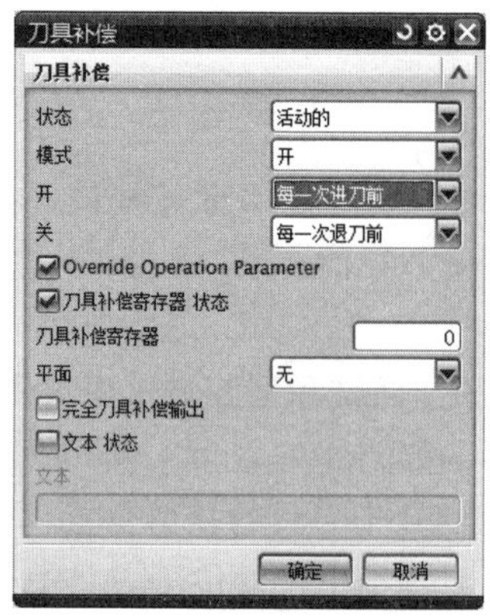

图 3-101 【刀具补偿】窗口

3. NX8.0 CAM 中使用刀具半径补偿需要注意的问题

（1）在需要使用刀具半径补偿功能时，需要确定所对应的数控机床控制单元对启用和取消刀具半径补偿的要求。如是否允许在非补偿平面启用刀具半径补偿或是否允许在执行圆弧指令时启用刀具半径补偿等。

（2）在平面铣加工中启用刀具半径补偿，需要在设置部件边界时，将【刀具位置】设置为【相切】。

（3）精加工用来保证零件的最终尺寸及表面粗糙度，因此在加工完的零件表面最好避免出现接刀痕。因此，在创建切削方式时应该选择合适的进刀、退刀方式，如圆弧切入、切出，可有效地提高精加工的表面质量。具体操作为在【非切削移动】选项中，选择【进刀】选项，将【开放区域】下的【进刀类型】设置为【圆弧】，其他参数暂可不改，或结合具体加工条件稍作改动。而【退刀】选项默认为【与进刀相同】即可，如图 3-102 所示。

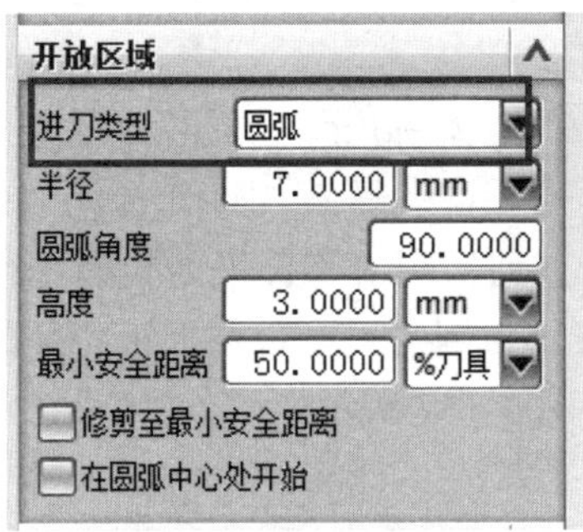

图 3-102 【进刀类型】

（4）由于启用刀具半径补偿，可能在进/退刀点产生接刀痕。在【开始/钻点】选项中，改变【重叠距离】的设置参数，1 ~ 3 mm 即可，如图 3-103 所示，这样便能更好地消除接刀痕，为表面质量提供更好的保障。

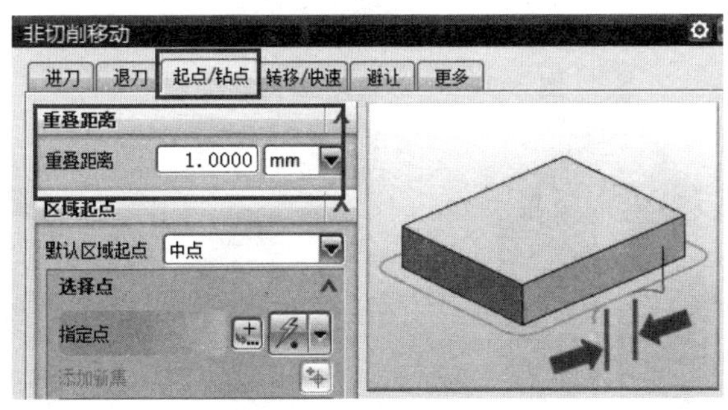

图 3-103 【重叠距离】

（5）在启用刀具半径补偿时，【最小距离】应该设置一个合理值，【最小角度】值不要为 0 或负值，否则容易造成过切或启用刀具半径补偿不成功。

（6）要启用半径补偿功能，必须再设置【刀具补偿寄存器】，此值可以在创建工序中设置（见图 3-104），也可在创建刀具时设置（见图 3-105）。其值为加工工序中输入数控系统的补偿寄存器位置。

图 3-104 在工序中设置

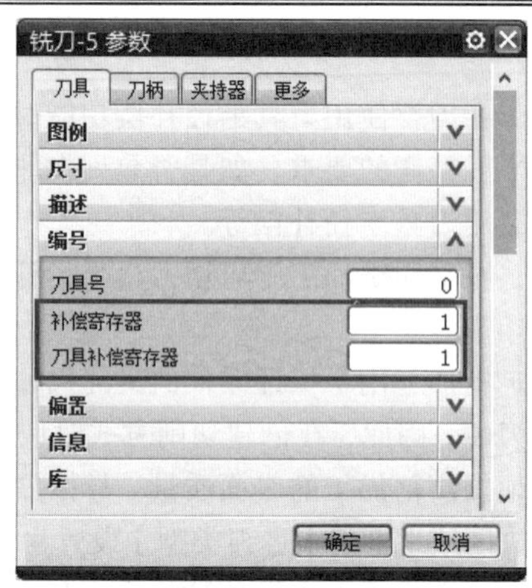

图 3-105 在刀具中设置

3.5.2 基于 NX8.0 的倒角加工

下面主要讨论在 NX8.0 中如何实现对零件平面轮廓进行倒外圆角或倒斜角编程，如图 3-106 所示。倒角加工所用的刀具为倒角刀，根据加工特征的不同，可将其分为倒斜角铣刀（俗称倒角刀）和内 R 铣刀，如图 3-107 所示。

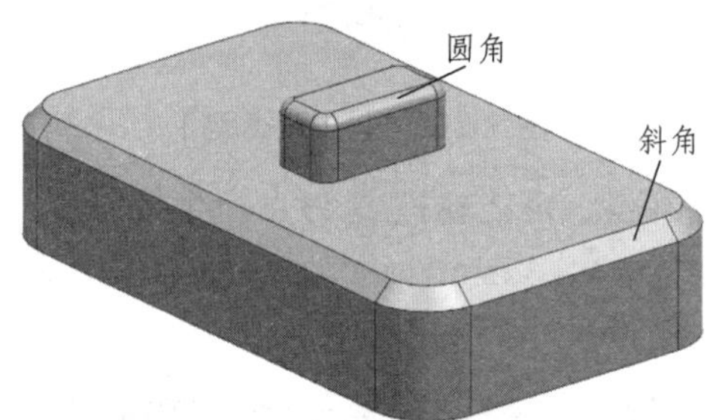

图 3-106 加工平面倒角类型

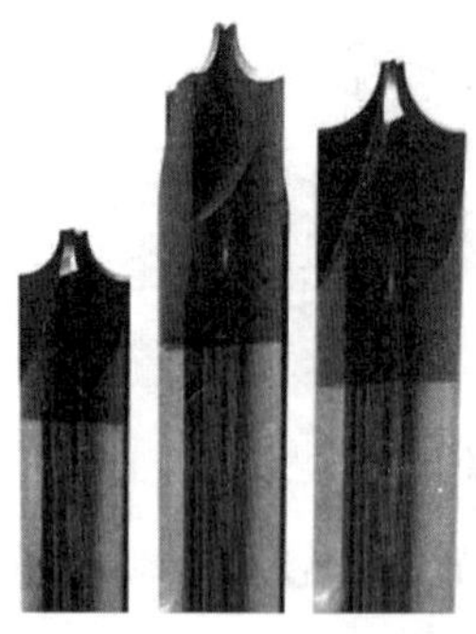

（a）内 R 铣刀

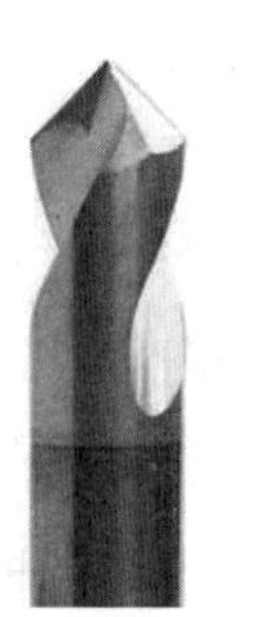
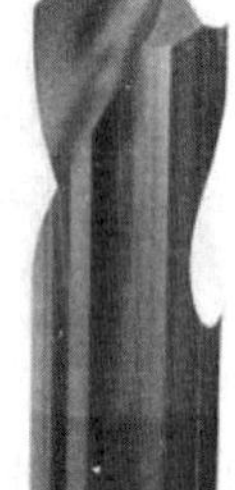

（b）倒斜角铣刀

图 3-107 加工平面倒角类型

在 NX8.0 中，可使用【PLANAR_PROFILE】（平面轮廓铣，如图 3-108 所示）实现倒角加工编程，下面以倒斜角实例进行介绍。倒圆角操作方法类似，只是需要注意在创建自定义刀具时，指定合理的刀位点即可（即 NX8.0 中刀具的【跟踪点】）。

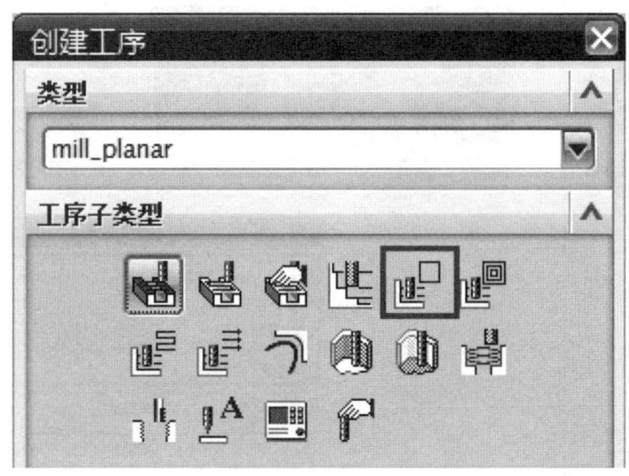

图 3-108　PLANAR_PROFILE（平面轮廓铣）

如图 3-109 所示，零件倒斜角有 3 条特征线，线 1 为未倒角建模时的边线，线 2 和线 3 为倒角建模后的上、下两连线。下面分别就选不同特征线为平面铣部件边界情况进行阐述，刀具的刀位点（即【跟踪点】）设置为刀具底端中心点。

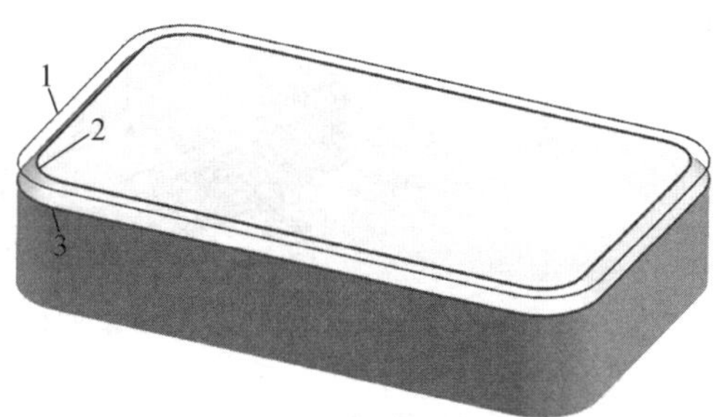

图 3-109　斜角边线示意图

➢ Step1：打开文件 “3-2 Chamfer.prt”，创建工序 ，选择【PLANAR_PROFILE】工序，并设置相关父节点参数，如图 3-110 所示。

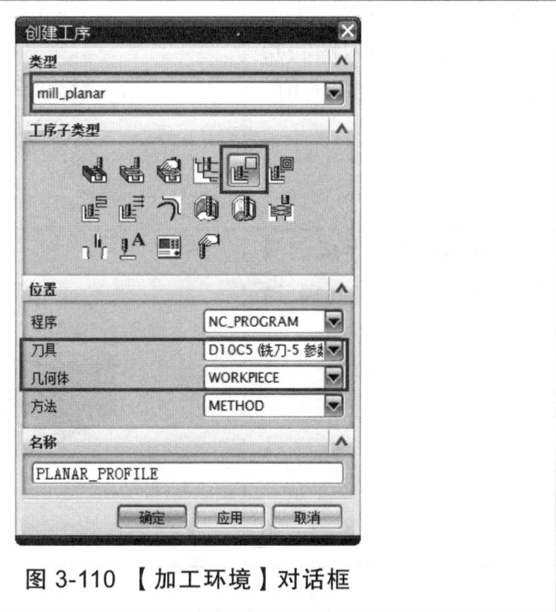

图 3-110　【加工环境】对话框

➢ Step2：在【平面轮廓铣】窗口中，设置【指定部件边界】，模式为【曲线/边...】，选择“特征线 1”，如图 3-111 所示。

图 3-111 【指定部件边界】

➢ Step3：设定“特征线 3”所在的平面为【指定底面】，如图 3-112 所示。

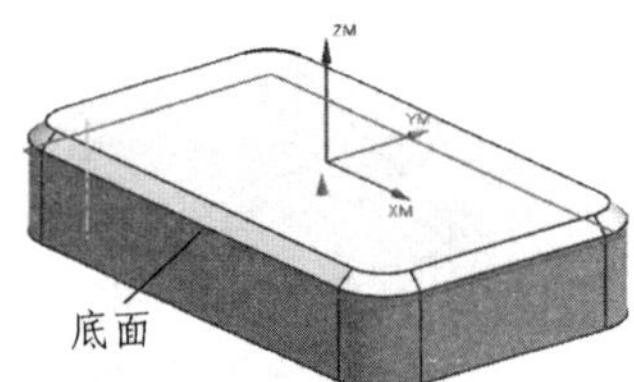

图 3-112 【指定部件边界】

➢ Step4：设置【部件余量】和【切削深度】，如图 3-113 所示。其中【部件余量】的大小为倒斜角在加工平面上的距离值，大小为负。

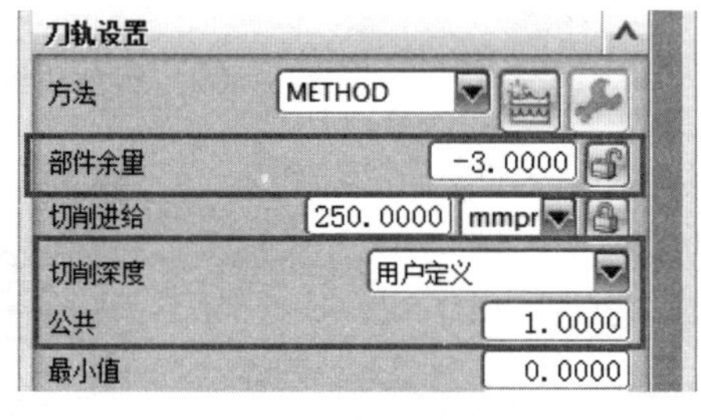

图 3-113 【刀轨设置】

➢ Step5：生成刀具轨迹，如图 3-114 所示。

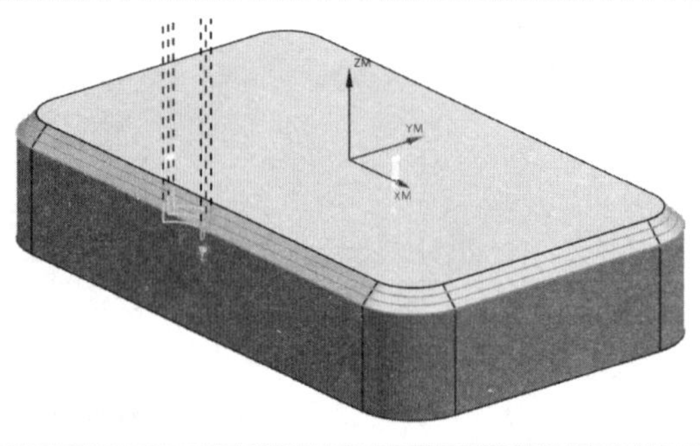

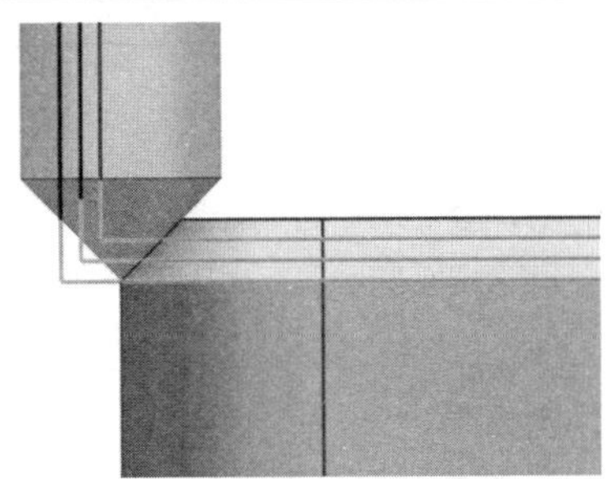

图 3-114　刀具轨迹

➢ Step6：通过生成的刀具轨迹可知，刀尖与底面接触，这对刀具和加工质量都有影响，可通过设置【最终底面余量】为负值来改进，如图 3-115 所示。

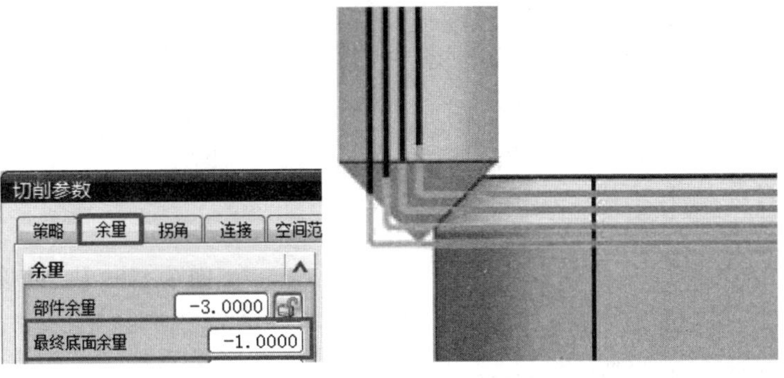

图 3-115　改进设置和改进后的刀具轨迹

➢ Step7：重复“Step1”操作，创新一个新的【PLANAR_PROFILE】工序；再按照“Step2”操作步骤，选择“特征线 2”为部件边界；重复 Step3，指定底面。

➢ Step8：指定【刀轨设置】参数，如图 3-116 所示。按“Step6”设置【最终底面余量】。

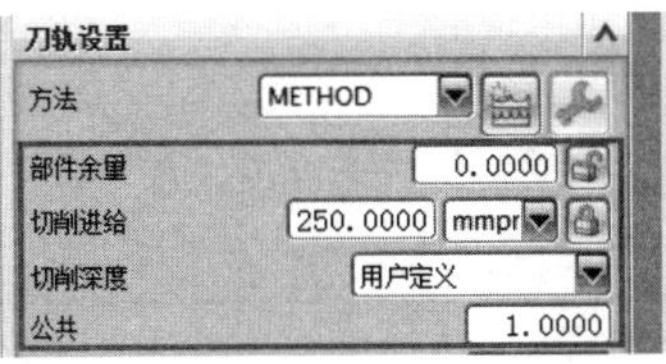

图 3-116　【刀轨设置】参数

➢ Step9：生成刀具轨迹，如图 3-117 所示。

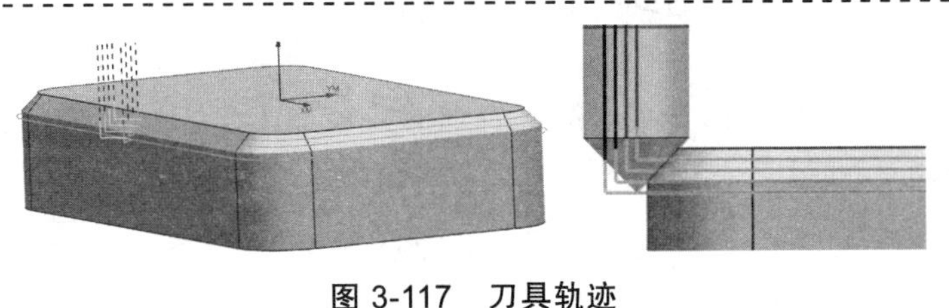

图 3-117　刀具轨迹

➢ Step10：重复“Step1”工序，创新一个新的【PLANAR_PROFILE】工序；再按照“Step2”操作步骤，选择“特征线 3”为部件边界；重复 Step3，指定底面。	
➢ Step11：指定【刀轨设置】参数，如图 3-118 所示。【部件余量】值为所使用的倒斜角刀具大端半径与小端半径之差，该值为负。	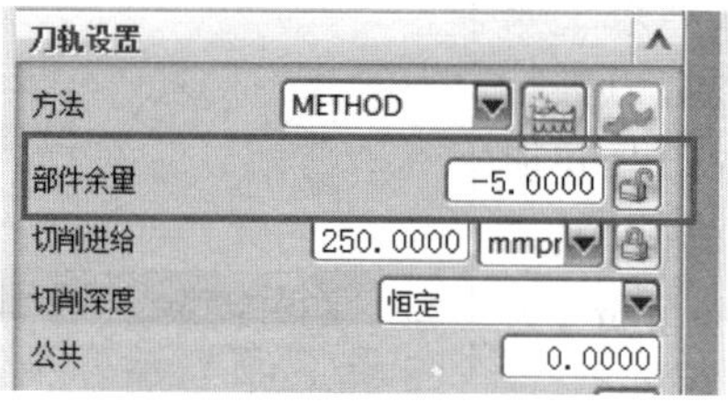 刀轨设置 方法 METHOD 部件余量 -5.0000 切削进给 250.0000 mmpr 切削深度 恒定 公共 0.0000 图 3-118 【刀轨设置】参数
➢ Step12：生成刀具轨迹，如图 3-119 所示。	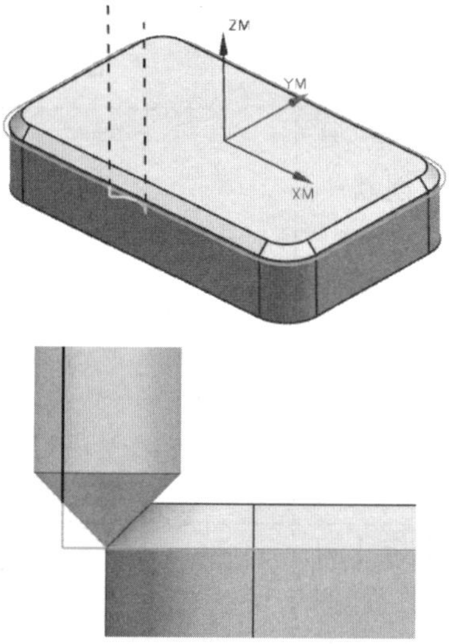 图 3-119　刀具轨迹

3.6　思考与练习

通过本项目的学习，制订合理的数控加工工艺，选择合适的刀具及切削参数，完成图 3-120 ~ 3-123 所示零件的数控加工编程。

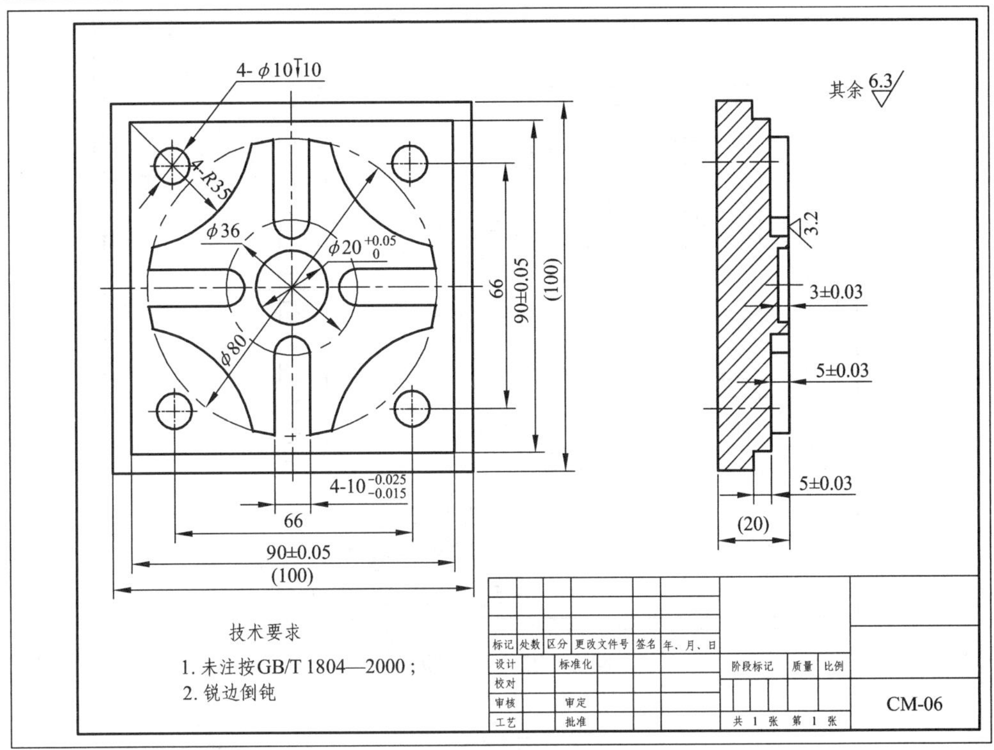

图 3-120 练习题 1

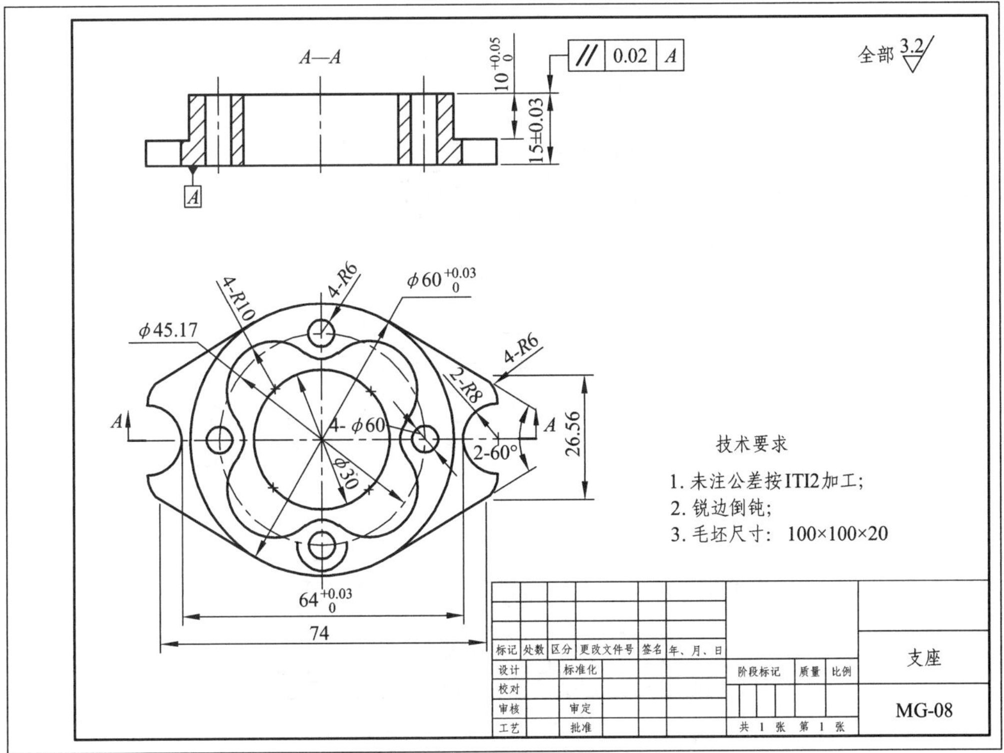

图 3-121 练习题 2

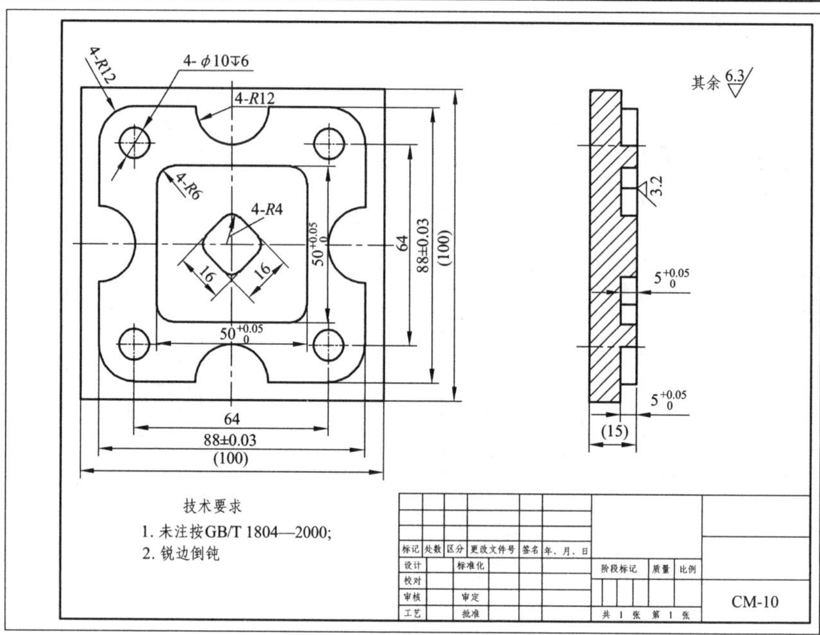

图 3-122 练习题 4

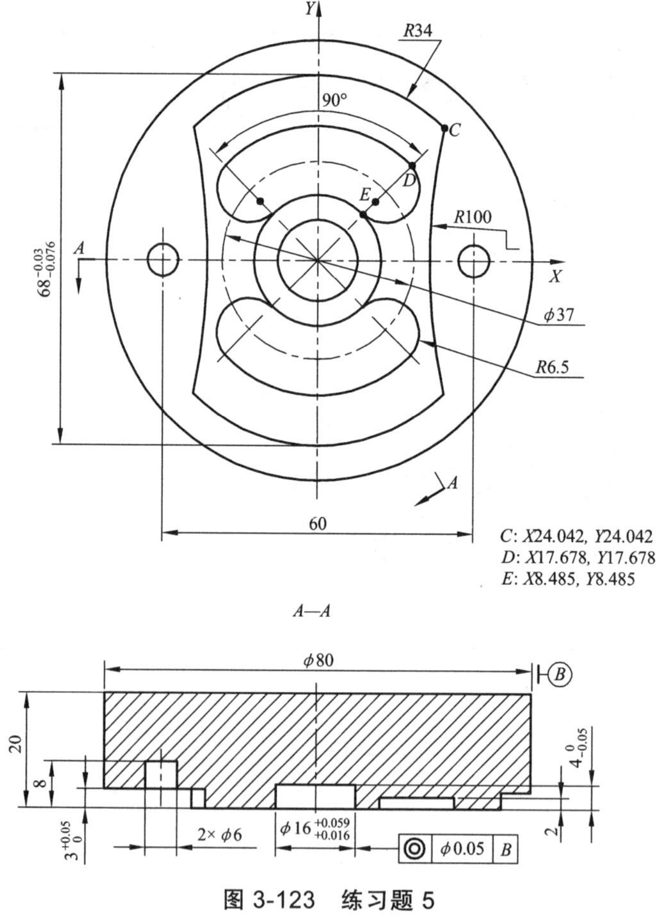

图 3-123 练习题 5

项目 4　型腔铣削加工

4.1　知识与技能点

✓ 型腔铣的特点与应用范围
✓ 切削层参数
✓ 型腔铣操作的几何体设置
✓ 采用型腔铣编制零件加工程序
✓ 二次粗加工
✓ 等高轮廓铣
✓ 高速铣

4.2　项目介绍

如图 4-1 所示的凹槽零件，零件材料为铝合金 2A12，毛坯尺寸为 200 mm × 120 mm × 60 mm。制订合理数控加工工艺，选择合适的刀具及切削参数，完成零件的数控加工编程。

本项目总课时数为 6 学时。

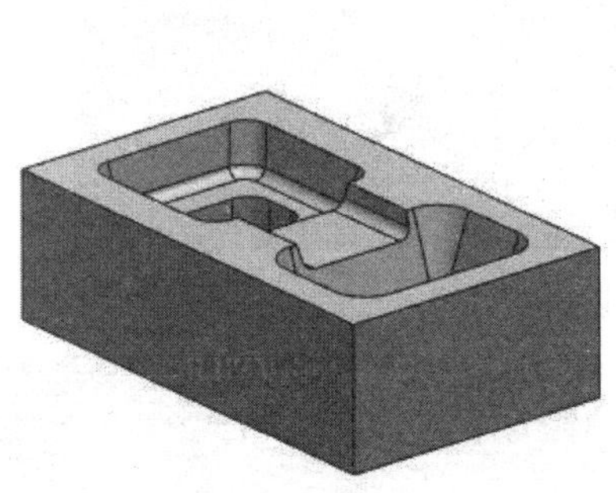
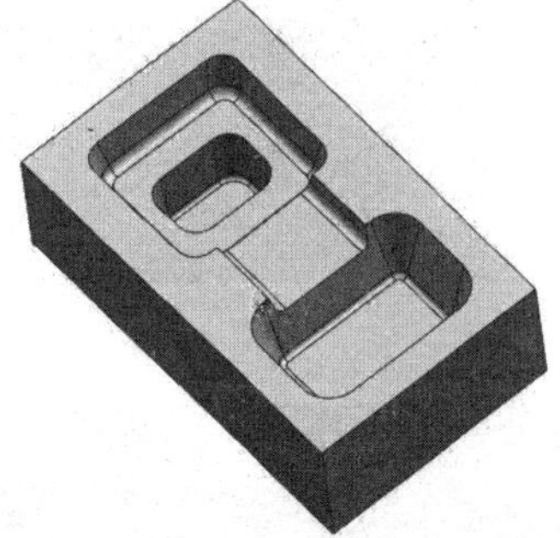

图 4-1　凹槽零件

4.3　相关知识

4.3.1　型腔铣介绍

型腔铣的适用范围很广泛，可加工的工件侧壁可垂直也可不垂直，底面或顶面可为平面也可为曲面，如模具的型芯和型腔等。型腔铣可用于大部分的粗加工，直壁或斜度不大的侧壁的精加工；通过限定高度值，做多层切削，型腔铣也可用于平面的精加工以及清角加工等。

通常的粗加工、半精加工都使用型腔铣，但也可用于精加工。型腔铣刀路是 3D 模型加工中最基本、最有用的加工刀路，无论多复杂的模型，都可以通过此刀路干净利落的开粗加工，为后面进一步精加工做好准备。

4.3.2 型腔铣加工的切削原理

型腔铣的加工特征是在刀具路径的同一高度内完成一层切削，遇到曲面时将其绕过，再下降一个高度进行下一层的切削。系统按照零件在不同深度的截面形状计算各层的刀路轨迹。如图 4-2 所示的零件，分四层切削，如图 4-3 所示；图 4-4 显示了 4 个不同层的刀路轨迹示意图。

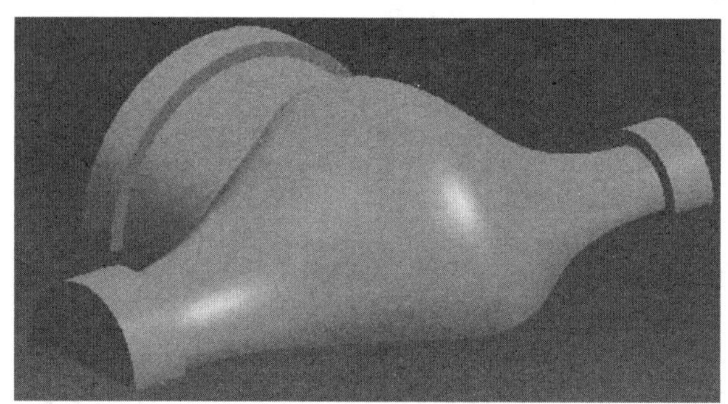

图 4-2 型腔铣加工零件

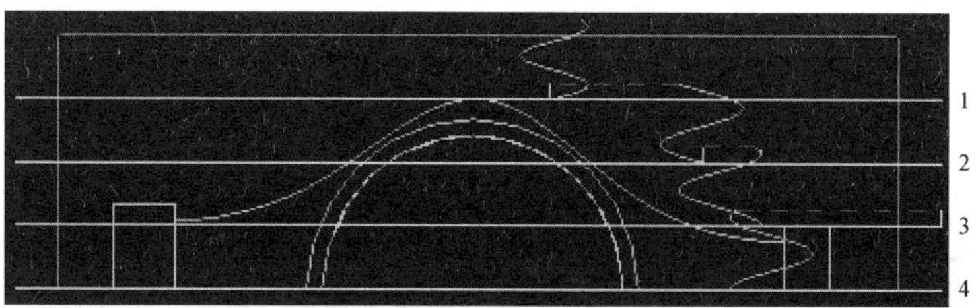

图 4-3 切削层

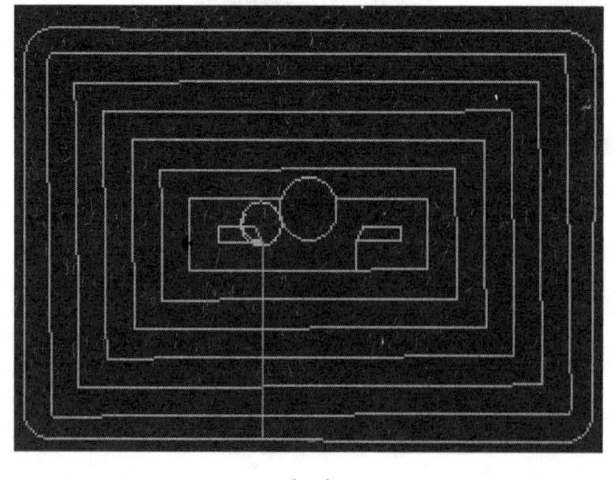

（a）

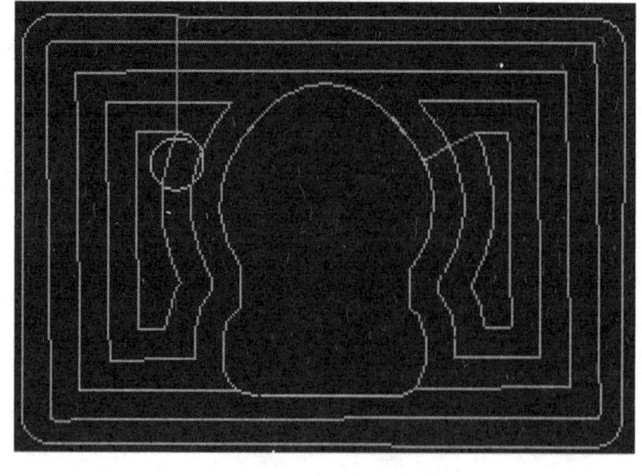

（b）

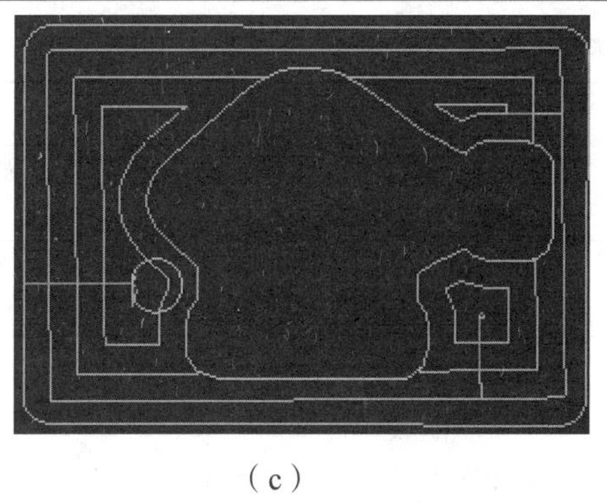

(c)

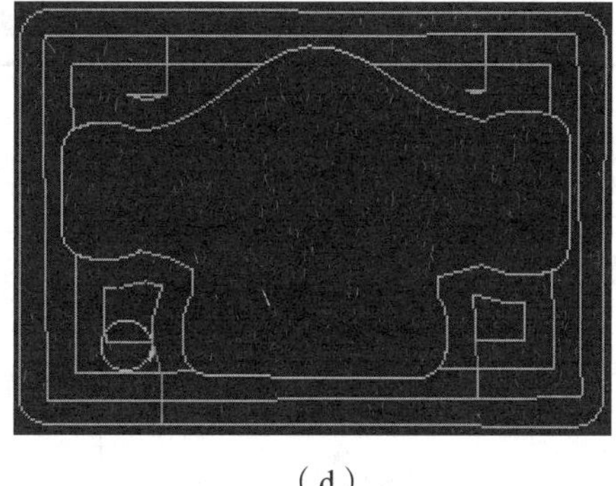

(d)

图 4-4　切削层的刀具轨迹

4.3.3　型腔铣与平面铣的区别

平面铣和型腔铣操作都是在水平切削层上创建的刀位轨迹，用来去除工件上的材料余量。

这两种操作的相同点如下：

(1) 两者的刀具轴都垂直于切削层平面。

(2) 刀具路径的所有切削方法相同，都包含切削区域和轮廓的铣削（注：型腔铣中没有标准驱动铣）。

(3) 切削区域的开始点控制选项以及进刀/退刀选项相同。可以定义每层的切削区域开始点。提供多种方式的进刀/退刀功能。

(4) 其他参数选项，如切削参数选项、拐角控制选项、避让几何体选项等基本相同。

这两种操作的不同点如下：

(1) 平面铣用边界定义零件材料；边界是一种几何实体，可用曲线/边界、面（平面的边界）、点定义临时边界以及选用永久边界。而型腔铣可用任何几何体以及曲面区域和小面模型来定义零件材料。

(2) 切削层深度的定义二者不相同。平面铣通过所指定的边界和底面的高度差来定义总的切削深度，并且有 5 种方式定义切削深度；而型腔铣通过毛坯几何体和零件几何体来定义切削深度，通过切削层选项可以定义最多 10 个不同切削深度的切削区间。

4.3.4　型腔铣加工子类型

型腔铣削模板包含了很多种加工子类型，如图 4-5 所示，其含义如表 4-1 所示。

图 4-5　平面铣削类型

表 4-1 型腔铣的操作子类型

图标	英文名称	中文名称	说　明
	CAVITY_MILL	型腔铣	型腔铣基本操作模板，适用于加工平面铣无法加工的包含曲面的任何形状零件
	PLUNGE_MILLING	插铣	插铣是一种独特的铣削操作，该操作使刀具竖直连续运动，高效地对毛坯进行粗加工
	CORNER_ROUGH	轮廓粗加工	轮廓粗加工适用于使用“跟随部件”切削模式进行区域的粗加工
	REST_MILLING	剩余铣	剩余铣适用于轮廓精加工
	ZLEVEL_PROFILE	深度加工轮廓铣	深度加工轮廓铣是一种固定的轴铣削操作，通过多个切削层来加工零件表面轮廓
	ZLEVEL_CORNER	深度加工拐角铣	深度加工拐角铣适用于使用“跟随部件”切削模式清除以前操作在拐角处余留的材料

4.3.5 型腔铣的参数设置

1. 切削层

切削层是为型腔铣操作指定切削平面。切削层由切削深度范围和每层深度来定义。一个范围由两个垂直于刀轴矢量的小平面来定义，同时可以定义多个切削范围。每个切削范围可以根据部件几何体的形状确定切削层的切削深度，各个切削范围都可以独立地设定各自的均匀深度，如图 4-6 所示。

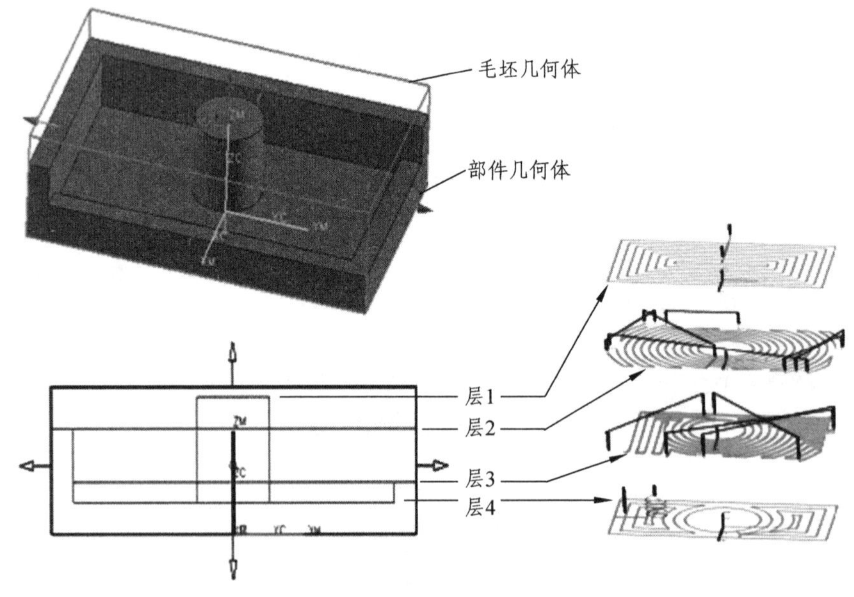

图 4-6 【型腔铣】的切削层

在【型腔铣】对话框下【刀轨设置】选项中单击【切削层】按钮，打开【切削层】对话框，如图 4-7 所示。在【切削层】对话框中，型腔铣操作提供了全面、灵活的方法对切削范围、切削深度进行调整。下面讲解切削层中的各个选项的用法。

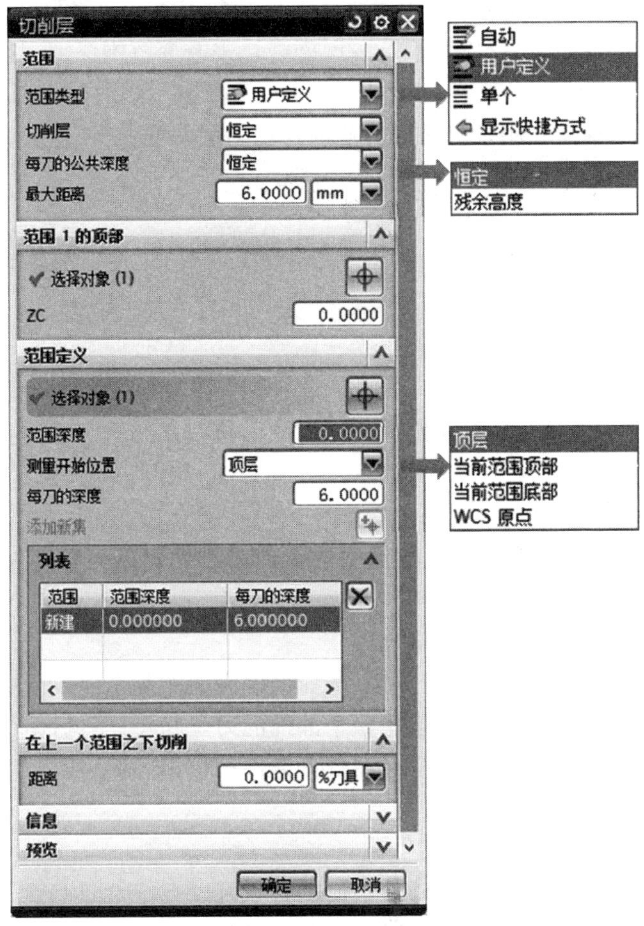

图 4-7 【切削层】对话框

【范围类型】下拉列表中提供了如下 3 种选项。

（1）自动：使用此类型，系统将通过与零件有关联的平面自动生成多个切削深度区间。

（2）用户定义：使用此类型，用户可以通过定义每一个区间的底面生成切削层。

（3）单个：使用此类型，用户可以通过零件几何和毛坯几何定义切削深度。

【每刀的公共深度】：用于设置每个切削层的最大深度。通过对【每刀的公共深度】进行设置后，系统将自动计算分几层进行切削。

【切削层】下拉列表中提供了如下两种选项。

（1）恒定：将切削深度恒定保持在【每刀的公共深度】的设置值。

（2）仅在范围底部：仅在范围底部切削不细分切削范围，选择此选项将使全局每刀深度选项处于非活动状态。

【测量开始位置】下拉列表中提供了如下 4 种选项。

（1）顶层：选择该选项后，测量切削范围深度从第一个切削顶部开始。

（2）当前范围顶部：选择该选项后，测量切削范围深度从当前切削顶部开始。

（3）当前范围底部：选择该选项后，测量切削范围深度从当前切削底部开始。

（4）WCS 原点：选择该选项后，测量切削范围深度从当前工作坐标系原点开始。

【范围深度】文本框：在该文本框中，通过输入一个正值或负值距离，定义的范围在指定的测量位置的上部或下部，也可以利用范围深度滑块来改变范围深度，当移动滑块时，范围深度值跟着变化。

【每刀的深度】文本框：用来定义当前范围的切削层深度。

2. 切削区域

型腔铣操作提供了多种方式来控制切削区域。下面对 5 种切削区域定义方式分别进行介绍。

（1）检查几何体。

与平面铣类似，型腔铣的检查几何体用于指定不允许刀具切削的部位，如压板、虎钳等，不同之处是腔铣可用实体等几何对象定义任何形状的检查几何体。可以用片体、实体、表面、曲线定义检查几何体。

（2）修剪边界。

修剪边界用于修剪刀位轨迹，去除修剪边界内侧或外侧的刀轨。修剪边界必须是封闭边界。

（3）切削区域。

切削区域用于创建局部刀具路径。可以选择部件表面的某个面或面域作为切削区域，而不选择整个部件，这样就可以省去先创建整个部件的刀具路径，然后使用修剪功能对刀具路径进行进一步编辑操作。当切削区域限制在较大部件的较小区域中时，切削区域还可以减小系统计算路径的时间。

（4）轮廓线裁剪。

在【切削参数】对话框中，当打开容错加工时，可以在【空间范围】选项卡中将【修剪由】设定为“轮廓线”，则系统利用工件几何体最大轮廓线决定切削范围，刀具可以定位到从这个范围偏置一个刀具半径的位置，如图 4-8 所示。

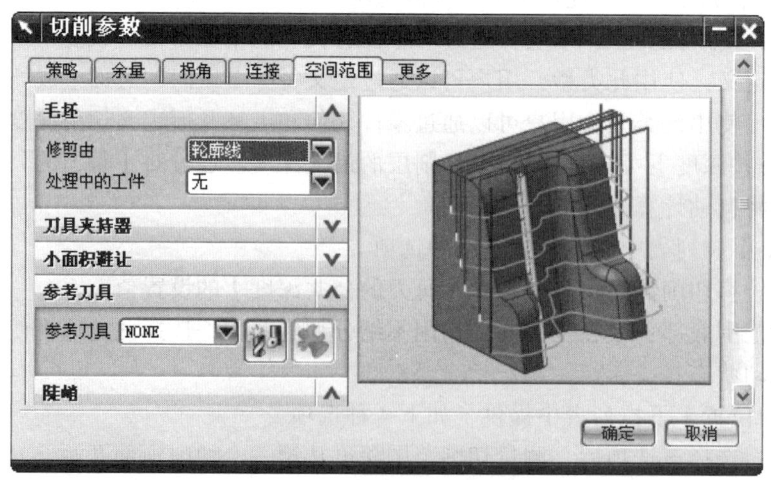

图 4-8 【切削参数】对话框

（5）参考刀具。

在【切削参数】对话框的【空间范围】选项卡中，可以设定参考刀具，如图 4-9 所示，设定此参数常来创建清角刀轨，在对话框右边有产生的刀轨示意。同时，还可设置【重叠距离】，对刀轨进行进一步的控制。

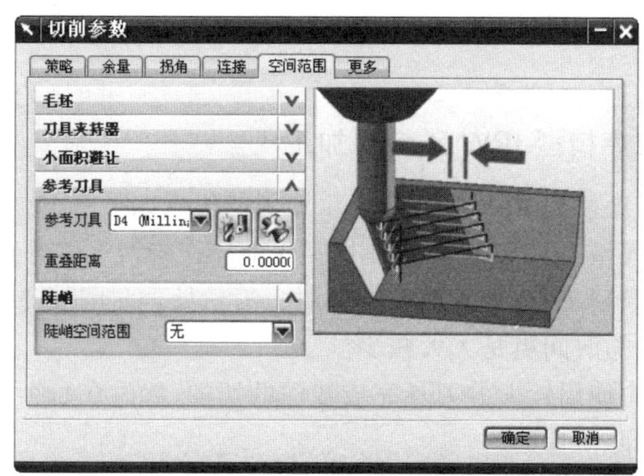

图 4-9 【空间范围】对话框

4.3.6　残料粗加工

在 NX8.0 中，残料开粗一般有 3 种方法：① 参考刀具；② 应用 3D IPW；③ 使用基于层的功能。

1. 参考刀具

参考刀具通常是用来先对零件进行粗加工的刀具，使用参考刀具进行残料粗加工，系统将计算指定的参考刀具进行切削加工后剩下的材料，然后将剩下的材料作为当前操作定义的切削区域。使用参考刀具进行残料粗加工，类似于其他“型腔铣”，但它仅限于在拐角区域的切削加工。使用参考刀具进行残料粗加工时，选择参考刀具必须大于当前使用中的刀具直径。

（1）参考刀具的优点如下：

① 计算速度快。使用参考刀具残料粗加工比用 IWP 或 3D 进行残料粗加工计算速度快，占用内存少。

② 没有依赖性。使用参考刀具残料粗加工不需要和粗加工放在同一个程序父本组下，不需要定义几何体父本组；没有关联性，便于编辑和修改切削参数。

③ 计算出来的刀轨比效清爽。

（2）参考刀具的缺点：不会考虑上一步粗加工中的狭窄残料。

例如，我们在比较狭窄的地方使用螺旋下刀，往往要设定最小螺旋直径，这样一来狭窄的地方就下不去，留下了残料。如果用参考刀具，就有踩刀的危险，因为参考刀具是不会考虑到螺旋下刀下不去的残料。

（3）使用参考刀具残料粗加工的技巧如下：

① 可选择比粗加工大的刀具。参考刀具只是系统计算时的假想刀具，选择参考刀具时，

可以选择比实际粗加工适当大一些的刀具，这样加工安全性好，刀具不易切削入小角中，能够保证残料粗加工顺利进行。

② 可选择比粗加工更大的加工公差。使用参考刀具残料粗加工可以选择比上一道粗加工更大的加工公差，可以减少空刀的次数。

③ 正确地设置“最小材料厚度”，设置较小的材料厚度可以减少空刀的数量，加快残料粗加工的速度。

2. 使用基于层工序模型 IPW 残料粗加工

（1）使用基于层工序模型 IPW 进行残料粗加工的优点如下：

① 基于层的工序模型 IPW 可以高效地切削先前操作中留下的弯角和阶梯面。

② 基于层的工序模型 IPW 加工简单部件时，刀轨处理时间较 3D 工序模型显著减少，加工大型的复杂部件所需时间更是大大减少。

③ 可以在粗加工中使用较大的刀具完成较深的切削，然后在后续操作中作用同一刀具完成深度很浅的切削以清除阶梯面。

④ 刀轨相比使用 3D 工序模型 IPW 的刀轨更加规则。

⑤ 用户可以将多个粗加工操作合并在一起，以便对给定的型腔进行粗加工和残料粗加工，从而使加工过程进一步自动化。

（2）使用基于层工序模型 IPW 进行残料粗加工的缺点如下：

① 计算刀轨的时间比参考刀具慢，比 3D IPW 快。

② 和 3D IPW 相比两者计算刀路的参考对象不同：其于层 IPW 是 2D 余量，3D IPW 是 3D 余量。

（3）使用工序模型 IPW 进行残料粗加工的注意事项：

① 使用工序模型 IPW 时一定不能放在 NONE 程序父本组下进行。因为在“可视化”和“型腔铣”中，NONE 程序父组中的操作将被忽略，所以如果尝试在 NONE 父本组中的一个操作生成新的刀轨，并且设置了“使用工序模型”选项，系统将针对输入“工序模型”使用最初定义的毛坯几何体，这样此次操作依然是粗加工，而不能进行残料粗加工。

② 使用工序模型 IPW 时一定放在和粗加工同一个父本组下进行。系统会根据先前刀轨生成一个小平面体，而当前操作会以此小平面体作为毛坯进行残料粗加工。

③ 使用工序模型 IPW 时一定要使用较小的公差值。使用的刀具要不大于粗加工刀具。

（4）使用工序模型 IPW 进行残料粗加工的技巧：

① 使用和显示“三维工序模型”需要占用大量的内存来创建小平面体。为了减少占用的内存和重复使用小平面体，可通过以下步骤创建“三维工序模型 IWP”并保存在单独的部件文件中。粗加工正确生成刀具路径后，选择路径模拟→Generate IPW 选项设为“好”→将 IWP 保存为组件复选项中，进行 2D 路径模拟→创建，则可创建“三维工序模型”小平面体，然后将创建的小平面体移至对应层保存起来。当需要使用时，可将“三维工序模型”小平面体作为毛坯，进行“型腔铣”而完成残料粗加工。这样可以节省内存，因为小平面模型在使用后不会继续驻留在内存中，而且只要操作处于最新状态，便可以重复使用小平面模型。通过这种方法完成残料粗加工，对粗加工没有依赖性，相对独立，便于修改。

② 正确地设置“最小材料厚度”，设置较小的材料厚度可以减少空刀的数量，加快残料

粗加工的速度。

IPW 即 In Process Workpiece 的缩写，是指工序件的意思。该选项主要用于残料粗加工，是型腔铣中非常重要的一个选项。处理中的工件（IPW）也就是操作完成后保留的材料，该选项可用于当前输出操作（IPW）的状态，包括 3 个选项，即“无”“使用 3D”和“使用基于层的”，如图 4-10 所示。

（1）无：该选项是指在操作中不使用处理中的工件，也就是直接使用几何体父节点组中的毛坯几何体作为毛坯来进行切削，不能使用当前操作加工后的剩余材料作为当前操作的毛坯几何体，如图 4-11 所示。

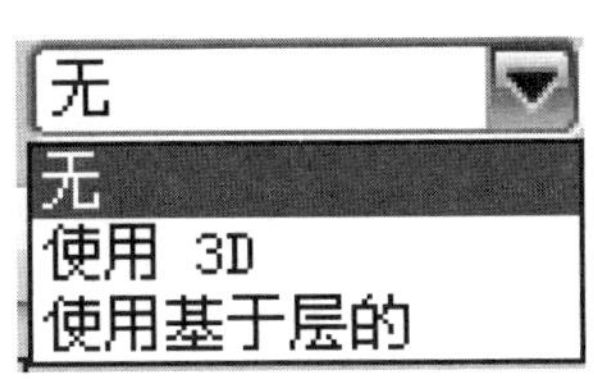

图 4-10　处理中的工件选项

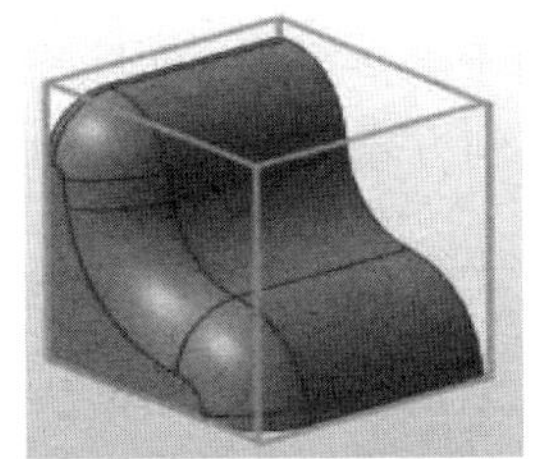

图 4-11　“无”处理中的工件

（2）使用 3D：该选项是使用小平面几何体来表示剩余材料。选择该选项，可以将前一操作加工后剩余的材料作为当前操作的毛坯几何体，避免再次切削已经切削过的区域，如图 4-12 所示。

在使用 3D 选项时，必须在选择的父节点中已经指定了毛坯几何体，否则在创建刀具路径时弹出警告对话框。提示几何体组没有定义毛坯几何体，不能生成刀具路径。

（3）使用基于层：该选项和“使用 3D”类似，也是使用先前操作后的剩余材料作为当前操作的毛坯几何体并且使用先前操作的刀轴矢量，操作都必须位于同一几何父节点组内。使用该选项可以高效地切削先前操作中留下的弯角和阶梯面，如图 4-13 所示。

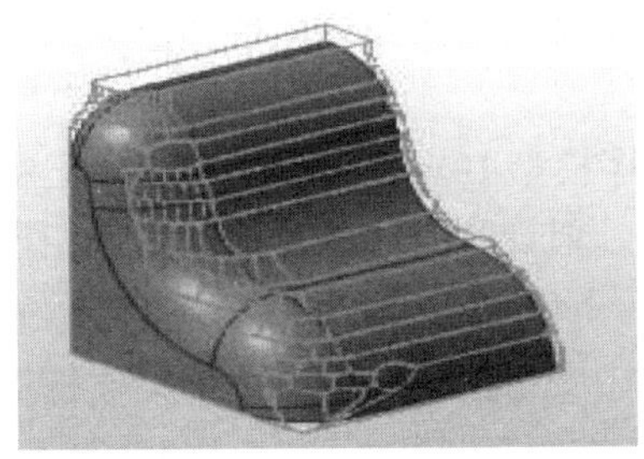

图 4-12　使用 3D 处理中的工件

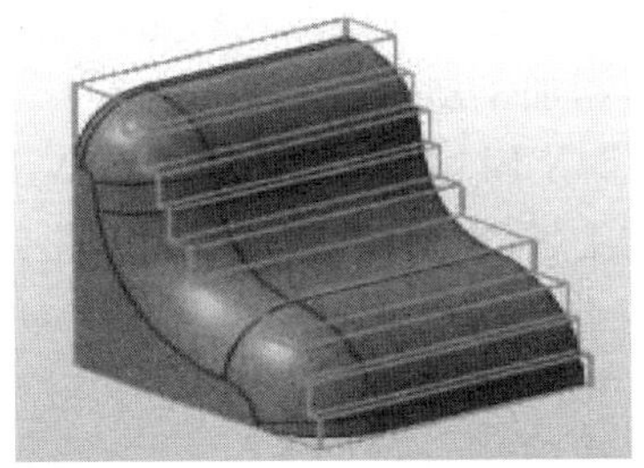

图 4-13　使用基于层的选项

在残料粗加工时：如果当前操作使用的刀具和先前操作的刀具不一样，建议“使用 3D”选项；如果当前操作使用的刀具和先前刀具一样，只是改变了步进距离或切削深度，建议选择“使用基于层”选项。

在定义 IPW 时，【空间范围】对话框会出现【最小移除材料】文本框，最小移除材料厚度值是在部件余量上附加的余量，使生成的处理中的工件比实际加大后的工序件稍大一点，如图 4-14 所示。比如当前操作指定的部件余量是 0.5 mm，而最小移除材料厚度值是 0.2 mm，生成的处理中的工件的余量是 0.7 mm。可以理解为，前一个 IPW 的余量在 0.7 mm 以上的区域才能被本操作加工到。

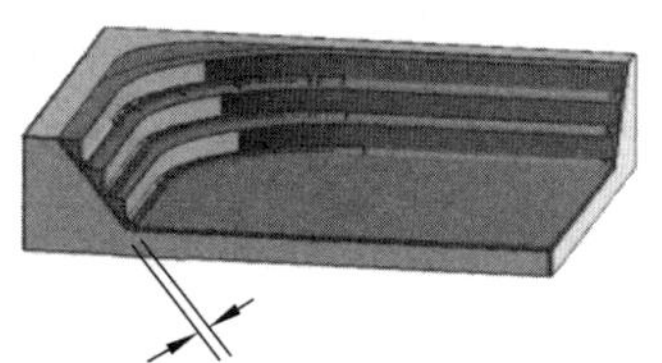

图 4-14 最小移除材料

IPW 可以成功执行的条件是，在使用之前的所有操作都必须有同一个几何体组之下，且全部操作已生成。

IPW 常用于半精加工，清除前一把刀具铣不到的角落和无法下刀的区域。优先使用“跟随工件”的切削方式，生成的刀轨安全高效，智能化程度高。

3. 使用 3D 工序模型 IPW 进行残料粗加工

（1）使用 3D 工序模型 IPW 进行残料粗加工的优点如下：

① 使用 3D 工序模型作为“型腔铣”操作中的毛坯几何体，可根据真实工件的当前状态来加工某个区域。这将避免再次切削已经加工过的区域。

② 可在操作对话框中显示前一个 3D“工序模型”和生成的 3D“工序模型”。

③ 使用 3D 工序模型 IPW 开粗不用担心刀具过载，不用担心哪个地方没有清除到，不用考虑哪些地方残料过多而被一次加工出来，不用考虑毛坯的定义。

（2）使用 3D 工序模型 IPW 进行残料粗加工的缺点：使用 3D 工序模型 IPW 进行残料粗加工的计算时间长和可能产生较多的空刀。对上道加工工序有关联性，上道工序发生变化，当前操作必须重新计算。

4. 小　结

（1）使用参考刀具的残料粗加工，仅限于对剩余材料的拐角区域的切削加工，计算速度快，残料粗加工加工效率高

（2）而使用基于层工序模型 IPW 和使用 3D 工序模型 IPW 残料粗加工，是把粗加工剩余材料当作毛坯进行残料粗加工，开粗后的余量均匀，但计算时间长，加工效率相比参考刀具残料粗加工要低。

（3）具体加工中采用哪种方式进行残料粗加工，要根据零件的复杂程度、精加工要求的高低灵活使用。

4.3.7 等高轮廓铣

等高轮廓铣是一种固定的轴铣削操作，通过多个切削层来加工零件表面轮廓。在等高轮廓铣操作中，除了可以指定部件几何体外，还可以指定切削区域作为部件几何体的子集，方便限制切削区域。如果没有指定切削区域，则对整个零件进行切削。创建等高轮廓铣削路径时，系统自动追踪零件几何，检查几何的陡峭，定制追踪形状，识别可加工的切削区域，并在所有的切削层上生成不过切的刀具路径。等高轮廓铣的一个重要功能就是能够指定“陡角”，

以区分陡峭与非陡峭区域，因此可以分为一般等高轮廓铣和陡峭区域等高轮廓铣。

对于没有陡峭区域的零件，则进行一般等高轮廓铣加工。

陡峭区域等高轮廓铣是一种能够指定陡峭角度的等高轮廓铣，通过多个切削层来加工零件表面轮廓，是一种固定轴铣操作。对于需要加工的零件表面既有平缓的曲面又有陡峭的曲面或者是非常陡峭的斜面特别适合这种加工方式。其主界面如图 4-15 所示。

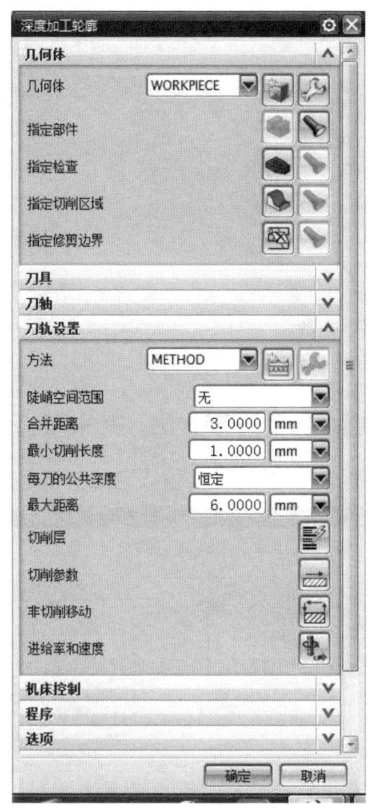

图 4-15　深度加工轮廓（ZLEVEL-PROFILE）主界面

现对等高轮廓铣对话框中部分选项说明如下：

【陡峭空间范围】：是等高轮廓铣区别于其他型腔铣的一个重要参数。如果在其右边的下拉菜单中选择“仅陡峭的”选项，就可以在被激活的“角度”文本框中输入角度值。这个角度称为陡峭角。零件上任意一点的陡峭角是刀轴与该点处法向矢量所形成的夹角。选择“仅陡峭的”选项后，只有陡峭角度大于或等于给定的角度的区域才能被加工。

【合并距离】文本框：用于定义在不连贯的切削运动切除时，在刀具路径中出现的缝隙的距离。

【最小切削长度】文本框：该文本框用于定义生成刀具路径时的最小长度值。当切削运动的距离比指定的最小切削长度值小时，系统不会在该处创建刀具路径。

【每刀的公共深度】文本框：用于设置加工区域内每次切削的深度。系统将计算等于且不超出指定的【每刀的公共深度】值的实际切削层。

（1）陡峭角度。

此参数限定被加工区域的陡峭程度，而非陡峭面采用另外的加工方式，两者结合，达到对工件完整光顺精加工的目的。其参数设定如图 4-16 所示。

（2）混合切削模式。

当每层的刀轨没有封闭时，单向切削模式会产生许多提刀，采用混合切削模式避免提刀，可以提高加工效率，使刀轨更为美观。其参数设定如图 4-17 所示。

图 4-16 “陡峭角度”参数

图 4-17 “混合”切削参数

（3）层间过渡。

层间过渡提供了 2 种层到层之间的过渡方法，其中“直接对部件进刀”避免了提刀，使得产生的刀轨更为精简。其参数设定如图 4-18 所示。

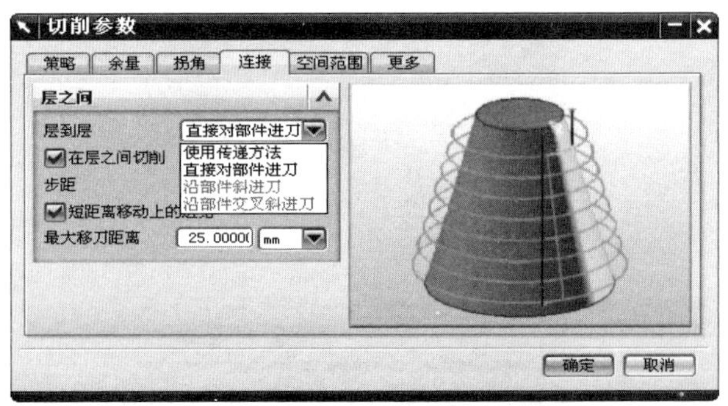

图 4-18 【层到层】参数

（4）层间剖切。

设定层间切削的步距和最大移动距离，可以实现在进行深度轮廓加工时，对非陡峭面进行均匀加工。其参数设定如图 4-19 所示。

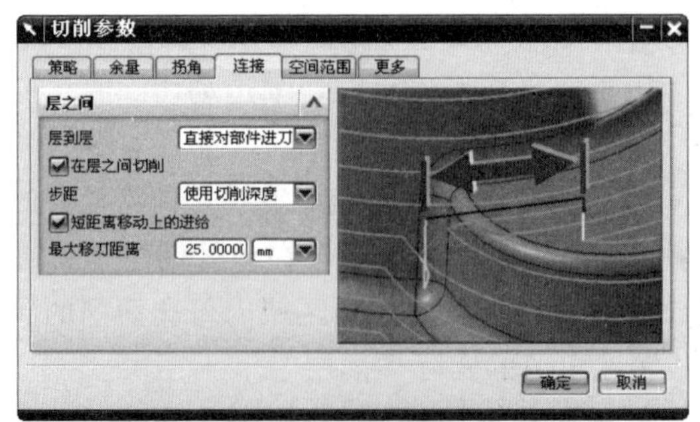

图 4-19 “在层之间切削”参数

4.4　操作训练

4.4.1　确定加工工艺方案

1. 加工路线分析

根据图样可知，该零件较为简单，主要为两个凹槽的加工，为保证零件加工质量，只需要对零件进行粗加工，确定加工顺序为：零件整体粗加工→侧面精加工→底面精加工。

2. 加工工艺方案的制订

根据零件几何尺寸和加工要求，加工工艺方案制订如表 4-2 所示。

表 4-2　加工工艺简卡

工步号	工步内容	刀具规格	主轴转速/r · min^{-1}	进给速度/mm · min^{-1}
1	零件粗加工	ϕ12R1 平底铣刀	1 200	1 000
2	侧面精加工	ϕ6 球头刀	2 000	1 000
3	底面精加工	ϕ12R1 平底铣刀	1 200	1 000

4.4.2　创建加工编程操作

1. 进入加工环境

➢ Step1：打开文件“4-1 MILL_contour.prt”，在【标准】工具条上选择【开始】|【加工】命令，弹出【加工环境】对话框，如图 4-20 所示。选择【mill_ contour】选项，单击【确定】按钮。

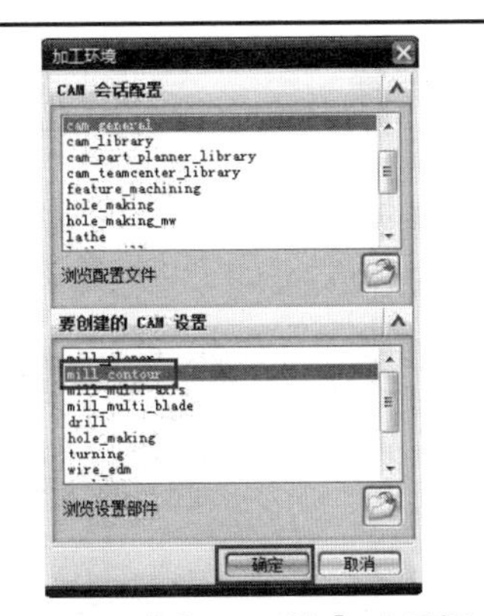

图 4-20 【加工环境】对话框

2. 设置加工坐标系

➢ Step2：切换【工序导航器】视图 几何视图，如图 4-21 所示。

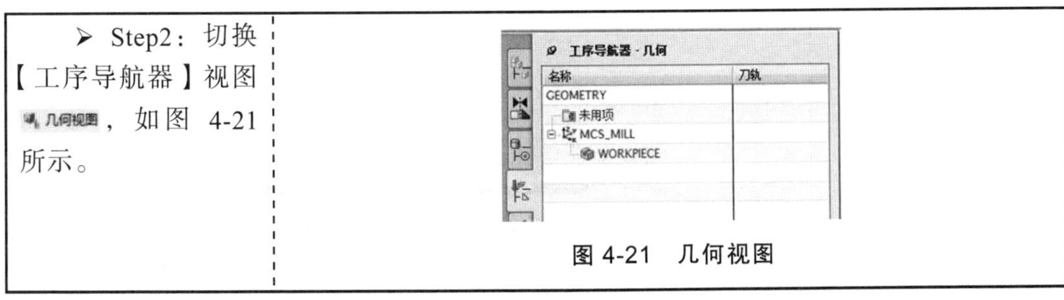

图 4-21　几何视图

➢ Step3：编辑【MCS_MILL】，在弹出的对话框中设置【装夹偏置】为“1”，如图 4-22 所示。	 图 4-22 【装夹偏置】设置
➢ Step4：设置【安全选项】，如图 4-23 所示。	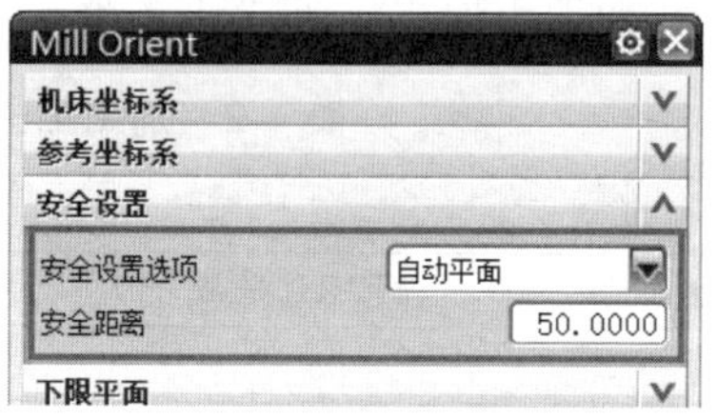 图 4-23 【安全选项】设置
➢ Step5：单击【确定】，完成坐标系设置。	

3. 设置加工几何体

➢ Step6：编辑【WORKPIECE】，指定部件，如图 4-24 所示。	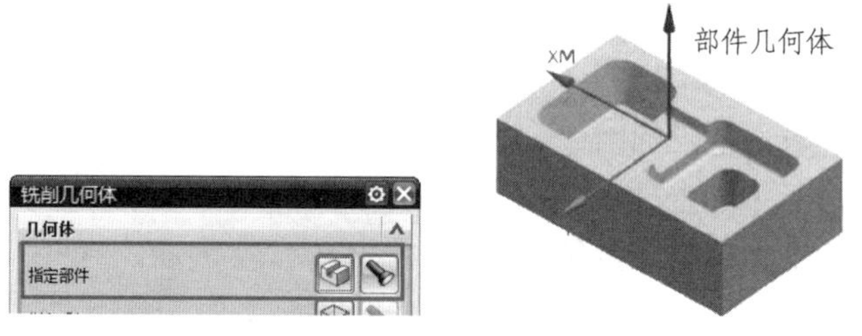 图 4-24 指定部件
➢ Step7：设置毛坯几何体参数，如图 4-25 所示。	 图 4-25 设置毛坯几何体

4. 创建刀具

➢ Step8：选择【创建刀具】命令，创建1把$\phi12$的平底铣刀，设置【刀具号】、【补偿寄存器】和【刀具补偿寄存器】号均为“1”，如图4-26所示。

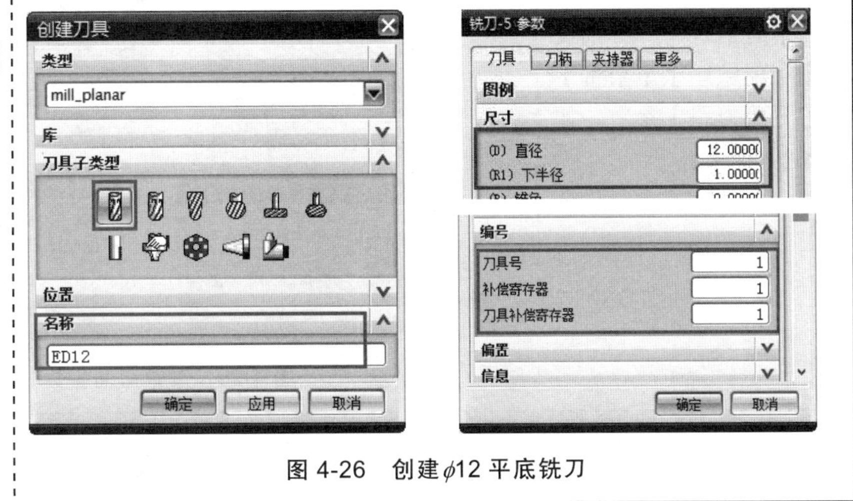

图 4-26　创建$\phi12$平底铣刀

5. 创建型腔铣对零件进行整体粗加工

➢ Step9：选择【创建工序】，创建型腔铣工序，并选择相关参数，如图4-27所示。

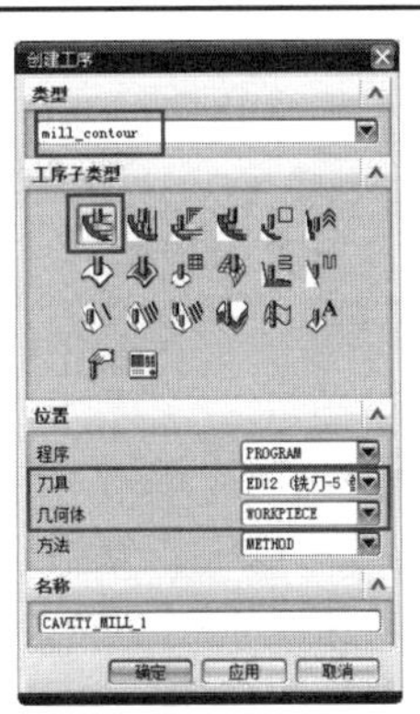

图 4-27　创建平面铣

➢ Step10：在【型腔铣】对话框【切削模式】下拉列表中选择 跟随周边 选项；在【步距】下拉列表中选择 刀具平直百分比 选项，在 平面直径百分比 文本框中输入50；在 每刀的公共深度 的下拉列表中选择 恒定 选项，然后在 最大距离 文本框中输入值3，如图4-28所示。

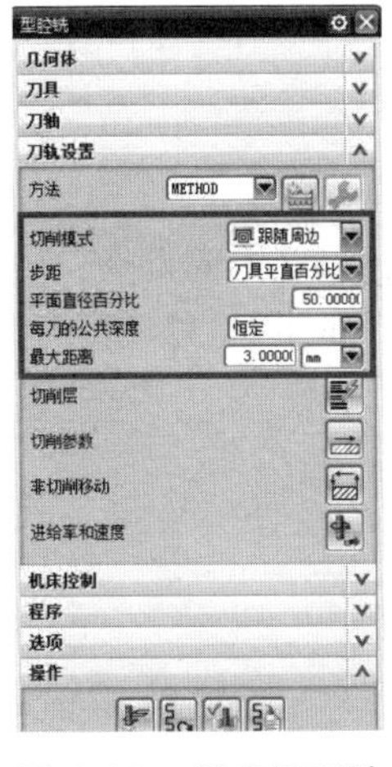

图 4-28　创建平面铣

➢ Step11：在【切削参数】对话框中，分别设置【切削顺序】、【余量】和【开放刀路】参数，如图 4-29 所示。

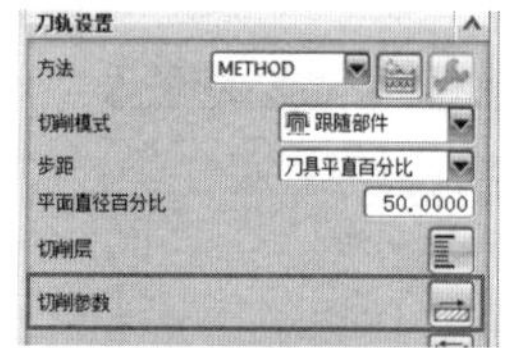

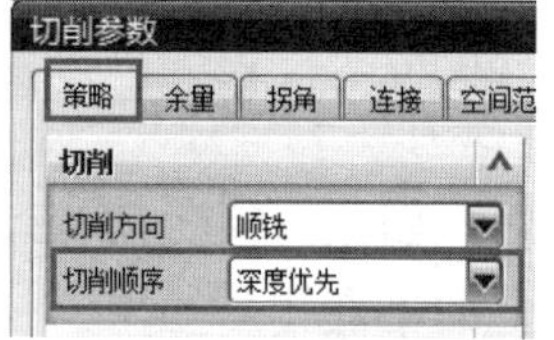

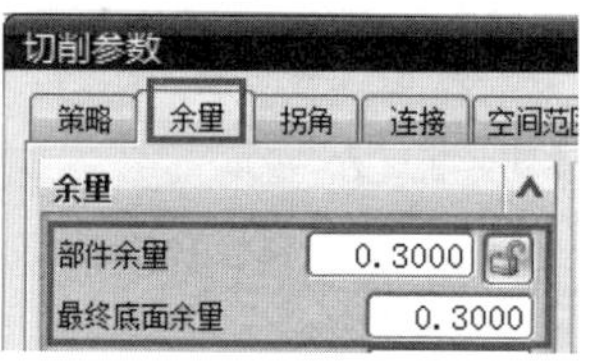

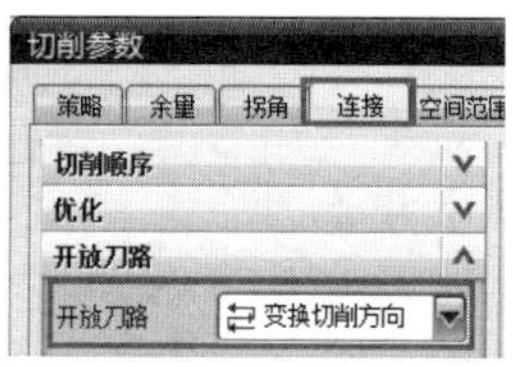

图 4-29 设置切削参数

➢ Step12：在【非切削移动】对话框中，设置【进刀】参数，如图 4-30 所示。

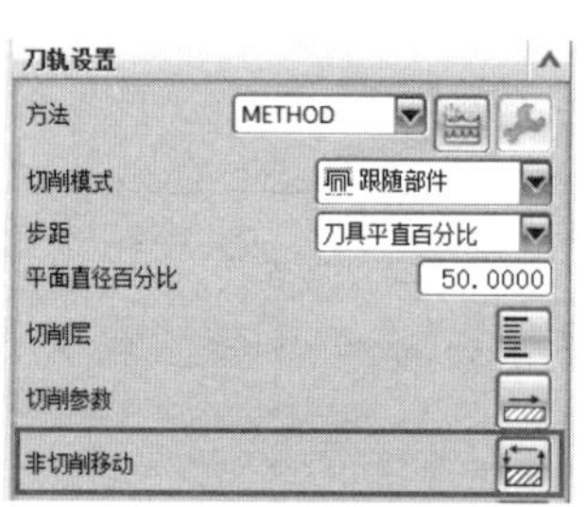

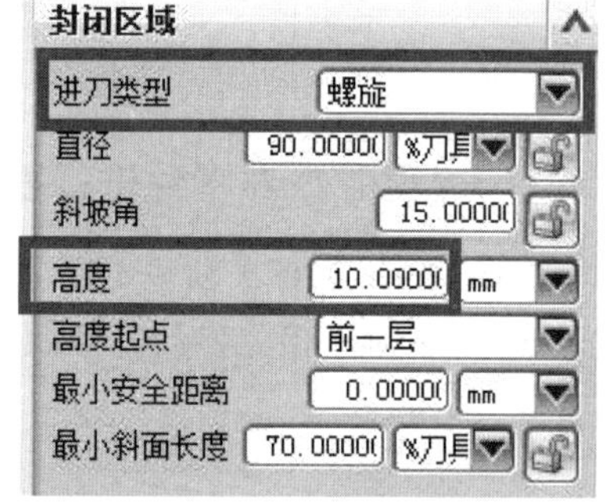

图 4-30 设置切削参数

➢ Step13：在【进给率和速度】对话框中，分别设置【主轴速度】和【进给率】，如图 4-31 所示。

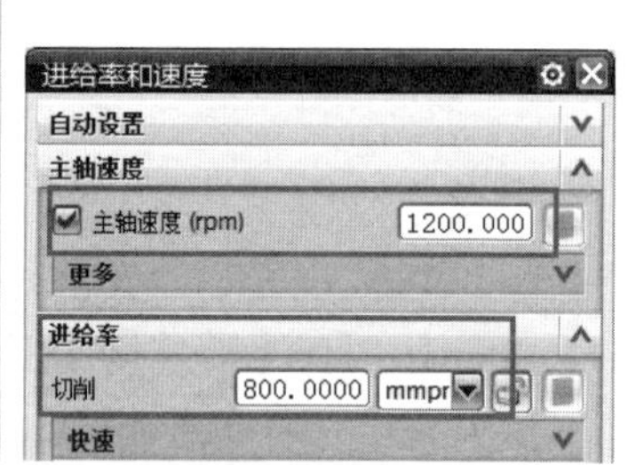

图 4-31 设置速度和进给率

➢ Step14：生成刀具路径，如图 4-32 所示。

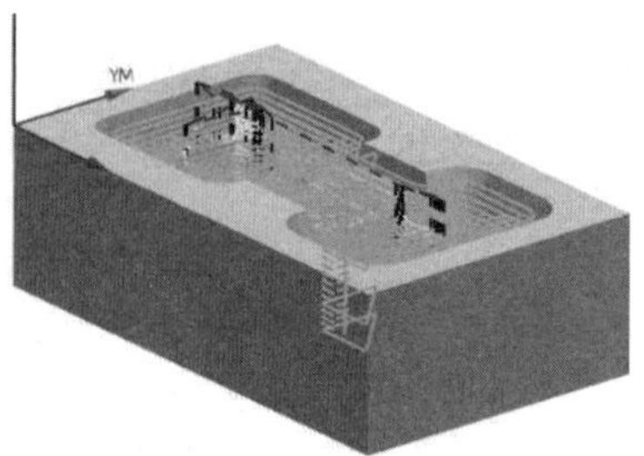

图 4-32 粗加工刀轨

➢ Step15：刀具路径仿真，结果如图 4-33 所示。

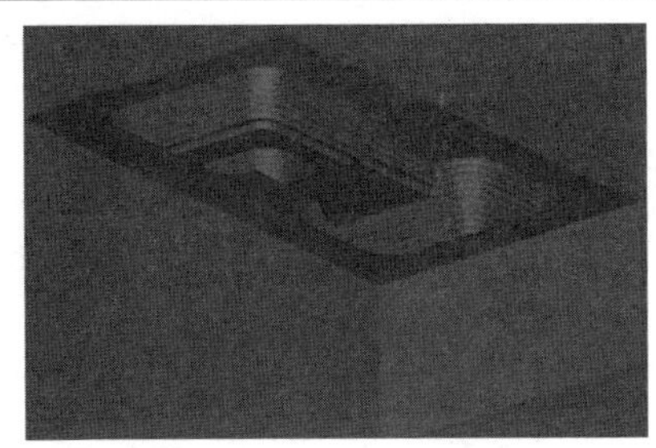

图 4-33　仿真结果

6. 使用等高轮廓铣对零件侧面精加工

➢ Step16：选择【创建工序】，创建等高轮廓铣工序，并选择相关参数，如图 4-34 所示。

图 4-34　创建侧面精加工工序

➢ Step17：选择如图 4-35 所示的切削区域。

图 4-35　选择加工区域

➢ Step18：设置相应的切削参数，如图 4-36 所示。

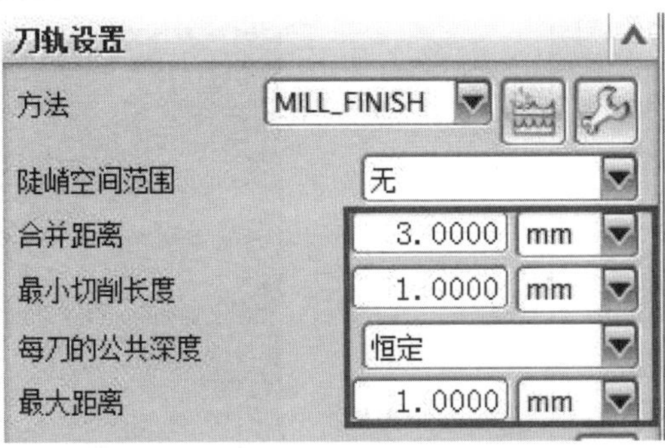

图 4-36　设置切削参数

➢ Step19：在【切削参数】对话框中，设置【策略】，如图 4-37 所示。	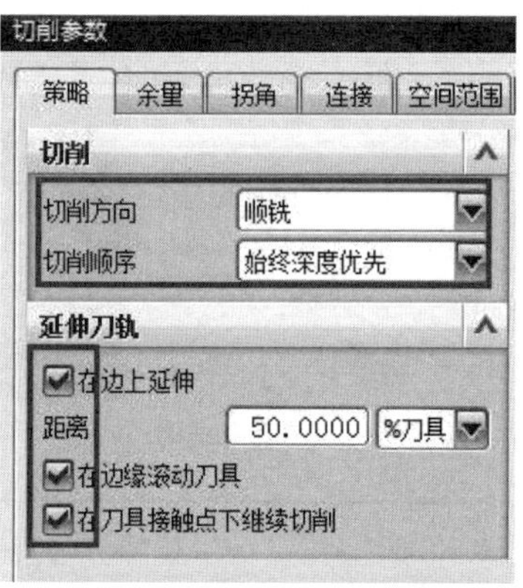 图 4-37　设置【策略】参数
➢ Step20：在【进给率和速度】对话框中，设置【进给率】，如图 4-38 所示。	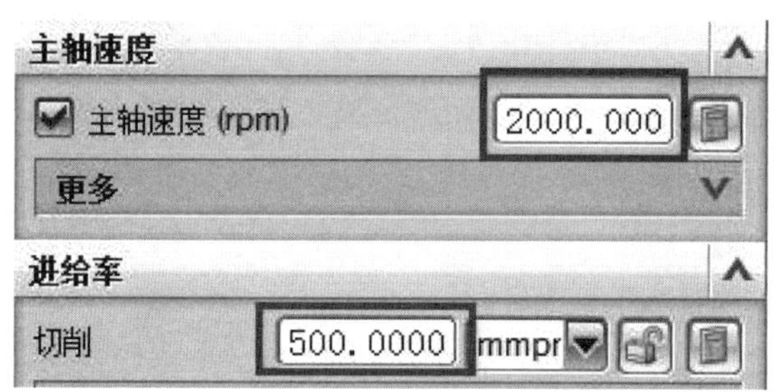 图 4-38　设置【进给率】参数
➢ Step21：生成刀具路径，如图 4-39 所示。	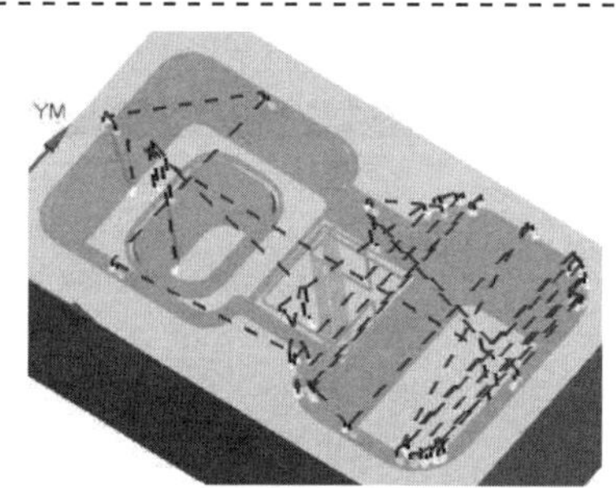 图 4-39　生成刀具路径
➢ Step22：刀具路径仿真，结果如图 4-40 所示。	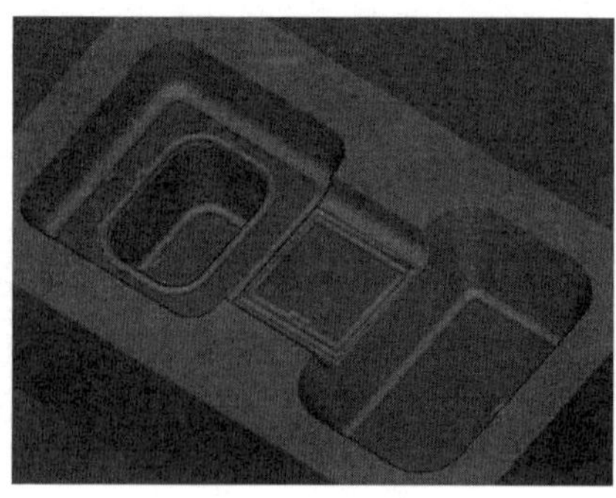 图 4-40　仿真结果

7. 使用表面铣对零件底面精加工

➢ Step23：选择【创建工序】，创建表面铣工序，并选择相关参数，如图 4-41 所示。

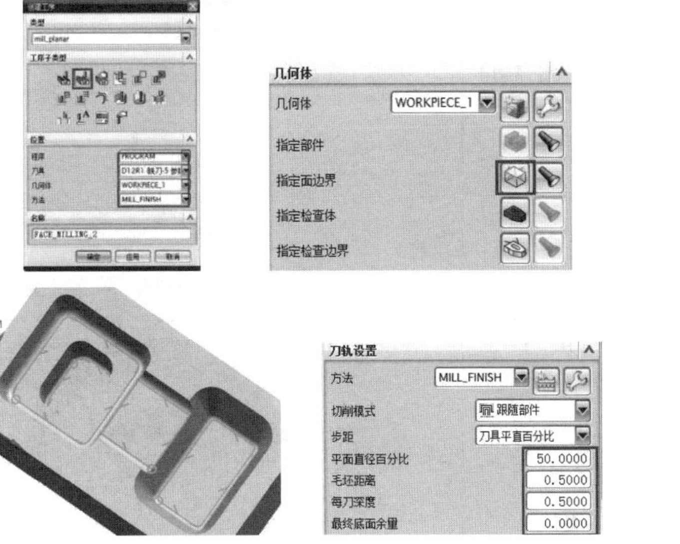

图 4-41　创建底面精加工工艺

➢ Step24：在【切削参数】对话框中，设置【策略】和【拐角】，如图 4-42 所示。

图 4-42　设置【策略】和【拐角】参数

➢ Step25：在【切削参数】对话框中，设置【余量】，如图 4-43 所示。

图 4-43　设置【余量】参数

➢ Step26：在【进给率和速度】对话框中，设置【进给率】，如图 4-44 所示。	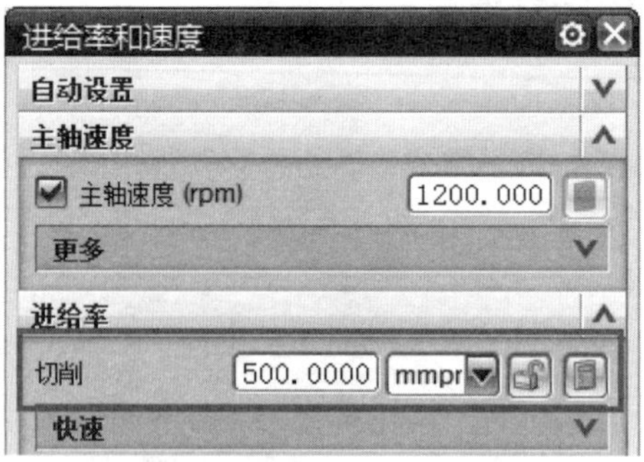 图 4-44 设置【进给率】参数
➢ Step27：生成刀具路径，并进行仿真如图 4-45 所示。 	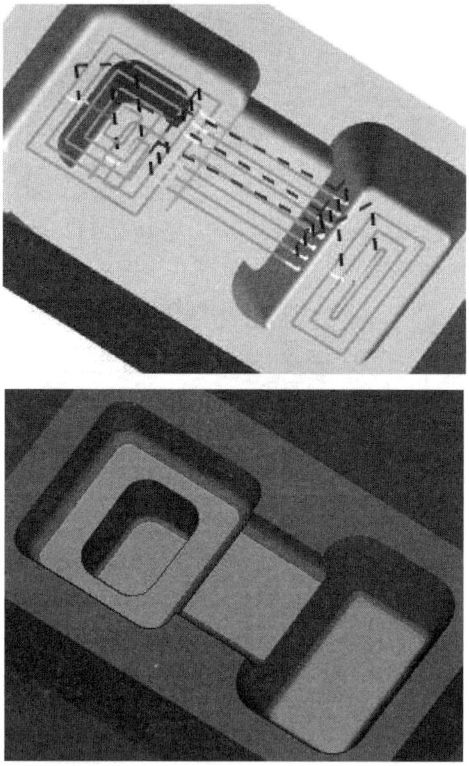 图 4-45 生成刀具路径及仿真结果

4.5 知识拓展——高速铣

4.5.1 高速切削技术概述

1. 高速切削的基本概念

高速切削（HSM 或 HSC）是 20 世纪 90 年代迅速走向实际应用的先进加工技术，通常指高主轴转速和高进给速度下的立铣，国际上在航空航天制造业、模具加工业、汽车零件加工以及精密零件加工中得到广泛的应用。高速铣削可用于铝合金、铜等易切削金属和淬火钢、钛合金、高温合金等难加工材料，以及碳纤维塑料等非金属材料。例如，在铝合金等飞机零件加工中，曲面和结构复杂，材料去除量高达 90%~95%，采用高速铣削可大大提高生产效率和加工精度；在模具加工中，高速铣削可加工淬火硬度大于 HRC50 的钢件，因此许多情况下可省去电火花加工和手工修磨，在热处理后采用高速铣削达到零件尺寸、形状和表面粗糙度要求。

高速切削概念始于 1931 年德国所罗门博士的研究成果："当以适当高的切削速度（为常规速度的 5~10 倍）加工时，切削刃上的温度会降低，因此有可能通过高速切削提高加工生产率"。六十多年来，人们一直在探索有效、适用、可靠的高速切削技术，到 20 世纪 90 年代高速切削逐渐在工业实际中推广应用。

由于每种材料高速切削的速度范围不同，高速切削目前尚无统一的定义，高的实际切削线速度是基本条件，但还有其他一些要素。在工程实践中，高速切削的含义还包括：除高切削速度外，高速切削还涉及非常特别的加工工艺和生产设备；适中的主轴转速和大的铣刀直径也可实现高速切削；以常规切削用量 4~6 倍的切削速度和进给速度精加工淬火钢也属于高速切削；小型零件的粗加工到精加工以及其他零件的精加工、高速切削均属于高生产率加工方法，对于形状复杂和精度要求高的零件，高速切削更为重要。图 4-46 为几种材料高速切削的速度范围。

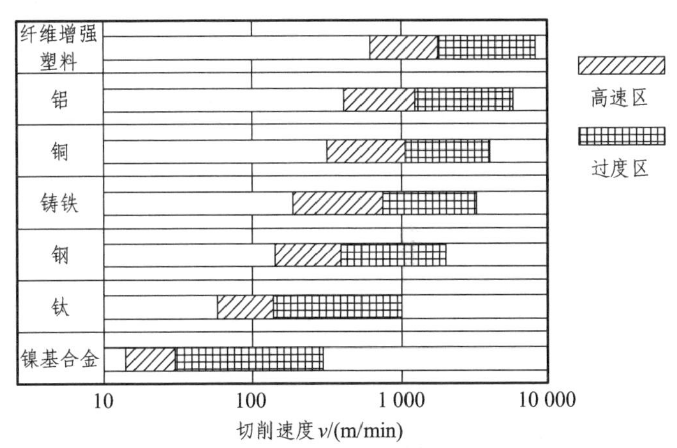

图 4-46　几种材料高速切削速度范围

高速切削的发展源于市场日益激烈的竞争，对时间和成本效率的要求越来越高。同时也提供了解决问题的新方案，包括解决新材料的加工问题；越来越高的加工质量要求和越来越复杂的三维曲面形状；减少装夹次数和搬运时间，减少和免除费时费钱的电火化加工；适应越来越快的设计开发速度；解决薄壁零件和精密零件的加工问题等。高速切削是一项系统技术，从刀具材料、刀柄、机床、控制系统、加工工艺技术、CAD/CAM 等，均与常规加工有很大区别。

2. 高速铣削的特点

（1）高速铣削的一般特征。

高速铣削一般采用高的铣削速度、适当的进给量、小的径向和轴向铣削深度，铣削时，大量的铣削热被切屑带走，因此，工件的表面温度较低。随着铣削速度的提高，铣削力略有下降，表面质量提高，加工生产率随之增加。但在高速加工范围内，随着铣削速度的提高会加剧刀具的磨损。由于主轴转速很高，切削液难以注入加工区，通常采用油雾冷却或水雾冷却方法。图 4-47 所示为铣削速度对加工性能的影响。

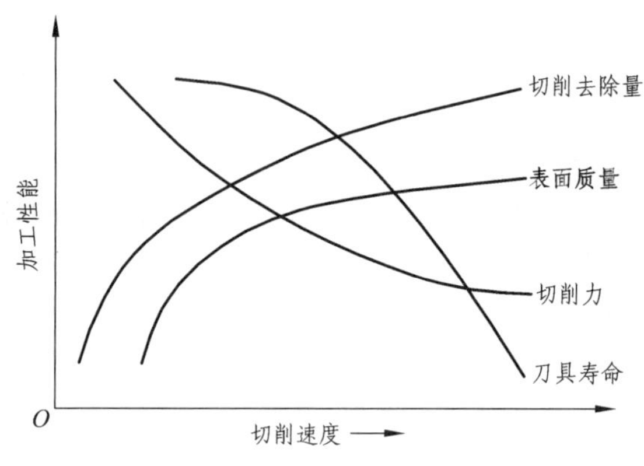

图 4-47 高速铣削的特点

（2）高速铣削的优点。

由于高速铣削的特性，高速铣削工艺相对常规加工具有以下一些优点：

① 提高生产率。

铣削速度和进给速度的提高，可提高材料去除率。同时，高速铣削可加工淬硬零件，许多零件一次装夹可完成粗、半精和精加工等全部工序，对复杂型面加工也可直接达到零件表面质量要求，因此，高速铣削工艺往往可省却电加工、手工打磨等工序，缩短工艺路线，进而大大提高加工生产率。

② 改善工件的加工精度和表面质量。

高速铣床必须具备高刚性和高精度等性能，同时由于铣削力低，工件热变形减少，高速铣削的加工精度很高。铣削深度较小，而进给较快，加工表面粗糙度很小，铣削铝合金时粗糙度可达 *Ra*0.4 ~ 0.6，铣削钢件时粗糙度可达 *Ra*0.2 ~ 0.4。

③ 实现整体结构零件加工。

高速切削可使飞机大量采用整体结构零件，明显减轻部件质量，提高零件可靠性、减少装配工时。

④ 有利于使用直径较小的刀具。

高速铣削较小的铣削力适合使用小直径的刀具，可减少刀具规格，降低刀具费用。

⑤ 有利于加工薄壁零件和高强度、高硬度脆性材料。

高速铣削力小，有较高的稳定性，可高质量地加工出薄壁零件，采用高速铣削可加工出壁厚 0.2 mm、壁高 20 mm 的薄壁零件。高强度和高硬度材料的加工也是高速铣削的一大特点，目前，高速铣削已可加工硬度达 HRC60 的零件，因此，高速铣削允许在热处理以后再进行切削加工，使模具制造工艺大大简化。

⑥ 可部分替代其他某些工艺，如电加工、磨削加工等。

由于加工质量高，可进行硬切削，在许多模具加工中，高速铣削可替代电加工和磨削加工。

⑦ 经济效益显著提高。

由于上述种种优点，综合效率提高、质量提高、工序简化、机床投资和刀具投资以及维护费用增加等，高速铣削工艺的综合经济效益仍有显著提高。

（3）高速铣削的问题。

高速铣削是一项新技术，尚存在许多不足值得改进。

① 高速铣削机床较昂贵，对刀具的切削性能、精度和动平衡等要求较高；固定资产投资较大，刀具费用也会提高。

② 加减速度时，加速度较大，主轴的启动和停止加剧了导轨、滚珠丝杆和主轴轴承磨损，引起维修费用的增加。

③ 需要特别的工艺知识、专门的编程设备以及快速数据传输接口。

④ 缺乏高级的操作人员。

⑤ 调试周期较长。

⑥ 紧急停止实际上不可能实现。人工错误、硬件或软件错误都会导致严重的后果。

⑦ 安全要求很高。机床必须使用具有防弹功能的防护板和防弹玻璃；必须控制刀具伸出量。不要使用“重的”刀具和刀杆。要定期检查刀具、刀杆和螺钉的疲劳裂缝。选择刀具时必须注意许用的最大主轴转速，不使用整体高速钢刀具。

（4）高速铣削的应用。

高速铣削具有很多优点，应用越来越广泛，但也存在一些不足，因此，必须选择适合高速铣削的领域应用该技术。表 4-3 列出了高速铣削一些应用范围。

表 4-3　高速铣削应用范围

技术优点	应用领域	示　例
高去除率	轻合金，钢和铸铁	航空航天产品，工具、模具制造
高表面质量	精密加工，特殊工件	光学零件，精细零件，旋转压缩机
小切削力	薄壁件	航空航天工业，汽车工业，家用设备
高激振频率	避开共振频率加工	精密机械和光学工业
切屑散热	热敏感工件	精密机械，镁合金加工

高速铣削在许多领域取得了成功的应用。如飞机的蜂窝结构件必须采用高速铣削技术才能保证加工质量，梁、框、壁板等零件加工余量特别大，高速铣削可提高生产率，发动机的叶片采用高速铣削可解决材料难加工问题等。绝大部分模具均可利用高速铣削技术加工，如锻模、压铸模、注塑与吹塑模等，锻模腔体较浅，刀具寿命较长；压铸模尺寸适中，生产率较高，注塑与吹塑模一般尺寸较小，比较经济。加工模具的石墨电极和铜电极也非常适用高速铣削；高速铣削也适用于模具的快速原型制造；电子产品中的薄壁结构加工尤其需要高速加工。汽车发动机零件也是高速铣削的应用领域。此外，高速铣削也可用于原型制造。

3. 高速铣削的关键技术

高速切削是制造技术中引人注目的一项新技术，其应用面广，对制造业的影响大。高速切削技术是新材料技术、计算机技术、控制技术和精密制造技术等多项新技术综合应用发展的结果。高速切削主要包括以下几方面的基础理论与关键技术：

（1）高速切削机理；

（2）高速切削刀具技术；

（3）高速切削机床技术；

（4）高速切削工艺技术；

（5）高速加工的测试技术等。

德国 Darmstadt 工业大学生产工程和机床研究所的舒尔兹教授（H.Schulz）对高速切削技术进行了多年的深入研究，他对高速切削所包含的技术提出了下面的框图（见图 4-48）。

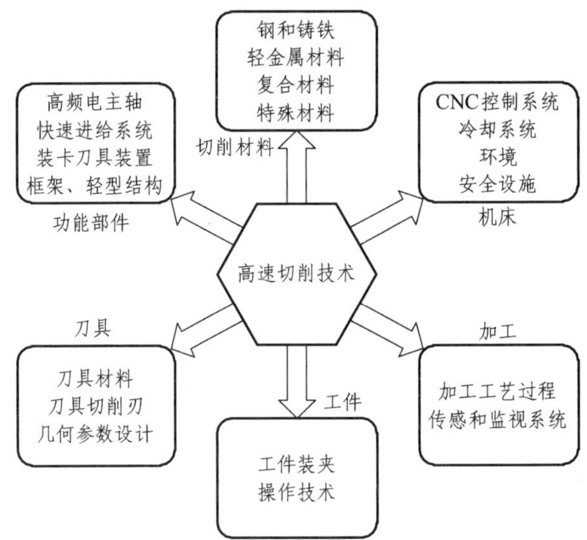

图 4-48　高速切削所包括的技术框图

4.5.2　高速数控编程

1. 高速数控编程的特点

由于高速切削的特殊性和控制的复杂性，在高速切削条件下，传统的 NC 程序已不能适应要求。因此，必须认真考虑加工过程中的每一个细节，深入研究高速切削状态下的数控编程。

（1）现有的 CAD/CAM/CNC 集成化系统。

CAD/CAM/CNC 集成化是目前机械制造业发展的主流。一方面，CAD 软件开发公司正在努力扩充其软件的 CAM 功能；另一方面，数控系统生产厂家也在积极实现 CAM/CNC 的集成。但是由于高速切削本身的特殊性和曲面 CAD 模型的复杂性，CAD/CAM/CNC 集成远未达到实际应用水平。目前，国内外已有的 CAD/CAM/CNC 系统仅属于一种简单的集成系统：CAD、CAM、CNC 等环节串行工作，信息以顺序方式传递。在这种体系结构中，由于各环节相互分离，独立工作，不可避免地造成某些设计与加工脱节。这种传统的串行 CAD/CAM/CNC 的体系结构没有将当前设计的可制造信息反馈给设计者，加工过程的决策监控、自动信息处理、产品数据模型转换仍需要较多的用户干预，而且加工周期长、效率低、容易出错。不过，CAM 技术研究人员正注意到这种挑战，也正在提供适合高速切削环境的新方法。

CAD/CAM/CNC 集成化与高速切削技术相结合，形成高速切削 CAD/CAM/CNC 集成系统。其不是将传统的 CNC 系统简单地引入到高速切削机床中，这种结合应包括对原有 CAD/CAM/CNC 体系的改造，先进制造技术和新方法的引入，与高速切削技术的协调与配合。这里提出的高速切削 CAD/CAM/CNC 集成系统，是结合了众多先进技术的新体系，它的实现将达到减少人工干预、缩短 NC 编程时间、提高产品加工质量和效率的目标。该系统中引入并行工程的思想，通过增加各种设计、制造活动的并行性缩短产品开发周期，改变过去那种设计、制造人员各管一块的局面。在 CAD 阶段，与产品开发有关的设计人员、决策人员、工艺人员及制造人员充分交流，建立能准确完整地描述产品的“具有设计/制造特征的产品信息模型”，这一信息模型将贯穿设计制造的全过程。在商品化软件平台上，结合面向对象技术、特征技术及 DFM 技术完成产品的初步设计，运用 CAE 进行分析改进，优化设计。

当然，高速切削 CAD/CAM/CNC 新体系的实现不仅需要改造传统的集成系统，还需引入许多先进技术，其中的几项主要关键技术如下：① 具有设计/制造特征的产品信息模型的建立；② 基于并行工程的智能化 CAPP 系统；③ 数控加工图形仿真技术；④ OMAT 技术（该技术是以色列 OMAT 公司的切削力 Optimal 技术的简称）；⑤ 等负载/等距切削模型的建立；⑥ 具有空间任意曲线曲面插补功能的 CNC 技术；⑦ CNC 系统中的自适应控制技术。

（2）高速切削对数控编程的具体要求。

高速切削中的 NC 编程代码并不仅仅局限于切削速度、切削深度和进给量的不同数值。NC 编程人员必须改变他们的全部加工策略，以创建有效、精确、安全的刀具路径，从而得到预期的表面精度。高速切削对数控编程的具体要求如下：

① 保持恒定的切削载荷。

随着高速加工的进行，保持恒定的切削载荷非常重要。而保持恒定的切削载荷则必须注意以下几个方面：

首先保持金属去除量的恒定。如图 4-49 所示，在高速切削过程中，分层切削要优于仿形加工。

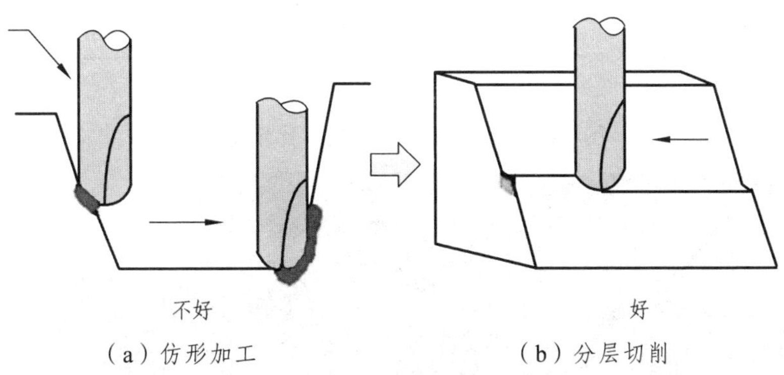

（a）仿形加工　　（b）分层切削

图 4-49　仿形加工与分层切削对比示意图

其次，刀具要平滑地切入工件。如图 4-50 所示，在高速切削过程中，让刀具沿一定坡度或螺旋线方向切入工件要优于让刀具直接沿 Z 向直接插入。

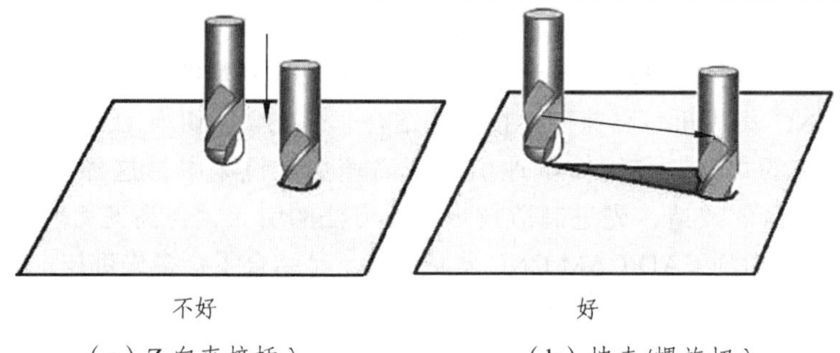

（a）Z 向直接插入　　（b）坡走/螺旋切入

图 4-50　Z 向直接插入与坡走/螺旋切入对比示意图

第三，保证刀具轨迹的平滑过渡。刀具轨迹的平滑是保证切削负载恒定的重要条件。如图 4-51 所示，螺旋曲线走刀是高速切削加工中一种较为有效的走刀方式。

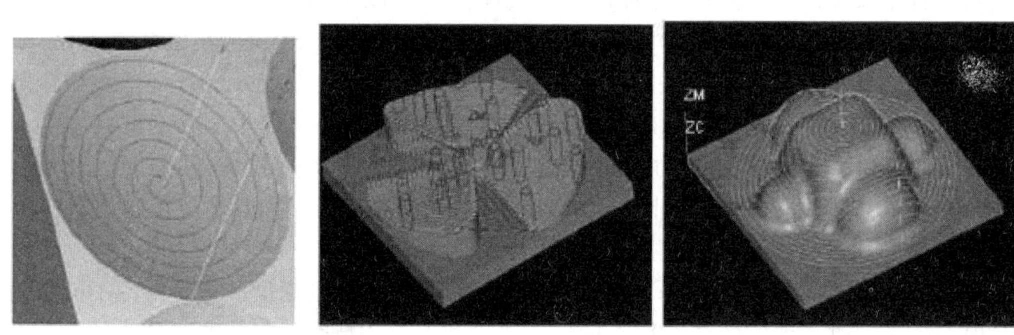

图 4-51　螺旋曲线走刀方式示意图

第四，在尖角处要有平滑的走刀轨迹。如图 4-52 所示，图（c）所示的刀具轨迹最好。图 4-53 则是消除尖角示意图。

（a）不好　　（b）好　　（c）很好

图 4-52　尖角处刀具轨迹对比示意图

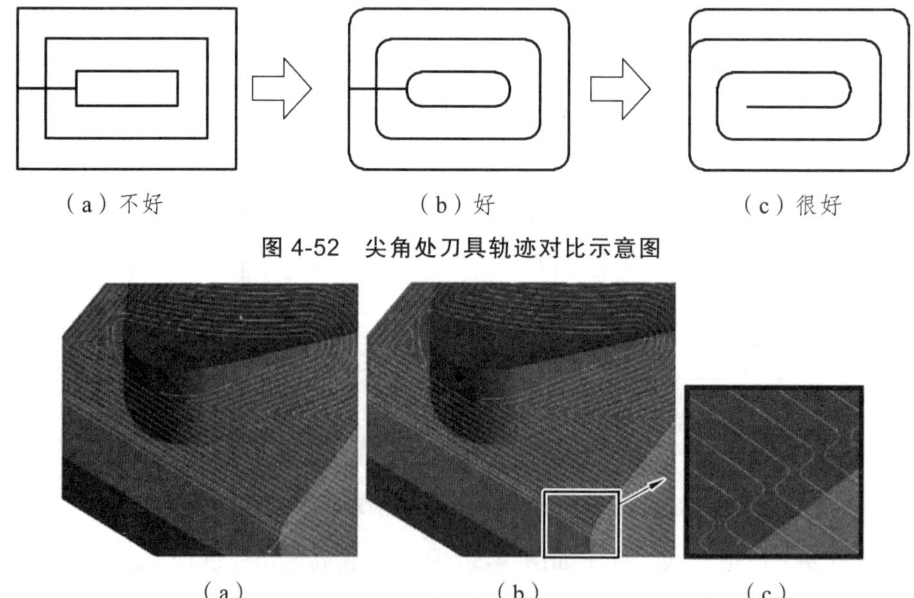

（a）　　（b）　　（c）

图 4-53　消除尖角示意图

② 保证工件的高精度。

为了保证工件的高精度，最重要的一点就是尽量减少刀具的切入次数。如图 4-54 所示，该图显示了如何尽可能地减少刀具切入次数的有效方法。

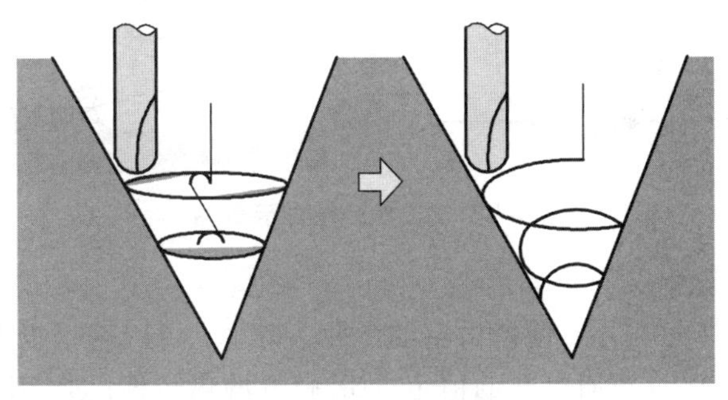

多	切入行程	没有
多	定位	没有
很多	空行程	很少

图 4-54　减少刀具切入次数示意图

③ 保证工件的优质表面。

在高速切削过程中，过小的步进（进给量）会影响实际的进给速率，其往往会造成切削力的不稳定，产生切削振动，从而影响工件表面的完整性。如图 4-55 所示，即为采用不同步进对工件加工表面质量的影响示意图。从该图可以看出，在高速切削条件下，采用较大的进给量，则会产生较好的表面加工质量。

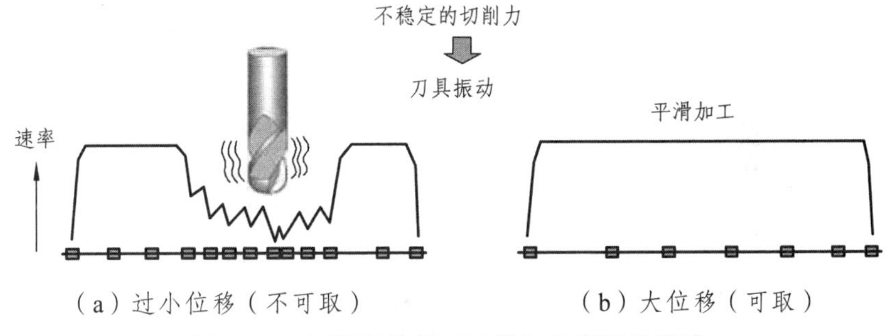

图 4-55　不同进给量对工件加工表面的影响

2. 粗加工数控编程

粗加工在高速加工中所占的比例要比在传统加工中的多。在高速加工中，粗加工的作用就是要比传统加工为半精加工、精加工留有更均衡的余量。粗加工的结果直接决定了精加工过程的难易程度和工件的加工质量。如 Open Mind 软件技术开发主管 Dr. Josef Koch 所说，“高速加工改变了 CAM 策略，要更加努力、严密地进行粗加工，……预精加工阶段的作用更加重要”。因此，在高速粗加工过程中，要着重考虑以下几个方面：

（1）恒定的切削条件。

为保持恒定的切削条件，一般主要采用顺铣（爬升切削）方式，或采用在实际加工点计算加工条件等方式进行粗加工，如图 4-56 所示。在高速切削过程中采用顺铣方式， 可以产生较少的切削热，降低刀具的负载，降低甚至消除了工件的加工硬化，以及获得较好的表面质量等。

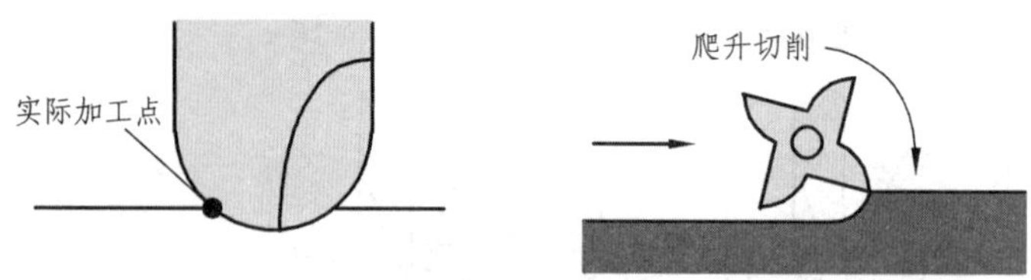

图 4-56 粗加工方式示意图

（2）恒定的金属去除率。

在高速切削的粗加工过程中，保持恒定的金属去除率，可以获得以下的加工效果：① 保持恒定的切削负载；② 保持切屑尺寸的恒定；③ 较好的热转移；④ 刀具和工件均保持在较冷的状态；⑤ 没有必要去熟练操作进给量和主轴转速；⑥ 延长刀具的寿命；⑦ 较好的加工质量等。

（3）走刀方式的选择。

对于带有敞口型腔的区域，尽量从材料的外面走刀，以实时分析材料的切削状况。而对于没有型腔的封闭区域，采用螺旋进刀，在局部区域切入，如图 4-57 所示。

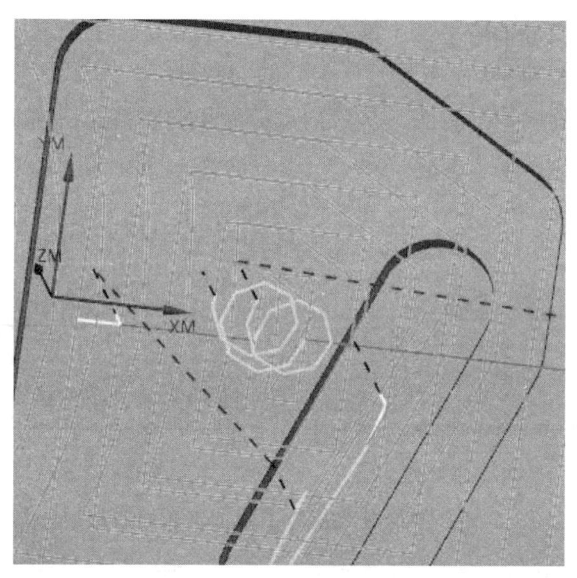

图 4-57 走刀轨迹示意图

（4）尽量减少刀具的切入次数。

由于之字形模式主要应用于传统加工，因此许多人在高速加工中选择回路或单一路径切削。这是因为在换向时 NC 机床必须立即停止（紧急降速）然后再执行下一步操作。由于机床的加速局限性，而容易造成时间的浪费。因此，许多人将选择单一路径切削模式来进行顺铣，尽可能地不中断切削过程和刀具路径，尽量减少刀具的切入切出次数，以获得相对稳定的切削过程，如图 4-58 所示。

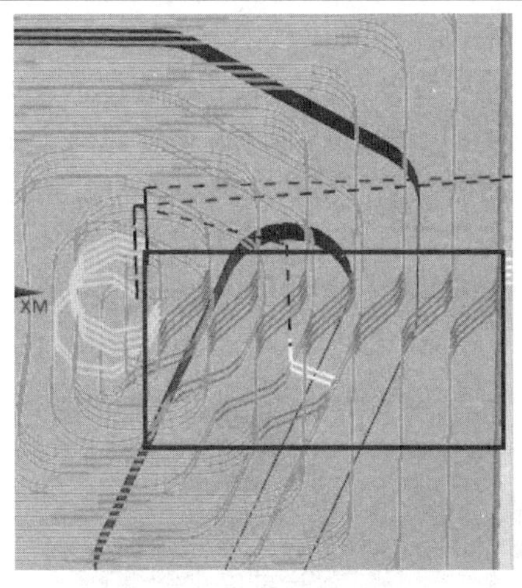

图 4-58　走刀轨迹示意图

（5）尽量减少刀具的急速换向。

由于进给量和切削速度非常高，编程人员必须预测刀具是如何切削材料的。除了降低步距和切削深度以外，还要避免可能的加工方向的急剧改变。急速换向的地方要减慢速度，急停或急动则会破坏表面精度，且有可能因为过切而产生拉刀或在外拐角处咬边。尤其在 3D 型面的加工过程中，要注意一些复杂细节或拐角处切削形貌的产生，而不是仅仅设法采用平行之字形切削、单向切削或其他的普通切削等方式来生成所有的形貌。此外，编程人员还应该了解，不论 HSM 控制器中的前馈功能有多好，它仍然不知道在一个 3D 结构中的加工步长是多少。前馈功能只能知道沿着刀具轨迹和它的拐角处的切除，它并不知道 3D 精加工路径中的步长，也不知道金属去除率是多少。

通常，切削过程越简单越好。这是因为简单的切削过程可以允许最大的进给量，而不必因为数据点的密集或方向的急剧改变而降低速度。从一种切削层等变率地降到另一层要好于直接跃迁，采用类似于圈状的路线将每一条连续的刀具路径连接起来，可以尽可能地减小加速度的加减速突变，如图 4-59 所示。

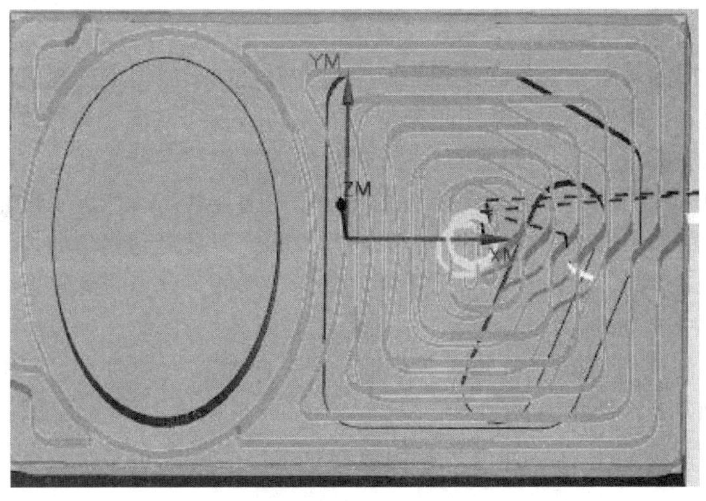

图 4-59　走刀轨迹示意图

（6）在 Z 方向切削连续的平面。

粗加工所采用的方法，通常是在“Z”方向切削连续的平面。这种切削遵循了高速加工理论，采用了比常规切削更小的步距，从而降低每齿切削去除量。当采用这种粗加工方式时，根据所使用刀具的正常的圆角几何形状，利用 CAM 软件计算它的 Z 水平路径是很重要的。如果使用一把非平头刀具进行粗加工，则需要考虑加工余量的三维偏差。根据精加工余量的不同，三维偏差和二维偏差也不相同。如图 4-60 所示，为 Z 方向切削连续平面示意图。

图 4-60 在 Z 方向切削连续的平面示意图

3. 精加工数控编程

在高速切削的精加工过程中，保证精加工余量的恒定至关重要。为保证精加工余量的恒定，主要注意以下几个方面：

（1）笔式加工（清根）。

在半精加工之前为了清理拐角，如图 4-61（a）所示，在过去典型的方法就是选择组成拐角的两个表面，沿着两表面的交界处走刀。采用该方法，可以处理一些小型的或简单的工件，也可以在有充足时间编程的情况下处理复杂结构。但是，由于需要手工选择不同尺寸的刀具和切削所有的拐角，许多人选择预先进行这步工作，因此，在高速加工中可能会产生危险。

笔式铣削采用的策略为，首先找到先前大尺寸刀具加工后留下的拐角和凹槽，然后自动沿着这些拐角走刀。其允许用户采用越来越小的刀具，直到刀具的半径与三维拐角或凹槽的半径相一致。理想的情况下，可以通过一种优化的方式跟踪多种表面，以减少路径重复。

笔式铣削的这种功能，在期望保持切屑去除率为常量的高速加工中是非常重要的。缺少了笔式切削，当精加工这些带有侧壁和腹板的部件时，刀具走到拐角处将会产生较大的金属去除率。采用笔式切削，拐角处的切削难度被降低，降低了让刀量和噪声的产生。该方法即可用于顺铣又可用于逆铣。

由于笔式铣削能够清除拐角处的多余量，当去除量较大的时候，通常在 3D 精加工之前进行笔式铣削。机床操作人员和 NC 编程人员可以根据增大的金属去除率来适当地降低笔式铣削的进给量，也可以增加沿角头的清根轨迹以去除多余余量，如图 4-61（b）、（c）所示。

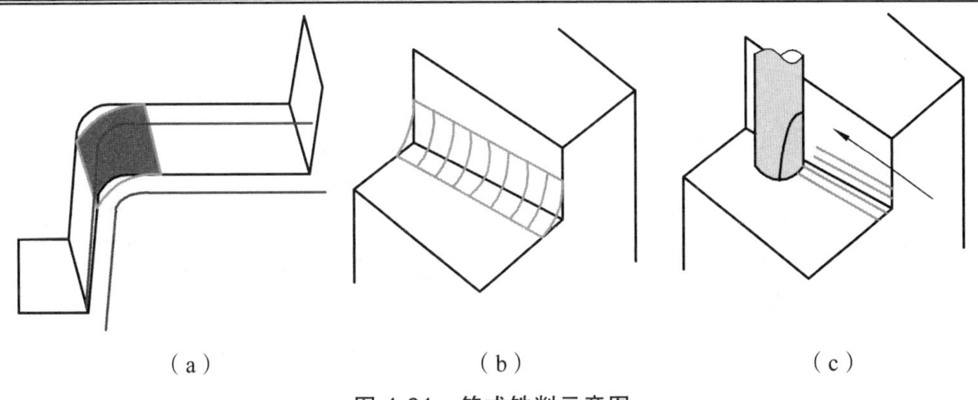

图 4-61 笔式铣削示意图

（2）余量加工（清根）。

余量铣削类似于笔式铣削，但是其又可以应用于精加工操作。其采用的加工思想与笔式铣削相同，余量铣削能够发现并非同一把刀具加工出的三维工件所有的区域，并能采用一把较小的刀具加工所有的这些区域。余量铣削与笔式铣削的不同之处在于，余量铣削加工的是大尺寸铣刀加工之后的整个区域，而笔式铣削仅仅针对拐角处的加工。

HSM 的一个重要选择就是，其能够计算垂直或平行于切削区域的切削余量。法向选择是在剩余切削区域内来回走刀进行切削，而平行选择则将遵从剩余切削区域的加工流理（U-V 线）方向进行切削。HSM 用户可以适当地应用平行选择，其可以将成百上千的步长数减少到很少的量，从而使加工过程更加有效。而且，如同 Dr. Koch 所说，“通过由外向内计算一个腔体，恒采用顺铣模式，并应用软件在表面上生成的加工步长，可以很好地进行精加工。”

（3）控制残余高度。

在切削 3D 外形时，计算 NC 精加工步长的方法主要是根据残余高度，而不是使用等量步长。这种计算步长的算法以不同的形式被封装在不同的 CAM 软件包中。过去采用这种功能的优势就是进行一致性表面精加工。特别表现在，打磨和手工精加工任务的需求将越来越少。在 HSM 中采用对自定义的残余高度进行编程还有另外的好处。根据 NC 精加工路径动态地改变加工步长，该软件可以帮助保持切屑去除率在一个常量水平。这有助于切削力保持恒定，从而将不期望的切削振动控制在最小值。

可以通过两种方法来实现残余高度的控制：

① 实际残余高度加工主要根据表面的法向而不是刀具矢量的法向来计算步长。其可以不管工件表面的曲率而保持每一次走刀之间的等距离切削，并且保持刀具上恒定的切削负载，特别是在工件表面的曲率急剧变化的时候——从垂直方向变为水平方向或者相反，其优势更为明显。

② XY 优化自动地在最初切削的局部范围内再加工残余材料，以修整所有的残留高度。这种选择性的刀具路径创建，精简了再加工整个工件或者必须在 CAM 中手工设置分界线以便加工出光滑表面的一系列工序。如何根据残余高度进行切削，主要在于软件对 3D 形貌中的斜坡部分的计算，如图 4-62 所示。软件能够根据刀具的尺寸和几何形状来调整加工步长以保持恒定的残余高度。这就意味着坡度越陡峭，所需精加工操作中的加工步长越密。自然，用户可以获得一个光滑、精度一致的工件。

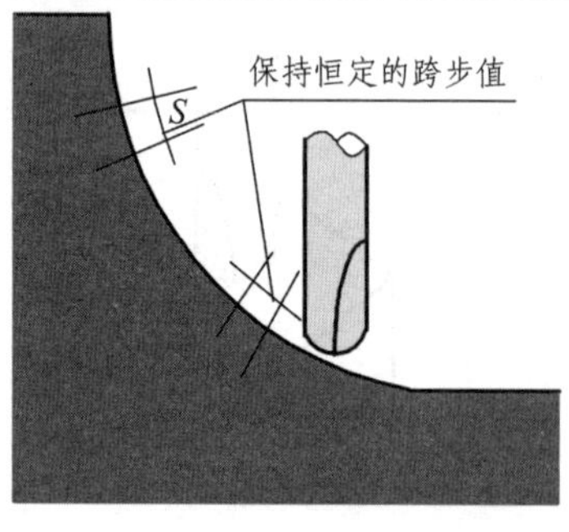

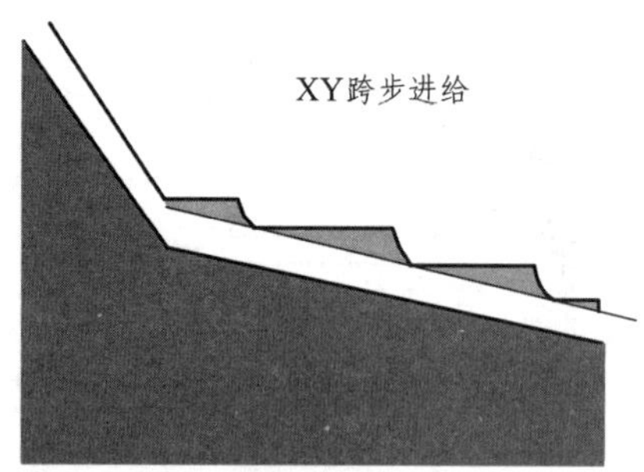

图 4-62　根据法向计算步长及斜坡 XY 优化示意图

（4）采用 fP 工艺来达到高速高精度工件表面。

在高速铣削过程中，最好采用 $f=P$ 的铣削方式，如图 4-63 所示。

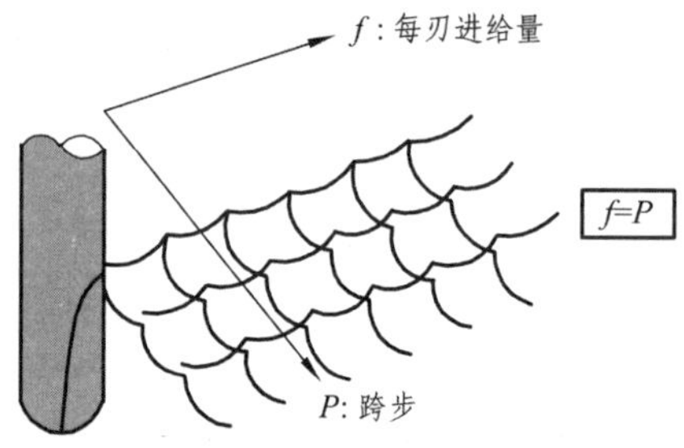

图 4-63　fP 铣削工艺

（5）退刀时采用进给速率，如图 4-64 所示。

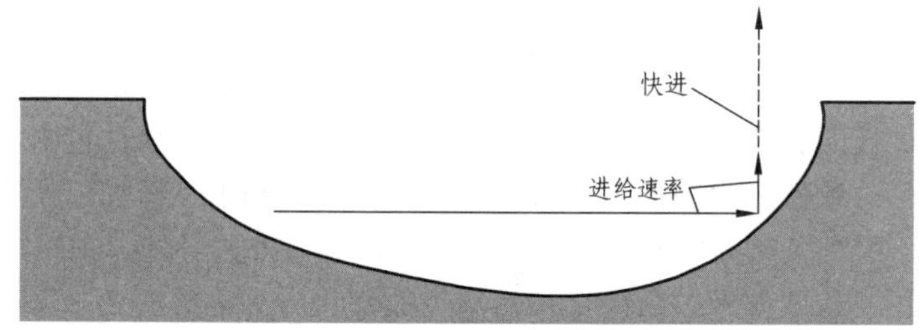

图 4-64　退刀过程示意图

（6）采用不同的加工方法，如图 4-65 所示。

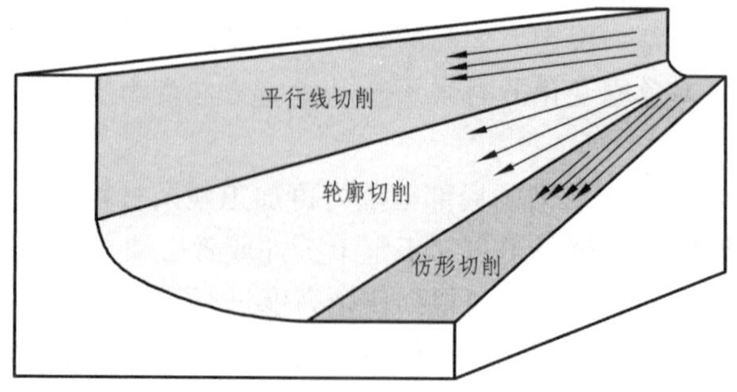

图 4-65　不同铣削加工方法示意图

（7）应用边界识别功能，如图 4-66 所示。

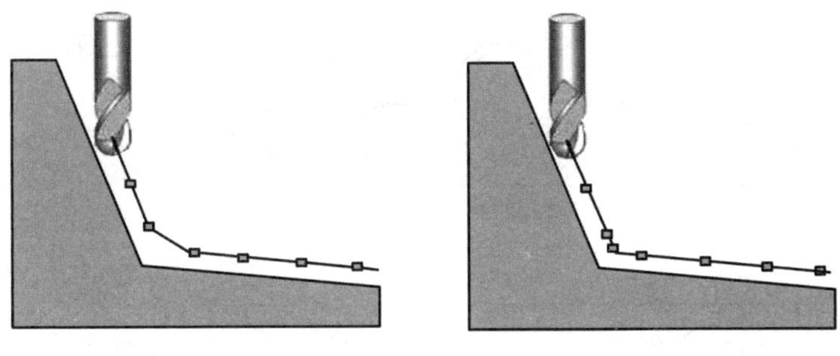

（a）没有边界识别功能（不好）　　（b）采用边界识别功能（好）

图 4-66　没有边界识别与采用边界识别对比示意图

（8）保证加工轨迹的一致性。保证加工轨迹的一致性能够获得优质的加工表面。如图 4-67 所示，不配合的加工轨迹则使型面产生偏差，而保证加工轨迹的一致性时，型面的质量较高。

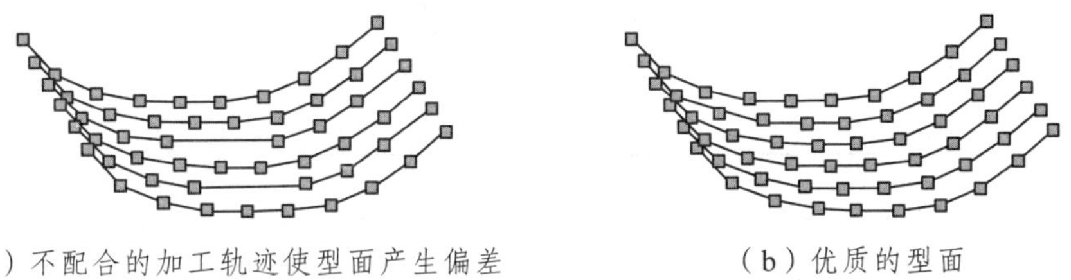

（a）不配合的加工轨迹使型面产生偏差　　（b）优质的型面

图 4-67　加工轨迹一致性与不一致性的对比

4.6　思考与练习

通过本项目的学习，制订合理的数控加工工艺，选择合适的刀具及切削参数，完成图 4-68 ~ 4-72 所示零件的数控加工编程。

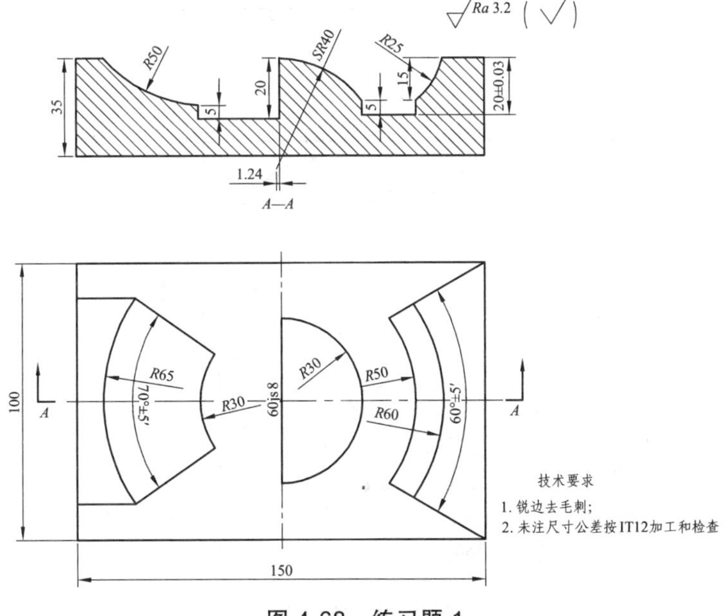

图 4-68　练习题 1

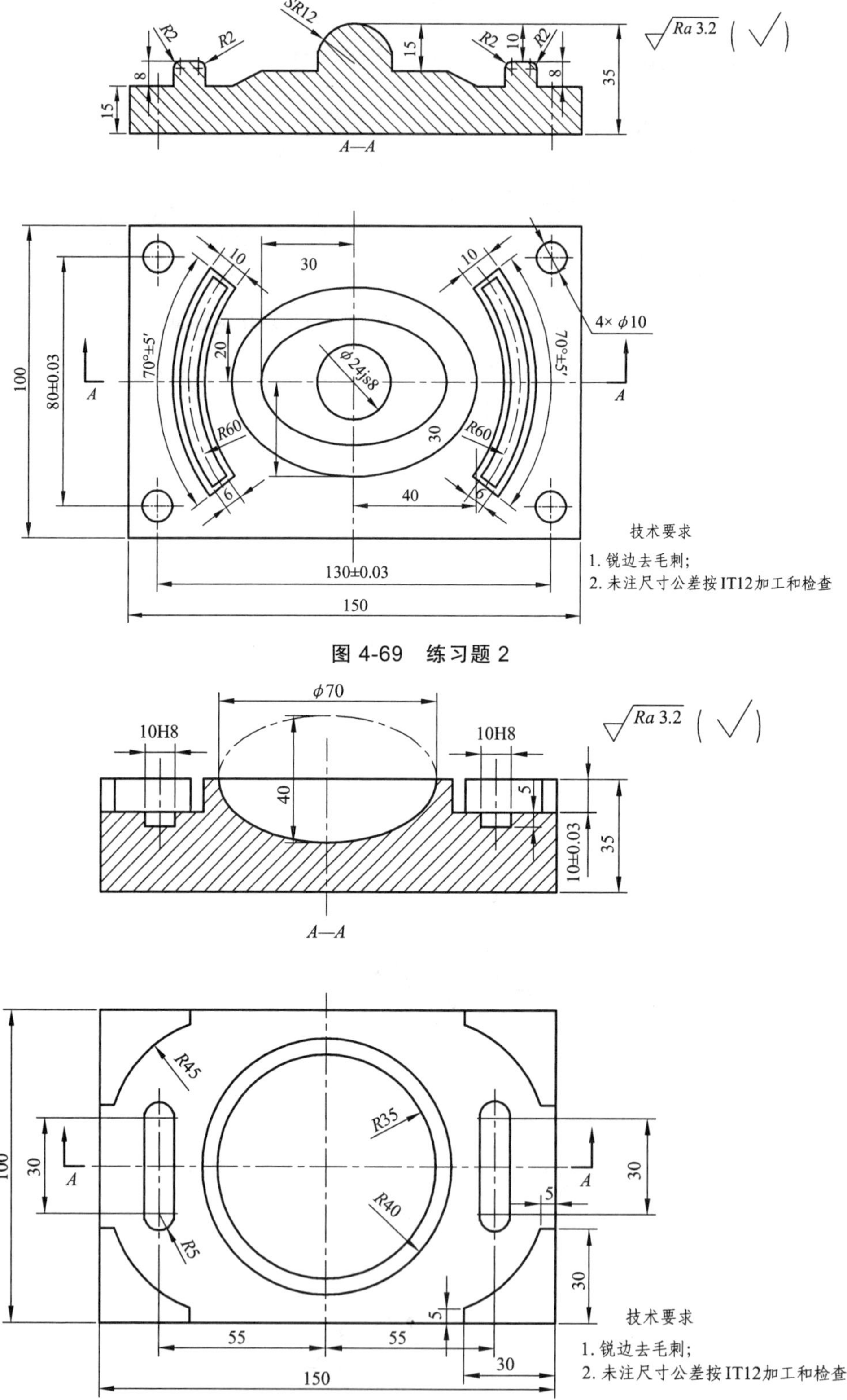

图 4-69 练习题 2

图 4-70 练习题 4

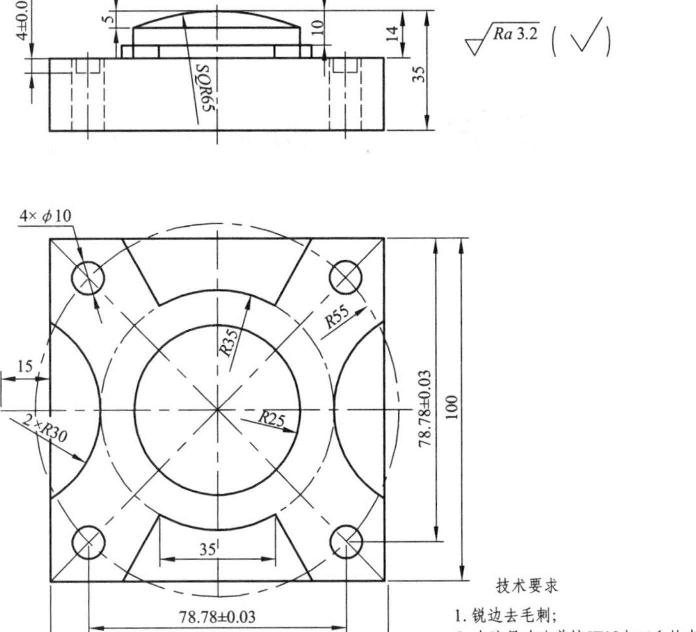

图 4-71　练习题 4

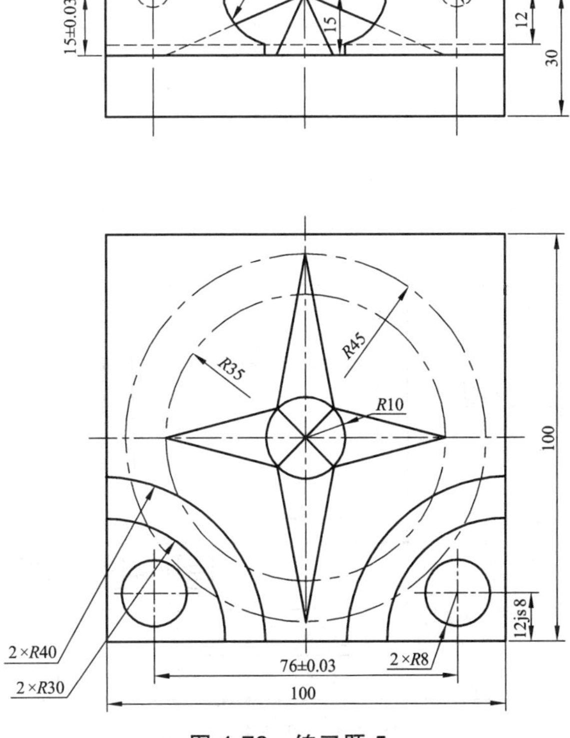

图 4-72　练习题 5

项目 5　固定轴曲面轮廓铣削加工

5.1　知识与技能点

✓ 固定轴曲面轮廓铣的应用范围
✓ 固定轴曲面轮廓铣的驱动方式
✓ 投影矢量

5.2　项目介绍

如图 5-1 所示的鼠标电极零件图，零件材料为 T4，毛坯为 115 mm × 70 mm × 55 mm。制订合理的数控加工工艺，选择合适的刀具及切削参数，完成零件的数控加工编程。

本项目总课时为 6 学时。

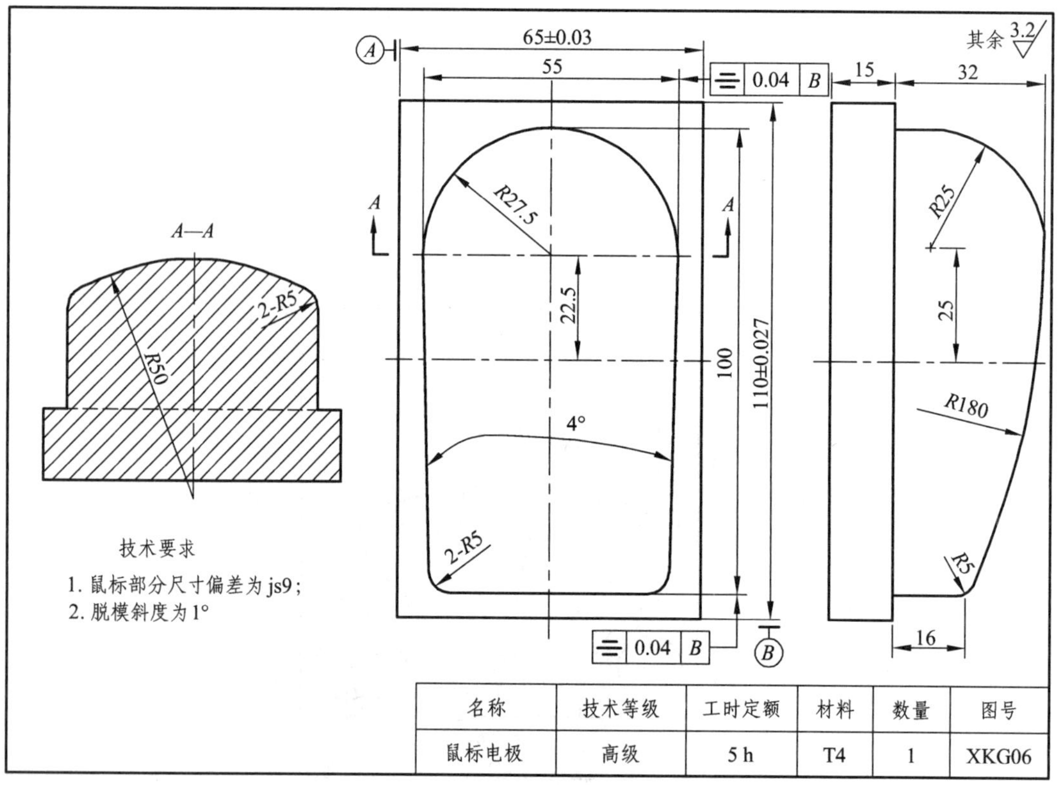

图 5-1　鼠标电极零件

5.3 相关知识

5.3.1 固定轴曲面轮廓铣加工介绍

固定轴曲面轮廓铣工序适用于加工一个或多个复杂曲面，根据不同的加工对象，可实现多种方式的精加工。在创建固定曲面轮廓铣工序时，用户需要指定零件几何、驱动几何、驱动方式和投影矢量，系统沿着用户指定的投影矢量，将驱动几何上的驱动点投影到零件几何上，生成投影点。加工刀具从一个投影点移动到另一个投影点，从而生成刀具轨迹。

5.3.2 固定轴曲面轮廓铣的特点

与平面铣工序不同，在创建固定轴曲面轮廓铣工序时，用户需要设置两个参数——驱动方式和投影矢量。驱动方式是固定轴曲面轮廓铣工序的重要参数，它提供了创建驱动点的方法。系统为用户提供了多种驱动方式，如边界驱动方式、区域铣削驱动方式、清根驱动方式和用户自定义驱动方式等，用户可以根据加工几何的形状和加工精度，选择一种合适的驱动方式。投影矢量是固定轴曲面轮廓铣工序的另外一个重要参数，它用来指定驱动点投影到零件几何上的方向矢量。系统提供了多种指定投影矢量的方法，如刀轴、朝向点、远离点、远离直线、朝向直线和用户自定义等。

5.3.3 固定轴曲面轮廓铣加工子类型

固定轴曲面轮廓铣模板包含了很多种加工子类型，如图 5-2 所示，其含义如表 5-1 所示。

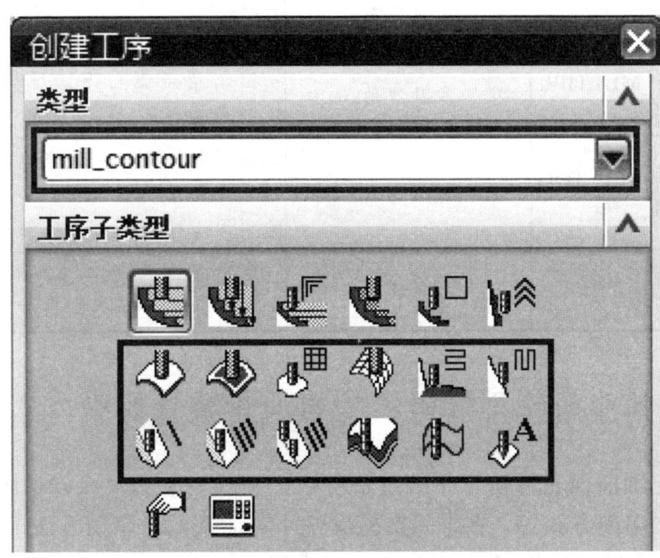

图 5-2　固定轴曲面轮廓铣类型

表 5-1　固定轴曲面轮廓铣子类型介绍

图标	英文名称	中文名称	说　明
	FIXED_CONTOUR	固定轴曲面轮廓铣	这是主要的固定轴曲面轮廓铣工序子类型
	CONTOUR_AREA	区域铣削	使用区域铣削驱动方法定制此工序子类型以切削选定的面或切削区域。此工序子类型常用于半精加工和精加工
	CONTOUR_SURFACE_AREA	曲面区域	使用曲面区域驱动方法定制此工序子类型以切削单个驱动曲面或驱动曲面的排列有序的矩形栅格
	STREAMLINE	流线	使用流线驱动方法定制此工序子类型以切削曲线集定义的驱动曲面。可从部件几何体自动生成曲线集，或选择点、曲线、边或曲面以定义曲线集，不需要驱动曲面的排列有序的栅格
	CONTOUR_AREA_DIR_STEEP	区域铣削——定向陡峭	使用区域铣削驱动方法定制此工序子类型以仅切削陡峭区域。将此工序子类型与 CONTOUR_ZIGZAG 或 CONTOUR_AREA 工序子类型一起使用，可通过对前一往复切削进行十字交叉切削来降低残余高度
	CONTOUR_AREA_NON_STEEP	区域铣削——非陡峭	使用区域铣削驱动方法定制此工序子类型以仅切削非陡峭区域。精加工切削区域时，通常在使用陡峭空间范围控制残余高度的 ZLEVEL_PROFILE 工序之后使用此工序子类型
	FLOWCUT_SINGLE	单刀清角	使用清根驱动方法定制此工序子类型以精加工或去除拐角和凹部
	FLOWCUT_MULTIPLE	多刀清角	使用清根驱动方法定制此工序子类型以切削多条刀路
	FLOWCUT_REF_TOOL	参考前刀具清角	清根驱动方法，根据先前参考刀具直径定制此工序子类型以切削多条刀路。此工序子类型用于移除拐角和凹部中的剩余材料
	CONTOUR_TEXT	曲面刻字	定制此工序子类型以切削制图注释中的文本。此工序子类型用于 3D 雕刻

5.3.4　固定轴曲面轮廓铣固定轴曲面轮廓铣驱动方式

驱动方式是固定轴曲面轮廓铣工序的重要参数，它决定了用户可以选用的驱动几何、投影矢量、刀轴矢量和切削方式等。在【固定轮廓铣】对话框的【驱动方法】选项组的【方法】下拉列表框中，系统为用户提供了 11 种驱动方式。用户根据指定的加工几何类型选择驱动方式，选择方式不同，需要指定的加工几何也不相同。

图 5-3　驱动方式

1. 边界驱动方式

边界驱动方法允许用户通过指定“边界”和空间范围“环”定义切削区域。边界与部件表面的形状和大小无关，而不必须与外部部件表面边对应。切削区域由“边界”“环”或二者的组合定义。将已定义的切削区域的“驱动点”按照指定的“投影矢量”的方向投影到“部件表面”，这样就可以创建“刀轨”，如图 5-4 所示。“边界驱动方法”在加工“部件表面”时很有用，它需要最少的“刀轴”和“投影矢量”控制。

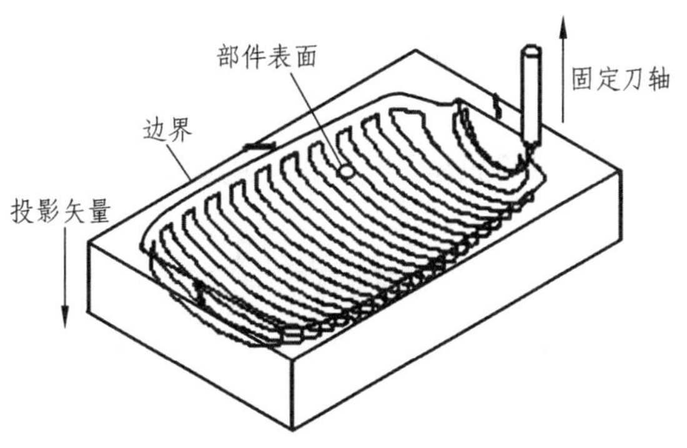

图 5-4　边界驱动方法

“边界驱动方法”与“平面铣”的工作方式大致上相同。但是，与“平面铣”不同的是，“边界驱动方法”可用来创建允许刀具沿着复杂表面轮廓移动的精加工工序。

与“曲面区域驱动方法”相同的是，“边界驱动方法”可创建包含在某一区域内的“驱动点”阵列。在边界内定义“驱动点”一般比选择驱动曲面更为快捷和方便。但是，使用“边界驱动方法”时，不能控制刀轴或相对于驱动曲面的投影矢量。例如，平面边界不能包络复杂的部件表面，从而均匀分布“驱动点”或控制刀具，如图 5-5 所示。

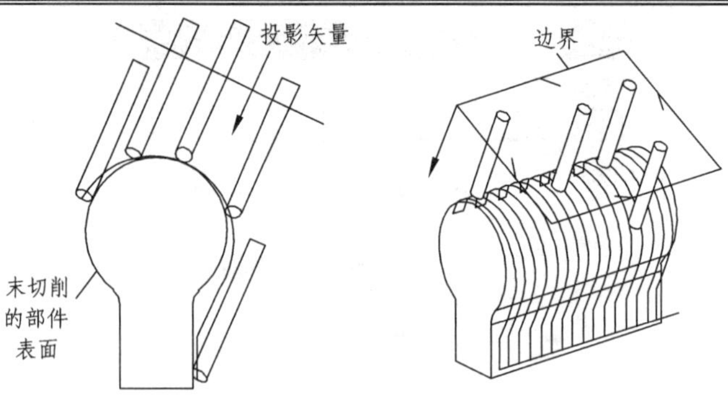

图 5-5　将驱动点投影到部件表面

选择驱动方法为“边界”，单击【驱动方法】选项组中的编辑按钮，系统将打开【边界驱动方法】对话框，如图 5-6 所示。

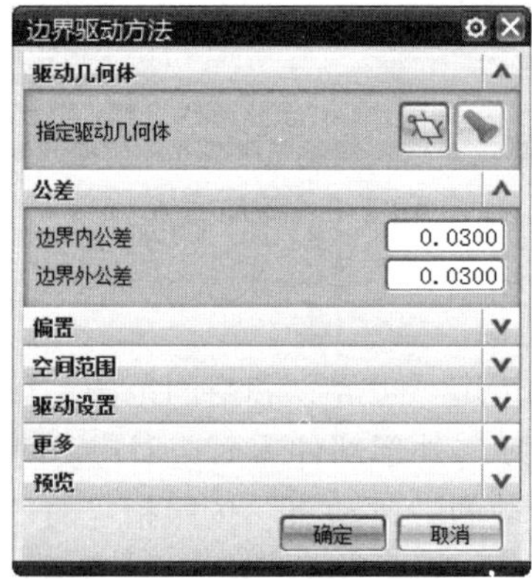

图 5-6 【边界驱动方法】对话框

（1）驱动几何体。

用于指定边界以定义驱动几何体，指定方式与平面铣中指定边界相同。图 5-7 为【边界几何体】对话框。

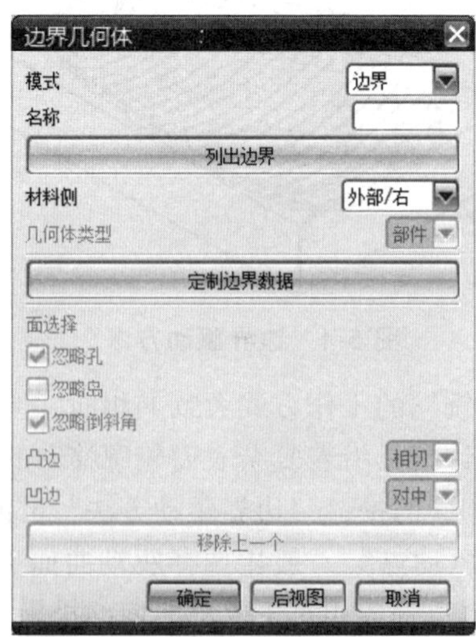

图 5-7 【边界几何体】对话框

边界可以由一系列曲线、现有的永久边界、点或面创建。它们可以定义切削区域外部，如岛和腔体，可以为每个边界成员指定“对中”“相切”或“接触”刀具位置属性。

边界可以超出“部件表面”的大小范围，也可以在“部件表面”内限制一个更小的区域，还可以与“部件表面”的边重合，如图 5-8 所示。边界超出“部件表面”的大小范围时，如果超出的距离大于刀具直径，则将会发生“边缘追踪”。刀具在“部件表面”的边缘上滚过时，通常会发生不期望的情况。

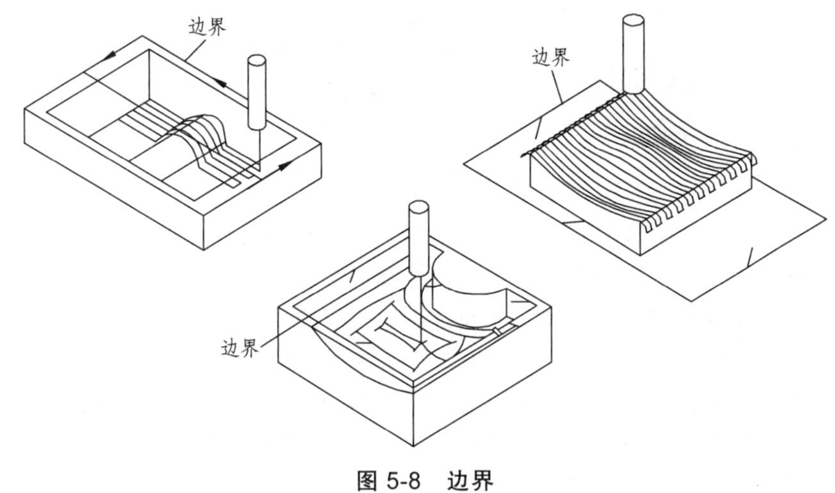

图 5-8 边界

当边界限制了“部件表面”的区域时，必须使用“对中”“相切”或“接触”将刀具定位到边界上。当“切削区域”和外部边缘重合时，最好使用被指定为“对中”“相切”或“接触”的“部件空间范围环”（与边界相反）。这三个选项是特别用来影响刀具在非常陡峭的“部件表面”上的定位方式的。

（2）公差。

公差用于指定边界的内公差值和外公差值，如图 5-9 所示。

图 5-9 【公差】组

（3）偏置。

用户可以指定沿边界遗留的材料量，如图 5-10 所示。刀具位置设为对中时，不会应用边界偏置。

图 5-10 【偏置】组

（4）空间范围。

通过沿着所选部件表面和表面区域的外部边缘创建环来定义切削区域，如图 5-11 所示。“环”类似于边界，因为它们都可定义切削区域。但环与边界不同的是，环是在部件表面上直接生成的而且无须投影。

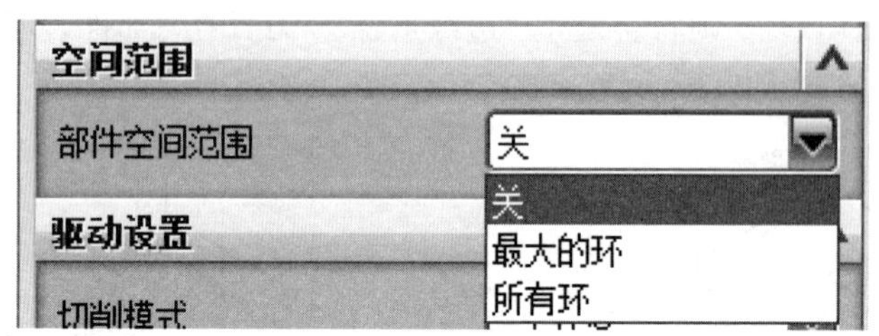

图 5-11 【空间范围】组

但需要注意的是，从实体创建部件空间范围时，选择要加工的面而不是选择实体。选择实体将导致无法创建环。实体包含多个可能的外部边缘，这个不确定性将会阻止创建环。选择要加工的面可清楚地定义外部边缘，并允许创建所需的环。

系统创建环后，用户可以指定在工序中要使用的环，方法是：选择“编辑”，然后对每个环切换“使用此环”按钮，使其为“开”或“关”。与边界一样，在工序中利用到的每个环都要指定“对中”“相切”或“接触”刀具位置属性，而且显示相应的刀具位置指示符。

部件空间范围仅可用于“固定轮廓铣”工序。同时，必须将“投影矢量”设置为刀轴或者设置为一个与刀轴选项等效的固定矢量。如果这两个条件都没有满足，则不能生成驱动轨迹。

使用曲面模型（与实体模型相反）时，用户应该确保可以将面缝合在一起以形成所需的区域。如果不能，则环可能导致不可预料的结果。例如，相邻的面不能显著地重叠或具有太大的缝隙，面不能被复制，且大面积的区域不应该由多个面覆盖。通过以下方法可发现这些问题：仔细检查零件明细表中的面，检查是否有可以移除以消除双覆盖的面，或者使用“拓扑”选项并选择一个用来过滤出缝隙和重叠的公差。

“环”可以是平面的，也可以是非平面的，并且总是封闭的。它们沿着所有的外部件表面边缘生成。用户可以指定使用所有环来定义“切削区域”（对于所有新创建的环，“部件空间范围”对话框中的“使用此环”被切换为“开”），或仅使用最大环来定义“切削区域”（只在“部件空间范围”对话框中将最大环的“使用此环”切换为“开”），如图 5-12 所示。每种情况下相同的环都是实际创建的。“使用此环”选项的状态总是有那样的区别。

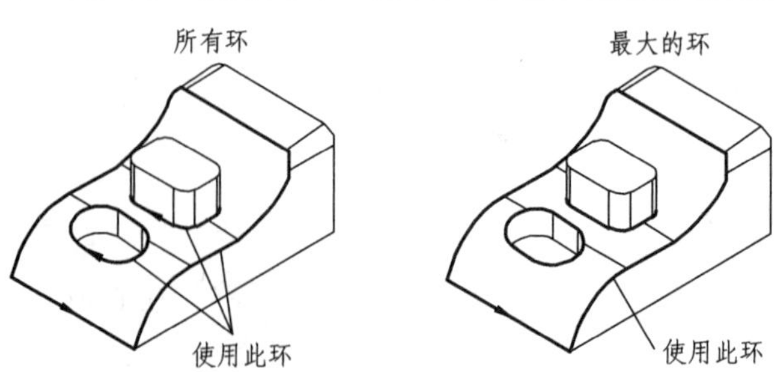

图 5-12 所有环与最大环

不管如何进行初始设置，用户仍然可以使用编辑手工将环状态切换为“开”或“关”。更改最大环和所有环之间的“部件空间范围”选项将忽略所有手工设置的环。先关闭“部件空间范围”，然后再回到同一选项将不会影响手工编辑的环。

内部边缘（与其他部件表面边缘相邻的部件表面边缘）被忽略。如果使用“全选”定义部件表面，请确保移除所有不需要的部件表面，这样就可以正确地定义所需的外部边缘（该边缘将成为环）。如果没有外部边缘，则系统不会生成环。

环可定义要切削的主要区域，以及要避开的岛和腔体。岛和腔体刀具位置指示符（沿着环的箭头或半箭头）相对于主空间范围环指示符的方向可确定某区域是包含在切削区域中还是被排除在切削区域之外。默认情况下，系统将岛和腔体的刀具位置指示符定义为指向主空间范围环指示符的相反方向，这样使得区域被排除在切削区域之外，如图 5-13 所示。

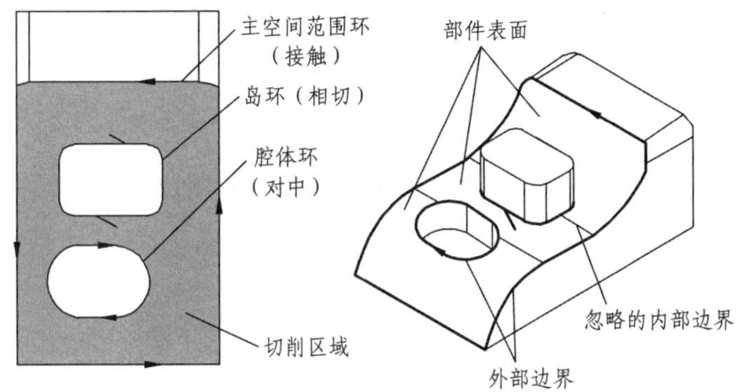

图 5-13　由环定义的切削区域

在图 5-13 中，指定所有环可以使系统使用所有的 3 个环。默认情况下，系统将利用接触刀具位置初始定义每个环。如果要指定不使用岛环和腔体环，可选择“编辑”并将“使用此环”切换为“关”。用户也可以将刀具位置由“接触”改为“对中”或“相切”。

图 5-14 说明了一个岛环，它的指示符指向与主空间范围环相同的方向。出现这种情况是因为部件表面 A 与定义主空间范围环的部件表面不相邻，使得系统将岛环定义为另一个外部边缘。

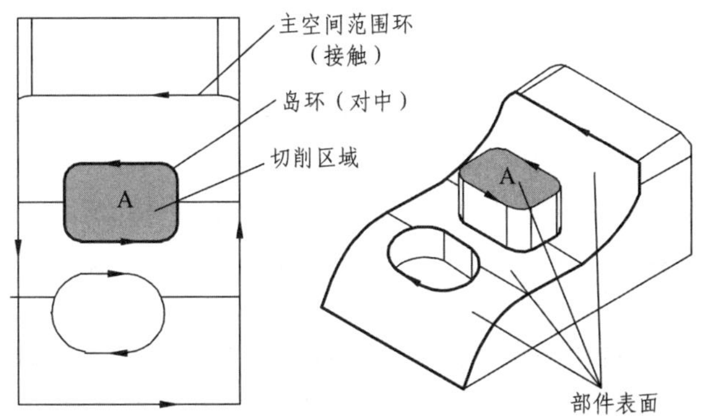

图 5-14　指向同一方向的主空间范围环和岛环指示符

如果岛或腔体的刀具位置指示符的方向与主空间范围环指示符的方向相同，那么只有岛或腔体会形成切削区域，如图 5-14 所示。因为这种情况会使主空间范围环被完全忽略，所以应该避免出现这种情况。上面的部件表面 A 应该在单独的工序中进行加工。

可以将环和边界结合起来使用，以便定义切削区域。沿着刀轴向平面投影时，边界和环的公用区域可定义切削区域，如图 5-15 所示。

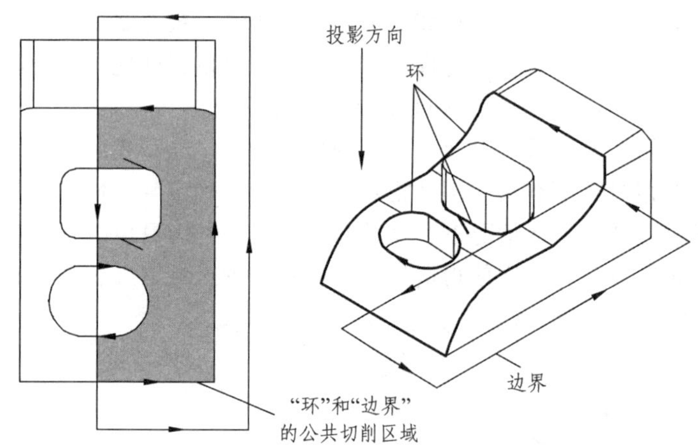

图 5-15 由环和边界定义的切削区域

可以将环和边界结合起来定义多个切削区域，如图 5-16 所示。

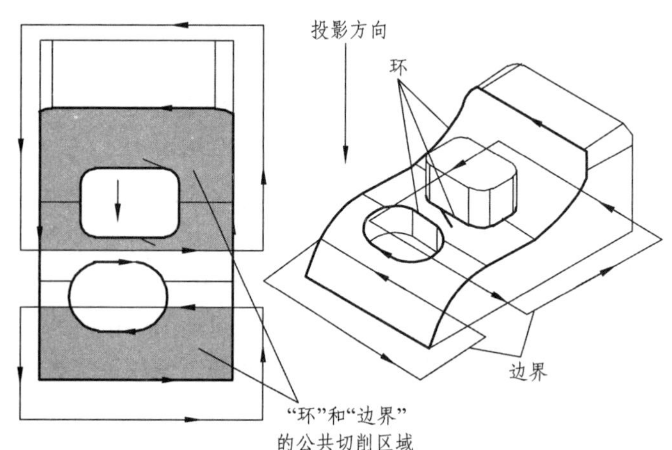

图 5-16 通过将环和边界相交定义的切削区域

请注意，在图 5-16 中，系统没有将所有的边界合并至一个切削区域，而是仅找到了相交区域，并且仅将那些区域定义为切削区域。

向平面上投影时，应该避免使用互相之间直接叠加的环和边界。可能会存在一些不确定性，如某一区域是包含在切削区域中还是被排除在切削区域外，以及是将刀位设置为“对中”“接触”还是“相切”。

例如，在图 5-17 所示的俯视图上，环 A 叠加在环 B 上。环 A 的刀具位置指示符指定了“对中”条件，并指出了该区域将包含在切削区域中。环 B 的刀具位置指示符指定了“相切”条件，并指出了该区域将不包含在切削区域中。计算驱动轨迹时，系统将无法确定使用哪个环和哪个刀具位置，这将导致意料之外的结果。

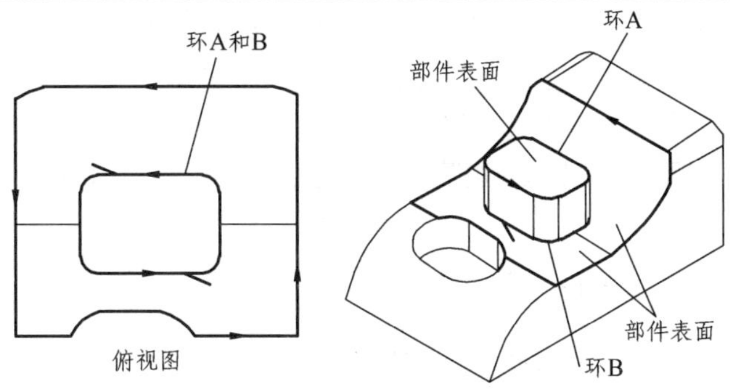

图 5-17 由叠加环引起的不确定性

要校正这种情形，应该使环 A 处于非活动状态（将“使用此环”切换为“关”）以生成图 5-18 所示的切削区域。必须在单独的工序中对部件表面 C 进行加工。

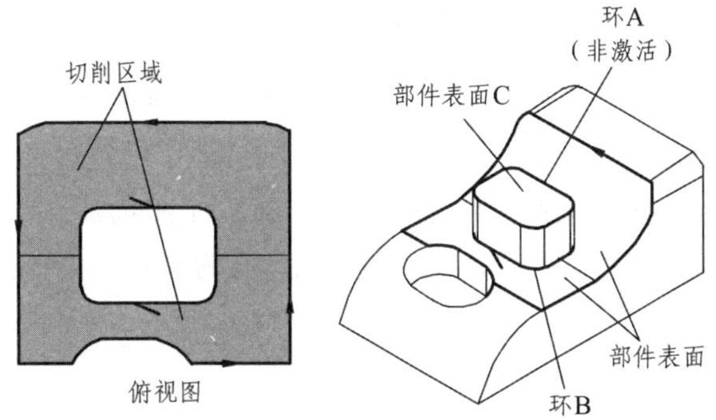

图 5-18 定义的切削区域

“部件空间范围”按钮可激活“编辑”和“显示”按钮，如下所述。如果将此按钮切换至“开”位置，则系统将所有的外部部件表面边缘确定为环。然后用户可用使用下面所描述的“编辑”按钮来指定定义切削区域时用户希望使用的环。

（5）驱动设置，如图 5-19 所示。

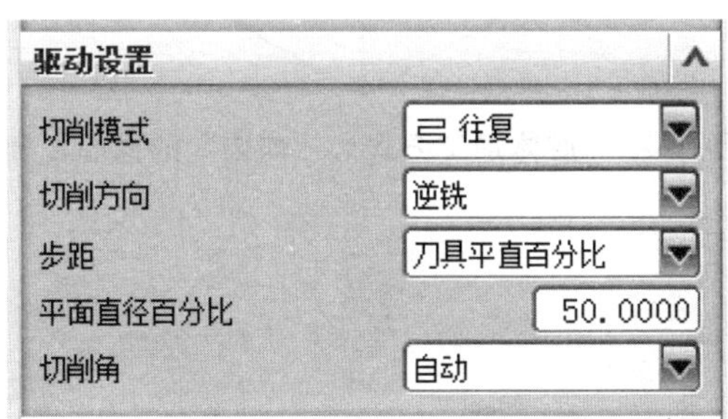

图 5-19 【驱动设置】组

① 切削模式。

【切削模式】用于定义刀轨的形状。某些模式可切削整个区域，而其他模式仅围绕区域的周界进行切削。某些模式遵循切削区域的形状，而其他模式与切削区域的形状无关。其中往复、单向和单向轮廓等的工作方式与在平面铣和型腔铣中相同，在此不再赘述，仅就径向模式和同心模式进行表述。

径向往复、径向单向、径向单向轮廓和径向单向步进从用户指定或系统计算出的最佳中心点创建线性切削模式。此“切削模式”允许用户指定“模式中心”，也允许用户将加工腔体的方法指定为“向内”或“向外”。它还允许用户针对此切削模式指定唯一的角度步距。此切削模式的“步距”是在距中心最远的边界点处沿着圆弧测量的，如图 5-20 所示。

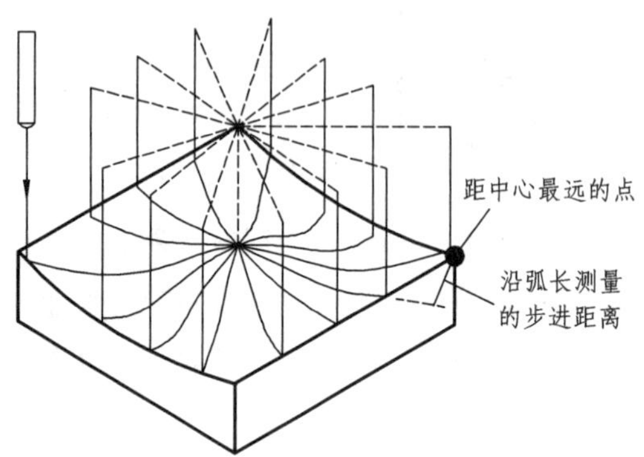

图 5-20　腔体加工方式为“向内”的径向单向

同心往复、同心单向、同心单向轮廓和同心单向步进从用户指定或系统计算出的最佳中心点创建逐渐变大或逐渐变小的圆形切削模式，如图 5-21 所示。

在整圆模式无法延伸到的区域，如拐角处，系统在刀具运动至下一个拐角以继续切削之前会创建并连接同心圆弧。

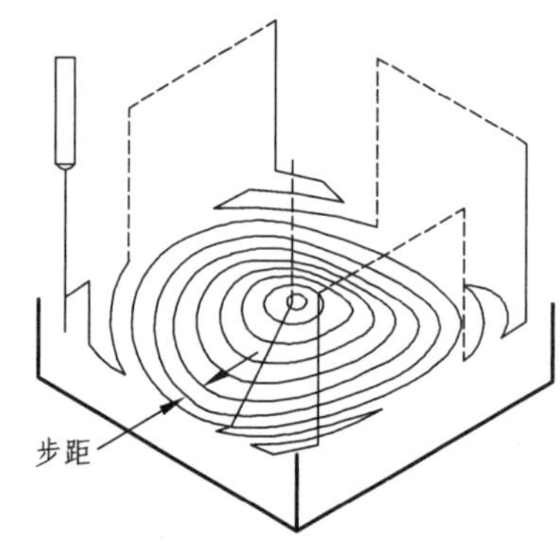

图 5-21　腔体加工方式为“向内”的同心往复

（6）更多，如图 5-22 所示。

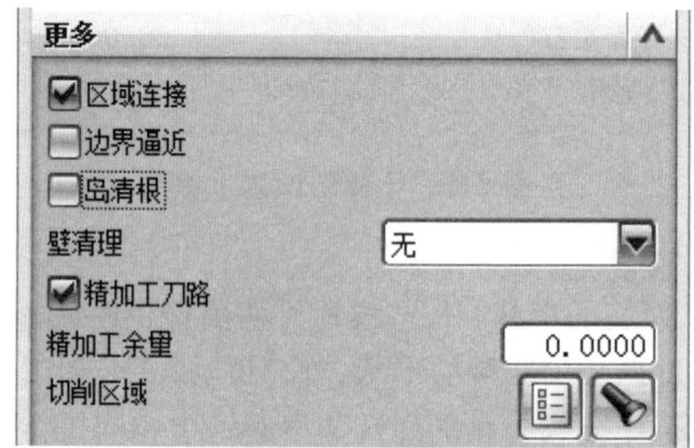

图 5-22 【更多】组

【区域连接】：最小化发生在一个部件的不同切削区域之间的进刀、退刀和移刀运动数。

对于不超出边界或余量值刀具无法到达的部件上的每个位置，系统都建立了不同的切削区域。

【边界逼近】：通过转换、弯曲和切削将刀路变为更长的线段以减少处理时间。

【岛清根】：绕岛插入一个附加刀路以移除可能遗留下来的所有多余材料，如图 5-23 所示。

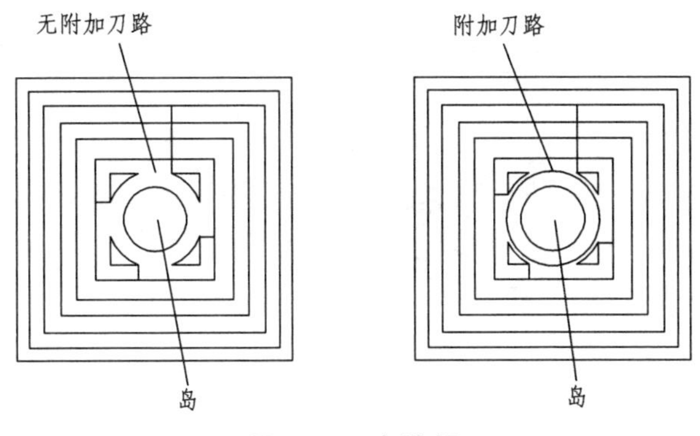

图 5-23　岛清根

【壁清理】：移除沿部件壁出现的凸部。

【精加工刀路】：在正常切削工序结束处添加精加工切削刀路，以便绕边界进行追踪。“精加工刀路”激活“精加工余量”字段，允许用户输入此刀路余量值。在此处输入的“值”应该小于等于在“边界驱动方法”对话框中指定的“边界余量值”。对标准驱动和轮廓切削模式不可用。

【精加工余量】：精加工刀路的余量值。

【切削区域】：定义“起点”并指定切削区域的图形显示方式，以供视觉参考，如图 5-24 所示。

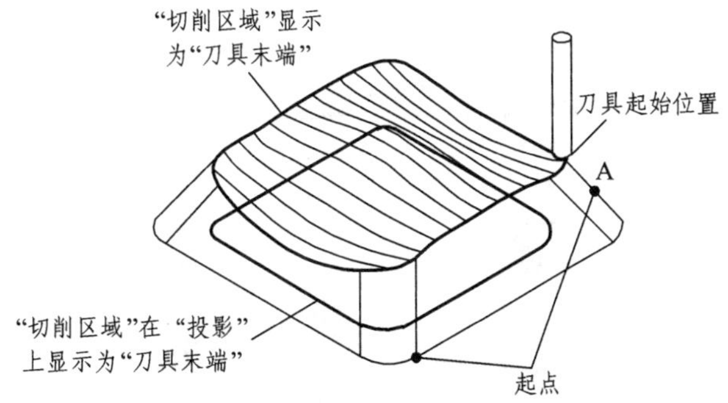

图 5-24　起点和切削区域

2. 区域铣削驱动方式

区域铣削驱动方法使用户能够定义“固定轴曲面轮廓铣”工序，方法是：指定切削区域并且在需要的情况下添加“陡峭空间范围”和“修剪边界”约束。这种驱动方法类似于“边界驱动方法”，但是它不需要驱动几何体，而是使用一种稳固的自动免碰撞空间范围计算。它仅可用于“固定轴曲面轮廓铣”工序。因此，应尽可能使用“区域铣削驱动方法”代替“边界驱动方法”。

可以通过选择“曲面区域”“片体”或“面”来定义“切削区域”，如图 5-25 所示。与“曲面区域驱动方法”不同，切削区域几何体不需要按一定的栅格行序或列序进行选择。

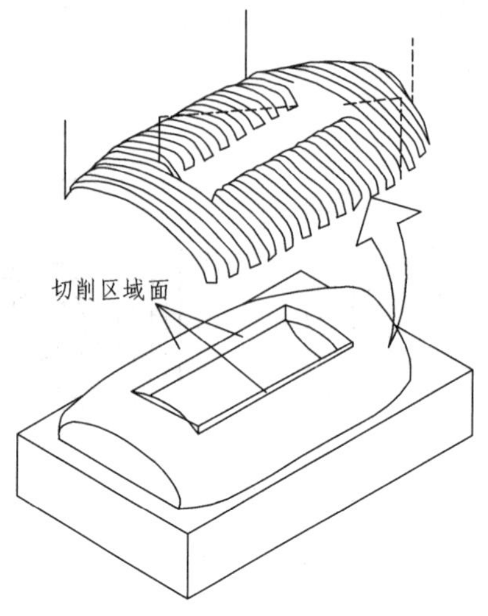

图 5-25 区域铣削驱动方法

如果不指定“切削区域”，系统将使用完整定义的“部件几何体”（刀具无法接近的区域除外）作为切削区域。换言之，系统将使用部件轮廓线作为切削区域。如果使用整个“部件几何体”而没有定义“切削区域”，则不能移除边缘追踪。

“区域铣削驱动方法”可以使用“往复上升”切削类型。这种“切削类型”根据指定的局部“进刀”“退刀”和“移刀”运动，在刀路之间提升刀具。它不输出“离开”和“逼近”运动。

选择驱动方法为“区域铣削”，单击【驱动方法】选项组中的编辑按钮，系统将打开【区域铣削驱动方法】对话框，如图 5-26 所示。

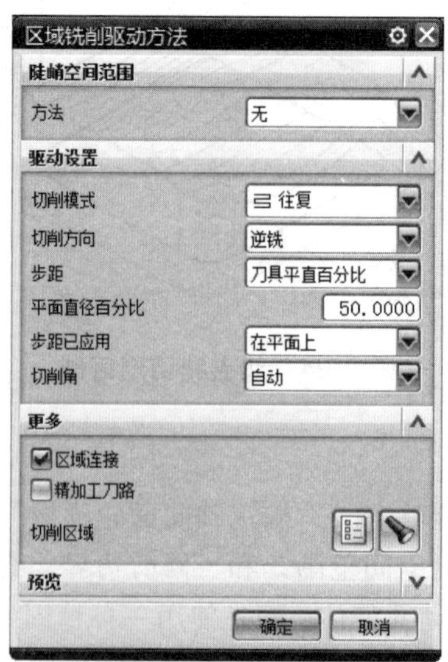

图 5-26 【区域铣削驱动方法】对话框

（1）陡峭空间范围。

【方法】下拉列表主要用于设置加工的区域角度，包括无、非陡峭和定向陡峭 3 种方法。

【无】：不在刀轨上施加陡峭度限制，而是加工整个切削区，如图 5-27 所示。

【非陡峭】：只在部件表面角度小于陡角值的切削区域内加工，如图 5-28 所示。

【定向陡峭】：只在部件表面角度大于陡角值的切削区域内加工，如图 5-29 所示。

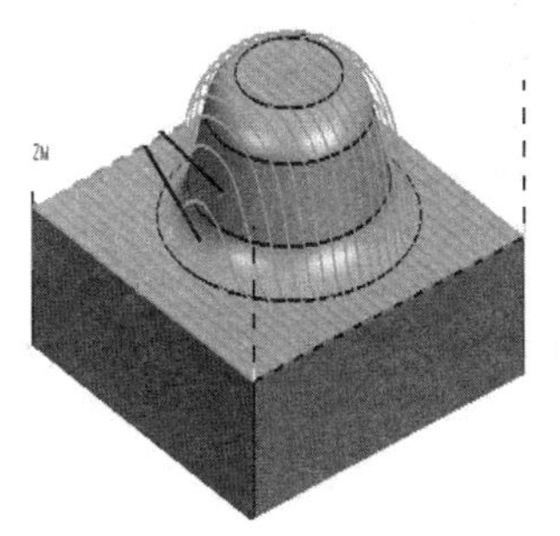

图 5-27 【无】

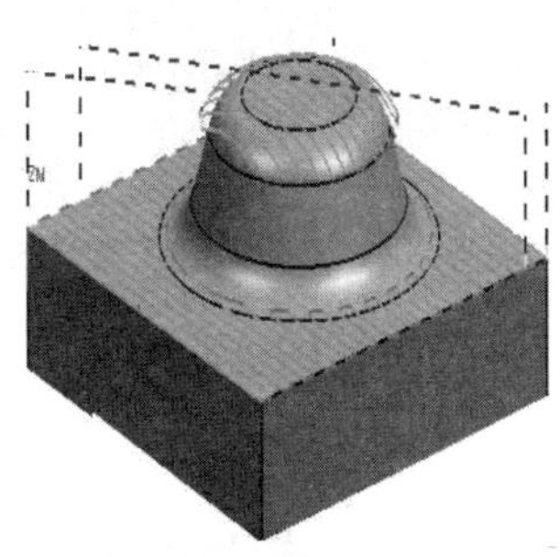

图 5-28 【非陡峭】

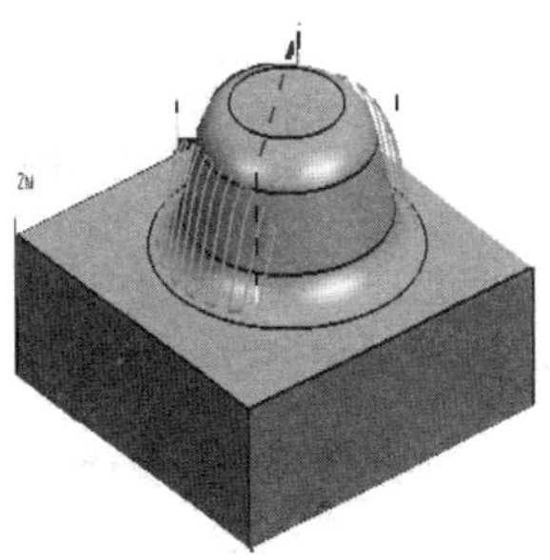

图 5-29 【定向陡峭】

（2）驱动方法。

【驱动方法】组中参数与【边界驱动方法】相同，现仅对【步距已应用】进行表述。

【在平面上】：在平面上测量垂直于刀轴的平面上的步距，它最适合非陡峭区域，如图 5-30 所示。如果将此刀轨应用至具有陡峭壁的部件，那么此部件上实际的步距不相等。

【在部件上】：在部件上可用于使用往复切削类型的“跟随周边”和“平行”切削模式，如图 5-31 所示。在部件上测量沿部件的步距，为用户提供更多对部件几何体较陡峭部分残余高度的控制，那么步距是相等的。

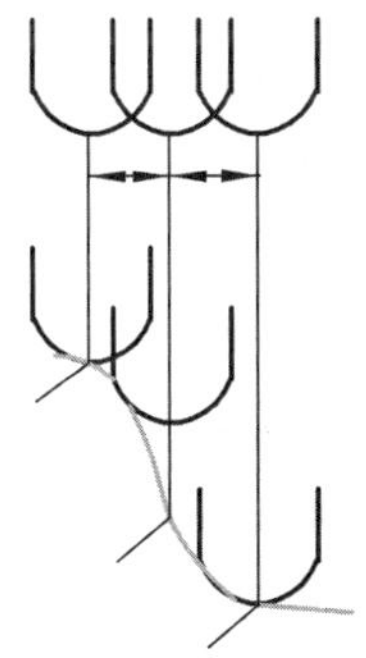

图 5-30 【在平面上】

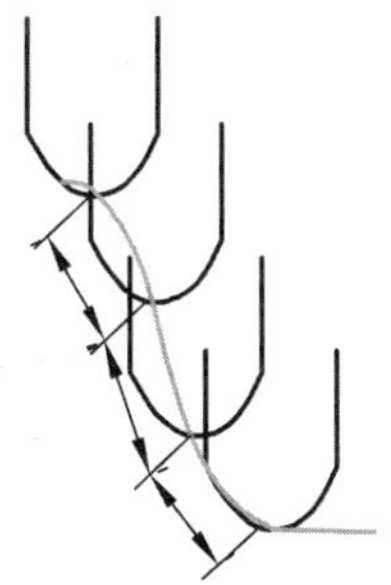

图 5-31 【在部件上】

3. 曲线/点驱动方式

使用曲线/点驱动方式通过指定点和选择曲线或面边缘定义驱动几何体，当指定点驱动后，“驱动轨迹”创建为指定点之间的线段；当指定曲线或边驱动时，沿选定曲线和边生成驱动点。驱动几何体投影到部件几何体上，然后在此生成刀轨，如图 5-32 所示。曲线可以是开放的或封闭的、连续的或非连续的以及平面的或非平面的。

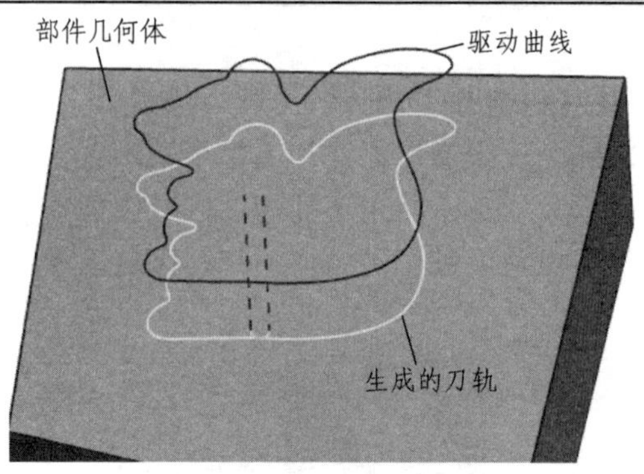

图 5-32 曲线/点驱动方式

选择驱动方法为“曲线/点”，单击【驱动方法】选项组中的编辑按钮，系统将打开【曲线/点驱动方法】对话框，如图 5-33 所示。

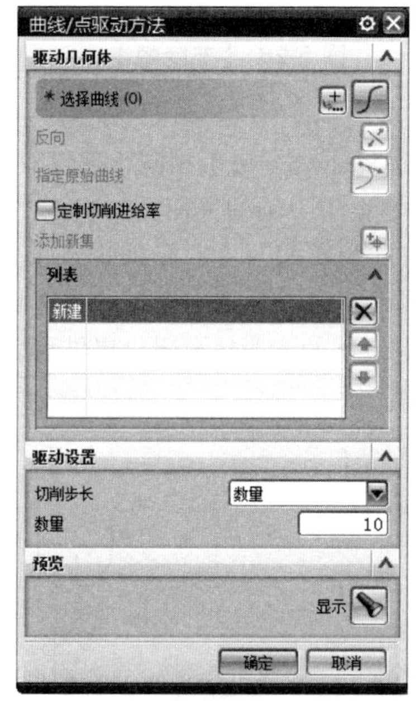

图 5-33 【曲线/点驱动方法】对话框

（1）驱动几何体。

【选择曲线】：用于通过选择现有曲线、边或点来指定曲线。点构造器允许将点创建或选择为独立的流动/交叉实体或用于桥接间隙。曲线允许从图形窗口选择曲线。

【反向】：反转活动驱动集的方向。

【指定原始曲线】：当用户选择多条形成闭环的曲线或边时，可以指定原始曲线。

【定制切削进给率】：用户可以将定制进给率值添加到各曲线集中。

【添加新集】：在列表中创建新的（空）驱动集并激活选择曲线。新集就放在列表中活动驱动集的后面。

（2）驱动设置。

【切削步长】：在数量或公差之间选择。

【数量】：控制放置在各曲线或边上的点的数量。点越多，刀轨越光顺。

【公差】：允许用户指定“驱动曲线”之间允许的最大弦偏差和在两个连续驱动点间延伸的直线。

4. 螺旋式驱动方式

螺旋式驱动方式允许用户定义从指定的中心点向外螺旋的“驱动点”。驱动点在垂直于投影矢量并包含中心点的平面上创建。然后“驱动点”沿着投影矢量投影到所选择的部件表面上，如图 5-34 所示。

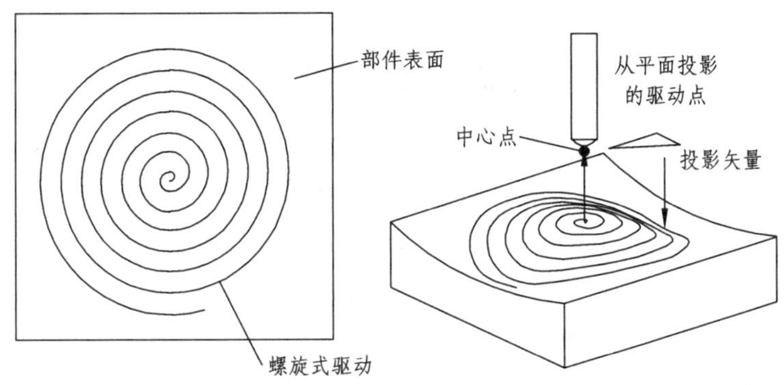

图 5-34　螺旋式驱动方式

与需要突然改变方向以“步进”至下一个切削刀路的其他“驱动方法”不同，“螺旋式驱动方法步距”产生的效果是光顺、稳定的向外过渡。因为此驱动方法保持一个恒定的切削速度和光顺运动，它对于高速加工应用程序很有用。

选择驱动方法为“螺旋式”，单击【驱动方法】选项组中的编辑按钮，系统将打开【螺旋式驱动方法】对话框，如图 5-35 所示。

图 5-35　【螺旋式驱动方法】对话框。

【指定点】：显示“点子功能”对话框，此对话框用于定义螺旋式驱动轨迹的中心点。它是刀具开始切削的位置。如果不指定中心点，则系统使用“绝对坐标系”的 0，0，0。如果“中心点”不在“部件表面”上，它将沿着已定义的“投影矢量”移动到“部件表面”上。螺旋的方向（顺时针与逆时针）由“顺铣”或“逆铣”方向控制。

【步距】：指定连续切削刀路之间的距离，如图 5-36 所示。螺旋式驱动方式步距产生的效果是光顺、稳定的向外过渡，它不需要突然改变方向。

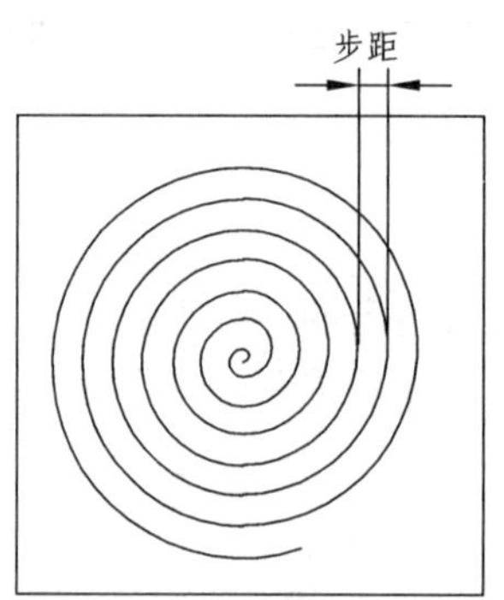

图 5-36　螺旋式驱动的步距

【最大螺旋半径】：通过指定“最大半径”来限制要加工的区域，如图 5-37 所示。此约束通过限制创建的驱动点数目来减少处理时间。半径在垂直于“投影矢量”的平面上测量。

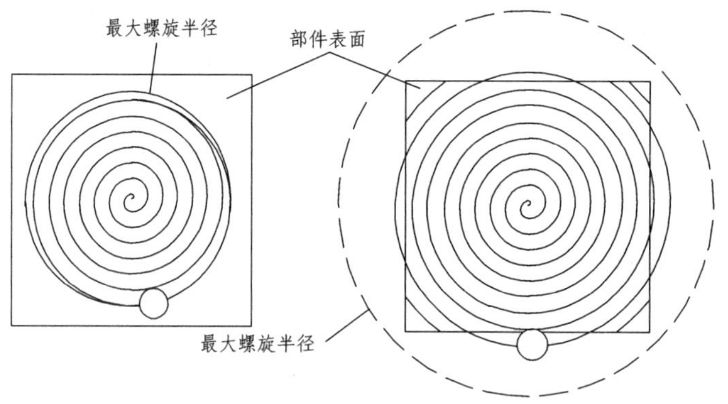

图 5-37　【最大螺旋半径】

如果此指定的半径包含在部件表面内，则退刀之前刀具的中心按此半径定位。如果指定的半径超出了“部件表面”，则刀具继续切削，直到它不能再定位到“部件表面”上为止。然后退刀，当它可以再次定位到“部件表面”上时再进刀，如图 5-38 所示。

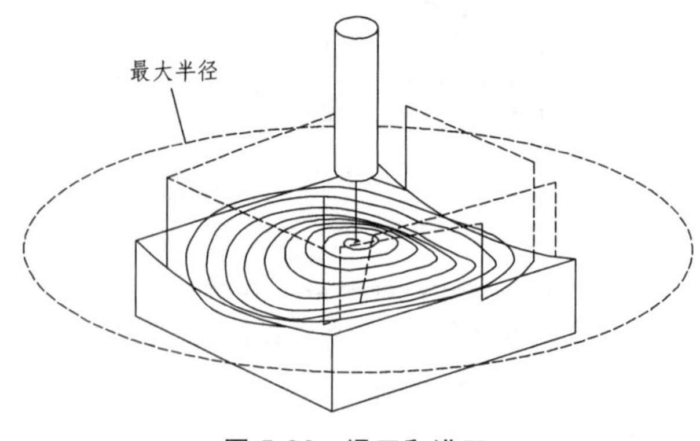

图 5-38　退刀和进刀

5. 径向切削驱动方式

径向切削驱动方式允许用户使用指定的“步距”“带宽”和“切削类型”生成沿着给定边

界和垂直于给定边界的“驱动轨迹”，如图 5-39 所示。此驱动方法可用于创建清理工序。

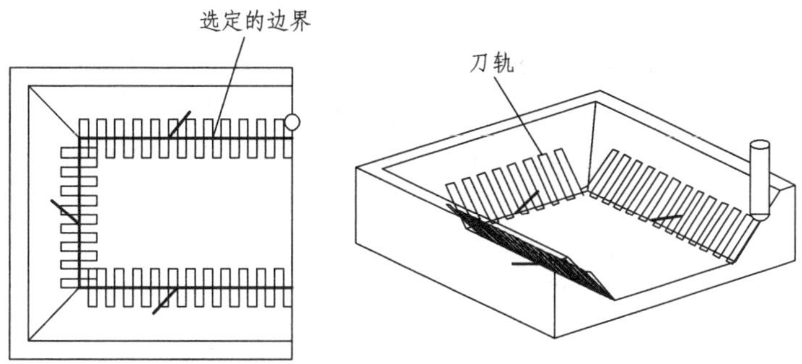

图 5-39 径向切削驱动方法

初始时，刀具按边界指示符的方向沿着边界单向或往复移动，如图 5-40 所示。这可以通过将“跟随边界”切换为“边界反向”来进行更改。

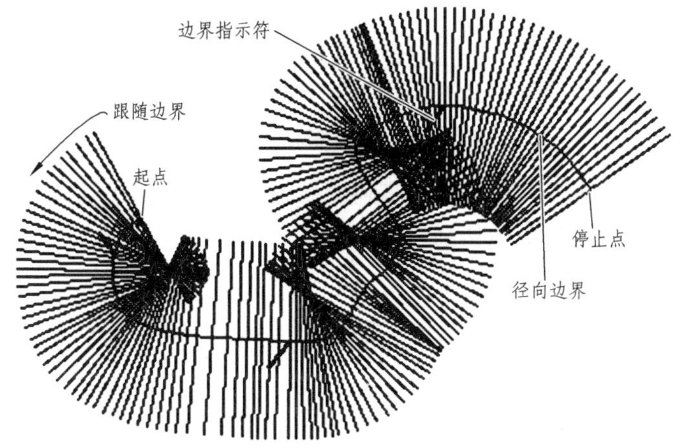

图 5-40 方向由边界指示符定义

选择驱动方法为“径向切削”，单击【驱动方法】选项组中的编辑按钮，系统将打开【径向切削驱动方法】对话框，如图 5-41 所示。

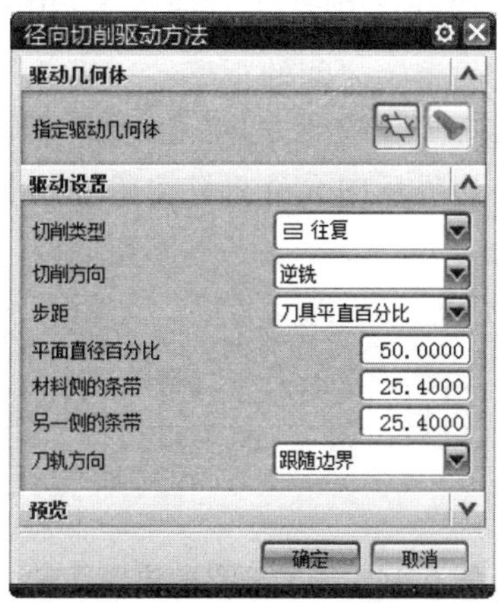

图 5-41 【径向切削驱动方法】对话框

【指定驱动几何体】: 选择并修改永久边界以定义“驱动几何体”。可参照项目 3 中定义边界相关内容。

【材料侧的条带】、【另一侧的条带】: 定义在边界平面上测量的加工区域的整个宽度。带宽是【材料侧的条带】和【另一侧的条带】偏置值的总和。“材料侧”是从按照边界指示符的方向看过去的边界右手侧，如图 5-42 所示。“另一侧”是左手侧。“材料侧”和“另一侧”的总和不能等于零。

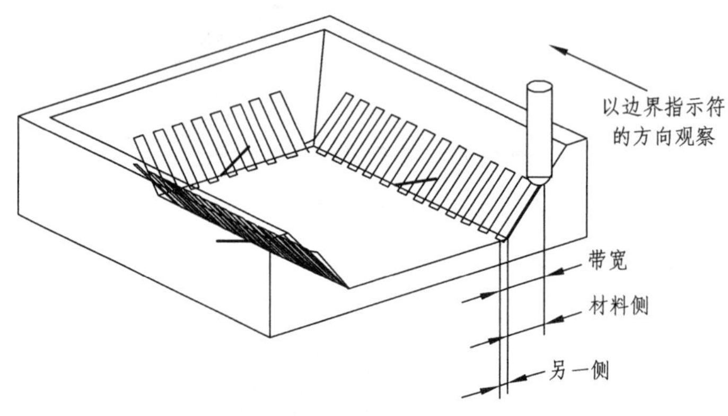

图 5-42 材料侧和另一侧

【切削类型】: 定义刀具从一个切削刀路到下一个切削刀路的运动方式，图 5-43 为用于径向切削驱动方法的往复切削和单向切削。

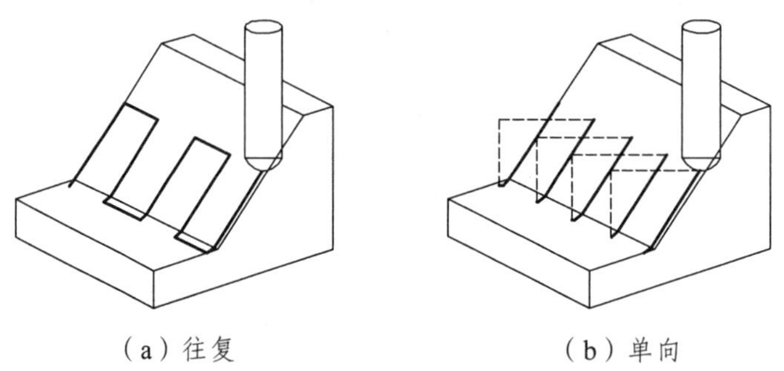

（a）往复　　（b）单向

图 5-43 用于径向切削驱动方法的往复切削和单向切削

【步距】: 指定连续的“驱动轨迹”之间的距离。

【刀轨方向】: 确定刀具沿着边界移动的方向，跟随边界允许刀具按照边界指示符的方向沿着边界单向或往复向下移动。边界反向允许刀具按照边界指示符的相反方向沿着边界单向或往复向下移动，如图 5-44 所示。

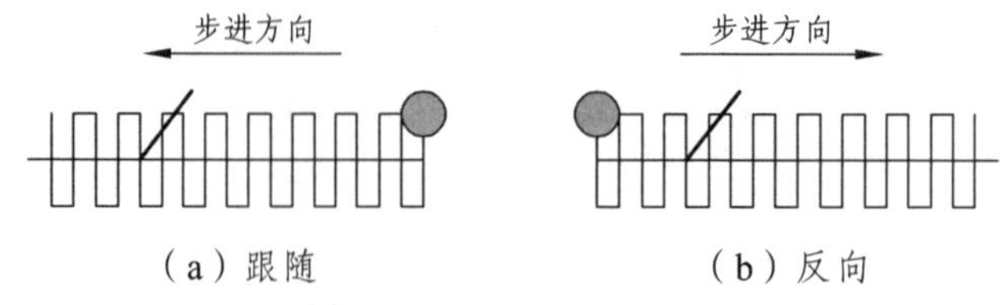

（a）跟随　　（b）反向

图 5-44 跟随边界和边界反向

【切削方向】: 定义“驱动轨迹”相对主轴旋转进行切削的方向，如图 5-45 所示。

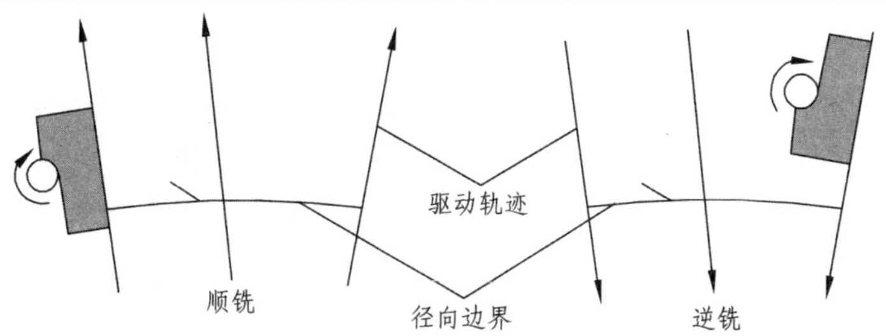

图 5-45 “跟随边界”时使用的“顺铣”和“逆铣”

6. 刀轨驱动方式

刀轨驱动方式允许用户沿着“刀位置源文件”（CLSF） 的“刀轨”定义“驱动点”，以在当前工序中创建一个类似的“曲面轮廓铣刀轨”。“驱动点”沿着现有的“刀轨”生成，然后投影到所选的“部件表面”上以创建新的刀轨，新的刀轨是沿着曲面轮廓形成的。“驱动点”投影到“部件表面”上时所遵循的方向由“投影矢量”确定。

在图 5-46 中，使用“平面铣”和“轮廓铣”切削类型创建“刀轨”。“刀轨驱动方法”工序可以使用此“刀轨”来沿着“部件表面”轮廓生成新“刀轨”。

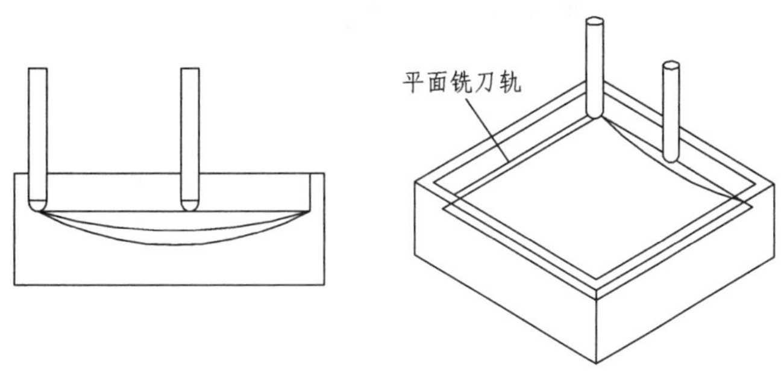

图 5-46 平面铣和轮廓切削

图 5-47 说明了使用“刀轨驱动方法”的结果。从“平面铣”工序创建的刀轨已按照“投影矢量”的方向投影到轮廓化的“部件表面”上，以便创建“曲面轮廓铣刀轨”。

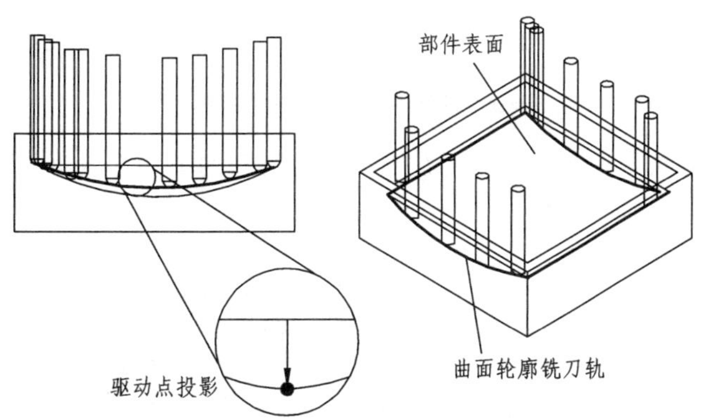

图 5-47　使用刀轨驱动方法的曲面轮廓铣

选择刀轨作为“驱动方法”时，系统将显示“指定 CLSF”对话框，其中列出了当前文件夹中的“刀位置源文件”。

7. 曲面区域驱动方式

曲面区域驱动方法允许用户创建一个位于“驱动曲面”栅格内的“驱动点”阵列。加工需要可变刀轴的复杂曲面时，这种驱动方法是很有用的。它提供对“刀轴”和“投影矢量”的附加控制。投影矢量和刀轴都是可变的，并且都定义为与驱动曲面垂直，如图 5-48 所示。

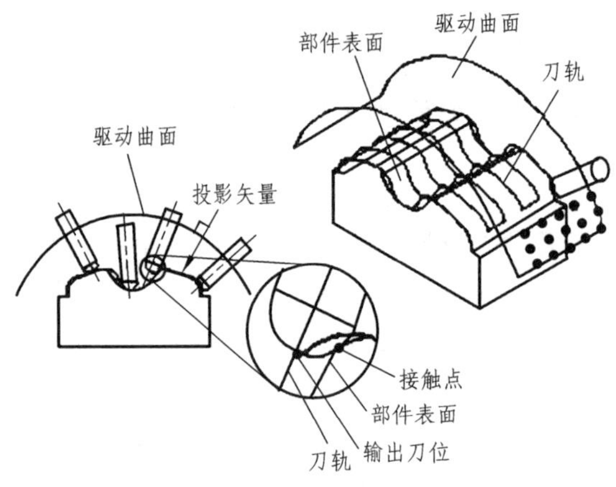

图 5-48　曲面区域驱动方法

“驱动曲面”不必是平面，但是其栅格必须按一定的栅格行序或列序进行排列，如图 5-49 所示。相邻的曲面必须共享一条公共边，且不能包含超出在“首选项”中定义的“链公差”的缝隙。可以使用修剪过的曲面来定义“驱动曲面”，只要修剪过的曲面具有 4 条边即可。修剪过的曲面的每条边都可以是单条边缘曲线，也可以由多条相切的边缘曲线组成，这些相切的边缘曲线可以被视为单条曲线。

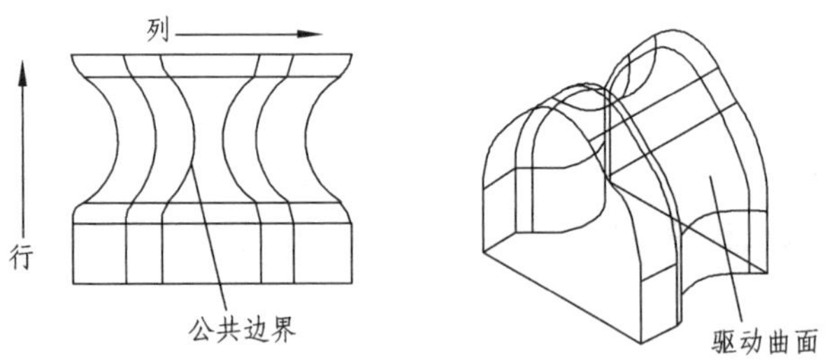

图 5-49　行和列均匀排列的矩形栅格

“曲面区域驱动方法”不会接受排列在不均匀的行和列中的“驱动曲面”或具有超出“链公差”的缝隙的“驱动曲面”，如图 5-50 所示。

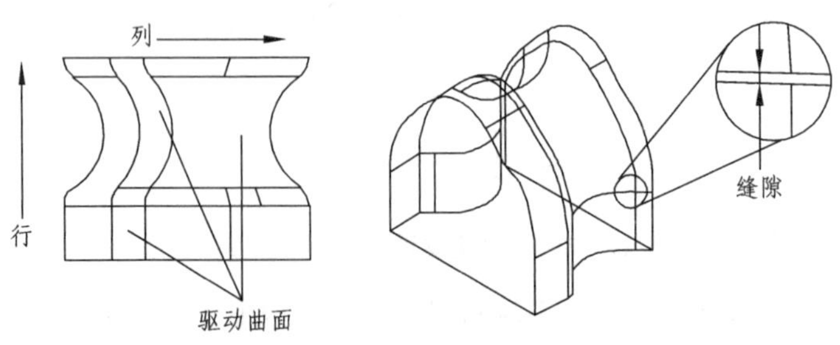

图 5-50　排列不均匀的行和列

“曲面区域驱动方法”提供对“投影矢量”的最大控制。“垂直于驱动体”是可用的，它是一个附加的“投影矢量”选项。此选项使用户能够将“驱动点”均匀分布到凸起程度较大的部件表面（相关法线超出180°的“部件表面”）上。与边界不同，“驱动曲面”可以用来包络部件表面，以将“驱动点”均匀地投影到部件的所有侧，如图5-51所示。

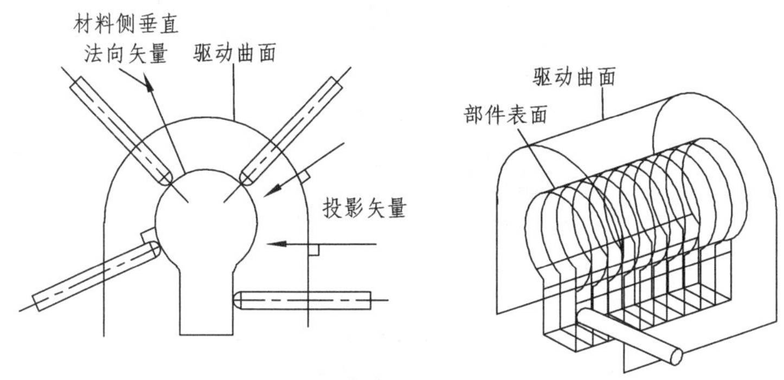

图5-51 投影矢量垂直于驱动曲面

如果要加工的曲面满足“驱动曲面”的条件（无缝隙地排列在有序栅格中），它将更适用于直接在“驱动曲面”上生成刀轨，而不用选择任何“部件”几何体，如图5-52所示。因为“驱动点”没有投影到“部件表面”上，因此“投影矢量”定义是不相关的。“材料侧”矢量方向确定直接在“驱动曲面”上切削时刀具要接触的那一侧。“材料侧矢量”应该指向要移除的材料。

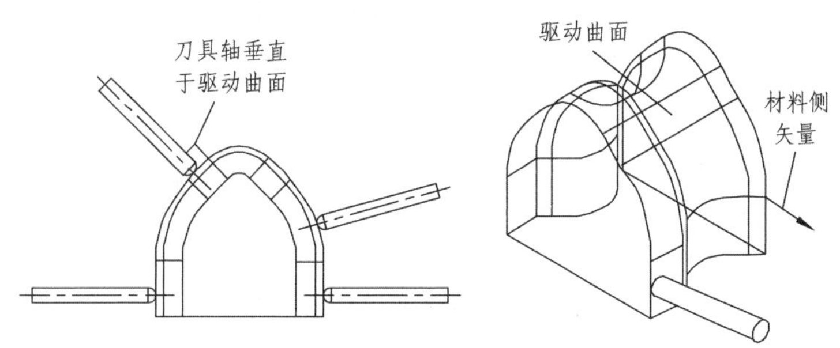

图5-52 驱动曲面上的刀轨

选择驱动方法为“曲面”，单击【驱动方法】选项组中的编辑按钮，系统将打开【曲面区域驱动方法】对话框，如图5-53所示。

（1）驱动几何体。

【指定驱动几何体】：指定定义驱动几何体的面。

驱动几何体的面可为单个曲面或多个曲面。但若为多个曲面，必须按有序序列选择“驱动曲面”。它们不会被随机选择。选择相邻曲面的序列可以用来定义行。选择完第一行后，必须指定用户希望选择下一行。然后用户必须按与第一行相同的顺序选择曲面的第二行和所有的后续行。

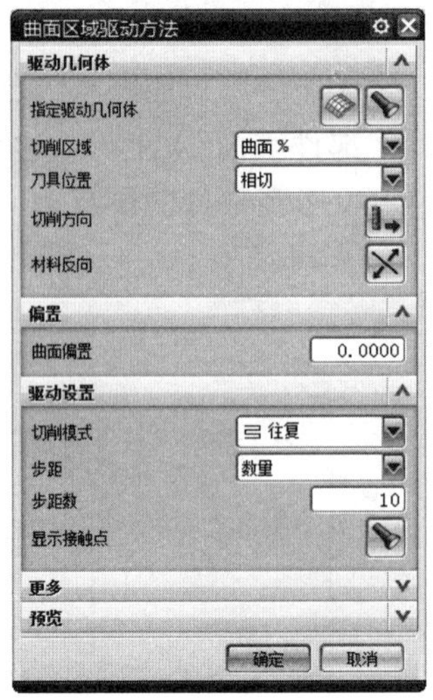

图 5-53 【曲面区域驱动方法】对话框

选择第一行后，用户必须通过选择“选择下一行”按钮来指定希望开始选择曲面的下一行。在图 5-54 中，必须指定用户只在选择曲面 1 ~ 4 后才开始选择下一行。这样可以允许系统在各行确定曲面数。每个后续行都要求曲面数与第一行相同。添加“驱动曲面”后，系统在“状态”消息条中指出行数。

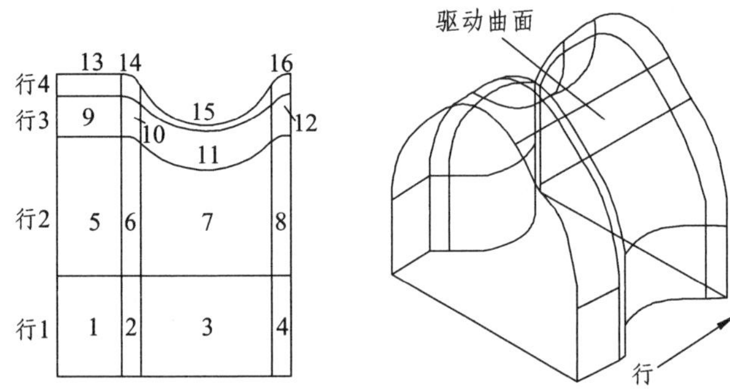

图 5-54 驱动曲面选择序列

【切削区域】：切削区域可通过【曲面%】或【对角点】方式指定如何定义切削区域。

①【曲面%】：以驱动曲面区域百分比的形式指定切削区域。图 5-55 为【曲面百分比方法】对话框。

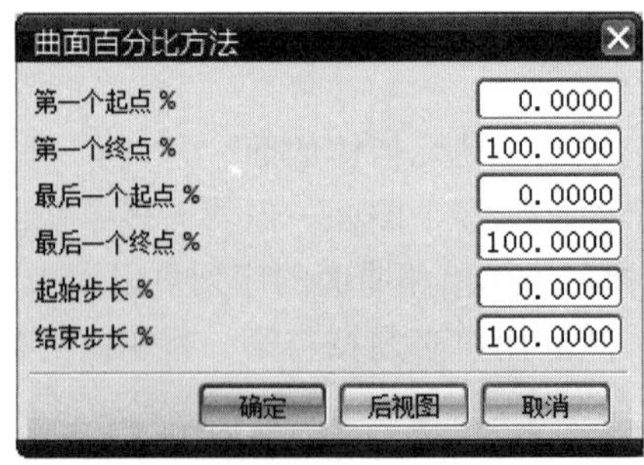

图 5-55 【曲面百分比方法】对话框

【第一个起点%】、【第一个终点%】：以沿切削方向百分比距离的方式指定第一条刀路的第一个和最后一个驱动点位置。

【最后一个起点%】、【最后一个终点%】：将最后一条刀路的第一个和最后一个驱动点位置指定为沿切削方向的百分比距离。

【起始步长%】、【结束步长%】：将第一个和最后一个步距指定为垂直于切削方向的百分比距离。

对于第一个起点%、最后一个起点%和起始步长%，其默认值为 0，可匹配曲面边；输入负值可将切削区域延伸超出曲面边；输入正值可缩小切削区域，如图 5-56 所示。

对于第一个终点%、最后一个终点%、结束步长%，其默认值为 100，可匹配曲面边；输入正值可将切削区域延伸超出曲面边；输入负值可缩小切削区域，如图 5-57 所示。

曲面通常以线性方式延伸，与边相切。但解析曲面，如圆柱，可能会通过沿着半径延伸。在上述任一种情况下，其他的驱动曲面不被考虑在延伸范围内。

仅使用一个“驱动曲面”时，整个曲面是 100%。对于多个曲面，100% 被该方向的曲面数目均分。例如，如果有 5 个曲面，则每个曲面分配 20%，而不考虑各个曲面的相对大小。

需要注意的中，当指定了多个驱动曲面时，最后一个起点% 和最后一个终点% 不可用。

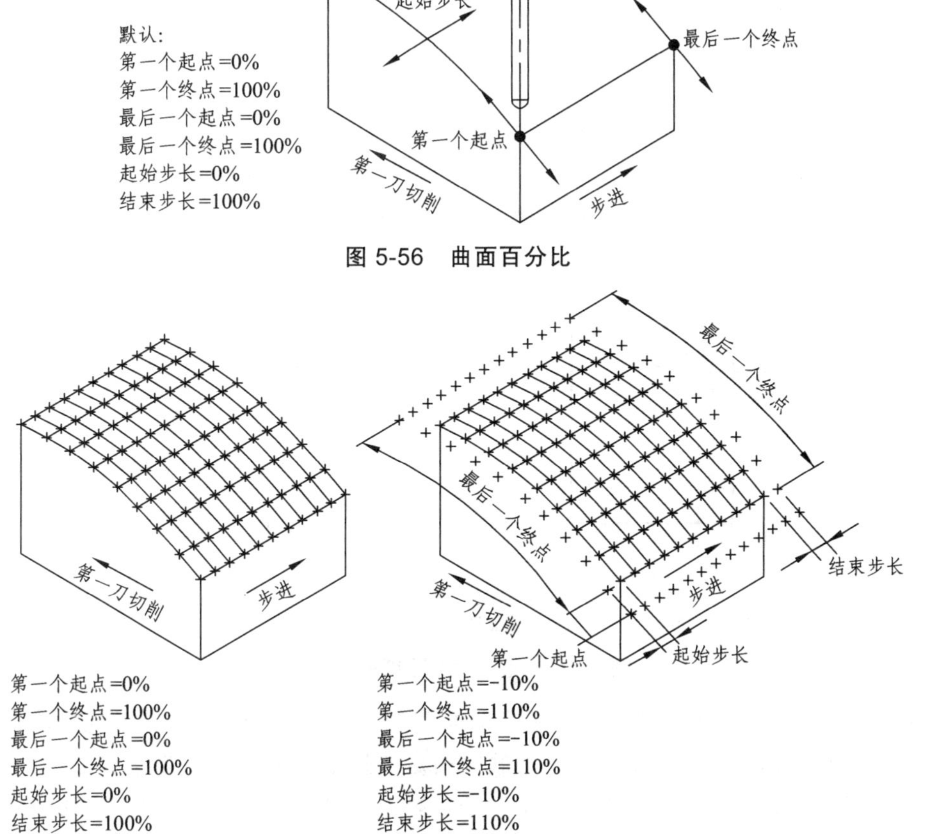

图 5-56　曲面百分比

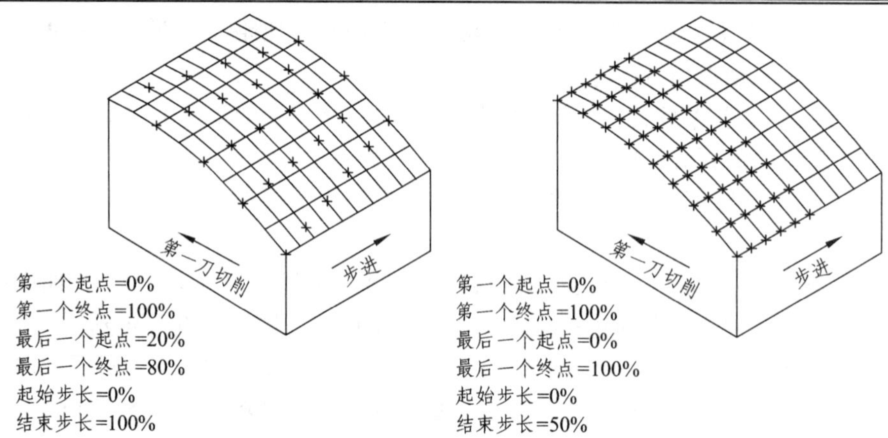

图 5-57 定义切削区域的曲面百分比

②【对角点】：通过选择驱动曲面上的点以定义对角来指定切削区域。

通过对角点方式来指定切削区域时，可参照以下步骤：

步骤 1：选择作为驱动曲面的面，在该面中，可以确定用来定义驱动区域的第一个对角点，如图 5-58 所示的面 a。

步骤 2：在选定的面上指定一个点以定义区域的第一个对角点，如图 5-58 中的点 b。用户可以在面上的任意位置指定一个点，或者使用“点子功能”来选择面的一条边缘。在图 5-58 中，面 a 上的点 b 为指定的点。

步骤 3：选择作为驱动曲面的面，在该面中，可以确定用来定义驱动区域的第二个对角点，如图 5-58 中所示的面 c。如果第二个对角点和第一个对角点位于相同的面，则再次选择同一个面。

步骤 4：在选定的面上指定一个点以定义驱动区域的第二个对角点，如图 5-58 中的点 d。同样，用户可以在面上的任意位置指定一个点，或者使用“点子功能”来选择面的一条边缘。在图 5-58 中，已经使用“点子功能”中的“终点”选项指定了点 d 以选择面 c 的某个拐角。

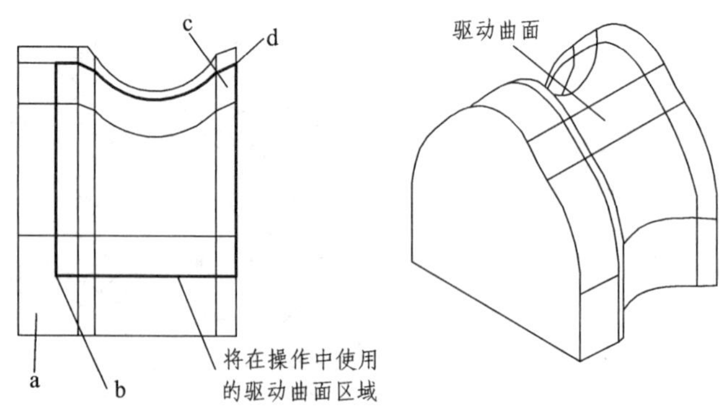

图 5-58 定义切削区域的对角点

【刀具位置】：指定刀具位置以决定软件如何计算部件表面的接触点。系统提供了“对中”和“相切”两种控制方式。对中是在将刀轨沿指定的投影矢量投影到部件上之前，将刀尖定位在每个驱动点上；相切是在将刀轨沿指定的投影矢量投影到部件上之前，定位刀具使其在每个驱动点上相切于驱动曲面，如图 5-59 所示。

当刀具不能进入驱动曲面的所有区域（如圆锥的底部）时，或者当驱动曲面法线的变化不平滑时，建议不要使用“相切”。

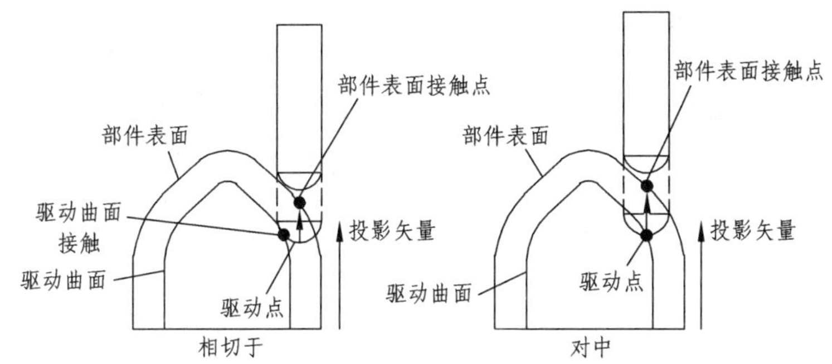

图 5-59 “相切”和“对中”刀具位置

对中可以创建部件表面接触点，方法是：首先将刀尖直接定位到驱动点，然后沿着投影矢量将其投影到部件表面上，在该表面中，系统将计算部件表面接触点。

使用相切时，可进行最大部件表面清理，在陡峭曲面上将获得更大的范围；在驱动曲面直接创建刀轨时（未定义部件表面），根据使用的刀轴选项，对中会偏离驱动曲面，如图 5-60 所示。

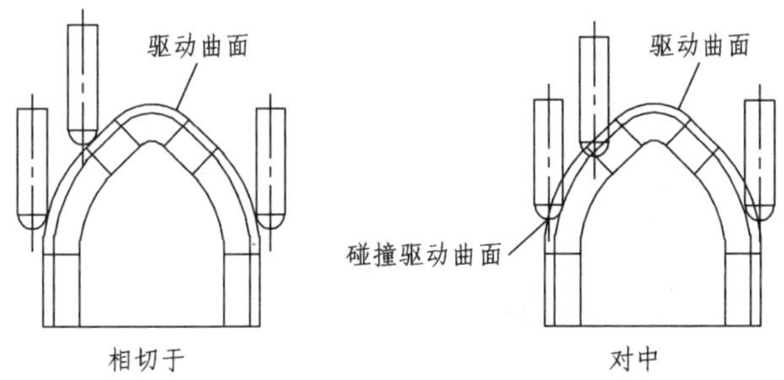

图 5-60 “相切”和“对中”切削驱动曲面

在同一曲面被同时定义为驱动曲面和部件表面时的“相切”和“对中”如图 5-61 所示。

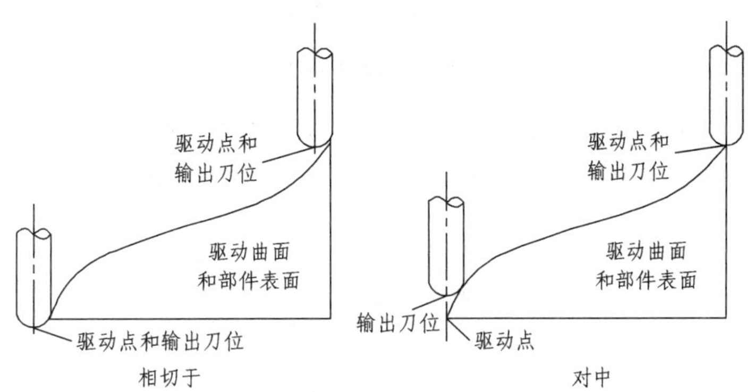

图 5-61 驱动曲面和部件表面为同一曲面时的“相切”和“对中”

因为刀具的切削位置可能更改且不必在刀轨上表示出来，因此工序将表现为退刀、穿透或过切。加工一个部件时，如果部件表面的曲率半径小于刀具的刀尖半径或当两个曲面在某个凹角处相遇，则将出现以上情况。更改刀轨视图将显示未受干扰的部件表面。

【切削方向】：指定第一刀开始的切削方向和象限，选择在各个曲面拐角处成对出现的矢量箭头之一，如图 5-62 所示。

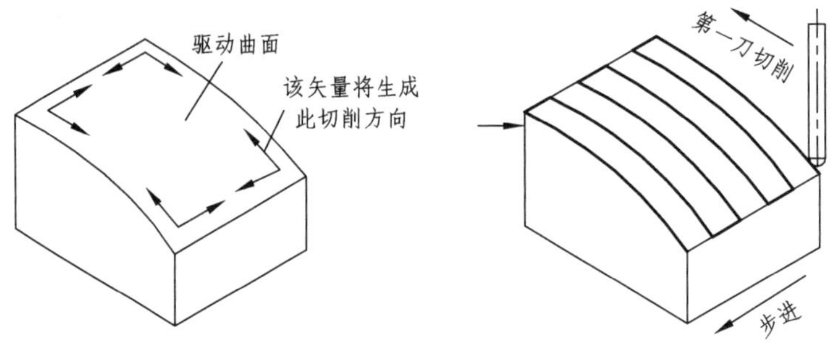

图 5-62 【切削方向】图示

【材料反向】：反向驱动曲面材料侧的方向矢量。

（2）偏置。

【曲面偏置】：指定沿曲面法向偏置驱动点的距离。

（3）更多。

【切削步长】：控制沿切削方向驱动点之间的距离，如图 5-63 所示。

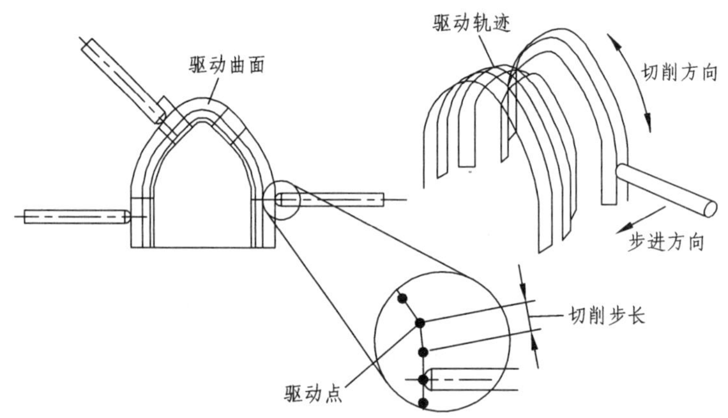

图 5-63 【切削步长】图示

【过切时】：指定在切削运动过程中当刀具过切驱动曲面时软件的响应方式。

①【无】：表示系统忽略驱动表面的过切情况，不能改变刀轨以避免过切，如图 5-64 所示。

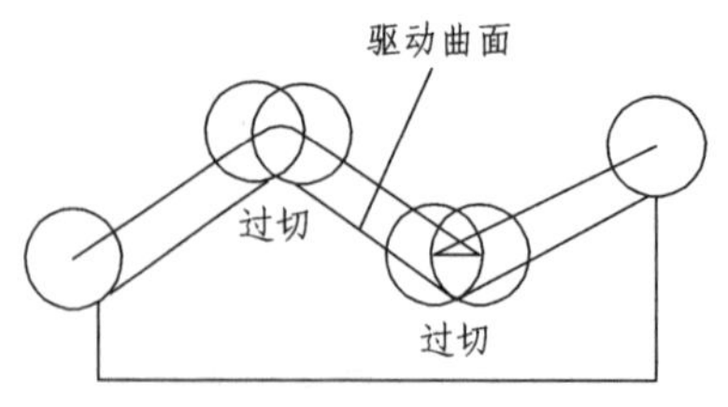

图 5-64 不过切处理

②【警告】：表示系统忽略驱动表面的过切情况，不能改变刀轨以避免过切。与“无”不

同的是，在输出刀轨时将输出一条警告信息。

③【跳过】：表示系统将产生过切的驱动点删除，从而改变刀轨以避免过切。如图 5-65 所示，当从驱动曲面直接生成刀轨时，刀具不会触碰凸角处的驱动曲面，并且不会过切凹区域。

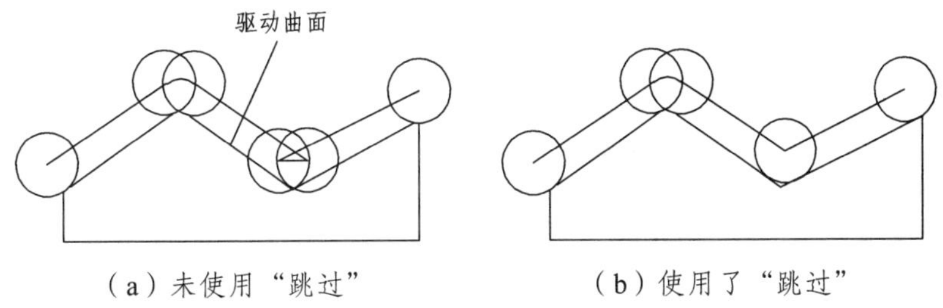

图 5-65　未使用【跳过】与使用【跳过】对比

④【退刀】：通过使用非切削移动对话框中定义的进刀和退刀参数，避免过切。

8. 流线驱动方式

流线驱动方法根据选中的几何体来构建隐式驱动曲面。流线使用户可以灵活地创建刀轨。规则面栅格无须进行整齐排列。流线驱动方式与曲面区域驱动方式相似，在此不再赘述。

9. 清根驱动方式

清根驱动方式要求用户指定工件的凹角、凹谷和沟槽作为驱动几何来生成驱动点，它可以清除工件的凹角、凹谷和沟槽等地方的残余材料。用户可以指定最大凹腔、清根类型（单刀路和多个偏置等）和切削方向（顺铣和逆铣等）等。

如果用户在粗加工时使用了较大直径的刀具进行切削，一般在凹角、凹谷和沟槽等地方有较多的残余材料，那么可以选择清根驱动方式进行半精加工，清除、工件的凹角、凹谷和沟槽等地方的残余材料，如图 5-66 所示。

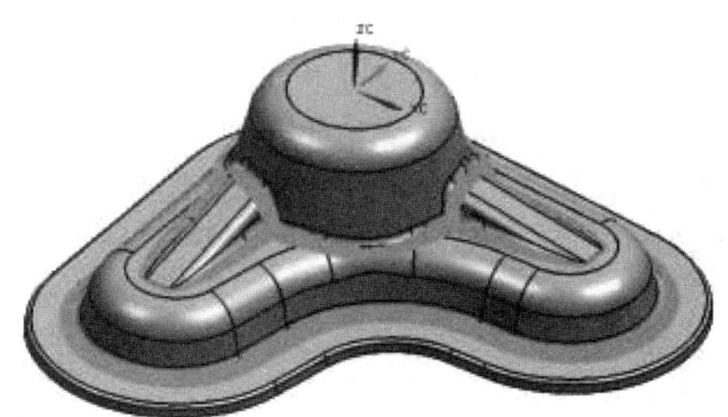

图 5-66　清根驱动方式

在【固定轮廓铣】对话框【驱动方法】选项组的【方法】下拉列表框中选择【清根】选项，系统将打开图 5-67 所示的【清根驱动方法】对话框。

在【清根驱动方法】对话框中，用户可以设置驱动几何体、陡峭空间范围、驱动设置、参考刀具、输出、陡峭和非陡峭切削等选项，这些选项的含义分别说明如下。

图 5-67 【清根驱动方法】对话框

（1）驱动几何体。

在【清根驱动方法】对话框中，【驱动几何体】选项组包括【最大凹度】、【最小切削长度】和【连接距离】文本框，这些文本框的含义分别说明如下。

【最大凹度】文本框用来指定刀具进行清根操作的最大凹角。当零件的凹角大于指定的最大凹角时，系统将不清除区域的残余材料，系统默认的最大凹角为 179°。

【最小切削长度】文本框用来指定刀具进行清根操作的最小切削深度。当零件的切削深度小于用户指定的最小切削深度时，系统将不清除区域的残余材料，即不在该区域产生刀具轨迹，系统默认的最小深度为 0。

【连接距离】文本框用来指定刀具连接不连续刀具轨迹的距离。当两个相邻的不连续刀具轨迹之间的距离小于指定的连接距离时，系统将把这两段相邻的不连续刀具轨迹连接起来，以消除不必要的间隙。

（2）驱动设置。

【驱动设置】可以选择【清根类型】,【清根类型】下拉列表框中包括【单刀路】、【多刀路】和【参考刀路偏置】3 个选项，这 3 个选项的含义分别说明如下。

在【清根类型】下拉列表框中选择【单刀路】选项，指定刀具在清根切削时，沿着凹角、凹谷或沟槽生成一条单一的刀具轨迹，如图 5-68 所示。

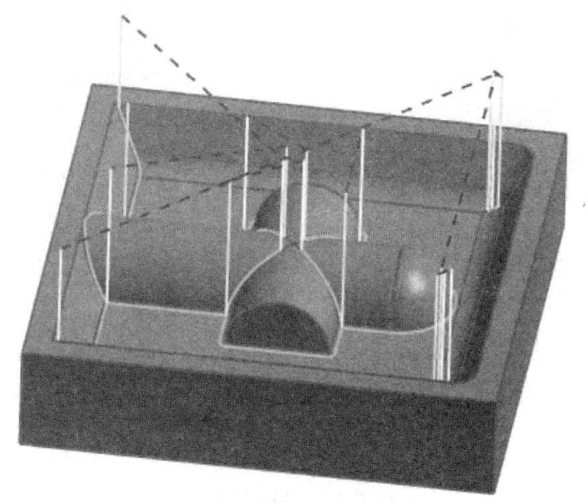

图 5-68 单刀路轨迹

在【清根类型】下拉列表框中选择【多刀路】选项，指定刀具在清根切削时，生成多个偏置刀具轨迹。此时用户可以指定刀具轨迹的偏置数量。

在【清根类型】下拉列表框中选择【参考刀具偏置】选项，指定刀具在清根切削时，根据指定的参考刀具直径和重叠距离，生成参考刀具偏置的刀具轨迹。

（3）陡峭空间范围。

【陡峭空间范围】选项组可以设置【陡峭】。

（4）陡峭和非陡峭切削选项组。

陡峭和非陡峭切削选项组都包括切削模式、切削方向和步距。

切削模式一般包括【单向】、【往复】、【往复上升】、【单向横向切削】、【往复横向切削】和【往复上升横向切削】等选项。

【非陡峭切削】选项组【切削方向】下拉列表框中包括【混合】、【顺铣】和【逆铣】3个选项，这3个选项的含义分别说明如下。

① 在【切削方向】下拉列表框中选择【混合】选项，指定刀具轨迹中既包括顺铣刀具轨迹，也包括逆铣的刀具轨迹。

② 在【切削方向】下拉列表框中选择【顺铣】选项，指定刀具切削方向为顺铣，即刀具轨迹中只有顺铣的刀具轨迹。

③ 在【切削方向】下拉列表框中选择【逆铣】选项，指定刀具切削方向为逆铣，即刀具轨迹中只有逆铣的刀具轨迹。

【陡峭切削】除去选项组【陡峭切削方向】下拉列表框中包括【混合】、【高到低】和【低到高】3个选项，这3个选项的含义分别说明如下。

① 在【陡峭切削】选项组【陡峭切削方向】下拉列表框中选择【混合】选项，指定刀具在进行陡峭切削时，刀具轨迹中既包括从高到低的切削，也包括从低到高的切削。

② 在【陡峭切削】选项组【陡峭切削方向】下拉列表框中选择【高到低】选项，指定刀具在进行陡峭切削时，刀具轨迹是从高到低的切削，如图5-69（a）所示。

③ 在【陡峭切削】选项组【陡峭切削方向】下拉列表框中选择【低到高】选项，指定刀具在进行陡峭切削时，刀具轨迹是从低到高的切削，如图5-69（b）所示。

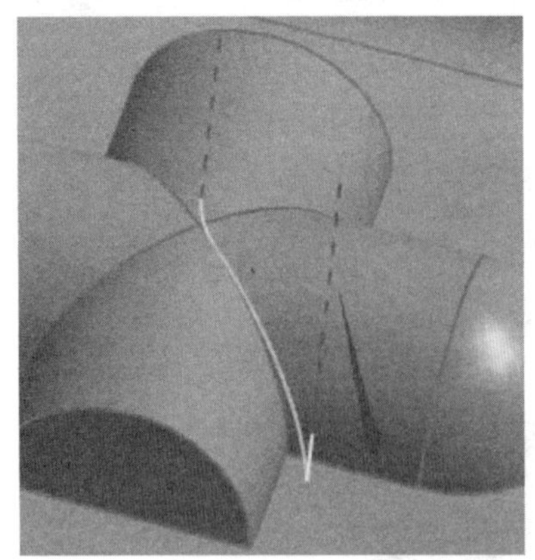
（a）高到低

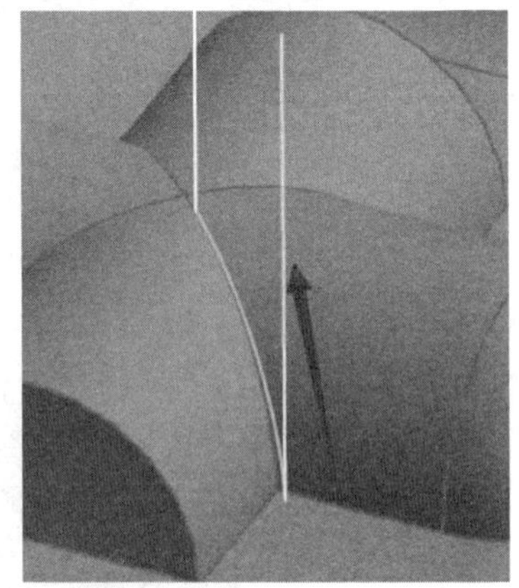
（b）低到高

图 5-69　陡峭切削

（5）参考刀具。

在【参考刀具】选项组中，【参考刀具直径】文本框用来指定参考刀具的直径大小。用户在【参考刀具直径】文本框内输入直径数值，即可指定参考刀具路径。

【重叠距离】文本框用来指定切削区域的重叠距离，系统将根据重叠距离计算内部进刀的步距。在【重叠距离】文本框内输入直径数值，即可指定重叠距离。

（6）输出。

在【输出】选项组中，【切削顺序】下拉列表框中包括【自动】和【用户定义】两个选项，这两个选项的含义分别说明如下。

在【切削顺序】下拉列表框中选择【自动】选项，指定系统自动确定刀具的切削顺序。系统将根据加工的最佳法则确定顺序切削。

在【切削顺序】下拉列表框中选择【用户定义】选项，指定用户确定刀具的切削顺序。

5.3.5　投影矢量

投影矢量用于确定驱动点投影到零件几何表面上的方向，以及刀具与零件几何表面哪一侧接触。一般情况下，驱动点没投射矢量方向投射到零件几何表面上，有时当驱动点从驱动曲面向零件几何表面投射时，可能沿投射矢量相反方向投射。刀具总是沿投射矢量与零件几何表面的一侧接触。

如图 5-70 所示，投射矢量方向远离圆柱体轴心线。此时驱动点如 P_1 沿投射矢量反方向，从驱动曲面沿投射到零件几何表面上得到 P_2，而刀具则从圆柱体内沿投射矢量与圆柱体内表面接触。

可用投射矢量的类型取决于所选择的驱动方法，除清根驱动方法外，其余驱动方法设置对话框中，都有投射矢量下拉列表框，投射下拉列表框包括指定矢量、刀轴、远离点、朝向点、远离直线、朝向直线、垂直于驱动体和朝向驱动体等 8 个定义投射矢量的选项，如图 5-71 所示。下面仅对固定轴所经常使用的投射矢量进行说明。

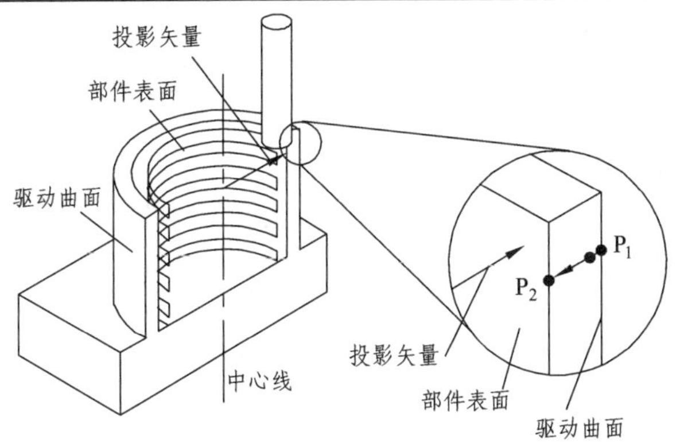

图 5-70　投影矢量示例

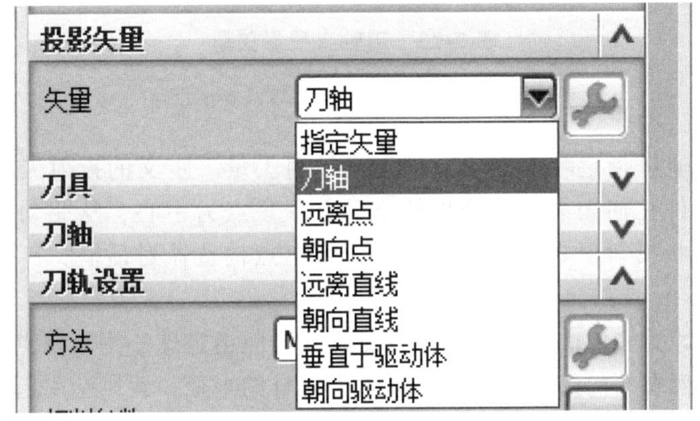

图 5-71　投影矢量

1. 指定矢量

指定矢量选项通过矢量构造器对话框，构造一个矢量作为投射矢量。选择该选项，弹出矢量构造器对话框，可定义一个矢量作为投射矢量。如图 5-72 为选择部件一直线边为投影矢量。

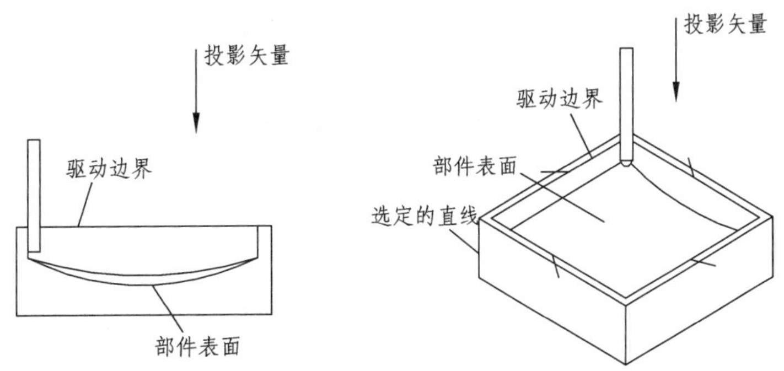

图 5-72　通过选择直线指定矢量

2. 刀　轴

Tool Axis 选项，是用刀轴矢量的相反方向作为投影矢量。但是如果刀轴在零件几何表面接触点处，则依赖于零件几何表面法向，如图 5-73 所示。

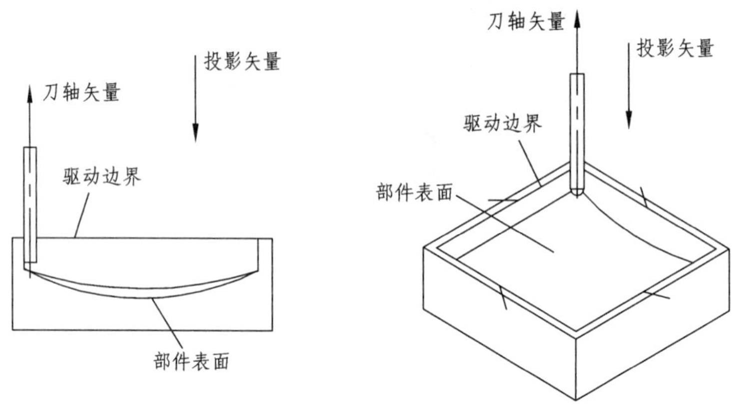

图 5-73　刀轴身投影矢量

3. 远离点

远离点选项是通过指定一个聚焦点来定义投射矢量。定义的投射矢量以指定的聚焦点为起点，并指向零件几何表面。该选项使驱动点聚焦点为中心，从驱动曲面投射到零件几何表面，形成放射状投射形式。选择该选项，弹出点构造器对话框，可构造一个点作为聚焦点。

该选项在加工球类零件内表面时非常方便，此时应指定球心为聚焦点。应该注意的是，从聚焦点到零件几何表面的最小距离，必须大于刀具的半径，否则会引起过切，也就不能创建刀具路径，如图 5-74 所示。

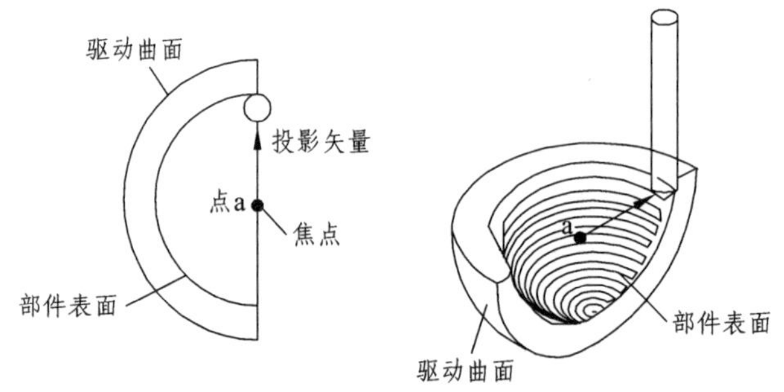

图 5-74　远离点的投影矢量

4. 指向点

指向点选项也是通过指定一个聚焦点来定义投射矢量。定义的投射矢量以零件几何表面为起点，并指向定义的聚焦点。选择该选项，弹出点构造器对话框，可构造一个点作为聚焦点。

该选项在加工球类零件表面时非常方便，此时应以球心为聚焦点。在图 5-75 中，由于球体外表面既是驱动曲面，又是零件几何表面，因此驱动点从驱动点或驱动曲面投射到零件几何表面的距离为 0，投射矢量指向球心，此时刀具与零件几何表面的外侧接触。

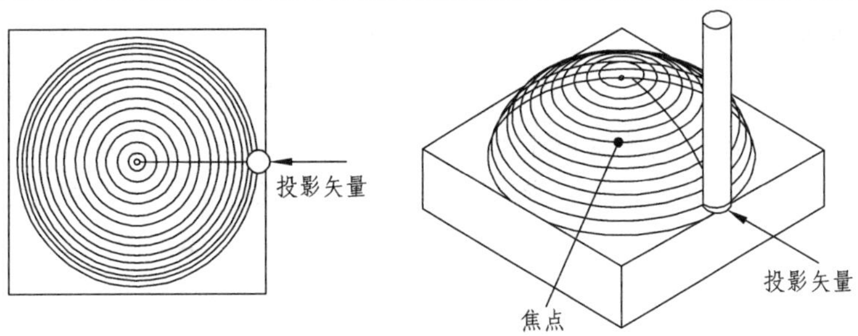

图 5-75　指向点的投影矢量

5. 远离直线

远离直线选项是通过指定一条枢轴来定义投射矢量。定义的投射矢量以零件几何表面为起点，并指向指定的枢轴线，且垂直于该枢轴线。该选项在加工圆柱体外表面时非常方便，此时应以圆柱体轴心作为枢轴线，刀具沿投射矢量从圆柱体外向圆柱体外表面接触，如图 5-76 所示。

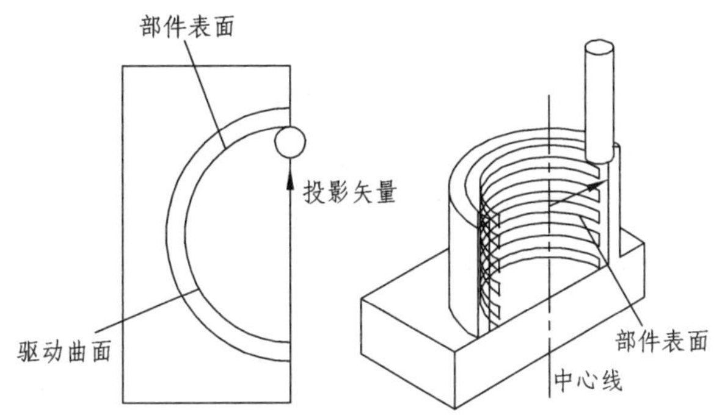

图 5-76　指向点的投影矢量

6. 朝向直线

“朝向直线”允许用户创建从“部件表面”延伸至指定直线的“投影矢量”。此选项有助于加工外部圆柱面，其中指定的直线作为圆柱中心线。刀具位置将从“部件表面”的外侧移到中心线。“驱动点”沿着向所选聚焦线收敛的直线从“驱动曲面”投影到部件表面，如图 5-77 所示。

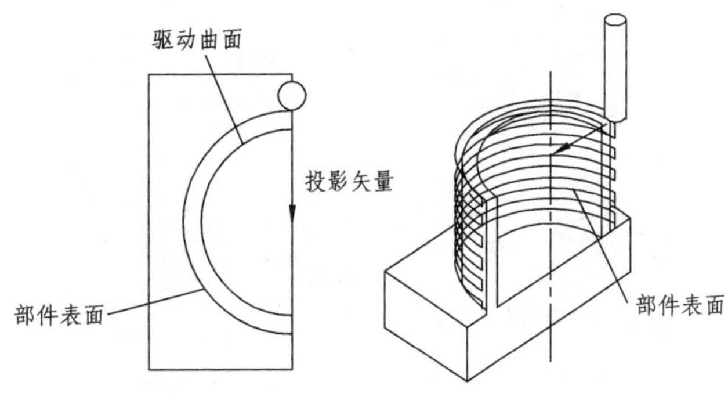

图 5-77　指向直线的投影矢量

7. 垂直于驱动体

“垂直于驱动体”允许用户相对于“驱动曲面”法线定义“投影矢量”。只有在使用“曲面区域驱动方法”时，此选项才是可用的。“投影矢量”作为“驱动曲面”材料侧法矢的反向矢量进行计算。此选项使用户能够将“驱动点”均匀分布到凸起程度较大的部件表面（相关法线超出 180°的“部件表面”）上。与“边界”不同的是，“驱动曲面”可以用来包络“部件表面”周围的“驱动点”阵列，以便将它们投影到“部件表面”的所有侧面，如图 5-78 所示。

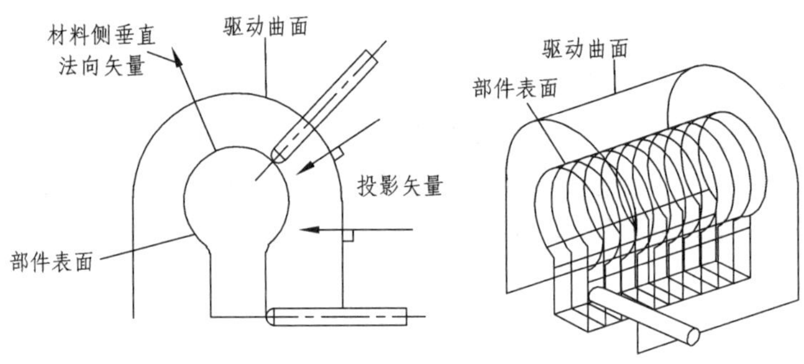

图 5-78 垂直于驱动曲面的投影矢量

当投影垂直于“驱动曲面”且“驱动曲面”是一个球面或圆柱面时，它的工作方式与“离开”“指向点”或“直线投影矢量”的工作方式一样，这取决于“驱动曲面”的材料侧。因为“投影矢量”方向以“材料侧法矢”的反向矢量进行计算，因此正确定义“材料侧法矢”是十分重要的。“材料侧矢量”应该指向如图 5-78 所示要移除的材料。如果没有正确指向，则可以通过“曲面驱动方法”对话框上的“材料侧反向”按钮反转该方向。

8. 朝向驱动体

朝向驱动体选项指定在材料侧面的距离为刀具直径的点处开始投影，以避免铣削到计划的部件几何体。除了铣削型腔的内部或者驱动表面在零件几何的内部外，面对驱动和垂直驱动曲面基本相似，如图 5-79 所示。

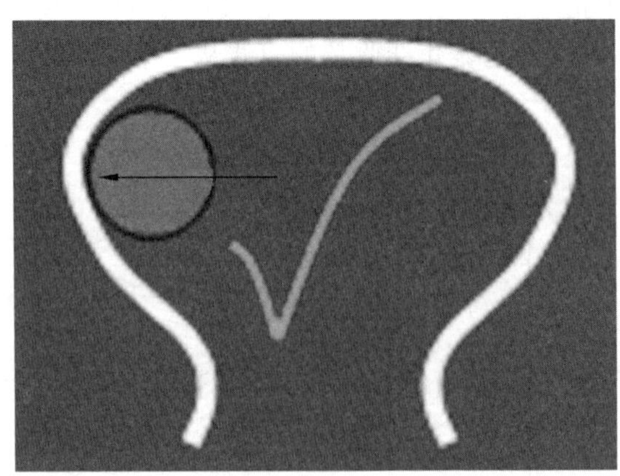

图 5-79 垂直于驱动曲面的投影矢量

5.4　操作训练

5.4.1　确定加工工艺方案

1. 加工路线分析

根据图样可知，该零件较为复杂，主要加工部位为鼠标电极的曲面凸台部位，为保零件加工质量，需要对零件进行粗、精加工，确定加工顺序为：零件整体粗加工→半精加工→精加工。

2. 加工工艺方案的制订

根据零件几何尺寸和加工要求，加工工艺方案制订如表 5-2 所示。

表 5-2　加工工艺简卡

工步号	工步内容	刀具规格	主轴转速/r · min^{-1}	进给速度/mm · min^{-1}
1	零件整体粗加工	ϕ12 平底铣刀	5 000	1 500
2	零件半精加工	ϕ6R3 球头刀	6 000	1 200
3	非曲面精加工	ϕ12 平底铣刀	2 500	500
4	曲面部件精加工	ϕ6R3 球头刀	6 000	1 800

5.4.2　创建加工编程操作

1. 进入加工环境

➢ Step1：打开文件“5-1 Mouse.prt”，在【标准】工具条上选择【开始】|【加工】命令，弹出【加工环境】对话框，如图 5-80 所示。选择【mill_planar】选项，单击【确定】按钮。

图 5-80 【加工环境】对话框

2. 设置加工坐标系

<table>
<tr><td>➢ Step2：切换【工序导航器】视图 几何视图，如图 5-81 所示。</td><td>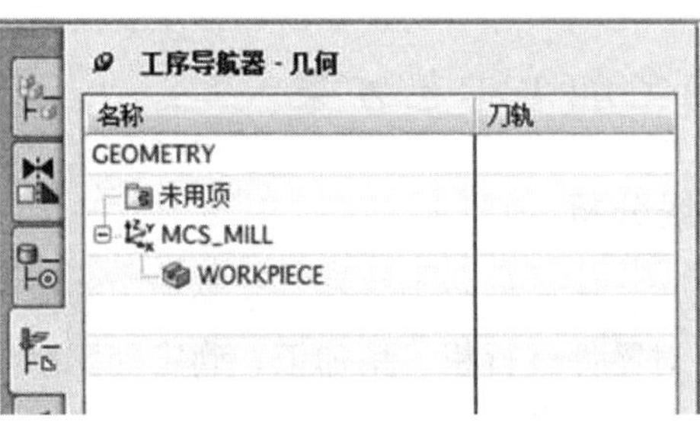

图 5-81　几何视图</td></tr>
<tr><td>➢ Step3：编辑【MCS_MILL】，在弹出的对话框中设置【装夹偏置】为“1”，如图 5-82 所示。</td><td>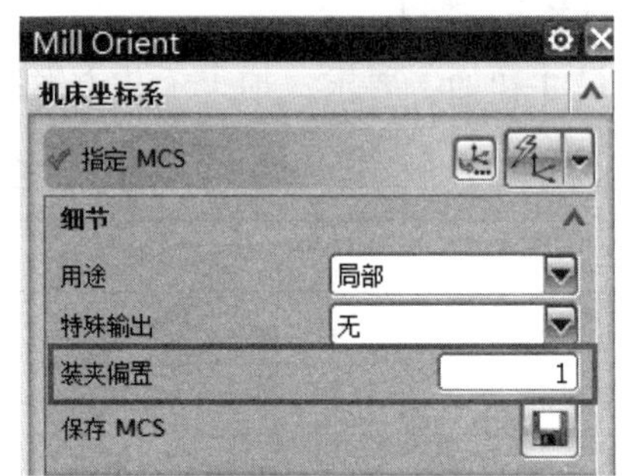

图 5-82 【装夹偏置】设置</td></tr>
<tr><td>➢ Step4：设置【安全选项】如图 5-83 所示。</td><td>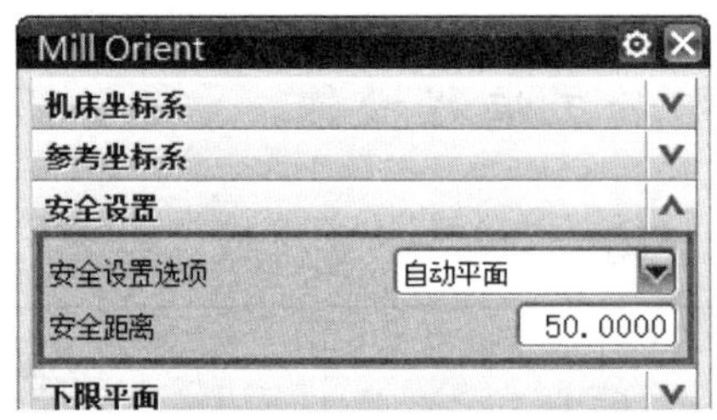

图 5-83 【安全选项】设置</td></tr>
<tr><td>➢ Step5：单击【确定】，完成坐标系设置。</td><td></td></tr>
</table>

3. 设置加工几何体

<table>
<tr><td>➢ Step6：编辑【WORKPIECE】，指定部件，如图 5-84 所示。</td><td>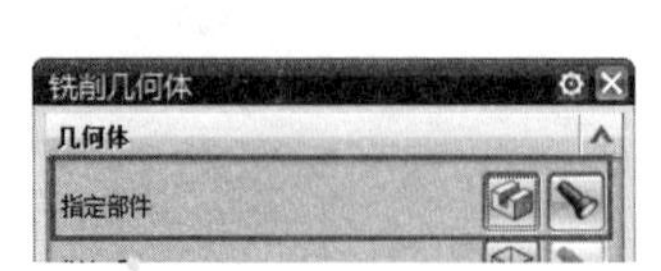

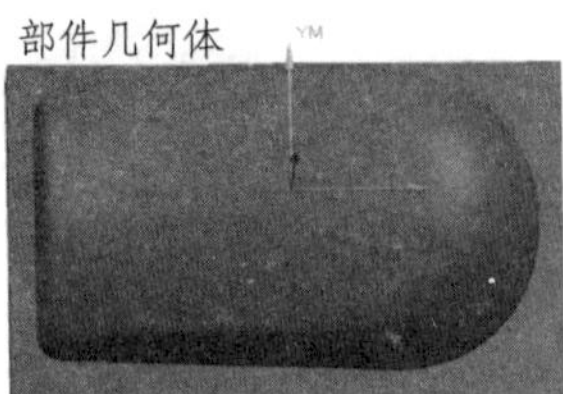

图 5-84　指定部件</td></tr>
</table>

➢ Step7：设置毛坯几何体参数，如图 5-85 所示。	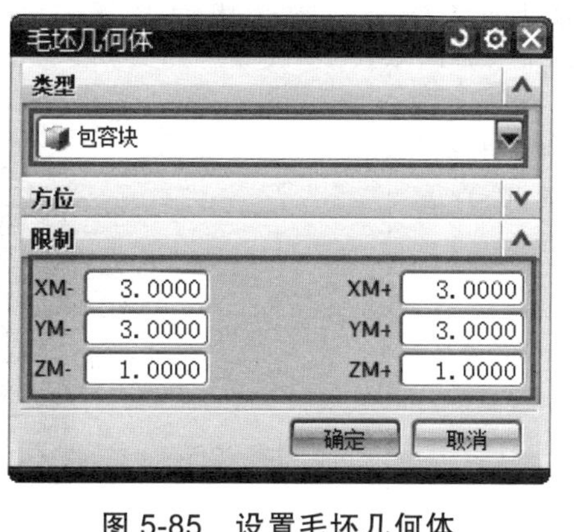 图 5-85　设置毛坯几何体

4. 创建刀具

➢ Step8：选择【创建刀具】命令，创建 1 把 $\phi 12$ 的平底铣刀，设置【刀具号】、【补偿寄存器】和【刀具补偿寄存器】号均为“1”，如图 5-86 所示。	 图 5-86　创建 $\phi 12$ 平底铣刀
➢ Step9：选择【创建刀具】命令，创建 1 把 $\phi 6$R3 的球头铣刀，设置【刀具号】、【补偿寄存器】和【刀具补偿寄存器】号均为“2”，如图 5-87 所示。	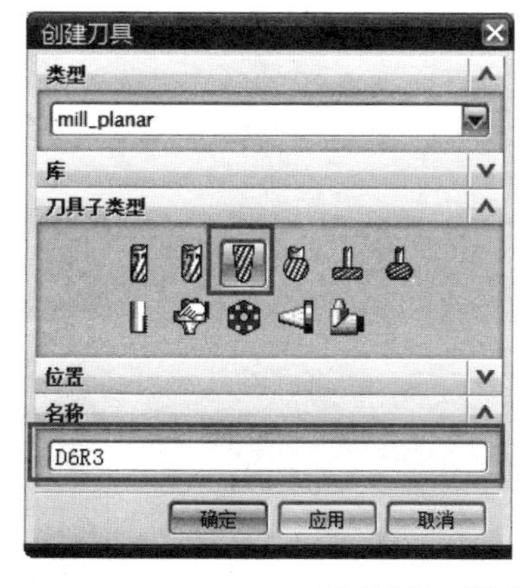 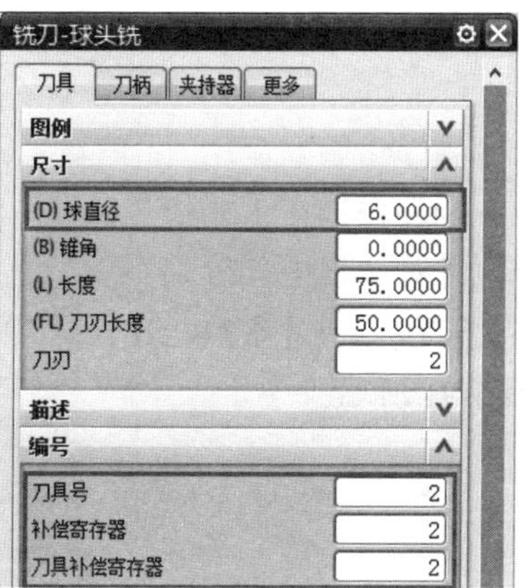 图 5-87　创建 $\phi 6$R3 球头铣刀

5. 创建型腔铣对零件进行整体粗加工

➢ Step10：选择【创建工序】，创建型腔铣工序，并选择相关参数，如图 5-88 所示。

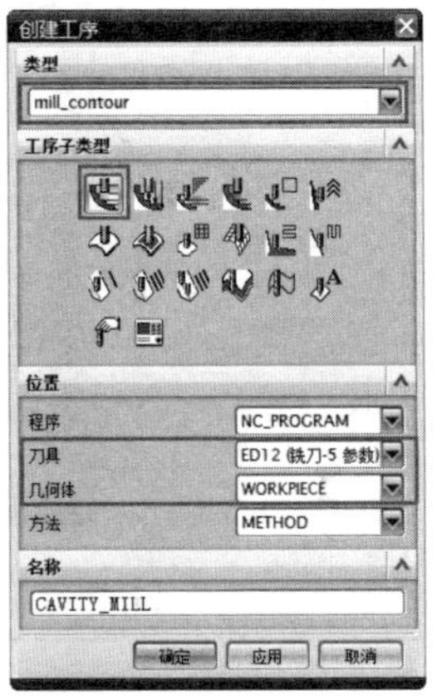

图 5-88 创建型腔铣

➢ Step11：在【型腔铣】对话框中设置切削深度，最大距离为“1”，如图 5-89 所示。

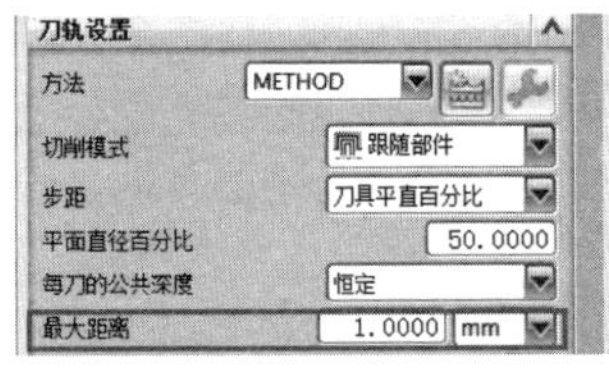

图 5-89 设置每刀切削深度

➢ Step12：在【切削参数】对话框中，设置【余量】和【开放刀路】参数，如图 5-90 所示。

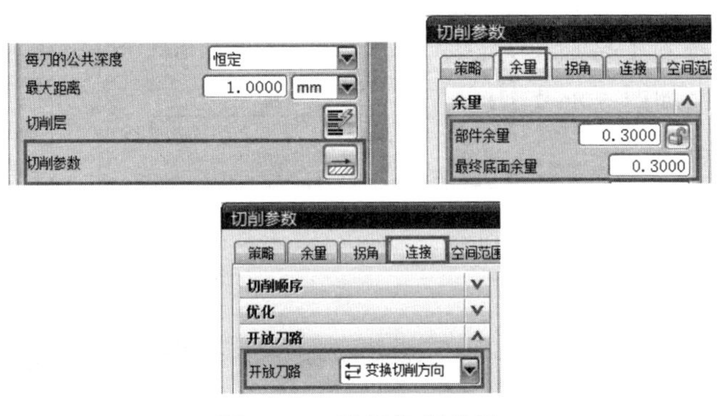

图 5-90 设置切削参数

➢ Step13：在【非切削移动】对话框中，分别设置【转移/快速】参数，如图 5-91 所示。

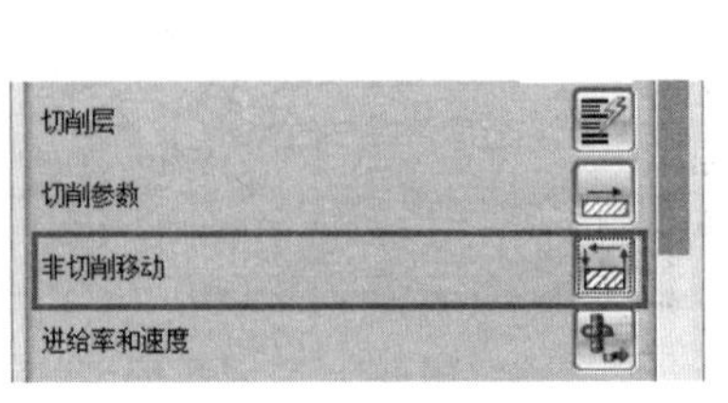

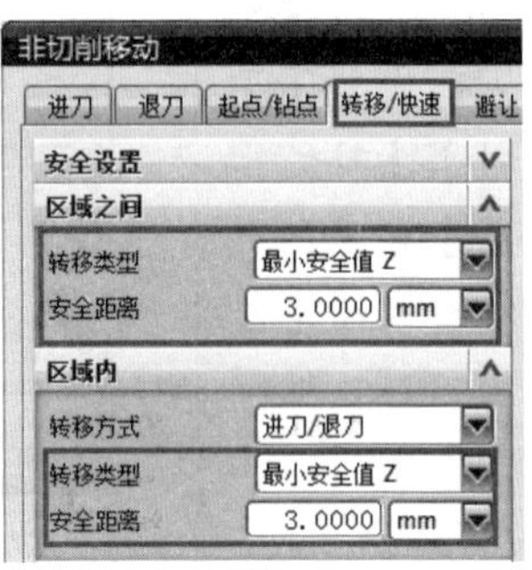

图 5-91 设置切削参数

➢ Step14：在【进给率和速度】对话框中，分别设置【主轴速度】和【进给率】，如图 5-92 所示。	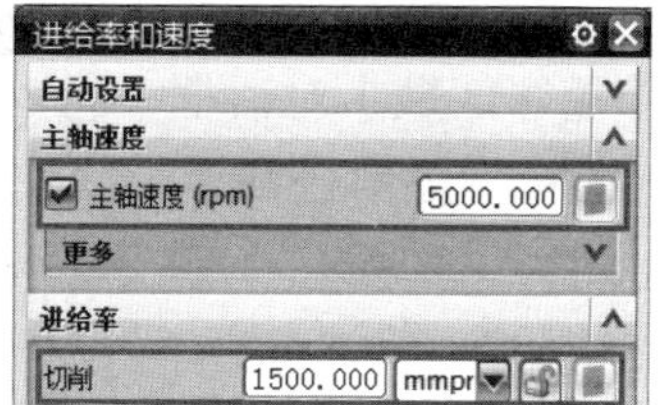 图 5-92　设置速度和进给率
➢ Step15：生成刀具路径，如图 5-93 所示。	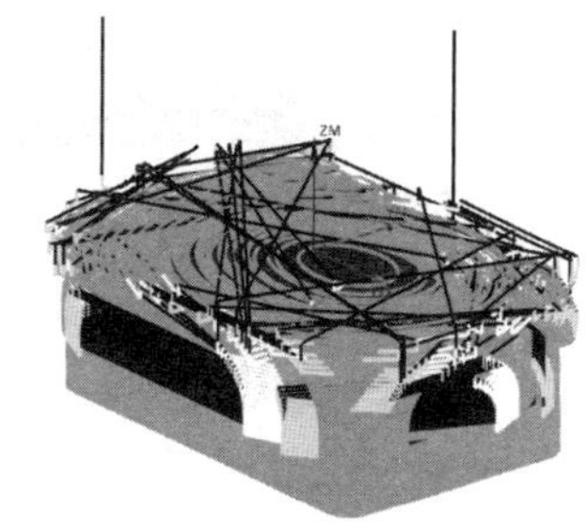 图 5-93　粗加工刀轨
➢ Step16：刀具路径仿真，结果如图 5-94 所示。	 图 5-94　仿真结果

6. 创建区域铣工序对平坦曲面半精加工

➢ Step17：选择【创建工序】，创建区域铣工序，并选择相关参数，如图 5-95 所示。	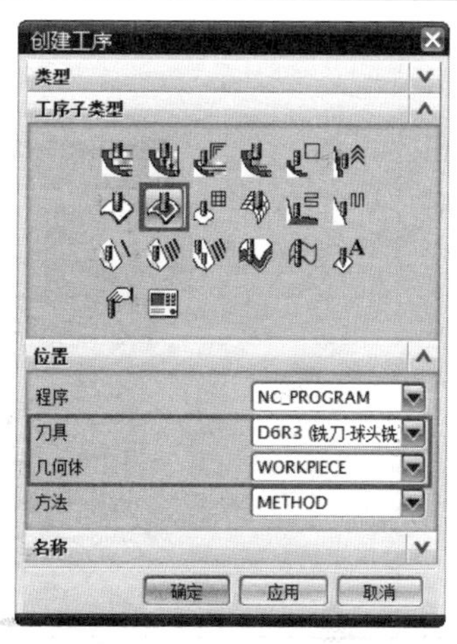 图 5-95　创建区域铣

➢ Step18：在【轮廓区域】对话框中指定切削区域，如图 5-96 所示。

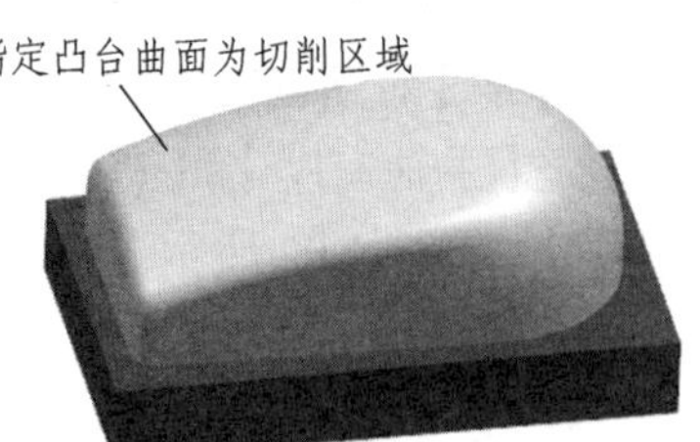

图 5-96 指定切削区域

➢ Step19：在【驱动方法】组中单击“编辑”图标按钮，设置驱动相关参数，如图 5-97 所示。

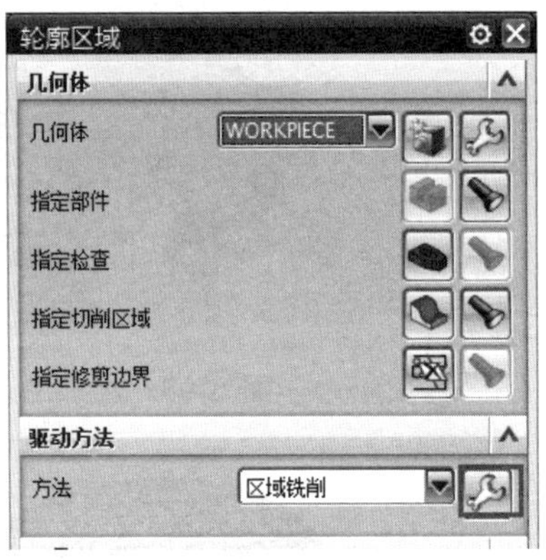

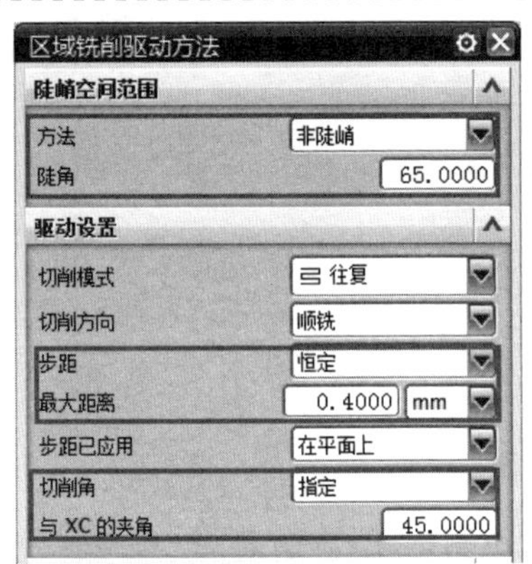

图 5-97 设置驱动相关参数

➢ Step20：设置平坦曲面半精加工余量，如图 5-98 所示。

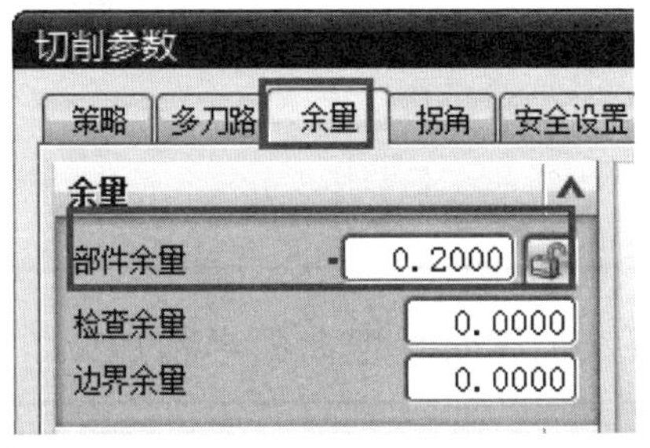

图 5-98 设置余量

➢ Step21：在【进给率和速度】对话框中，分别设置【主轴速度】和【进给率】，如图 5-99 所示。

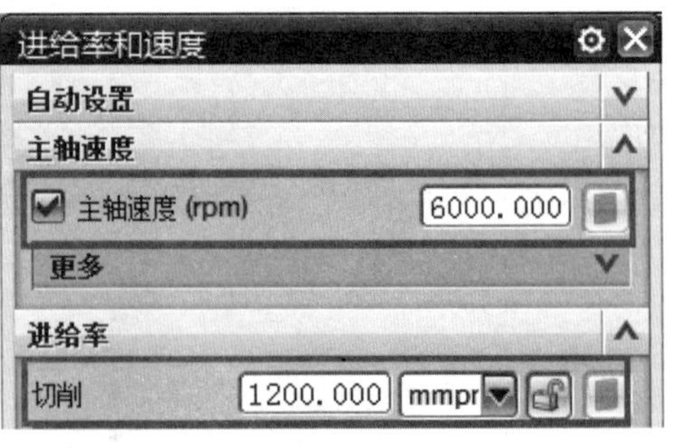

图 5-99 设置速度和进给率

➢ Step22：生成刀具路径，如图 5-100 所示。

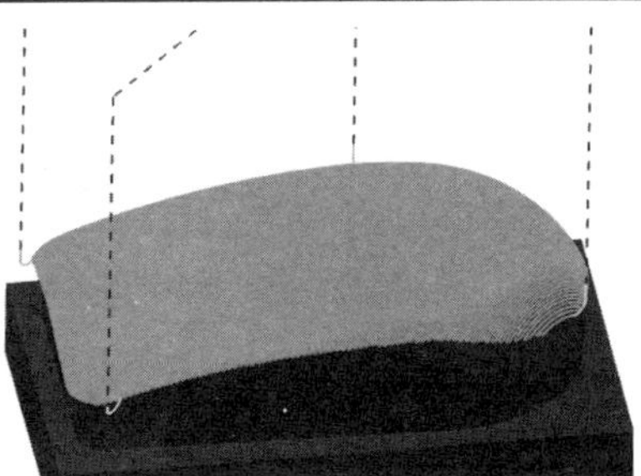

图 5-100　半精加工刀轨

➢ Step23：刀具路径仿真，结果如图 5-101 所示。

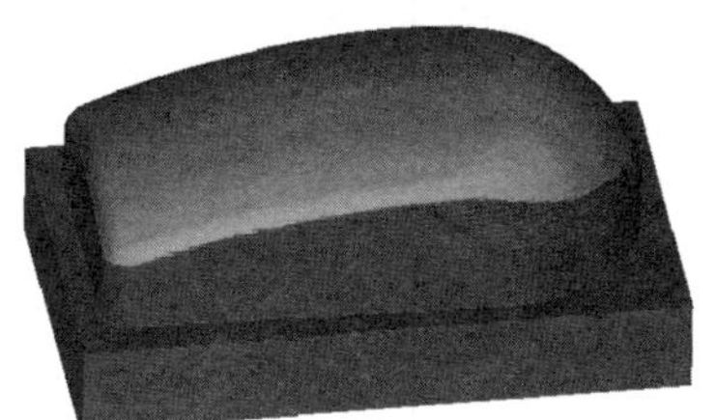

图 5-101　仿真结果

7. 创建等高铣工序对陡峭曲面半精加工

➢ Step24：选择【创建工序】，创建等高铣工序，并选择相关参数，如图 5-102 所示。

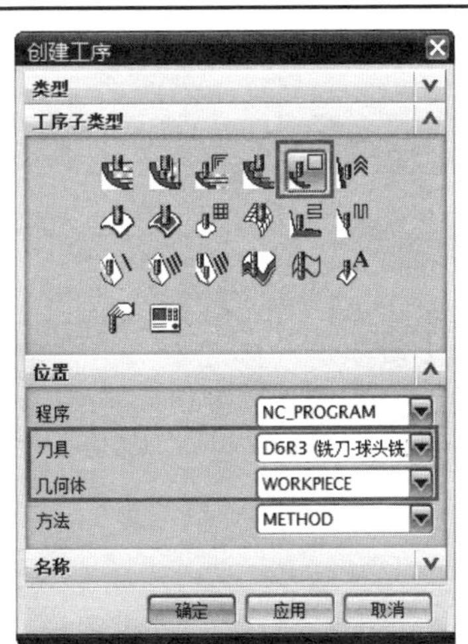

图 5-102　创建等高铣

➢ Step25：在【轮廓区域】对话框中指定切削区域，如图 5-103 所示。

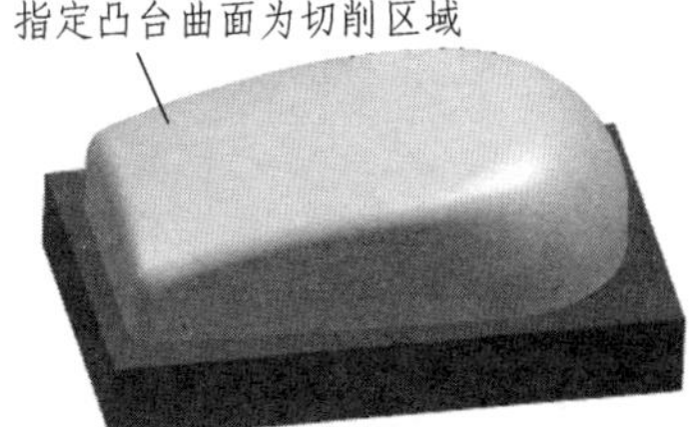

图 5-103　指定切削区域

➢ Step26：设置【陡峭空间范围】和【每刀的公共深度】，如图 5-104 所示。

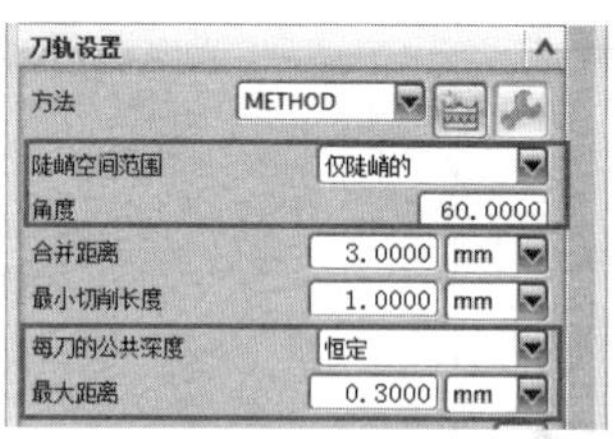

图 5-104 设置余量

➢ Step27：设置曲面陡峭区域半精加工余量，如图 5-105 所示。

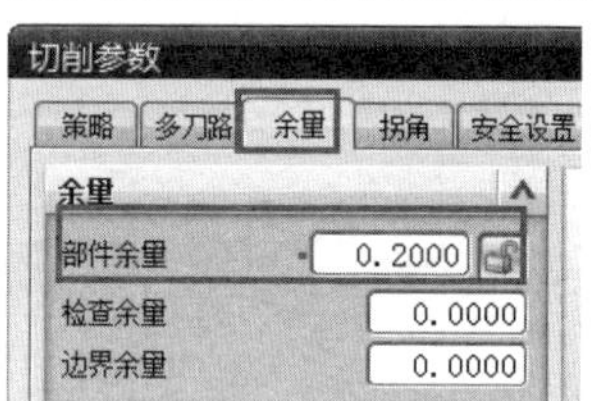

图 5-105 设置余量

➢ Step28：在【非切削移动】对话框中，分别设置【转移/快速】参数，如图 5-106 所示。

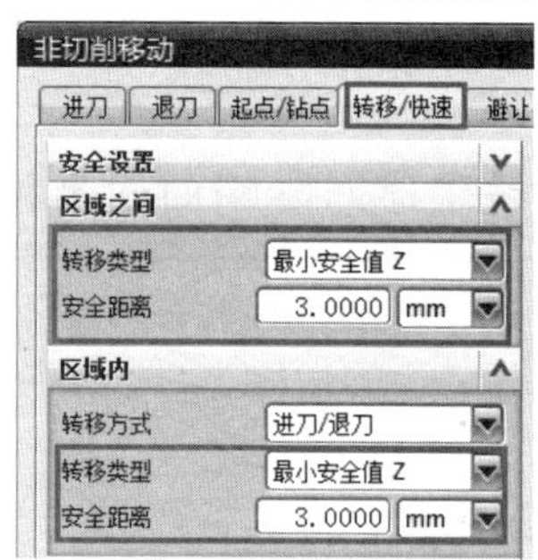

图 5-106 设置非切削参数

➢ Step29：在【进给率和速度】对话框中，分别设置【主轴速度】和【进给率】，如图 5-107 所示。

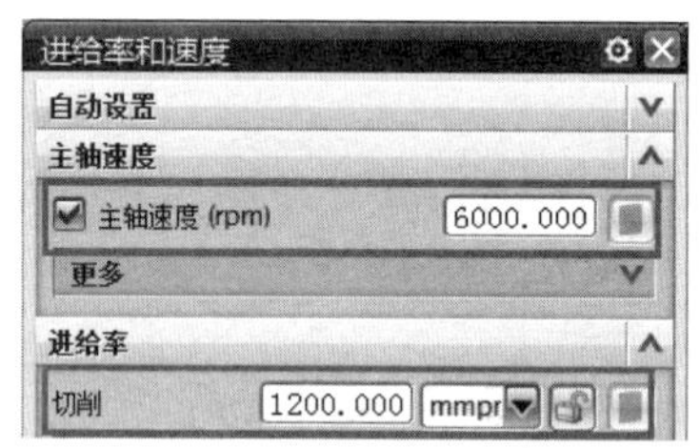

图 5-107 设置速度和进给率

➢ Step30：生成刀具路径，如图 5-108 所示。

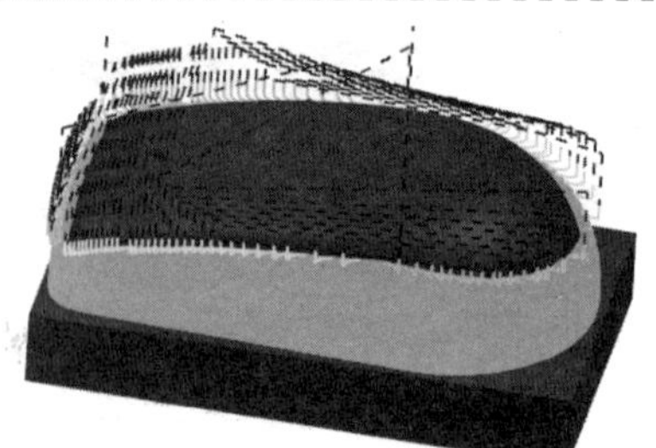

图 5-108 半精加工刀轨

➢ Step31：刀具路径仿真，结果如图 5-109 所示。

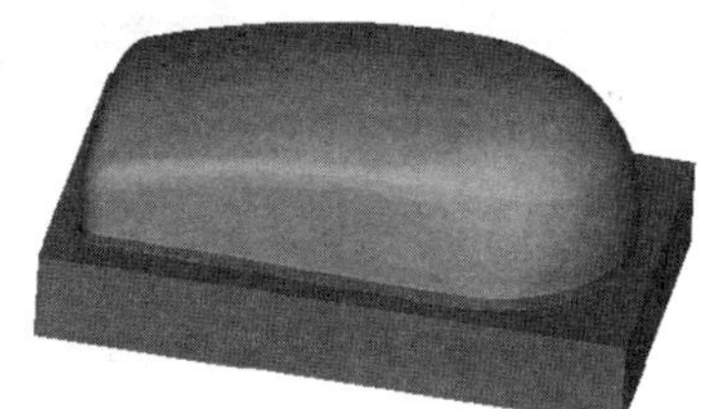

图 5-109　仿真结果

8. 创建面铣工序对电极底面和直伸位精加工

➢ Step32：选择【创建工序】，创建面铣工序，并选择相关参数，如图 5-110 所示。

图 5-110　创建面铣

➢ Step33：在【面铣削区域】对话框中指定切削区域，如图 5-111 所示。

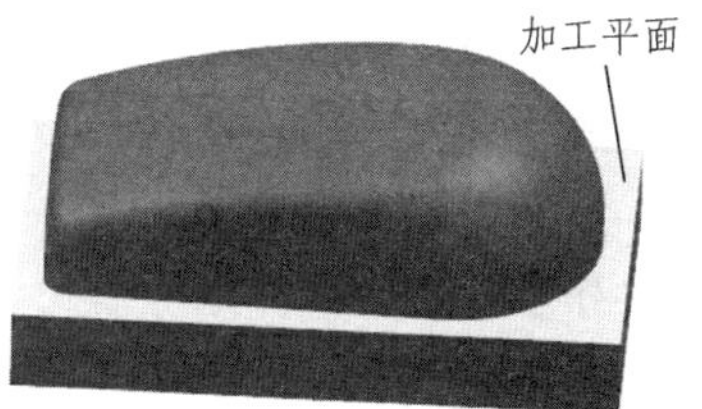

图 5-111　指定切削区域

➢ Step34：设置【陡峭空间范围】和【每刀的公共深度】，如图 5-112 所示。

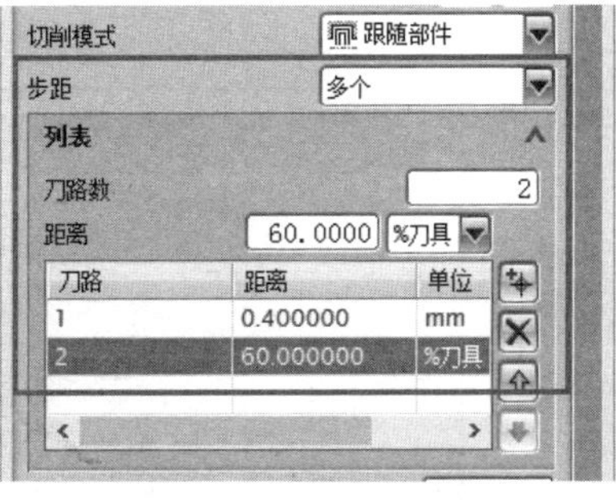

图 5-112　设置步距

➢ Step35：设置精加工余量和公差，如图 5-113 所示。

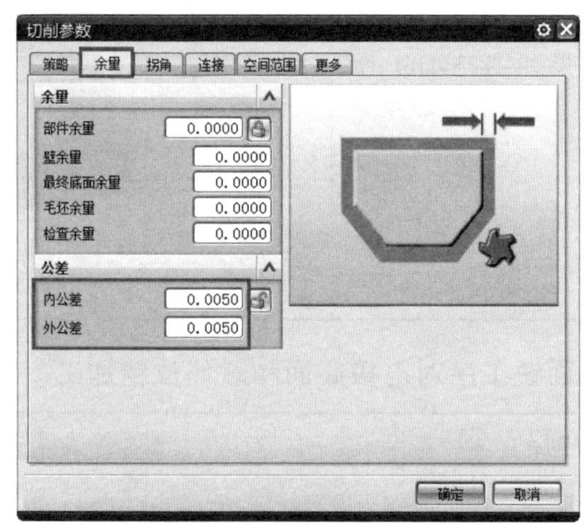

图 5-113 设置余量

➢ Step36：设置【开放刀路】参数，如图 5-114。

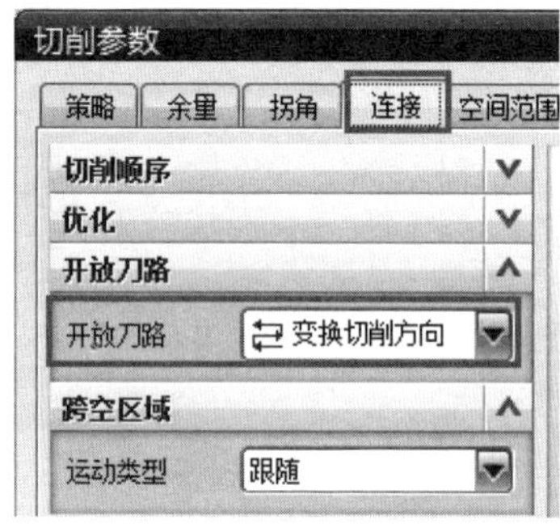

图 5-114 设置开放刀路

➢ Step37：在【进给率和速度】对话框中，分别设置【主轴速度】和【进给率】，如图 5-115 所示。

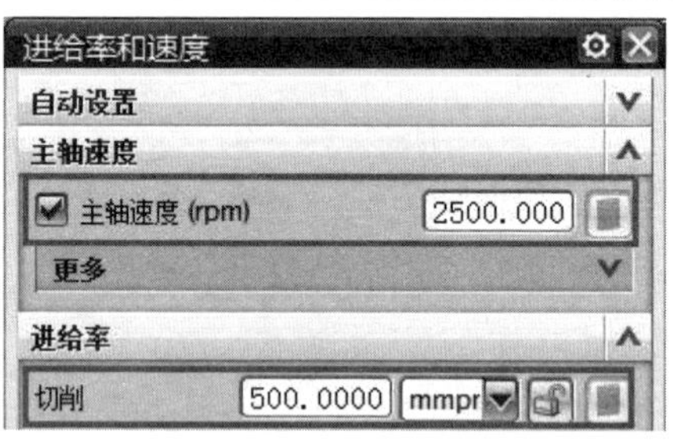

图 5-115 设置速度和进给率

➢ Step38：在【非切削移动】对话框中，分别设置【重叠距离】和【转移/快速】参数，如图 5-116 所示。

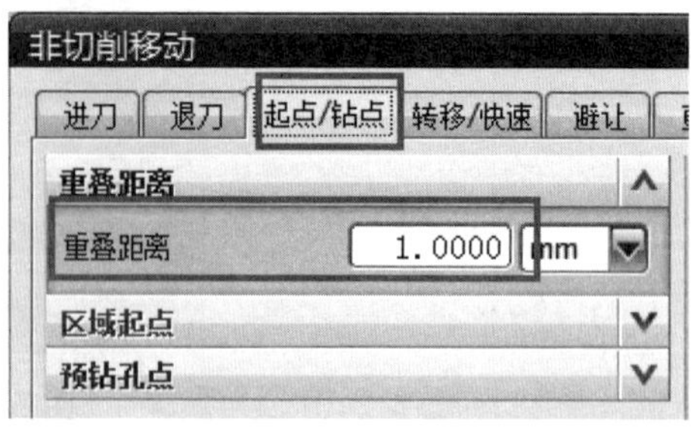

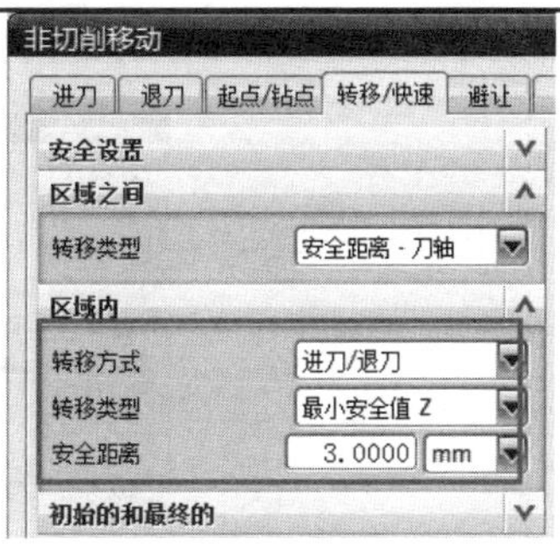

图 5-116　设置非切削参数

➢ Step39：生成刀具路径，如图 5-117 所示。

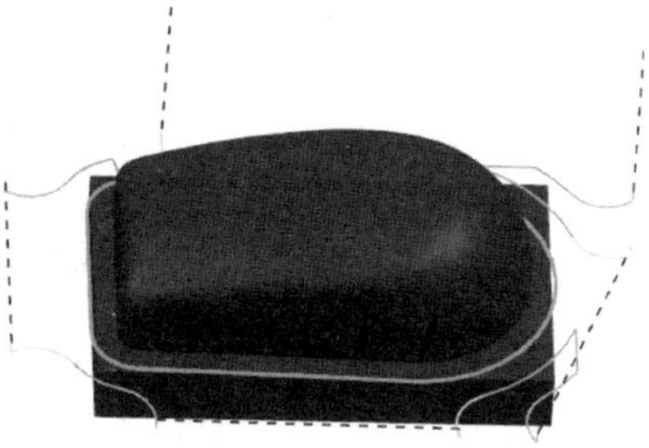

图 5-117　底面精加工刀轨

➢ Step40：刀具路径仿真，结果如图 5-118 所示。

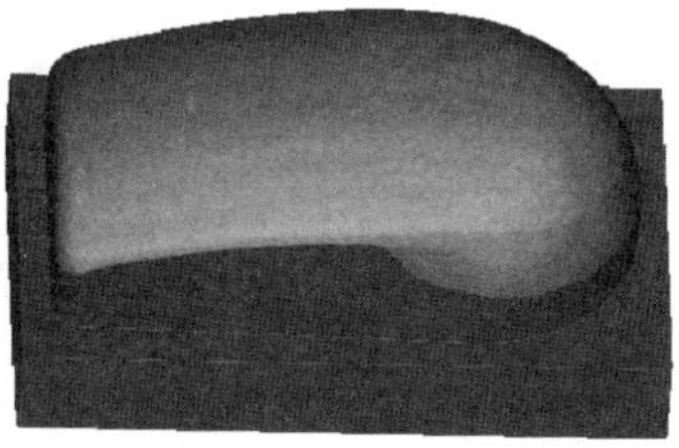

图 5-118　仿真结果

9. 创建平面铣工序对电极座精加工

➢ Step41：选择【创建工序】，创建面铣工序，并选择相关参数，如图 5-119 所示。

图 5-119　创建平面铣

➢ Step42：在【平面铣】对话框中指定部件边界，如图 5-120 所示。

图 5-120 指定部件边界

➢ Step43：在【平面铣】对话框中指定底面，如图 5-121 所示。

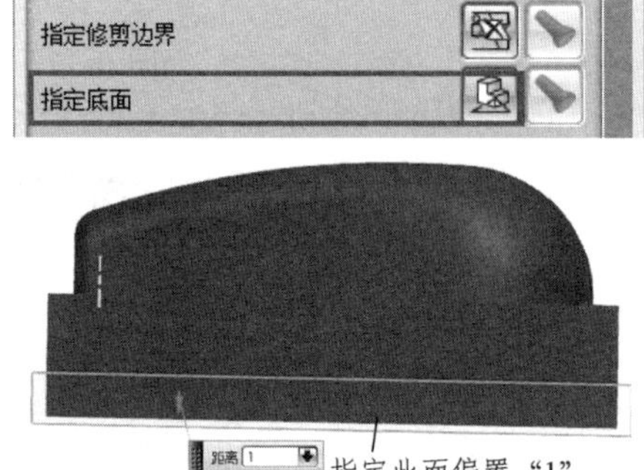

图 5-121 指定底面

➢ Step44：设置【切削模式】为"轮廓加工"，如图 5-122 所示。

图 5-122 设置切削模式

➢ Step45：在【切削层】中设计切削深度，如图 5-123 所示。

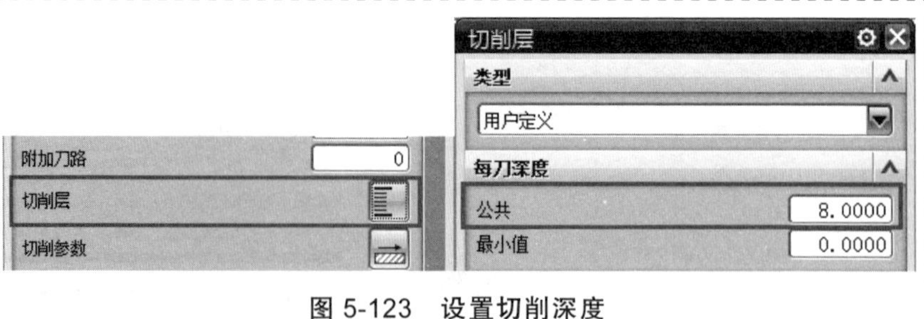

图 5-123 设置切削深度

➢ Step46：设置精加工余量和公差，如图 5-124 所示。

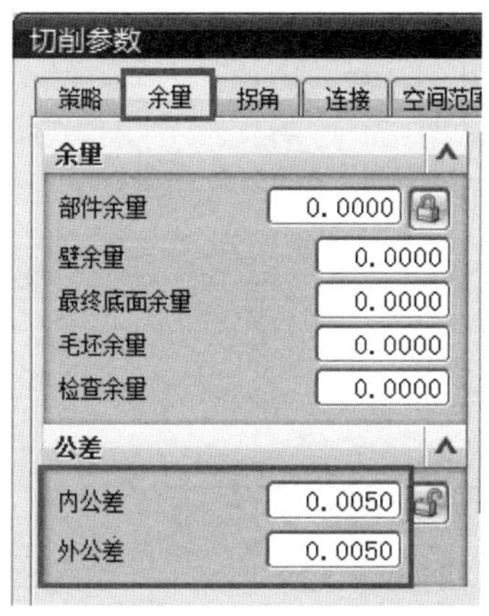

图 5-124　设置余量

➢ Step47：在【进给率和速度】对话框中，分别设置【主轴速度】和【进给率】，如图 5-125 所示。

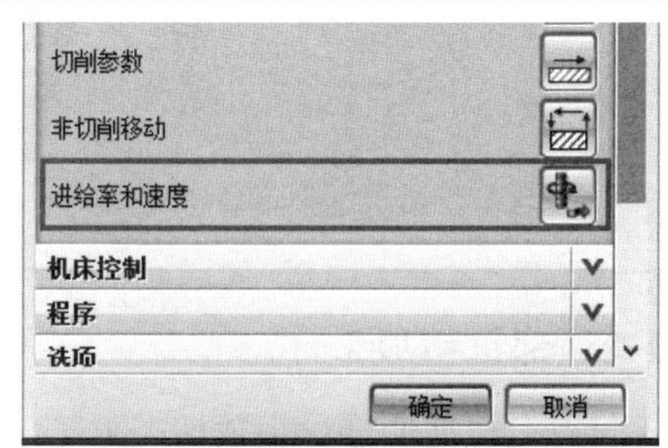

图 5-125　设置速度和进给率

➢ Step48：在【非切削移动】对话框中，分别设置【重叠距离】和【转移/快速】参数，如图 5-126 所示。

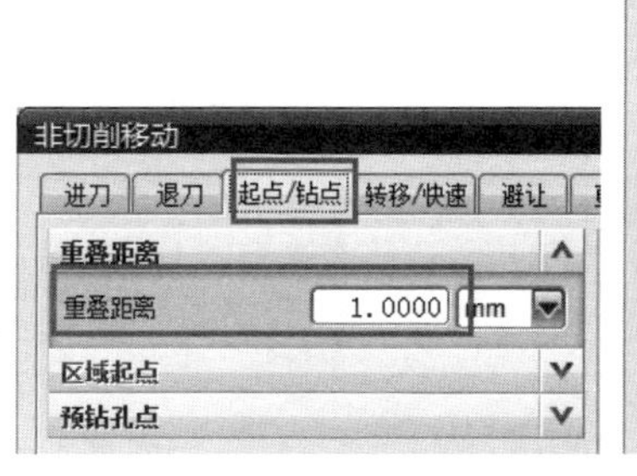

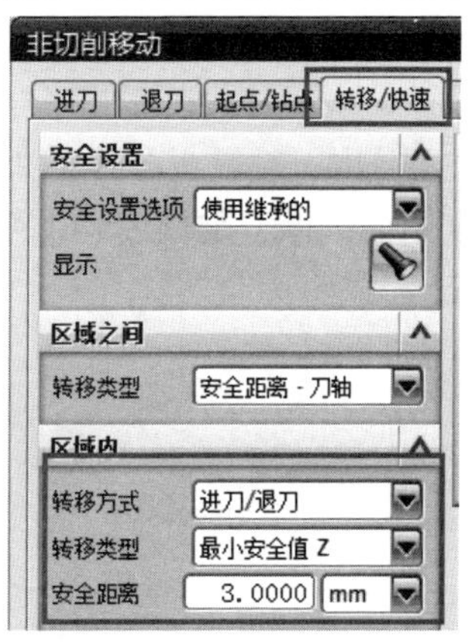

图 5-126　设置非切削参数

➢ Step49：生成刀具路径，如图 5-127 所示。	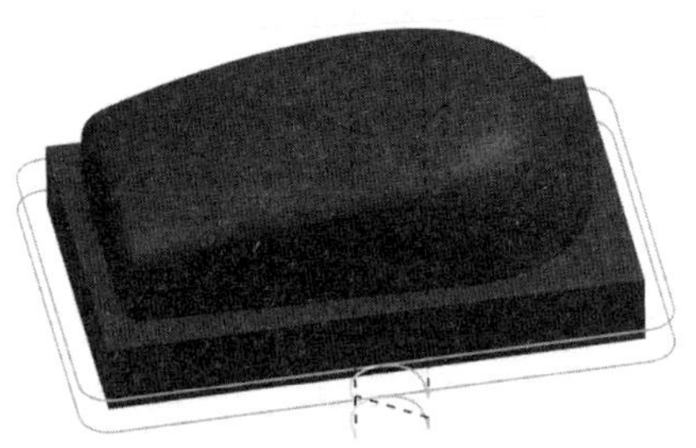 图 5-127　电极座精加工刀轨
➢ Step50：刀具路径仿真，结果如图 5-128 所示。	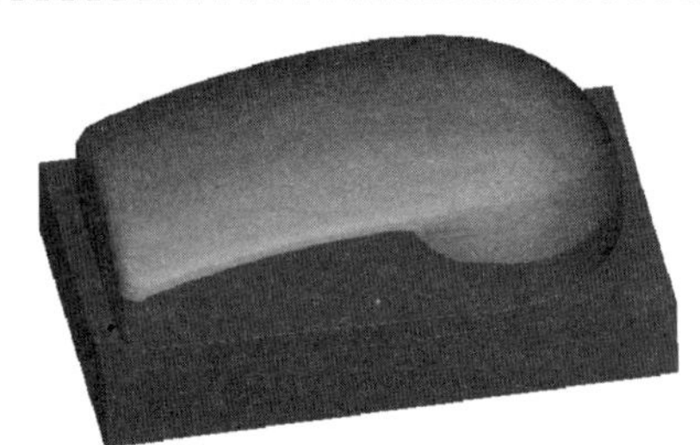 图 5-128　仿真结果

10. 电极曲面部位精加工

通过复制、修改电极曲面部位半精加工工序，实现对电极曲面部位的快速精加工编程。

➢ Step51：在【工序导航器】中，创建面铣工序，复制半精加工时已创建的区域铣削工序，如图 5-129 所示。	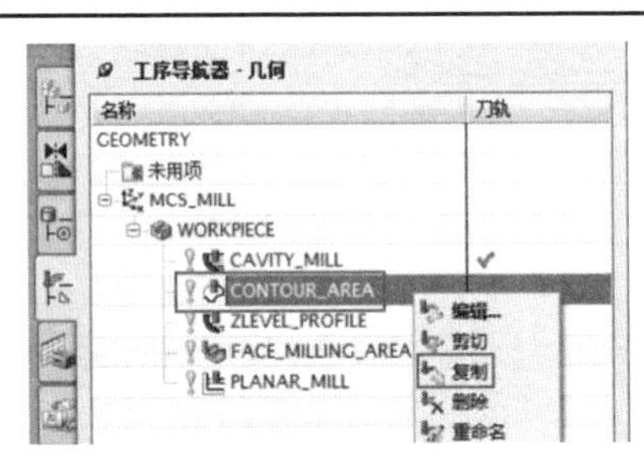 图 5-129　复制区域铣削工序
➢ Step52：在【工序导航器】中，粘贴上步操作中复制的工序，如图 5-130 所示。	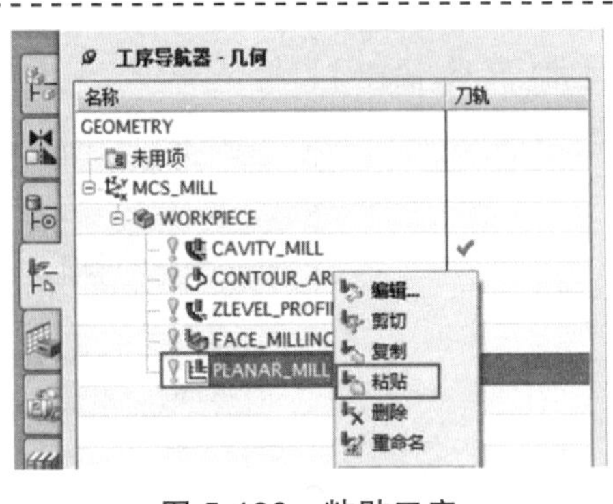 图 5-130　粘贴工序

➢ Step53：粘贴完成效果如图 5-131 所示。

图 5-131　创建的新工序

➢ Step54：对创建的新工序进行编辑，编辑驱动方法参数，如图 5-132 所示。

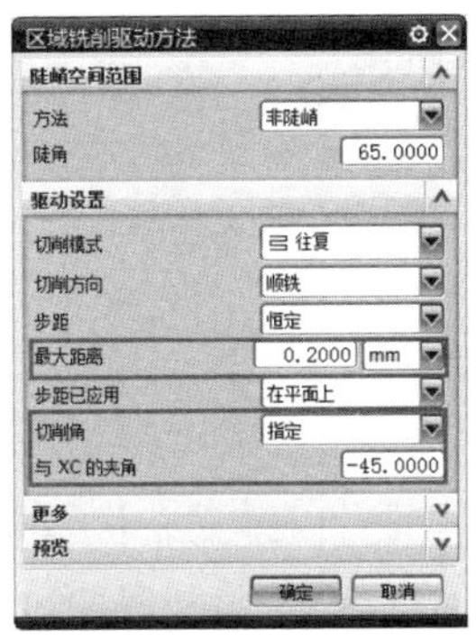

图 5-132　编辑驱动方法参数

➢ Step55：编辑加工余量和公差，如图 5-133 所示。

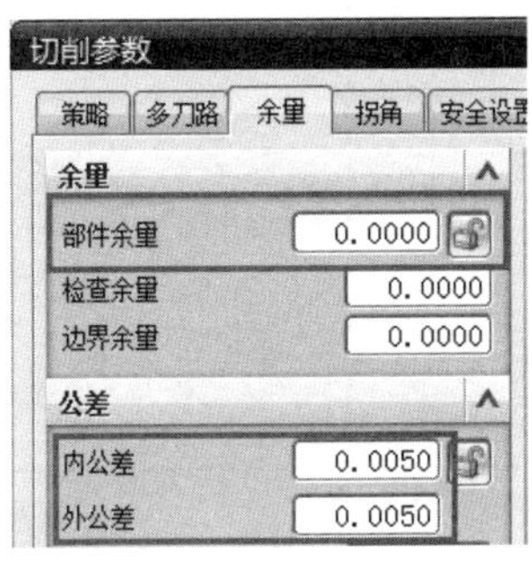

图 5-133　设置切削深度

➢ Step56：设置非切削参数中的【转移/快速】参数，如图 5-134 所示。

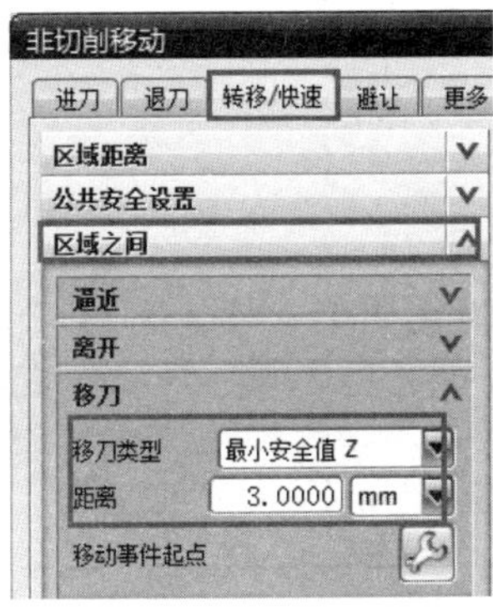

图 5-134　设置余量

➢ Step57：在【进给率和速度】对话框中，分别设置【主轴速度】和【进给率】，如图 5-135 所示。	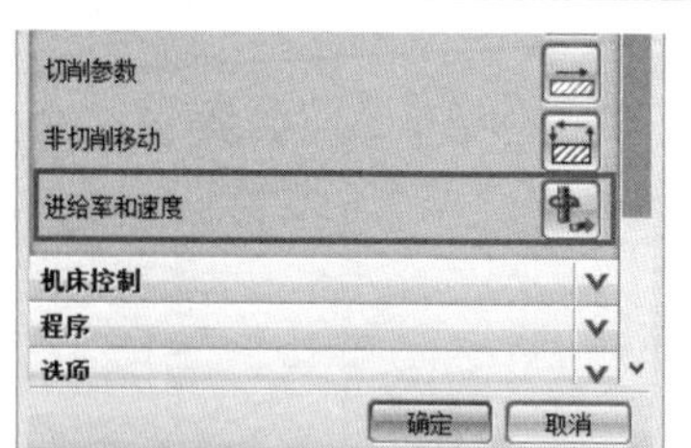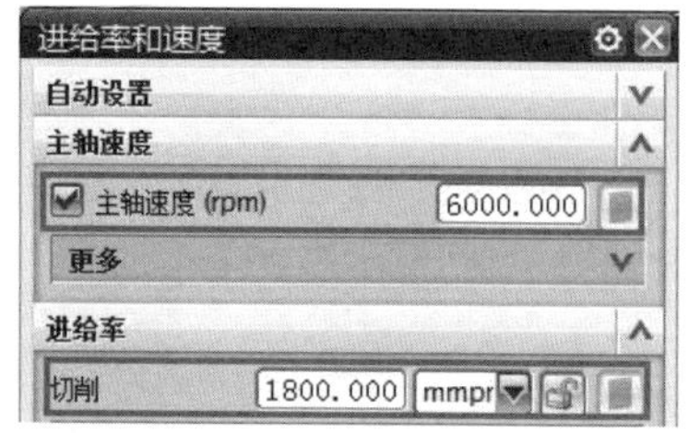图 5-135　设置速度和进给率
➢ Step58：生成刀具路径，如图 5-136 所示。	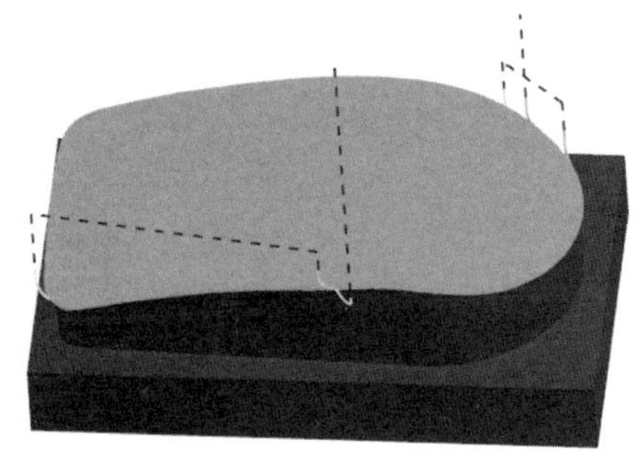图 5-136　平坦曲面精加工刀轨
➢ Step59：刀具路径仿真，结果如图 5-137 所示。	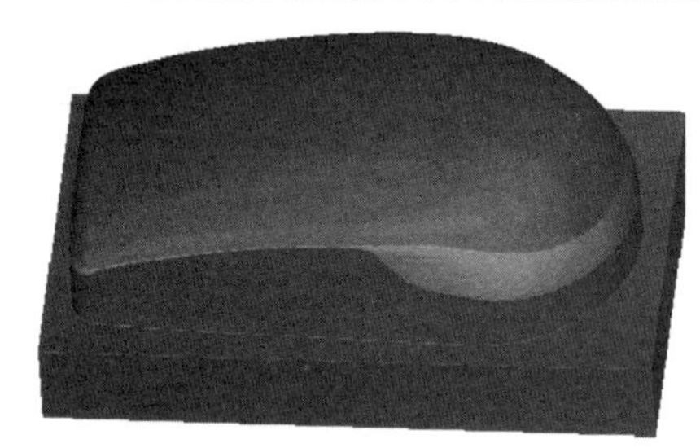图 5-137　仿真结果
➢ Step60：同 Step 51～53 操作方法，复制半精加工创建的等高加工工序，创建新加工工序，如图 5-138 所示。	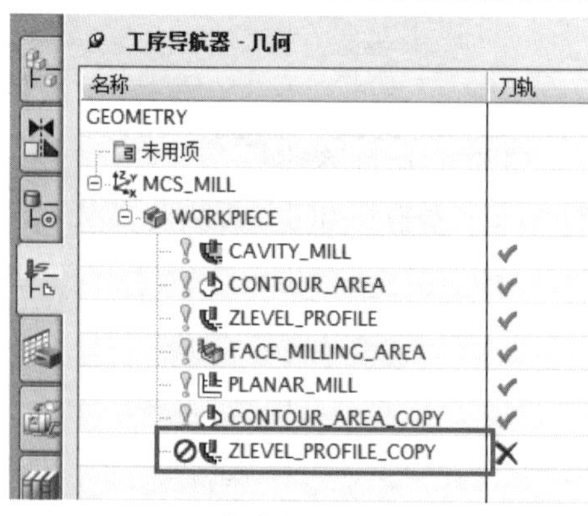图 5-138　创建新的工序

➢ Step61：编辑已创建的工序，设置【每刀的公共深度】，如图 5-139 所示。

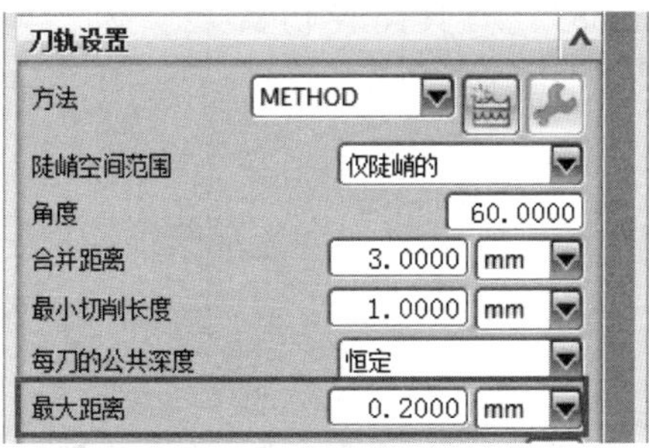

图 5-139 设置切削深度

➢ Step62：编辑加工余量和公差，如图 5-140 所示。

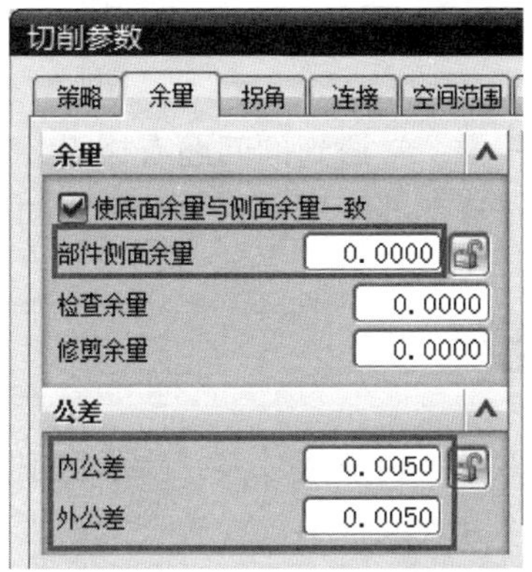

图 5-140 设置余量与公差

➢ Step63：在【进给率和速度】对话框中，分别设置【主轴速度】和【进给率】，如图 5-141 所示。

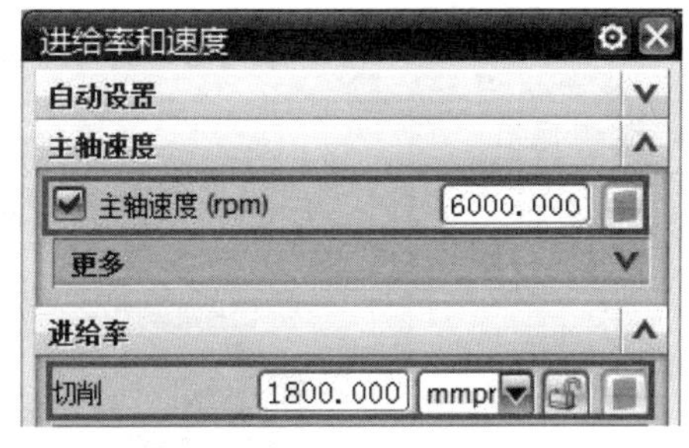

图 5-141 设置速度和进给率

➢ Step64：生成刀具路径，如图 5-142 所示。

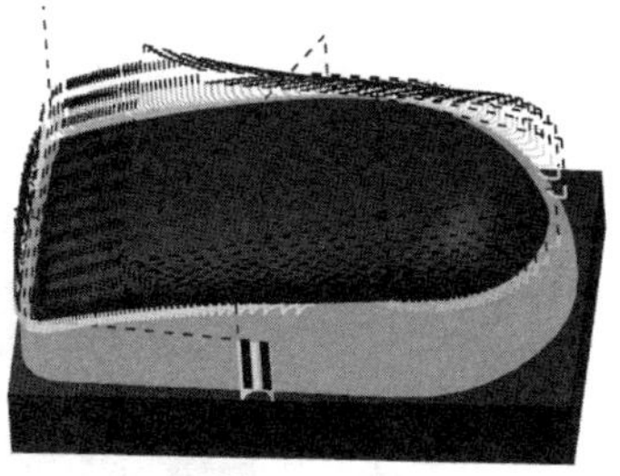

图 5-142 陡峭面精加工刀轨

➢ Step65：刀具路径仿真，结果如图 5-143 所示。

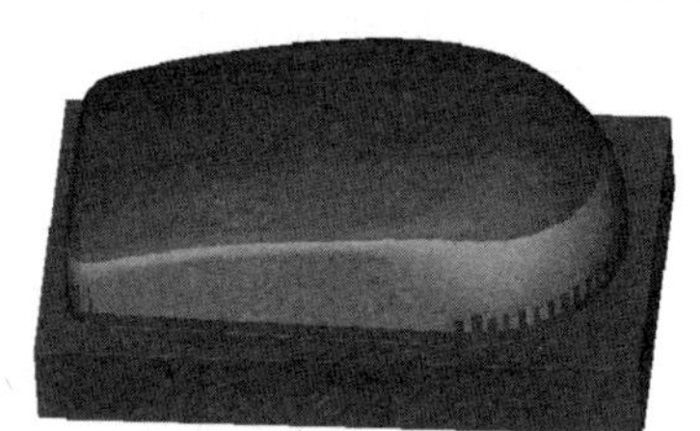

图 5-143　仿真结果

5.5　知识拓展——数控编程常遇到的问题及解决方法

在数控编程中，常遇到的问题有撞刀、弹刀、过切、漏加工、多余的加工、空刀过多、提刀过多和刀路凌乱等问题，这也是编程初学者急需解决的问题。

5.5.1　撞　刀

撞刀是指刀具的切削量过大，除了切削刃外刀杆也撞到了工件。造成撞刀的原因主要有安全高度设置不合理或根本没设置安全高度、选择的加工方式不当、刀具使用不当和二次开粗时余量的设置比第一次开粗设置的余量小等。

下面以图表的方式讲述撞刀的原因及解决方法，如表 5-3 所示。

表 5-3　撞刀原因及解决方法

序号	撞刀原因	图　解	撞刀解决方法
1	吃刀量过大		减少吃刀量。刀具直径越小，其吃刀量应该越小。一般情况下，模具开粗每刀吃刀量不大于 0.5 mm，半精加工和精加工吃刀量更小
2	选择不当的加工方式		将等高轮廓铣的方式改为型腔铣的方式。当加工余量大于刀具直径时，不能选择等高轮廓的加工方式

续表

序号	撞刀原因	图　解	撞刀解决方法
3	安全高度设置不当	安全平面过低 夹具 ZM XM	① 安全高度应大于装夹高度； ② 多数情况下不能选择“直接的”进退刀方式，除了特殊的工作之外
4	二次开粗余量设置不当		二次开粗时，余量应比第一次开粗的余量稍大一点，一般为 0.05 mm。如果第一次开粗的余量为 0.3 mm，则二次开粗的余量为 0.35 mm。否则，刀杆容易撞到上面的侧壁

除上述原因会产生撞刀外，修剪刀路时也会产生撞刀，故尽量不要修剪刀路。撞刀产生最直接的后果就是损坏刀具和工件，更严重的可能会损害机床主轴。

5.5.2　弹　刀

弹刀是指刀具因受力过大而产生幅度较大的振动。弹刀会造成工件过切和损坏刀具，刀径小且刀杆过长或受力过大都会产生弹刀现象。

下面以图表的方式讲述弹刀的原因及解决方法，如表 5-4 所示。

表 5-4　弹刀原因及解决方法

序号	弹刀原因	图　解	弹刀解决方法
1	刀径小且刀杆过长	ZM XM YM	改用大一点的球刀清角或电火花加工深的角位

续表

序号	弹刀原因	图　解	弹刀解决方法
2	受力过大（即吃刀量过大）		减少吃刀量（即全局每刀深度），当加工深度大于 120 mm 时，要分开两次装刀，即先装上短的刀杆加工到 100 mm 的深度，然后再装上加长刀杆加工 100 mm 以下的部分，并设置小的吃刀量

弹刀现象最容易被编程初学者所忽略，应该引起足够重视。编程时，应根据切削材料的性能和刀具的直径、长度来确定吃刀量和最大加工深度及太深的地方是否需要电火花加工等。

5.5.3　过　切

过切是指刀具把不能切削的部分也切削了，使工件受到损坏。造成工件过切的原因有多种，机床精度不高、撞刀、弹刀、编程时选择小的刀具但实际加工时误用大的刀具等。另外，如果机床师傅对刀不准确，也可能会造成过切。

图 5-144 所示情况是由于曲面驱动加工方式设置不当而造成的过切。

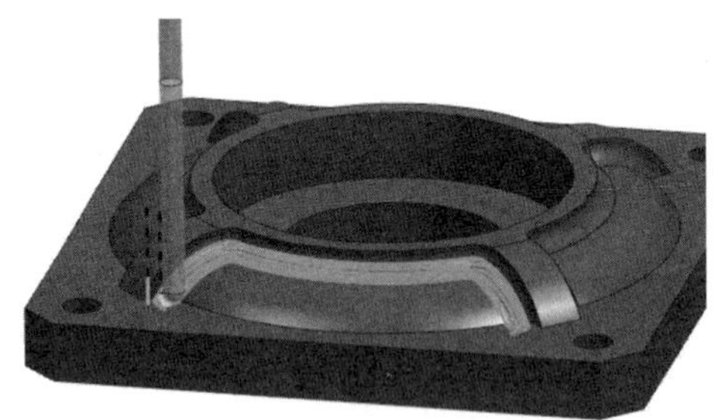

图 5-144　过切

编程时，一定要认真细致，完成程序的编制后还需要详细检查刀路以避免过切等现象的发生，否则将导致模具报废甚至损坏机床。

5.5.4　欠加工

欠加工是指模具中存在一些刀具能加工到的地方却没有加工，其中平面中的转角处是最容易漏加工的，如图 5-145 所示。

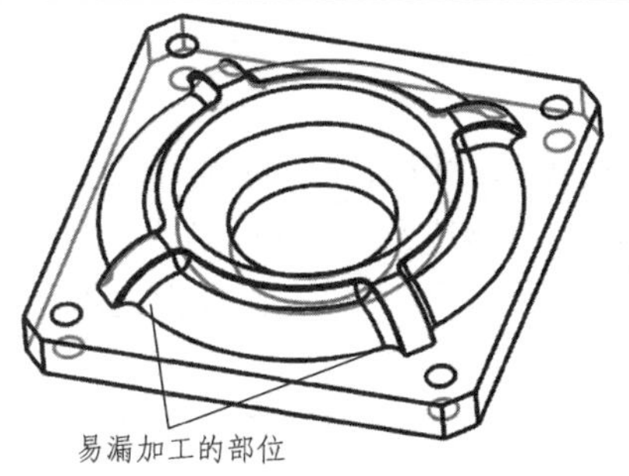

图 5-145　平面中的转角处

类似于图 5-145 所示的模型，为了提高加工效率，一般会使用较大的平底刀或圆鼻刀进行光平面，当转角半径小于刀具半径时，则转角处就会留下余量，如图 5-146 所示。为了清除转角处的余量，应使用球刀在转角处补加刀路，如图 5-147 所示。

漏加工是比较普遍也最容易忽略的问题之一，编程者必须小心谨慎，不要等到模具已经从机床上拆下来了才发现漏加工，这将会浪费大量的时间。

图 5-146　平面铣加工

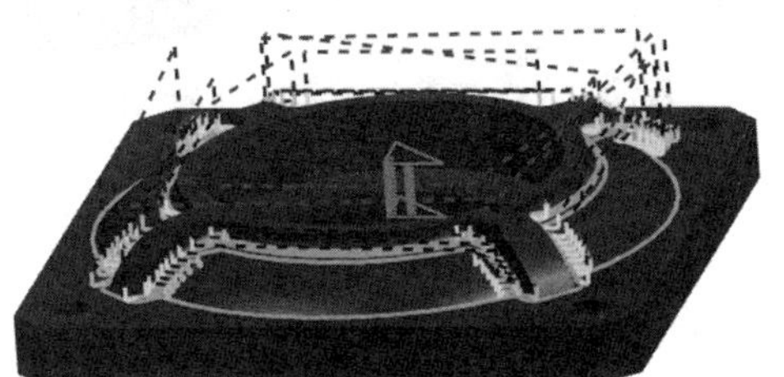

图 5-147　补刀加工刀路

5.5.5　多余的加工

多余的加工是指对于刀具加工不到的地方或电火花加工的部分进行加工，多余的加工多发生在精加工或半精加工中。

有些模具的重要部位或者普通数控加工不能加工的部位都需要电火花加工，所以在开粗或半精加工完成后，这些部位就无须再使用刀具进行精加工了，否则就会浪费时间或者造成刀具损坏。图 5-148 所示的模具部位就无须进行精加工。

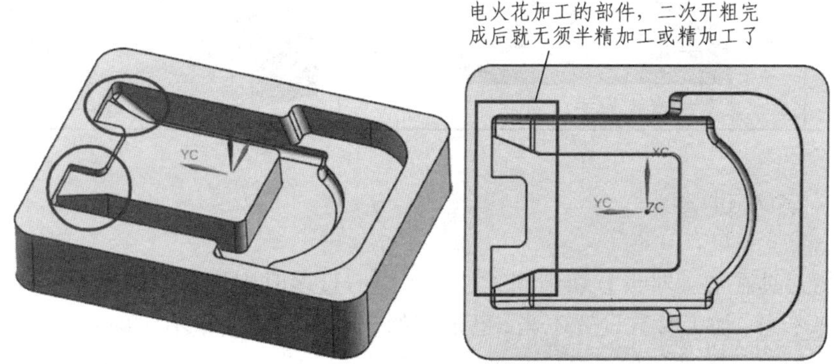

图 5-148　无须进行精加工的部位

5.5.6 提刀过多或刀路凌乱

提刀在编程加工中是不可避免的，但当提刀过多时就会浪费时间，降低加工效率和提高加工成本。另外，提刀过多会造成刀路凌乱不美观，而且会给检查刀路的正确与否带来麻烦。

造成提刀过多的原因有模型本身复杂、加工参数设置不当、选择不当的切削模式和没有设置合理的进刀点等。

下面以图表的方式列出了提刀过多的原因和解决方法，如表 5-5 所示。

表 5-5 提刀过多的原因和解决方法

序号	提刀过多原因	图　示	解决方法及图示
1	设置不当的加工参数	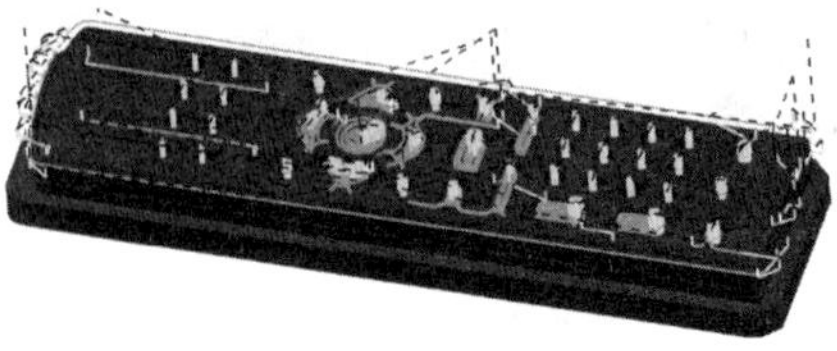 二次开粗：选择“使用 3D”的方式	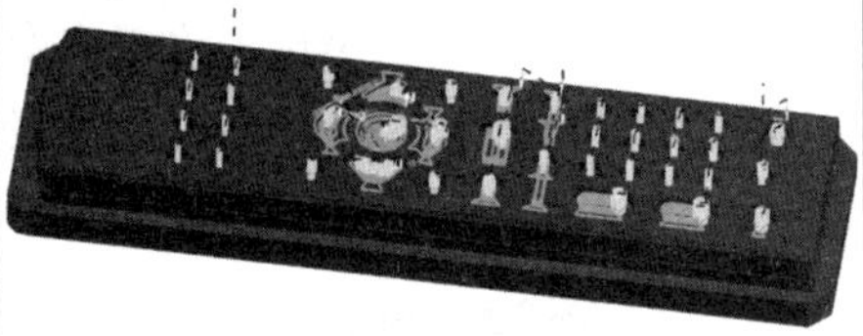 二次开粗：选择“使用基于层”的方式
2	选择不当的切削模式	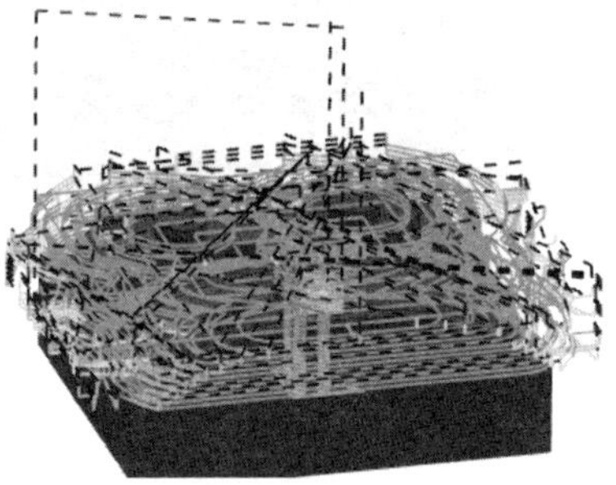 选择“跟随部件”的切削模式	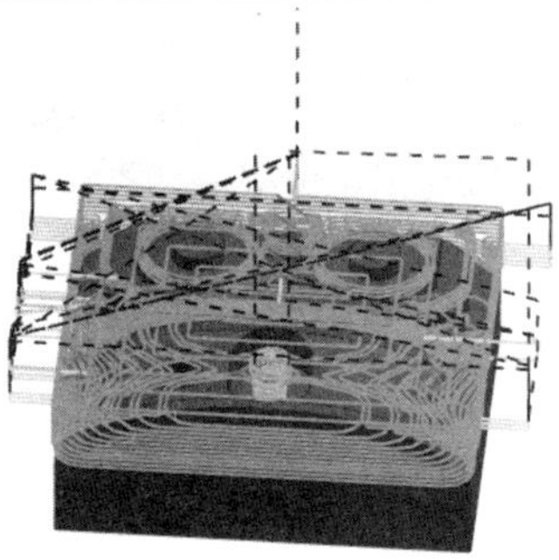 选择“跟随周边”的切削模式
3	没有设置合理的进刀点	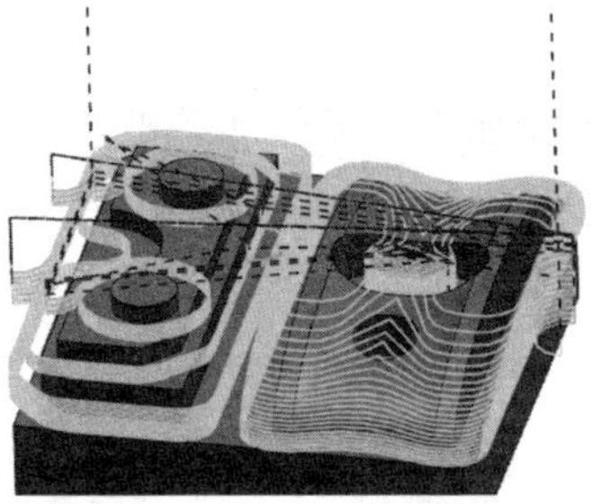 等高轮廓铣加工时没设置进刀点	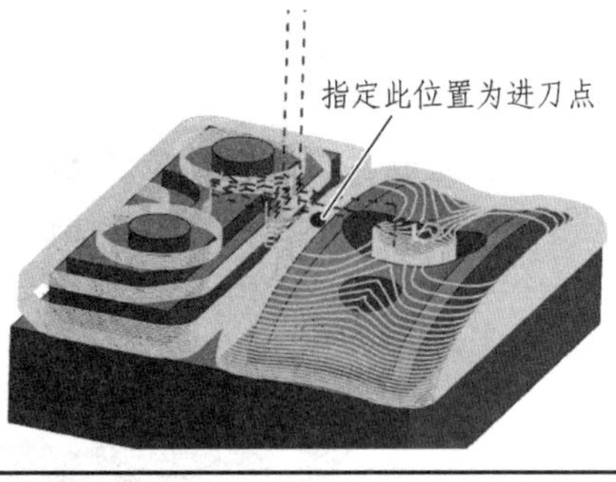 指定此位置为进刀点

5.5.7 空刀过多

空刀是指刀具在加工时没有切削到工件，当空刀过多时则浪费时间。产生空刀的原因有加工方式选择不当、加工参数设置不当、已加工的部位所剩的余量不明确和大面积进行加工。其中，选择大面积范围进行加工最容易产生空刀。

为避免产生过多的空刀，在编程前应详细分析加工模型，确定多个加工区域，通过选择加工面或修剪边界的方式把大的加工区域分成若干个小的加工区域。编程总脉络是开粗用型腔铣刀路，半精加工或精加工平面用平面铣刀路，陡峭的区域用等高轮廓铣刀路，平缓区域用固定轴轮廓铣刀路。

5.5.8　残料的计算

残料的计算对于编程非常重要，因为只有清楚地知道工件上任何部位剩余的残料，才能确定下一个工序使用的刀具及选择何种加工方式。

把刀具看作圆柱体，则刀具在直角上留下的余量可以根据勾股定理进行计算，如图 5-149 所示。

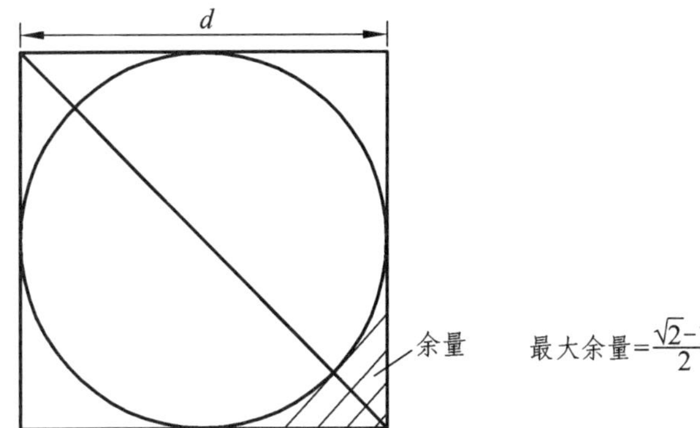

图 5-149　直角上的余量计算

如果并非直角，而是有圆弧过渡的内转角时，其余量同样需要勾股定理进行计算，如图 5-150 所示。

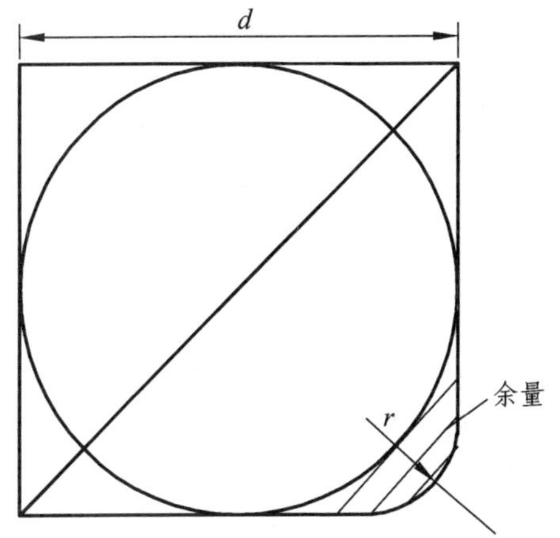

图 5-150　非直角上的余量计算

如图 5-151 所示的模型，其转角半径为 5 mm，如使用 D35R5 的面铣刀进行开粗，则转角处的残余量约为 4 mm；当使用 D12R0.4 的面铣刀进行等高清角时，则转角处的余量约为

0.4 mm；当使用 D10 或更小的刀具进行加工时，则转角处的余量为设置的余量，当设置余量为 0 时，则可以完全清除转角上的余量。

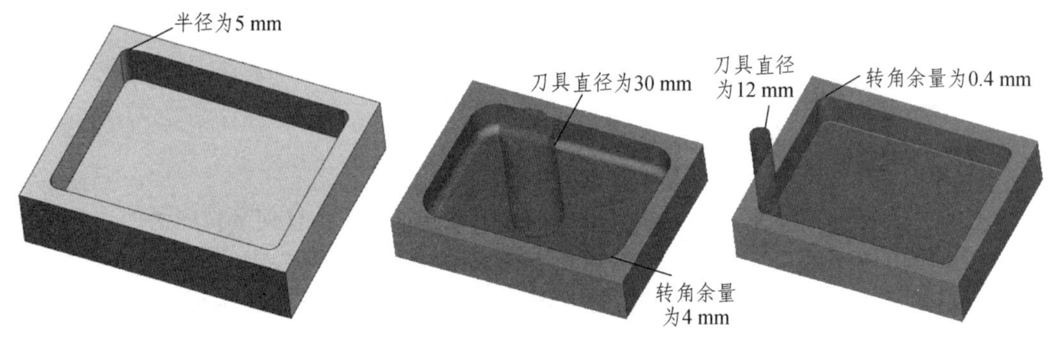

图 5-151 转角余量

5.6 思考与练习

1. 利用 NX 软件对图 5-152 进行建模，并完成该图的粗精加工。

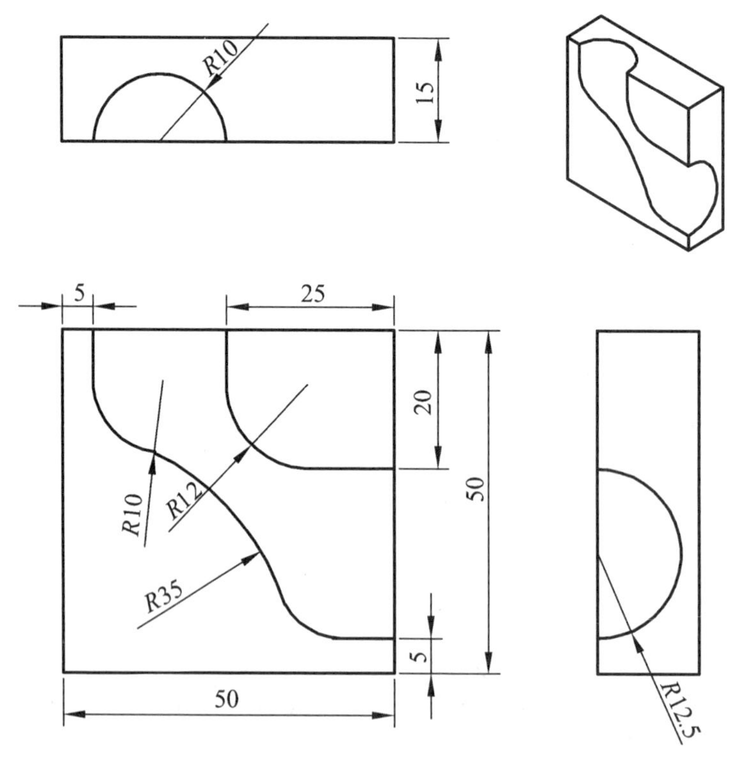

图 5-152 练习题 1

2. 利用 NX 软件对图 5-153 进行建模，并完成该图的粗精加工。

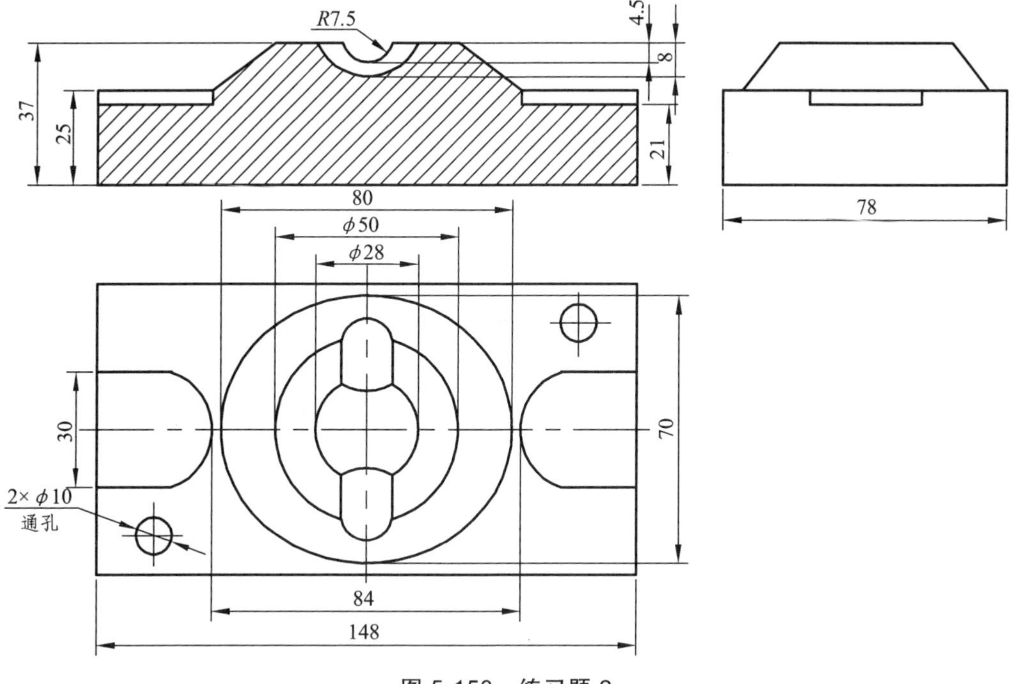

图 5-153　练习题 2

3. 利用 NX 软件对图 5-154 进行建模，并完成该图的粗精加工。

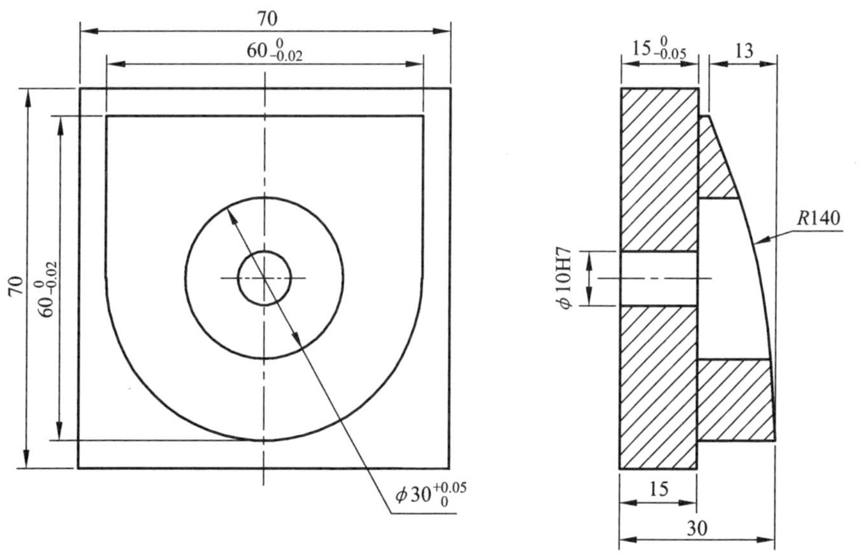

图 5-154　练习题 3

参考文献

[1] 贺建群. UG NX 数控加工典型实例教程[M]. 北京：机械工业出版社，2012.
[2] 陈胜利，谢新媚，陆宇立，等. UG NX8 数控编程基本功特训[M]. 北京：电子工业出版社，2014.
[3] 闫伍平，黄成. 中文版 UG NX8.0 技术大全[M]. 北京：人民邮电出版社，2013.
[4] 杨胜群. UG NX4 数控加工实用教程[M]. 北京：清华大学出版社，2006.
[5] 张兆隆，孙志平，刘岩. 数控加工工艺与编程[M]. 北京：高等教育出版社，2014.
[6] 云杰漫步 CAX 设计教研室. UG NX8 数控加工入门与实战[M]. 北京:人民邮电出版社，2014.